Pearson 英国培生酒店管理教育经典
四川旅游学院希尔顿酒店管理学院核心课程教材

烹饪艺术

INTRODUCTION TO CULINARY ARTS

（美）杰里·格里森（Jerry Gleason）/ 著
（美）美国烹饪学院（The Culinary Institute of America）
袁新宇 李晓 李爕昕 郑洪 姜程 / 译

廣東旅游出版社
GUANGDONG TRAVEL & TOURISM PRESS
悦读书·悦旅行·悦享人生
中国·广州

Authorized translation from the English language edition, entitled INTRODUTION TO CULINARY ARTS, 2th Edition, ISBN: 9780132737449 by GLEASON, JERRY; THE CULINARY INSTITUTE OF AMERICA., published by Pearson Education, Inc, Copyright © 2016.

广东省版权局著作权合同登记号：图字19—2019—136号

本书简体中文版由培生教育股份有限公司授权出版。英文版本书名为INTRODUTION TO CULINARY ARTS 第 2 版，杰里・格里森，美国烹饪学院著，国际标准书号9780132737449。版权©2016。

丛书编委会

丛书总序

我国高等教育酒店管理专业建设与发展中的问题很多，其中核心专业课程体系设计是重点，核心课程的教学内容及相应的教材选择是重中之重。尽管国内常有一些酒店管理专业系列教材出版，但基于我国酒店管理专业教学与教材建设的实际情况，仍有亟待解决的一些问题。

令人欣慰的是，虽然目前国内有学者对应用型大学这一称呼也有微辞，但以四川旅游学院希尔顿酒店管理学院为代表的国内一批应用型大学酒店管理专业在教学改革及教材建设方面的一些探索是积极而有益的。《四川旅游学院希尔顿酒店管理学院核心课程教材》是由四川旅游学院与英国培生教育出版集团、广东旅游出版社合作策划、编译出版的一套酒店管理本科专业教材。结合这套教材的策划与组织，就酒店管理专业大学学位教育核心课程体系设计与核心专业课程的教学内容及这套教材的特点，有几个问题，我想说在前面。

（一）

从酒店管理专业教育产生的历史来看，该专业领域的大学教育起源于酒店从业人员的岗位培训，也来自酒店部门管理人员职业培训的需要。今天，无论是现代酒店服务业和酒店管理专业教育都发生了巨大变化，高校酒店管理专业核心课程体系的设计要反映这一现实。

自20世纪初开始，随着酒店业的发展，在酒店规模不断扩大及酒店部门管理职业化的过程中，欧洲和英美等国家的酒店管理教育，先是集中于工作岗位服务人员的岗位培训，之后，有了以管理岗位培训为基础的职业教育；在英国，这形成了以基于工作的学习方式（work-based learning）为主要教学内容与过程的国家标准与大学学院（College）相结合的高等职业教育国家证书制度（National Diploma）。20世纪50年代左右，在英美一些大学相继开设酒店管理专业之后，职业教育与专业教育相结合，以酒店部门管理（department management）为主要教学内容的专业教学成为大学学位教育（Degree）的基础，其主要特征是管理学在酒店（hotel）管理部门领域的应用。

我国最早的以浙江大学（原杭州大学）吕建中教授为主编译的从美国引进的酒店管理核心课程教材，就是以酒店部门管理为主要教学内容的专业系列课程教材，它对我国早期的旅游管理专业建设及酒店管理核心课程的教学产生了积极而深远的影响。但是，今天看来，随着酒店管理理论与实践的发展，大学的学位教育继续沿用这一体系，面临许多问题：

首先，近20年来，酒店产业发生了深刻的变化。大学酒店管理教育由原来的以酒店

（hotel）部门管理为主的教学内容，转向以住宿（包括酒店）、饮食、消遣娱乐与活动产业等更广泛的、综合性个人消费服务产业的教学与研究。自20世纪90年代末期开始，国际上几乎所有大学专业系或学院的名称均陆续以"Hospitality"代替"Hotel"，反映了这一行业及学位教育深刻变化的现实。酒店管理专业的核心课程体系设计及课程内容，再仅以酒店部门管理内容为主，是无法适应行业发展的实际情况和人才培养的需要的。

其次，应用型大学的酒店管理专业教育要与职业教育相结合，但它毕竟是学位教育。因此，以酒店前厅、餐饮和客房等部门管理为主体的课程体系，难以形成自身的，以特殊的研究现象为基础的科学的学科概念与理论框架。当然，这也不是说酒店管理专业的某一门课程就能够全部承担这一任务，但酒店管理专业的核心课程体系，既来自实践，也必须反映学科建设的规律，必须适应大学学位教育的要求，这是应有之义。

应该说明的是，应用型大学酒店管理专业的发展要鼓励跨学科、跨专业的合作，要走校企合作、产教融合、国际合作与发展之路。因此，大学酒店管理专业教育，一方面必须结合国际著名酒店集团企业成功的管理实践与人才培养经验，另一方面在酒店管理人才培养的过程中，如果仅仅用酒店企业的标准或学生的酒店管理实习来代替学位教育的过程也是不合适的，一定会影响大学酒店管理专业学科建设的水平，也难以适应整个社会对专业人才培养的要求。

显然，酒店管理专业课程体系设计，要将专业学科的基础、人才培养的目标与大学自身不同的教育资源及内外部支持条件有机结合。酒店管理核心课程体系的主要内容要在反映酒店产业发展实际的基础上，以学位教育标准为主，兼顾国际行业及企业的标准，形成独特的学科及专业的知识要求与课程体系。

（二）

毋庸讳言，目前我国酒店管理专业的建设与发展并不平衡。在高等教育中，研究型大学酒店管理专业的建设与教学，无论老师和学生，其实都处于尴尬的境地。这与该专业的学科定位和学科建设水平有关，也与我国长期以来旅游学科发展的历史及现实有关。与此相比，随着我国高等教育发展战略的变化与高等教育的改革，我国应用型大学酒店管理专业教育日益呈现出积极的发展势态。本套教材的体系，就是以我国应用型大学的酒店管理专业核心课程体系设计的要求为基础的。

从本质上说，应用型本科大学酒店管理专业学科建设的基础是工商管理。也就是说酒店管理专业的学位教育的基础课程要以管理学科为基础，专业基础课程要能反映现代酒店产业发展理论与实践的最新成果，而核心专业课程的教学内容必须反映现代酒店运营与管理所需要的知识结构及相应的专业素质及能力培养要求。与此相适应，应用型大学酒店管理专业课程体系设计及教学内容，要能涵盖现代酒店企业生产、技术、服务、企业运作与管理等涉及酒店商业管理的主要过程。这要求其学位教育的标准要与国家职业教育的标准以及国际著名酒店管理企业的标准相结合，这是人才培养的规模、层次与需求决定的。而研究型大学中，该专业教学与研究领域的方向主要是基于学科建设与研究的需要，例如，接待服务的教学与研究，除了商业管理问题之外，还会更多地关注接待服务交换过程中的个人与社会发展的其他相关问题，其研究方法除了经济学及商业研究的方法之外，还会更多地应用社会学、人类学及跨文化研究的方法，为此，任重而道远。

欲实现上述要求，目前国内许多高校仍有许多困难或不足：一是学科专业发展的定位不清楚，一些“转型”大学事实上无论转为学位教育或转为职业教育都面临发展的瓶颈；二是专业教学的基础薄弱，一些高校较少或者根本不具备相应的专业课程教学的资源与能力，无法实施像烹饪艺术、专业餐饮服务技术、酒店运营管理实务、顾客服务管理等核心课程的教学；三是师资不足，不具备专业建设与发展的基础。例如一些高校只有少数，甚至是没有相应管理学学位及酒店管理专业教学经验的教师在讲授酒店管理核心专业课程。这也是我国高校人才培养质量不高，不能获得酒店业内或国际著名教育机构认可的主要原因。从专业发展的角度，随着国内酒店管理国际化水平的不断提高，应用型大学与国际酒店行业及企业的深入合作至关重要，合作的基础应该由企业的用人需要逐步转化成核心课程体系特别是核心实践课程体系的共同设计、人才培养过程的全方位合作以及制度化的专业建设与教学的合作交流等，这也是四川旅游学院与希尔顿集团独特的整建制、一体化合作建设四川旅游学院希尔顿酒店管理学院所达成的共识与目标。

在应用型大学酒店管理专业课程体系设计过程中，教学与实践的关系，学位教育与职业教育的关系一直是无法回避的问题。大学学位教育的过程显然是以理论教学为主的过程，但认为实践教学仅仅是方法也有失偏颇。因为知识来自理论，也来自实践。就某些专业教育来说，如学生在医学或工学等实践中的学习过程，仍然是非常重要的。应该引起重视的是，酒店管理专业的高等教育实践教学不应当仅仅归为学生实习，为此，要借鉴国际著名酒店管理企业的国际化人才培养经验，结合职业教育的国际或国家标准，通过设置核心实践课程体系及教学来培养学生专业能力及素质问题。目前，在我国尚无可持续的与学位教育相结合的职业教育等级标准的情况下，课程体系设计可以考虑借鉴国际的与学位教育相结合的职业教育等级标准的要求，这也是本套教材编译选择的标准及特色。同时，本套教材涉及的实践课程教学，需要有与其相适应的开放与实际运营的实践教学环境，并采用基于工作的学习方式的教学方法实施教学过程。为此，具体教学内容的组织，理论教学与实践教学的比例，教学的实践环境及设施设备条件的“真实性”，都具有重要意义。

另外，目前我国现行的高等教育旅游管理类专业的课程设置指导或规范要求也是应用型大学酒店管理课程体系设计不得不考虑的重要因素。与欧美等国家酒店管理专业几乎一枝独秀不同，我国酒店管理专业的学科与专业建设一直是旅游管理专业的附属部分，甚至没有相对独立的专业基础课程。需要注意的是，一个专业的建设既与这个专业的学科发展要求及人才需求取向有关，也意味着一个专业过多地承载相关的学科内容是有困难的。例如，“会展经济与管理”“旅游管理与服务教育”“烹饪营养与教育”等，前者涉及两个学科，后两者实际上涉及了三个不同的学科领域，这为专业教学与学生培养带来许多问题和困惑。我们承认就一个专业来说，特别是旅游与酒店管理类专业有学科交叉问题，但通过并行的或附属的专业设置来解决交叉学科的专业设置问题，可能不利于专业教学与学科的发展。特别是在“大旅游”的宏大学科背景下，我国高校酒店管理专业有被边缘化的危险，尽管学术界一直为此争论不休。基于此，本套丛书试图结合目前我国旅游与酒店管理专业设置的实际情况和四川旅游学院酒店管理专业建设改革内容，将酒店管理专业的专业基础课程集中于住宿与餐饮业管理相关的核心领域，以其抛砖引玉。

作为四川旅游学院希尔顿酒店管理学院核心专业课程教材，本套丛书是在英国培生教育与出版集团近年来出版的众多酒店管理经典教材中选择的，其选择编译的核心要求是以现代酒店业生产、服务与运营管理过程需要的知识结构为基础，将学位教育标准与国际职业教育标准相结合；将酒店管理独特的专业能力与职业素质要求相结合，并也能使该体系成为大学学位教育所要求的综合与创新型人才培养的一部分。同时，该套教材也反映了四川旅游学院希尔顿酒店管理学院人才培养模式及课程体系的主要特色，即基于培养国际酒店商业管理领导人才的目标，以学生未来个人职业发展为中心的结构型人才培养方案为基础，以形成人才培养目标与教学目标相结合的酒店管理核心课程体系及相应的核心课程的教学内容，这也是该套教材值得在国内推广及使用的价值所在。

（三）

为适应应用型大学教学的需要，本套教材集中了国际酒店管理教育的最新成果，也能反映以商业管理学科为基础的应用型大学酒店管理专业课程体系设计的要求及教学内容的特色，例如，本套教材多数是英国大学教育与国家高等职业教育证书（HND）的推荐教材；同时，这一体系也是目前四川旅游学院希尔顿酒店管理学院人才培养方案关于专业基础课程、核心专业实践课程、核心专业运营与管理课程体系设计要求及主要教学内容的集中体现。

本套丛书在体系构建与内容的关系上包括以下一些特点。

第一部分：本套丛书选择了《国际接待服务业概论》《住宿运营管理》《餐饮服务组织》三本教材作为专业基础课程教材。《国际接待服务业概论》是美国著名学者John R.Walker的著作，他在这一领域著述颇丰，这本选用的教材是该书的第七版。它以接待服务（Hospitality）这一特殊的研究现象及管理科学的理论为基础，通过大量的第一手资料，以实证研究的方法，在宏观上，集中阐述了接待服务业所包含的酒店与住宿、餐饮服务、休闲娱乐以及会展与活动等产业发展与管理的广泛内容。该教材能帮助学生以全新的视野来重新看待接待服务业这个世界上最大的产业，并可以通晓这一产业未来发展所需要的知识结构，以及学生个人未来在该产业的职业发展路径和应承担的领导角色。特别说明的是，该书可以作为国家教指委指定的“旅游接待业”的专业教材使用。

从整个产业发展的角度，国际酒店商业管理所涉及的教学与研究的主要领域是住宿业与餐饮业管理。“酒店管理概论”这一课程在中国酒店管理专业教育中沿用多年。该课程的最大问题在于，它是以住宿业的典型代表——“酒店”、旅游饭店或旅馆的企业运营管理过程为主要教学研究领域的。首先，它的教学内容已经不能反映住宿业发展的多样化，特别是接待服务业行业的发展现状与实践；其次，它的教学内容也不适宜作为酒店管理专业的基础课程，且不利于酒店管理学科专业的发展。为此，我们选用了《住宿运营管理》作为酒店管理专业住宿业管理的专业基础教材，将系统介绍住宿管理企业、住宿业务管理系统和住宿综合管理的基础知识。

作为本套丛书的特别之处，丛书选择了《餐饮服务组织》作为酒店管理专业的专业基础课程教材之一。它从宏观的角度，运用系统管理的方法，将整个餐饮服务业作为一个系统，分析如何最佳地将人力、材料、设备及运营等相关要素的投入转化为餐食、顾客满意度、员工效率与质量的输出，其内容涵盖了餐饮服务组织（商业餐饮与社会公共餐饮）运营管理系统包括的餐饮采购、生产、流通、服务、安全及卫生等运营管理的基础知识，同时，它还集中阐述了对餐饮服务组织系统控制及对管理者有重大作用的管理原则、领导能力、交流沟通及资源配置等管理与技术的相关问题。

第二部分：酒店管理专业“核心专业实践课程”的设计是四川旅游学院希尔顿酒店管理学院课程体系设计的主要特色之一。目前该核心实践课程体系的主要教学内容包括“烹饪艺术”“专业餐饮服务技术”“酒水商业管理”和“房务管理基础”等四门课程。其教学过程是通过基于工作过程的学习方式，要求学院能够提供真实的生产与运营环境进行教学。考虑到国内在酒水知识和酒店房务管理方面有成熟的教材，本套教材选用的《烹饪艺术》《专业餐饮服务技术》，前者系统阐述了作为管理者应具备的烹饪艺术与管理的知识，其中，专业烹饪与专业烘培两个领域是酒店管理专业学生学习的主要内容；《专业餐饮服务技术》则是从专业服务的角度，以专业服务者素质与能力要求为基础，使学生系统掌握专业餐饮服务的服务礼仪、服务技术与服务沟通的工作和实践的知识与技术。

特别需要指出的是，本套涉及核心专业实践课程的教材，都不是从传统的酒店部门管理角度出发，而是以餐饮与住宿活动管理对学生专业能力及素质的要求出发的。为此，特别强调了对学生在酒店业生产与服务职业能力提升训练的内容。在四川旅游学院希尔顿酒店管理学院，上述核心实践课程的教材是与希尔顿集团职业培训项目的国际标准配合使用的，其课程设置、教学目标、课程进度计划、教学方式及教学内容均充分结合了四川旅游学院与希尔顿集团的全方位合作要求的人才培养及国际酒店管理实践的特色。

第三部分：根据四川旅游学院希尔顿酒店管理学院强调运营（operations management）管理教学内容的设计要求，本套丛书重点选用了《住宿运营管理》《餐馆管理》和《酒水商业管理》三本教材。《住宿运营管理》始于住宿管理的一般要求，从分析顾客、员工与产品供应的关系入手，论述如何提高员工的工作能力与表现，不断提高酒店生产能力；通过成本与收益管理的分析，论述如何增加住宿企业收入及效益，以及如何通过解决顾客服务与质量管理中的主要问题，最终实现运营管理的目标。与此相对应，《酒水商业管理》教材涉及了学生未来在相对独立的酒水服务设施管理专业领域，诸如酒吧与俱乐部、休闲与娱乐活动运营管理活动中应掌握的理论和知识。应该说明，酒水商业管理作为相对独立的专业活动领域，也是现代接待服务业管理中日益重要的组成部分。

显然，酒店管理核心专业运营的管理课程设置及教学内容，也应更多地从学生未来专业发展和职业选择的角度出发。例如，本套丛书选择的《餐馆管理》教材，可以使学生通晓一个餐馆从规划开业、员工招聘培训与管理、菜单设计、餐饮生产准备、食品质量、餐饮服务、成本控制到设施设备管理活动的整个运营过程。其内容基于餐馆企业整体运作的规律，使学生掌握作为一个餐馆所有者或职业管理者应具备的专业背景与素质要求及相应的理论与实践的知识结构。

第四部分：在酒店运营管理课程的基础上，四川旅游学院希尔顿酒店管理学院核心专业管理课程，主要是基于管理科学在接待服务专业职能管理领域的应用。本套涉及酒店核心专业职能管理的教材选择了大家熟知的《酒店业人力资源战略管理》《酒店业组织行为》《酒店与旅游业市场营销》《顾客服务管理》等。这些核心专业管理理论课程一直是国内大学酒店管理专业课程中最重要的组成部分。其中，《酒店业组织行为》与《顾客服务管理》课程是首次作为核心运营管理课程开设。而我们所选择的这两本教材的特色在于：它们都突破了传统的人力资源管理与酒店服务管理方面课程的教学内容，并赋予这一专业领域新的概念与理论构架，它可以期待学生未来职业生涯中，从新的专业目标和专业方向领域的视角，形成分析与解决接待服务业理论与实际问题的专业能力。

最后，我们知道，借这套教材，说清楚我国应用型大学酒店管理专业课程体系设计的要求和教学内容及其相互关系是困难的。且这套编译教材也是“借花献佛”，但其重要的价值，也许是它结合了四川旅游学院希尔顿酒店管理学院教学改革的实践与思考。而我们更多的是希望国内大学酒店管理专业的师生能共享国际酒店管理教育一些成熟的经验与成果；我们期待抛砖引玉，跟各位同行一起，能为我国大学酒店管理专业的建设与发展贡献一份力量。

应该说明，这样一套教材的策划、编译及出版，是一个庞大的系统工作。四川旅游学院领导的大力支持，老师们教学改革的决心与努力，编译者的辛苦付出，都可想而知。

感谢广东旅游出版社的精诚合作与持续努力。

这套丛书无论在书目选编还是在内容的编译上，一定有许多缺点或瑕疵，我们真诚地希望国内的同行和读者不吝赐教，批评指正。

李力
于成都
2018年6月

译者序

杰里·格里森和美国烹饪学院合作编著的《烹饪艺术》（Introduction to Culinary Arts）一书是四川旅游学院希尔顿酒店管理学院选用的众多经典教材之一。根据四川旅游学院希尔顿酒店管理学院人才培养方案的要求与希尔顿集团专业人才职业技术资格的标准，“专业烹饪”和“专业烘焙”被确认为学院酒店管理本科专业的核心专业课程体系的两门重要的核心专业实践课程。

《烹饪艺术》一书的内容丰富，也极具特色。考虑到教学的需要，我们重新设计了该书的篇章结构：第一篇是烹饪基础知识，包括烹饪与标准食谱、调味、刀具与小型器具、烹饪准备和烹饪的方法；第二篇是专业烹饪，这是本书的重点，涉及的内容有早餐食物、冷餐、三明治与开胃菜、水果与蔬菜、谷物与面食、汤与酱汁、鱼类与贝类和肉类与家禽等的烹饪艺术与技术；第三篇为专业烘焙，主要内容有发酵面包与甜点的制作；第四篇是厨房管理，主要讲授食品卫生、厨房安全管理与厨房设备管理的知识。该书内容知识涉猎广泛，且逻辑清晰，结构合理，非常适合酒店管理本科专业的学生使用，但对国内部分酒店管理专业的教学来说，无论在师资，还是在实验实训的设施设备及教学环境上，都会有更高的要求。

作为酒店管理专业的核心课程教材，该书的内容与体例显然反映的是西餐烹饪艺术与管理的主要内容，它的意义在于：一方面，作为学习国际酒店管理专业的学生，掌握一些基本的西餐烹饪艺术与管理的概念、术语与词汇，对今后的创新创业与个人职业发展是重要的；另一方面，在具体的课程教学过程中，尽管教师也会结合其他中式烹饪艺术的教材进行教学，但该书教学内容的科学、规范与实用性，可以帮助酒店管理专业学生系统掌握中外烹饪艺术与管理工作过程的主要内容。通过学习本书，也为学生从事国际接待服务业管理工作，特别是管理一个国际酒店管理企业提供重要的基础。

参加本书编译的有：四川旅游学院希尔顿酒店管理学院的袁新宇、姜程（第1～8章）、李晓（第9～11、14～16章）、郑洪（第12～13章）、李燮昕（第17～19章）。四川旅游学院的袁新宇教授组织了本书的编译工作；华南理工大学李力教授审定了全书，并根据使用的要求调整了本书的结构和部分内容。

应该说明，在国内高校酒店管理专业中，由于资源的限制，开设烹饪艺术与管理课程并不普遍。但基于酒店管理专业的建设与发展来看，通过专业学习，使学生能够通晓现代酒店生产、技术、服务、运营与管理全过程的基本理论与实践具有重要意义。为此，四川旅游学院希尔顿酒店管理学院核心专业实践课程体系设计与教学实践的探索还是初步的，抛砖引玉，恳请国内外同行批评指正。

译者
2020年9月

目　　录

第 1 篇

烹饪基础知识

第 1 章 标准食谱

学习目标 / Learning Objectives

- 厨房的食谱应如何组织编排才最合理?
- 什么是标准化食谱? 一份标准化食谱是如何组成的? 它有何作用?
- 如何根据阅读食谱? 什么是 PRN 食谱阅读法?
- 了解食谱所列原料的测量标准和系统，掌握相关测量技巧。
- 描述一种需要按照份数制定食谱的情况，并说明如何进行相关操作。

1.1 了解标准食谱

1.1.1 食谱的选择

食谱是菜品制作原料和烹制步骤的书面描述。

厨师会通过许多来源收集和调整食谱（包括从其他厨师和餐厅处收集）。以下是食谱的五个常见来源：

- **烹饪类书籍** 书店和图书馆中均能找到不少烹饪类书籍。它们既可供专业厨房使用，也可供家庭烹饪参考；既有通用类书籍，也有专门介绍某种特殊菜式或烹饪风格的书籍。
- **烹饪类期刊** 以大众为目标群体的报纸和杂志经常不吝篇幅介绍食物菜谱。某些商贸类杂志和期刊也为餐饮服务商、厨师、面点师、餐饮服务专业人员出版食谱。
- **食品生产商和餐馆设备制造商** 不难理解，食品生产商和餐馆设备制造商会大量提供食谱，以鼓励消费者使用其产品。这些食谱可通过报纸或杂志的广告、小册子和网站等途径刊发。
- **烹饪大赛** 赞助烹饪大赛的组织有很多，他们通常会在烹饪书籍、期刊和互联网上展示获奖食谱。
- **互联网** 互联网上有很多免费的食谱、食谱信息库，以及日益繁多的订阅服务，如果愿意，我们也可以在这些网站上创建、组织自己的食谱集。

1.1.2 食谱的组织编排

厨师通常会有为数众多、来源各不相同的食谱。为了最大限度地利用好手头的信息，往往需要找到一些方法来组织食谱，以便快速获取所需信息，并利用这些食谱创建或更新自己的菜单。下面将介绍几个组织食谱的方法，如将打印或复印好的食谱分别做好标签，分类放入笔记本或文件中，或是利用食谱管理类软件或相关应用程序等。

食谱可以以组为单位分类存放，便于提取。食谱类别可以以地区性菜品为划分标准，也可以以民族性菜品、烹饪所需主料、菜品在菜单中所占位置等为划分标准。

无论怎样，一本组织合理、能帮助厨师便捷地找到所需信息的食谱集，对于厨师而言，是一件重要的工具。

常见菜谱分类	
分组依据	**可能的菜谱类别**
地区或民族性食谱	地中海、德克萨斯州、俄罗斯等
历史上的食谱	中世纪的英格兰、殖民地时期的美国等
以特定食材为主料的食谱	鱼、鸡、西兰花、蘑菇等
以菜单功能为界定的食谱	开胃菜、主菜、配菜、甜品等
以用餐类型为界定的食谱	早餐、早午餐、午餐、晚餐、宴会、自助餐等
使用特定烹饪方法的食谱	烘烤、翻炒、烧烤、炖、嫩炒等
针对特定饮食需求的食谱	糖尿病患者、素食主义者等

1.1.3 标准化食谱

为满足厨房的需要，人们设计了标准化食谱。使用并撰写标准化食谱是专业厨师必不可少的一项工作，这种食谱与我们在市面上看到的书籍或杂志等出版类食谱有所不同，它是为某一餐厅量身打造的，能够帮助该餐厅管理食品采购、食品生产、食品安全，并且节约成本。

标准化食谱的作用

标准化食谱有助于餐饮服务机构：保障质与量的稳定；提高采买与备制食物的效率；减少浪费，降低成本；为客人提供稳定的用餐体验，提高顾客满意度；服务人员能够准确、如实地回答客人的问题（例如某一道菜品中使用了哪一种油，这对某些有过敏问题的客人而言至关重要）；提供准确的可用信息，确定某一食谱或每份餐食的成本。

标准化食谱的组成部分

一份标准化食谱可能由许多部分组成，以下内容几乎在所有标准化食谱中均有体现：

- **标题** 食谱的标题标明食物或菜品的名称。
- **食谱类别** 通过为食谱进行分类，我们可以对其进行分组、整理，以便日后查找。例如，有时候，一些简单的菜品可以用在其他菜品当中，前者因此可以列入基础菜品一类。餐厅即可据此制作一份基础菜品食谱，其中列有煮米饭、焙土豆，或者制作某些酱料的食谱。
- **食谱产量** 标注的是食物的产出，可用以下一种或几种方式描述：总重量、总体积、总份数。通常指呈现给一位客人的食物量，可以以片数来计，也可以以重量或体积来计。
- **原料列表** 这一项是食谱当中最重要的环节。原料按照使用顺序排列，列表中包含该食谱所需要的原料名称和数量，也可能包含一些必要的前期准备（如修剪、去皮、切丁、融化和冷却）。原料列表中也可能标明某一具体品种或品牌。当然，由于标准化食谱中确定了烹饪所需食材的数量或重量，餐厅即可据此确定每种原料的采买数量。
- **所需设备** 食谱还可能列出备餐、烹饪、储存、侍餐所需要的相关设备。这一信息可能出现在食谱当中，但一般来说，大多数食谱都不会特别标注所需设备，厨师需要依靠自己对厨房烹饪知识的理解来选择适当的设备。
- **烹制方法** 包括制作菜肴所需的详细步骤，还可列出适当的设备和安全处理食品的关键控制点。
- **装盘侍餐** 食谱可能会介绍食物如何进行分配、如何收尾装盘、如何进行适当点缀（如配菜，酱汁和装饰）以及正确的侍餐温度。
- **危害分析和关键控制点（HACCP）** 危害分析和关键控制点要求我们能识别关键控制点，通过它，我们可以预防、消除或降低危害。食谱可能会单独列出这些关键控制点，也可能将其融入具体的烹制方法或装盘侍餐部分当中，也可能列入原料列表中。通常情况下，如果食谱中包含准备、存放和再加热的温度和次数的内容时，就会涉及关键控制点。

配方卡・蓝莓玛芬蛋糕

成品： 一打（12个）玛芬蛋糕

原料

16盎司（3¾量杯）	中筋面粉（外加2量勺用以包裹梅子）
1½茶匙	泡打粉
½茶匙	盐
¼茶匙	磨碎的肉豆蔻
4盎司（½量杯）	常温下的黄油
8盎司（1量杯）	糖
1个	大颗鸡蛋
6 盎司	牛奶
½茶匙	香草精
1杯	蓝莓（洗净并沥干）

设备

电器： 烤箱，立式搅拌机

厨具： 玛芬蛋糕模具，锡纸衬垫，冷却架

手持工具： 秤（可选），量杯，勺子，筛子，搅拌钵，搅拌器，橡胶刮刀，2盎司勺

制作步骤

1. 预热烤箱，升温至400℉。用锡纸衬垫放入模具，或向模具喷洒烹饪喷雾剂。
2. 将16盎司面粉筛入泡打粉、盐和肉豆蔻粉中。
3. 用一个单独的碗，将牛奶、鸡蛋、香草精进行混合。
4. 在立式搅拌机中将黄油和糖搅拌至轻薄、光滑，约需2分钟。
5. 将面粉分三次加入立式搅拌机，低速搅拌，与液体原料混合均匀。
6. 将立式搅拌机的速度调至中等，使面糊达到完全均匀，约需2分钟。
7. 将2量勺面粉和梅子混合，均匀包裹。然后将蓝莓均匀地洒入面糊。
8. 用2盎司勺往每一个蛋糕模中装入⅔满的面糊。
9. 烤制玛芬蛋糕至轻轻按压蛋糕顶部有弹性，需18～20分钟。
10. 将玛芬蛋糕放入蛋糕盘，置于冷却架上冷却约5分钟即可。

注意：

1. 需在温热或室温条件下食用。如果需要，可在食用前剥去蛋糕外层的锡纸衬片。
2. 应存放于有盖的密封容器中。

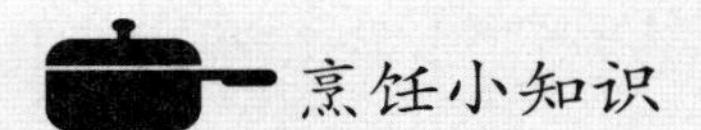

重量还是体积?

在上述蓝莓玛芬蛋糕的配方中，你是否注意到面粉、黄油和糖所标注的量有两个?这是因为两个数据中，第一个数据的测量标准是重量，第二个则是体积。那么，我们应如何判断何时以重量为测量单位，何时以体积为测量单位呢?

在标准配方中，如果是干燥食材，且仅有几量勺的量，那么通常使用重量而不使用体积。以蓝莓玛芬为例，食谱中的16盎司面粉，即相当于1磅重的面粉（属于重量单位）。但食谱中同时也显示了3¾量杯的等效体积单位。因此，标注规律如下：如果干燥食材以盎司为计量单位，则以重量为计数单位。如果手头无秤等工具，则需要将重量转换为体积计量单位。

研究调查

称量16盎司面粉和16盎司爆米花，比较这些相同重量物体的体积。现在，你能看出为什么不将重量测量与体积测量相混淆的原因了吧?

1.1.4 食谱阅读

在你开始为烹饪工作做准备之前，阅读食谱是很重要的，它可以帮助你的工作更有效地进行，让你做好工作规划，并正确地准备菜肴。为了更好地理解和应用标准化菜谱，你最好使用PRN法来阅读菜谱。

PRN 食谱阅读法

Preview 预习，进行大致了解

Read 研读，关注食谱所列的具体细节

Note 记录，写下烹制过程中所作调整和计划

以下是我们阅读食谱时可能需要自问的一些问题：

- **制成产量** 依据食谱，制成品的产量是否足够?还是过多?
- **原材料** 你熟悉所有的原材料吗?你手中的材料齐全吗?如果不齐全，可以用替代品吗?你熟悉所有原材料的备制步骤吗?一些食谱可能不会列出所有步骤，需要依靠你自身的经验和知识做出适当的判断、选择。
- **方法** 你是否已掌握烹制方法部分所提及的技术?你拥有全部必要设备吗?如果没有，是否有其他替代性烹制方法?如果选择其他方法，烹制时间和步骤上是否需要进一步调整?

- **时间把控** 你需要对食谱所列时间进行调整吗？哪些食材必须提前准备好？需要预热设备吗？
- **侍餐与存放** 制作完成的菜品应当如何处理？有没有适当的装饰或点缀？是否已认真查看服务指引与关键控制点指引？

如果在预览、阅读食谱的过程中需要对其进行调整，请务必进行相应的记录。

1.1.5 测量标准与系统

测量标准

食谱所列原料的数量有三种测量标准：个数、体积、重量。除此之外，在购买原材料时，可能还会涉及其他测量标准。这些标准被统称为购买单位。

- **个数** 如果原料在食谱中的数量以完整物体的数目为计量单位，我们就说它是以个数计量。个数计量法可确保这些原料都能按照相关标准进行加工、分装和包装。鸡蛋、虾、黄油等，都是可个数计量的标准化原材料。对于非标准的原材料，数量测量的精准度就会偏低。比如去皮、去核的苹果，其重量取决于苹果的大小和损耗的多少。同理，一位厨师的小蒜瓣对于另一位厨师而言，可能就是中等蒜瓣。
- **体积** 固体、液体和气体所占空间即它们的体积。体积测量法最适用于液态物体和少量干燥原料的测量，比如香料和烘焙粉。手持工具当中，量杯、量勺、长柄勺和量铲都可以用来测量原材料的体积。
- **重量** 重量测量法多用来测量原材料的量或质量。秤能测量任何原料的重量，无论干湿。重量测量法通常因其精确性而优于体积测量法。

测量体系

测量重量和体积时，可能会运用到美式测量体系或者公制测量体系。

测量体积时，美式测量体系多使用盎司、品脱、夸脱和加仑等单位，食谱中则经常使用家庭单位，如茶匙、量勺、量杯等。而公制测量体系多以毫升、升等为体积测量单位。

测量重量时，美式测量体系以盎司和磅为单位，公制测量体系则多为毫克、克、千克等。要注意，在一些食谱中，常常会使用度量单位的缩写。例如，一茶匙可能简写为1tsp或者直接写为1t，一量勺可能写成1Tbsp或者1T，一量杯可能会写成1c，一加仑可能写成1gal或者1G。

1.1.6 测量技巧

为保证测量的准确性，测量时应注意使用以下技巧：

- **测量干物体积** 应填满测量容器，清除多余的量。一些原材料在称量时需要进行包装（压缩），如红糖或绿叶蔬菜。

- **测量液体体积** 在平坦的台面上放置一个刻度清晰的量杯或其他透明容器。测量时，眼睛应平视刻度，慢慢加入原料。
- **测量重量** 应选择适合食物大小的秤。

使用食物秤时，请务必注意计算皮重。即先将容器放在秤上，并将刻度重新设置为零。如果刻度不能重置，则需记下皮重，称量食物后再减去容器的相应重量。

测量技巧		
测量项目	**技巧**	**工具**
固态物体积	填满容器；清除多余的量。	量杯，量勺
液态物体积	将容器置于平坦的台面上；注入液体至正确的标尺；眼睛平视标尺；如有需要，进行调整。	带有刻度的容器、量杯、量勺
重量	设置皮重；将食物放在容器内，上秤；读取重量，增减食物。	磅秤、能够放置于秤上的食物托盘或容器

小测验

概念复习

1. 什么是食谱分类？举出三个食谱分类的例子，并说明将食谱整理分类有什么好处。
2. 多数标准化食谱中都会出现的部分有哪些？
3. PRN食谱阅读方法的步骤是什么？
4. 1加仑相当于多少夸脱？1夸脱相当于多少品脱？1品脱相当于多少杯？1杯相当于多少盎司？
5. 皮重是什么？为什么说它对标准化食谱的配料称取非常重要？

发散思考

6. 列出两种可以用于多种食谱类别的食材，并列出其类别。
7. 解释标准化食谱是如何帮助采购和提高前期准备效率的？
8. 1加仑大约相当于多少升？

厨房实践

以团队为单位，利用公制测量体系和美式测量体系，分别测量并记录1/4量杯的面粉、白砂糖、花生、爆米花、熟米饭、生米、水、水果汁和蜂蜜的重量。讨论同一体积条件下两种称量体系所测得的不同重量。不同团队就记录结果的差异进行讨论。

烹饪语言艺术

为一道你所熟知的简单菜肴编写菜谱，编写时需尽可能地包含标准化食谱中应具备的所有内容。

1.2 食谱调整

1.2.1 调整食谱的比例

有时候，你需要做的食物，会远远高于食谱的要求。有时候则与此相反。当食谱产量不符合实际需求时，应该怎么办？

你可以调整食谱的比例。缩、放食谱所规定的用量，意味着改变食材的数量，以获得所需要的产量。也就是说，你可以扩大规模以增加产量，或缩小规模以减少产量。

我们可以按比例对食材用量进行放大或缩小。方法如下：

1. 找出食谱转换系数（以下简称RCF）：

$$\text{RCF}=\frac{\text{想要的产量}}{\text{食谱的产量}}=\frac{\text{新产量}}{\text{旧产量}}$$

2. 用RCF乘以食谱上确定的每种食材的用量。

现在来尝试缩放一个食谱。你可以先把煮白米饭的基本食谱放大，接着再将它按比例缩小。

配方卡·煮白米饭

成品： 10份白米饭　　**每份：** 1碗

原料

2½量杯	白米
1茶匙	盐
6盎司	水

按比例放大

根据食谱，煮熟2½杯的米，将获得10份白米饭（每份是1碗）。但眼下你实际需要制作40份白米饭，那么，共需要多少材料？

我们可以按比例对食材量进行放大。如下所示：

1. 放大食谱的比例，计算出RCF：

$$\text{RCF}=\frac{\text{新的产量}}{\text{旧的产量}}=\frac{40}{10}=4$$

2. 用RCF乘以食谱中每种食材的原始用量，如下表所示：

食材	原始用量	RCF	新的用量
白米	2½量杯	×4	=10量杯
盐	1茶匙	×4	=4茶匙
水	64液体盎司	×4	=256液体盎司

也就是说，要做40份白米饭，共需10杯米、4茶匙盐和256盎司（2加仑）的水。

烹饪数学

分数的换算

在我们称量食谱中的食材时，例如，RCF为$\frac{40}{20}$，我们可以改变分数的形式，使运算更为简单。

你可以将分数转换成小数，也可以将分数化简，这两种方法的运算结果是一样的。

将分数转换为小数

用分子（上方数字）除以分母（下方数字）。

$$\frac{\text{分子} \rightarrow 40}{\text{分母} \rightarrow 20} = 2$$

化简分数

分子分母同时除以相同公约数。

$$\frac{40 \div 10}{20 \div 10} = \frac{4}{2}$$

继续上下同时除以相同公约数，直到变成最简形式。如下，选择的公约数为2。

$$\frac{4 \div 2}{2 \div 2} = \frac{2}{1} = 2$$

计算：

1. 将以下分数转换成小数（可能要四舍五入）：$\frac{5}{20}$，$\frac{30}{15}$，$\frac{25}{5}$，$\frac{16}{32}$，$\frac{15}{12}$，$\frac{8}{40}$，$\frac{4}{9}$，$\frac{5}{27}$。

2. 化简以下分数：$\frac{5}{15}$，$\frac{4}{20}$，$\frac{6}{36}$，$\frac{45}{7}$，$\frac{16}{32}$，$\frac{100}{5}$，$\frac{3}{9}$，$\frac{17}{9}$。

按比例缩小

如果我们已知制作10份白米饭所需要的食材数量，那么，假设现在只需要做5份白米饭，一共需要多少食材？

我们可以按比例对食材量进行缩减。如下所示：

1. 缩小食谱的比例，计算出RCF：

$$\text{RCF}=\frac{\text{新的产量}}{\text{旧的产量}} = \frac{5}{10} = \frac{1}{2} = 0.5$$

2. 用RCF乘以食谱中每种食材的原始用量，如下表所示：

食材	原始用量	RCF	新的用量
白米	2½量杯	×0.5	=1¼量杯
盐	1茶匙	×0.5	=0.5茶匙
水	64液体盎司	×0.5	=32液体盎司

也就是说，要将食谱缩小成为5份白米饭的产量，我们只需要1¼杯米，0.5茶匙盐，32盎司（1夸脱）的水。

烹饪数学

分数的乘法

按比例缩小原料用量时，会需要用分数（假设为2½）与RCF（假设为 $\frac{3}{10}$ ）相乘，而这个RCF可能是分数，也可能是小数。

分数与分数相乘

将完整的数字和分数转化为一个单独的分数：

$$2\frac{1}{2}\text{茶匙}=\frac{2}{1}+\frac{1}{2}=\frac{4}{2}+\frac{2}{1}=\frac{5}{2}\text{茶匙}$$

将这个分数与分数形式的RCF相乘（分子乘以分子，分母乘以分母）：

$$\frac{\text{分子}\rightarrow 5\times 3}{\text{分母}\rightarrow 2\times 10}=\frac{15}{20}$$

然后再进行化简：

$$\frac{15\div 5}{20\div 5}=\frac{3}{4}$$

分数与小数相乘

首先将分数转化为小数。即先将完整的数字和分数转化为一个单独的分数，然后用分子除以分母，转换为小数：

$$2\frac{1}{2}\text{茶匙}=\frac{2}{1}+\frac{1}{2}=\frac{4}{2}+\frac{1}{2}=\frac{5}{2}=2.5\text{茶匙}$$

然后再用这个数字乘以RCF：

$$2.5\text{茶匙}\times 0.3=0.75\text{茶匙}$$

要将此小数转换为分数，可先以100作为分母：

$$0.75=\frac{75}{100}\text{茶匙}$$

然后再对此分数进行化简——在这个案例中，只需分子分母同时除以25即可。

$$\frac{75\div 25}{100\div 25}=\frac{3}{4}$$

计算

1. 运算下列算式：$\frac{3}{4}\times\frac{1}{2}$，$\frac{1}{2}\times\frac{1}{2}$，$\frac{2}{3}\times\frac{1}{2}$，$\frac{3}{5}\times\frac{1}{2}$，$\frac{4}{5}\times\frac{2}{3}$。

2. 化简以下分数：$\frac{3}{4}\times 0.5$，12×0.25，$\frac{2}{3}\times 0.5$，$\frac{3}{5}\times 0.25$，$\frac{4}{5}\times 0.6$。

1.2.2 按上菜分量称量原料

餐饮服务机构随时会根据实际情况对菜肴的分量进行调整。例如，如果将主菜变为开胃菜，那么其分量自然就要相应减少；或者如果有客人投诉某菜肴的分量太少，主厨也会酌情其分量。

根据菜肴分量减少食谱中食材的用量时，应以食谱的产量为依据。食谱的产量可以表示为：份数 × 每份的大小。

计算RCF

要改变食谱中食材数量的大小，须先算出RCF：

1. 计算原产量。

$$原产量 = 原始菜肴份数 \times 每份大小$$

2. 计算新产量。

$$新产量 = 新的菜肴份数 \times 每份大小$$

3. 计算RCF。

$$\mathrm{RCF} = \frac{新产量}{原产量}$$

4. 用RCF乘以食谱中的每种食材的原始用量。

如果根据食谱，已知用定量食材，可制作10份白米饭（每份1碗），那么如果需要做40份白米饭（每份为¾碗），每种食材的用量应该是多少？

按新分量计算食谱食材用量

如何以新的菜品分量为基础，根据食谱计算出新的食材用量？

1. 计算原产量。

$$原产量 = 份数 \times 每份大小 = 10份 \times 1量杯 = 10量杯$$

2. 计算新产量。

$$新产量 = 份数 \times 每份大小 = 40份 \times \tfrac{3}{4}量杯 = 30量杯$$

3. 计算RCF。

$$\mathrm{RCF} = \frac{新产量}{原产量} = \frac{30}{10} = \frac{3}{1} = 3$$

4. 用RCF乘以食谱中的每种食材的原始用量，即可按分量大小转换食材用量：

食材	原始用量	RCF	新的用量
白米	2½量杯	×3	=7½量杯
盐	1茶匙	×3	=3茶匙
水	64液体盎司	×3	=192液体盎司

也就是说，按比例缩小后，根据新的菜品分量，做40份白米饭需要的食材用量如下：7½量杯米，3茶匙盐，192盎司（6夸脱）的水。

1.2.3 以可用原料为基础制定食谱

有时，餐厅可能需要依据现有主料的数量来调整食谱。这种情况之所以会发生，是因为餐厅可能会大量采购当季的食材，或者接到临时预定，需要立即设计菜单。

以某种食材为基础制定食谱

要以某种食材为基础制定食谱：

1. 找出食谱中规定该食材的原始用量，再找出目前实际可用食材数量。

2. 计算RCF。

$$\text{RCF} = \frac{\text{可用食材数量}}{\text{食谱中的食材用量}}$$

3. 计算出新产量。

$$\text{新产量} = \text{旧产量} \times \text{RCF}$$

4. 用RCF乘以食谱中的每种食材的原始用量，算出新用量。

$$\text{新用量} = \text{原用量} \times \text{RCF}$$

举例来说，假设有客人紧急预定了你所在餐厅的宴会包厅。厨房目前刚好有5磅去皮、无骨的有机鸡胸肉可供使用。根据食谱，18盎司鸡胸肉可制成12杯特色鸡胸肉，每份为1½量杯，即共可制成8份菜品。那么，厨房里的鸡肉存量足够依据食谱烹制出40份特色鸡胸肉吗？

在食材定量的基础上计算RCF

要根据可用鸡肉的数量决定食谱的规格：

1. 将新、旧食材用同一单位表示出来。

$$\text{食谱规定的鸡肉用量} = 18\text{盎司}$$

$$\text{实际可用的鸡肉量} = 5\text{磅}$$

$$1\text{磅} = 16\text{盎司，所以}5\text{磅} = 80\text{盎司}$$

2. 计算RCF。

$$\text{RCF} = \frac{\text{新产量}}{\text{原产量}} = \frac{80}{18} = \frac{40}{9} = 4.44$$

3. 计算出新产量。

$$\text{新产量} = \text{原产量} \times \text{RCF} = 8\text{份} \times 4.44 = 35.52\text{份}$$

也就是说，如果只有5磅鸡肉，就只能做出35份菜肴，做40份菜是完全不够的。进行食谱规格计算之后，就能够决定是要紧急采购足够的鸡肉来应对，还是减少每一份的份量。

1.2.4 使用有比例的食谱

食谱分量的大小，会导致前期准备工作有所不同，如：烹饪菜品的温度，烹饪时间，不同大小的锅具，或可能需要调整调味品。

- **烹饪的温度与时间** 首先使用原来的烹饪温度和时间，仔细观察，等待出现预想的结果，然后查看食材的内部温度。同锅烹饪多种食材时，需要延长烹饪时间（或者也可以尝试将温度升高25℉）。如果是烘焙面包、蛋糕或者派，食材是原有食材的一半，烹制时间可能就是原有时间的2/3～3/4。
- **锅具的大小** 选择锅具时，要尽量保证锅具能够容纳全部食材。如果食材数量加倍，那么锅具的体积也需加倍。

如果锅具的大小未能容纳全部食材，那就需要调整烹制的时间、温度以及液体的量。

- **调味** 调整调味品的量时，一开始必须少量添加，盐的使用尤其如此。每次加料后均须进行品尝。例如，制作2倍分量的菜品时，一开始只添加原来1½倍的调味品，而后进行品尝。如果能够加以记录，那么就可以修改菜谱以备未来使用。
- **按比例为食谱备制食材的局限** 有些食谱很难顺利按比例进行备制。例如一些精致的食物（比如舒芙蕾）、使用酵母的烘焙产品，就很难进行按比例分配。一般来说，不要用这种方法来备制一些单份的大件食物，例如蛋糕、派以及面包。制作这些食物时，可以按比例准备食材，但要分批烤制很多炉以达到要求。

食谱不能绝对化地按比例分配。一些厨师认为，烹制的食物量一定不能超过原有食谱规定量的4倍或者低于原有量的1/4，更为谨慎的厨师则认为上下浮动因数应该在2以内。如需要更大的改变，则应调整所用设备以及烹饪方法。

1.2.5 生食成本

将食谱以规范形式书写下来，而后根据所需产量进行转换，这样做的一大优势在于：厨师能够以此为依据准确得知需要购买的食材数量。

这个过程中会需要一些度量单位之间的转换，这是因为食谱所列食材量与在市场购买食材量的单位不同，故食谱所列的食材量需要首先转换成购买单位。购买单位，描述的是原材料买卖时的单位，可能论磅出售，可能装袋、装罐、成箱、成束或是成片出售。

某些原料，尤以水果、蔬菜、肉类、鱼类、家禽为甚，需要进行修剪、去骨、去皮、去核等操作，而后才能用于烹饪。这些损失所导致的变化称为产量比。举例来说，如果我们需要2量杯欧芹碎制作酱料，要先将量杯换算成盎司。如果我们知道在给欧芹去茎的过程中要损失约60%食材，便可得知需要购买的欧芹数量。这个需要购买的量，就叫作购买量。我们在食谱中使用并呈现给客人的量，则叫作食用量。

购买食谱所列食材所花的费用叫作生食成本。生食成本可以用两种方法进行计算：一是将食谱所列全部材料的花费相加，得出生食总成本；二是用生食总成本除以制作的菜品份数，得出单份成本。

厨师既要考虑采购食材的成本，也要考虑其质量。对可供选择的不同食材所产生的成本进行比较，就能知道应该选择购买未经处理的食材，还是已处理、分装的食材。如果价格更高，那么就要明确是否食材的质量更好，或是量更大。厨师还要考虑厨房工作人员是否有充足的时间、适当的设备和充足的技巧来拆分整只家禽或是为鱼剔骨、切片。

有关食材准备所需成本以及每份成本的准确信息，对餐厅的成功经营至关重要。这些信息会成为菜品定价的依据。

1.2.6 专业化食谱与家庭食谱的转换

专业化食谱是用于专业厨房中的，重在制作一定份数的菜品。但同时，这些食谱也要以专业厨房购置的食材类型为依据。为将这些专业化食谱转化成为当地报纸、大众类博客、普通烹饪书籍所常用的食谱，就必须对其进行调整。调整时需要考虑五个因素：难易程度，制作份数，所用原料，使用设备，专业名词的使用。

首先，需要仔细阅读食谱，并估量菜品属于以下哪种情况：简单、略微复杂，还是极为复杂。简单的食谱所需食材较少，制作方法简单，也不需要任何不常用或是昂贵的原料或设备。略微复杂的食谱所需食材较多，可能需要一些前期准备工作（例如酱料制作或原料腌制），也可能有额外制作的用料，例如馅料。而极为复杂的食谱则往往需要许多额外的制作工序（例如和面、制馅、制酱、装饰等），甚至可能需要几天的时间才能完成。

如果遇到极为复杂的食谱，我们可以适当选用一两种即食食物来减少额外工序，以简化自己的工作。如果遇到略微复杂的食谱，我们可以对制作步骤进行详细的描述，并且指出一些不常见食材或设备的购买地点，以方便读者进行操作。

接下来，我们必须要对制作的份数进行调整。大多数家庭习惯使用4~6人份食谱，因此我们应当据此进行相应调整。

调整分量后，我们需要考虑家庭烹饪所使用的锅具种类，也可能需要对烹饪时间和温度进行调整，因为家用灶具所能达到的温度也可能与专业厨房有所差异。

专业化食谱所使用的词汇，对于家庭厨师而言可能并不熟悉，因此我们有必要用便于理解的词句对食谱进行重新撰写。检验对专业化食谱的转化是否成功，最好的办法就是邀请一位非专业领域的朋友或家庭成员根据所写食谱进行备餐，并征求他们的意见。

小测验

概念复习

1. 如何按照比例增加产量？
2. 如何通过改变每份分量来确定食材用量？
3. 如何以现有食材为基础确定食材用量？
4. 所有菜品都可以依据比例加量、减量吗？
5. 如何运用生食总成本来决定单份成本？
6. 将专业化食谱转换为家庭食谱时，应考虑哪5个因素？

发散思考

7. 根据某食谱，可提供10份菜品。但你现在需要为15人服务，如果要保证每份菜品分量不变，那么RCF应为多少？

8. 如果要增加菜品份数，同时减少每份的量，那么总产量会产生什么变化？解释原因，并举例说明。

9. 为什么说同时烘焙多份菜品可能需要提升烤箱的温度？

厨房实践

假设你要为全体成员制作晚餐。你需要根据食谱，计算出所需主料的总量，并与厨房现有的食材量进行对比，看看是否足够使用。如果不够，请以现有主料为依据，计算出你能够制作多少菜品。

烹饪小科学

研究美国重量、液体容积、固体体积等度量单位的历史，并对美式、英式度量衡体系进行比较。请阐述你的认识。

复习与测验

内容回顾（选择最佳答案）

1. 什么是标准化食谱？（ ）

A. 制作一份餐食的食谱　　B. 跟所有烹饪书籍类似的食谱

C. 制作四份餐食的食谱　　D. 为某一厨房专门设计制作的食谱

2. 一份食谱中确定备餐量为10份，食材中需要¼量杯的蛋汁。如果要备30份餐，需要多少蛋汁？（ ）

A. ¾量杯　　B. 1⅓量杯　　C. 3量杯　　D. 12量杯

3. 以下哪一项不是标准化菜谱必须包含的内容？（ ）

A.食谱类别　　B.产量　　C.原料列表　　D.所需设备

4. 以下哪一项等式两边是不平衡的？（ ）

A. 1量杯=8盎司　　B. 1量杯=10茶匙　　C. 1夸脱=2品脱　　D. 1量勺=3茶匙

5. 根据一份标准化食谱，使用½量杯蒜末，能够备餐20份，每份¾量杯。那么，如果需要备餐15份，每份½量杯，共需使用多少蒜末？（ ）

A. 2量勺　　B. 4量勺　　C. ½量杯　　D. 1量杯

概念理解

6. 解释阅读食谱所用的PRN方法。

7. 描述一种需要按照份数制定食谱的情况，并说明如何进行操作。

8. 为何要将食谱进行分类？列举两种以上能够用于鸡蛋沙拉的类别。

9. 解释为何在改变食谱数量后要对其进行调整？调整应如何进行？

10. 如果生食总成本为66美元，而这一成本能够准备8份餐，那么单份生食成本是多少？

发散思考

11. **得出结论** 为什么在读取量杯等容器上的刻度数值时，一定要使用清透的容器，并且保证视线与刻度平行？

实际应用

12. **解决问题** 某一厨房肉食秤上的食品托盘重8盎司，一位厨师想要称量2磅重的牛肉用来做炖菜，但是忘了设置皮重，结果他实际称取了多少盎司牛肉？如果需要制作8份炖菜，则每份含有多少牛肉？每份比原计划少了多少？解释这一失误可能给餐厅带来的后果。

烹饪行业知识

美食传播业

美食传播行业包含写作、编辑、宣传或广告、编剧、美食评论与书评、摄影、电视和美食讲座等，囊括了新闻、杂志、书籍、广播、电视和网络上所有与美食相关的话题。这一领域的职业丰富多样，既有美食作家，也有烹饪节目制作大师。你可曾为一本书或杂志封面上令人垂涎欲滴的美食照片所吸引，进而对其爱不释手？这就是美食摄影师和造型师每日工作的目标。

美食作家是在食物和烹饪方面具有良好基础知识的传播工作者。他们撰写、编辑拥有巨大市场的美食书籍，或向相关杂志、报刊投递文章。撰写这类文章需对烹饪技艺和厨房运作有深入研究。美食博客所写的美食相关话题种类繁多，一些博主以此获得收入，一些博主则以此作为宣传自己、提升知名度的途径，为将来走向更为职业的道路（如出版业、新闻业、广告业等）奠定基础。这些文章可以是如何烹茶这样的简单讨论，也可以是关于营养烹饪的一则信息。优秀的美食作家易受当地广播节目的推崇，甚至可参与到电视美食节目的录制中。

编辑对于整个美食传播行业至关重要。很多美食作家同时也是美食编辑。出版商、杂志、网站、广告商，都需要依靠美食编辑对美食、食谱、烹饪技巧以及烹饪艺术的深入了解，来确保所刊载出版的食谱、文章内容准确、可信，形式易于接受。

美食评论员也属于美食作家的范畴，他们深谙优质的食物、一流的烹饪技术、卓越的服务应有何标准。他们能够评论餐厅的风格，探讨餐饮行业的趋势。美食评论员对餐厅的影响极大，尤其当他们给出好评时，往往可以给餐厅带来明显的效益。

美食摄影师能够使美食在镜头下散发出无限吸引力，其作品遍布宣传海报、杂志、书本封面等地方。他们的使命就是要将食物拍摄得尽可能逼真，使读者感受到食物的魅力。这一职业需要摄影师对摄影、光学有独到的理解。

美食造型师常跟美食摄影师一同工作，负责准备食物、摆盘，确保食物的造型处于最佳状态中。这一职业的从业人员需具备良好的烹饪知识——如何选择最佳产品（如确保所选生菜叶片状况完好无瑕），如何专业地切割食材，如何使整体摆盘更具美感，等等。

入门要求

烹饪与写作技巧（美食作家、评论家），厨房运作知识，摄影与设计知识（美食摄影师、造型师）。

晋升小贴士

1. 拓展食品业以及所有美食传媒业产品知识。
2. 从学徒做起（如美食摄影、造型师学徒等）。

第 2 章　调味

学习目标 / Learning Objectives

- 解释说明品尝食物时五种感官分别有何作用。
- 描述食物的味道，指出可改变食物味道的方式。
- 学会识别和使用香草、香料和调味料。
- 学会识别和使用佐料、坚果和种子。
- 理解为什么要给食物调料，并掌握使用常见调料的方法。
- 给食物调味和增加风味，二者有何区别?

2.1 感官

2.1.1 五种感官

人类有五种感官：味觉、视觉、嗅觉、触觉和听觉。在我们品尝美食的过程中，每一个感官都扮演着重要的角色，它们不仅能帮助我们鉴别食物的种类，而且能分辨食物是否烹熟、美味与否。

味觉

在我们咀嚼或者吞咽的过程中，味觉能够准确地辨析食物接触到舌头那一刻的感受。广泛分布在舌头的味蕾可以让我们区分五种不同的味道：甜味、酸味、咸味、苦味、鲜味。

除鲜味外，舌头的特殊区域对于前四者（即甜味、酸味、咸味和苦味）尤为敏感。鲜味是大多数人可能并不太熟悉的概念，其风味与肉汤相类似，是日本教授于20世纪初所发现的。现在人们最常用来强化鲜味的就是食物添加剂味精（即谷氨酸单钠），当然，蛋白质、蔬菜和发酵食物（如酱油）中也经常可发现鲜味的存在。

视觉

对于食物的最初感受来自视觉。人的视觉会下意识地青睐那些色泽、摆盘都更好看的食品。还有什么能比切配整齐和摆盘漂亮的食物更具有吸引力的呢？这也是为什么我们总听到人们说“大饱眼福”一类言语的原因所在。如果食品看起来并不诱人，谁会愿意尝试？

嗅觉

食物的气味对人的感官的冲击是极为有力的。我们往往是通过食物的气味来辨识其成熟度的，比如通过火炉或者烤箱的气味，可以监控食物烹饪的时间长短。

我们能够区分数以千种的气味。食物有一种气味被称作香味。你是否注意到，如果你患上感冒或者闻不到任何气味，那就很难弄清自己吃的是什么。这是因为，在辨别食物的滋味上，嗅觉所起的作用非常关键。食物所散发出的特别的香味是帮助我们辨别那些外观、味道都极其相似的食物的重要媒介，如外观相似的橙子和柑橘，我们可以根据不同的气味来对它们做出区分。

触觉

触摸是我们感受食物的口感和温度的方式。一些食物在成熟或者烹调之后会变软，而另一些则会变硬，所以只要充分调动触觉、视觉与嗅觉，我们就可以轻易分辨出食物是否已烹制成熟，或者烹饪方式是否得当。

食物的口感在我们品尝食物时扮演了重要的角色。味道浓厚、需要咀嚼的食物与味道清淡、能够直接吞咽的食物相比，会在我们口腔里停留更长的时间，这就意味着我们要花更多的时间去品味这些味道浓厚的食物。并且，与清汤寡水的食物相比，高脂、多油、味道浓厚的食物显然更具饱满的风味。

触觉还是我们体会某些感受的途径，例如：辣椒的灼烧感、薄荷的清凉感、饮茶过后在口中留下的干涩感、丁香的麻木感、碳酸饮料的“嘶嘶冒泡”感……都是我们“接触”食物时所能体验到的。

听觉

听觉也是获取完整的用餐体验所不可或缺的一环。例如，咀嚼松软酥脆的食物时，它会发出“嘎吱嘎吱”声；而当我们听到食物发出的“嗞嗞”声，就会自然认定它可能非常烫。

对厨师来说，听觉可以帮助他们确认食物的烹调进度。他们能区分大火急煮或者小火慢炖的声音，也能通过声音来分辨烤箱里的温度对于需要烹制的食材来说是过高还是过低。

2.1.2 改变食物的风味

在烹饪艺术中，“味道”是指食物在口腔中时，舌苔所感受到的滋味，而“风味”则不仅仅指食物的味道，往往还包括它们的口感、外观、成熟度和温度。

烹熟或烹饪过度

食物烹熟或者是烹饪过度，其风味是完全不同的。如果食物尚未烹熟，它可能有一点苦涩或者清淡无味；当食物完全成熟，它就会有浓厚的风味；但如果食物被过度烹饪，它的风味会持续改变，直到最终变质或者腐败。

食材自然成熟还是过度成熟，也会改变它们所呈现的味道。例如：青色的番茄尝起来比较酸，成熟的番茄尝起来比较甜，而过分成熟的番茄却散发着一股发酵的味道。

温度

在改变食物的味道方面，温度也扮演了一个重要角色。冰冷的食物不像温热的食物那样风味饱满，所以把食物加热，可以让我们更容易品尝到食物的滋味、闻到食物的香气。正因为这样，刚从冰箱里取出来的番茄一般不具有室温下的番茄所特有的浓郁风味。

准备和烹饪

我们在准备或者烹饪食物的时候，常常会改变它们的原始形态，这些改变即使可能相当简单，例如只是将一个成熟的番茄做切片处理，但也还是会改变其原本的风味。

如果将一个完整的番茄放在平底锅内煎成深褐色，那对这个番茄的味道的改变要比切片更大；如果我们切碎这个番茄，放入锅中煎软，那么又会是一个完全不同的味道。

总之，烹饪是改变食物味道的一种最重要的方式，当你掌握了更多的食物烹饪方式，就会发现每一种烹饪方式都会产生独特的味道。通过烹饪，既可能改善食物的风味，但同样，也可能毁掉食物的风味。

2.1.3 描述食物的风味

从字面上来说，如果我们想去描述一个食物的味道如何，我们可能仅限于从酸、甜、苦、辣、咸、鲜等这些能实际品味到的角度来进行。然而，当我们需要讨论食物风味的时候，通常就需要从更广阔的领域来进行了，应将食物给我们其他感官带来的感受也考虑在内。这种时候，我们所谈论的，就不再是单纯的“味道”，而是“风味”。

风味之“形”

当我们看到某种食物的外观，就会下意识地预测其风味。一般来说，一道新鲜完美、色彩鲜艳的菜肴可能风味更佳。烹饪时，厨师们常会选择食材外表美观的部分来进行处理。

以下是一些可以帮助我们描述菜肴的外观的词汇：不透明（指光线无法穿过）；半透明（指某些光线可以穿过）；透明或透亮；颜色，例如：红色、黄色、绿色、褐色、白色、象牙色和橙色。

风味之“香”

菜品的气味是千变万化的，有时候，同一菜品，刚刚呈上餐桌时所散发出的气味跟入口之时所感受到的气味，都会有所不同，可想而知，用于描述食物气味的词汇，自然也同样是数以千计的。

要描述食物的某种气味，最简便有效的方法之一，就是描述另一种与其相近的气味，例如，你可以说这个食物的气味像柠檬、香草、吐司或是蘑菇。下面这些描述性的词汇都和食物的气味有关：香味；香辣味；泥土味；腐败味；霉味；味新鲜；味重；味浓烈。

风味之“感”

如果说切配食物的时候人们可以感受到其“质感”，则咀嚼食物的时候就可以感受到其“口感”。

下面这些词汇可用于描述食物的口感：坚实、硬；柔软、顺滑、入口即化；松脆、酥脆；轻盈丝滑、泡沫丰富；浓厚、浓郁、厚重、醇厚；清淡、清爽；温和、烫；清凉、冰冷。

风味之“音”

食物在烹饪过程中所发出的声音，能让人对食物的风味有所预测。下面这些词汇可以用来对食物所发出的声音进行描述：啪；嗞嗞；砰；噼啪；嘎吱嘎吱；嘶嘶。

小测验

概念复习

1. 我们的味蕾可以区分哪五种味道？
2. 哪三种方式可以改变食物的风味？
3. 列出几组描述食物风味的词汇，并与五种感官一一对应。

发散思考

4. 列举一种你最喜爱的食物，分析它包含了哪些味道？
5. 分别列举一道更适宜于热食或冷食的菜品。
6. 除了味觉和嗅觉，其他感官在帮助人们认知食物的风味时能起到哪些重要作用？请举例说明。

厨房实践

把苹果、洋葱、萝卜分别切成相同的小方块，然后将学员们分为两组，其中一组的学员蒙住眼睛，通过闻另一组学员手中的小方块状食材来辨别这三种食物。之后，两小组互换，并记录好结果。

厨房小知识

搜集关于“鲜味”的资料，并回答：最先发现“鲜味”的人是谁？什么时候发现的？哪些食物被认为具有强烈的鲜味？

2.2 香草、调味料和香料

2.2.1 香草

香草是某些植物的叶子和茎干，常被用来为食物调味。

某些香草或混合香草常常与某些菜品紧密相关。例如，罗勒和牛至的香气和味道，会让人联想起意大利美食；龙蒿和香葱常常被用在法国菜肴中；芫荽和欧芹在中国菜中有着很重要的地位；牛至和薄荷又是希腊菜肴的点睛之笔。

香草的选择和储存

新鲜的香草通常风味浓烈。挑选新鲜香草叶时，首先可闻其香来检验其香味是否纯正：香草叶较老者，其香味一般较淡。其次是观其形：新鲜香草叶的色泽一般较鲜明，形态也较完整。叶片如果受伤或业已枯萎，且颜色暗淡发黄，则往往也会丧失其最佳风味。茎干类的香草必须完整且未受破坏，例如，芫荽和莳萝的根茎不仅需保持完整，还要保持充分干燥。

新鲜香草储存时要用湿毛巾覆盖住，并且放在密闭的塑料盒中，置于冰箱内。一旦开封使用，就需在几天之内用完。

许多市面贩售的香草叶子要么是干的，要么是磨碎了的，甚至呈粉末状。去除香草的水分可使其风味更为集中，所以在使用这些干香草之前一定要闻一下，看看其气味是否仍然浓郁诱人。如果闻起来已无任何香味，则说明它们太老，已不适合用于烹饪。购买香草时，一次只需购买可供使用6个月的量即可。贮存时应使用密封容器，远离高温、潮湿，避免暴晒。

以下为部分常见香草：

- **茴香** 茴香的叶子和种子有一种类似于甘草的甜味，其种子可用于制作小饼干，也可用于多种烈酒的调制。印度人常常会于饭后咀嚼一两颗茴香豆来帮助消化、清新口气。
- **罗勒** 有尖头的绿色叶片，但也有紫叶、大叶、小叶等不同品种。某些罗勒品种还有类似于肉桂、丁香、柠檬等香料的风味。泰国罗勒有一种干草味，被广泛应用于亚洲菜式中。此外，罗勒还多用于调制酱料（如意大利青酱）和沙拉酱、烹饪鸡肉、鱼肉和意大利面等。
- **月桂叶** 叶表平滑、叶片硬挺。相比起新鲜的月桂叶，干燥的月桂叶更为常见。汤菜、炖菜、高汤、酱料和谷物中加入月桂叶，可提升其风味，但出菜时应将月桂叶从菜肴中剔除，因为月桂叶食用起来口感不佳，且万一卡在喉咙中，可能会导致窒息。
- **雪维菜** 属欧芹类，叶片卷曲，呈深绿色。干雪维菜的香气没有新鲜时突出，其风味与欧芹相近，且带有一丝甘草味，常常被用于法式混合香料中。
- **香葱** 属葱类。新鲜的香葱细腻而鲜美，比干香葱风味更浓。其茎干呈细长状，芽和花风味尤为强烈。在烹饪中往往被切碎或剪成段使用，常被用作沙拉的调味和装饰。
- **芫荽叶** 即香菜。芫荽叶在形状上形似平叶欧芹，叶子周边有圆齿，其味道新鲜、浓烈、独特，多用于亚洲、南美洲以及美国中部的食物烹饪。它也以“中国香菜”著称。
- **柠檬草** 一种热带草本植物，有长长的绿色茎干和锯齿叶，茎部有浓烈的柠檬清香，被广泛用于亚洲菜式中。因其在烹煮之后依然保持茎干硬直，故在食用前需先撇除。
- **小茴香** 也作“莳香”。小茴香叶子呈羽毛状，味道浓烈，且辛辣，常用于酱汁和汤的调味（尤其多见于中欧和东欧菜肴）。其种子呈椭圆扁平状，棕色，带有香菜般的味道。
- **咖喱叶** 咖喱叶带有刺鼻咖喱香，是印度菜中必不可少的调味品。新鲜的咖喱叶小而有光泽，干咖喱叶风味稍逊，但在印度市场均比较常见。
- **土荆芥** 是一种扁平带尖且味道强烈刺鼻的野生草本植物，常以干叶形态见于市场。因其排气功能强，被广泛运用于拉丁美洲的豆类菜肴中。
- **马郁兰** 属于薄荷类植物，叶子短小呈椭圆状，颜色呈浅绿。马郁兰味道清甜，芳香浓郁，常用于地中海菜肴。
- **薄荷** 叶子质地粗糙，色泽深绿。不同种类的薄荷，比如留兰香和胡椒薄荷，会散发出不同的风味和芳香。薄荷被作为调味剂广泛使用于许多菜肴中。
- **牛至** 牛至叶呈小椭圆形，味道辛辣刺鼻。广泛用于意大利和希腊菜肴，茎和叶被用于鱼、肉、家禽类食物和番茄的调味。其外观和香味均与马郁兰相似，但风味相对较温和。

• **迷迭香** 叶子呈针状，味道辛辣，如树脂或松针。迷迭香茎有时被用作烧烤食品的串枝。干迷迭香几乎和新鲜迷迭香一样辛辣。

• **龙蒿叶** 叶子窄而尖，呈深绿色，且有强烈的甘草味，其茎干常用来烹调炖菜和汤类，叶子则剪切成小块使用。干龙蒿的香味虽然不像新鲜龙蒿那么浓郁，但仍很强烈。在许多法式菜肴中，龙蒿叶常和鸡肉、鱼肉、牛肉和鸡蛋一起搭配使用。

• **香薄荷** 叶子小而窄，呈灰绿色，与百里香和迷迭香一样带有具刺激性的苦味。香薄荷既可以是新鲜的也可以是干的。

• **欧芹** 有皱边卷叶与扇形扁叶，其中后者也称意大利欧芹，带有甘草般辛辣的味道。欧芹的叶子和整个茎干常被作为最后的调味剂添加在菜肴之中，或者作为装饰材料使用。

• **鼠尾草** 也作“洋苏草”。新鲜的鼠尾草叶子呈椭圆形，上面覆盖着柔软的丝绒，使得叶子看起来毛茸茸的，颇有质感。它有一种辛辣且略带苦涩的薄荷味，常被加到炖菜或汤里，也用来为烤肉或家禽类食物调味。

• **百里香** 叶片呈椭圆形，呈灰绿色，具有迷迭香般的柠檬、薄荷味，部分品种具有特殊的口味，如肉豆蔻、薄荷和柠檬味道。可用于做汤和炖菜的调味品。使用时，可整枝，也可切碎。干百里香也保留着新鲜百里香的主要风味，在市场上随处可见。

香草的使用注意事项

新鲜香草使用时需注意下面这些问题：

• 一定要反复查看食谱，确认何时添加新鲜的香草。

• 一定要注意食谱中对香草使用部位的要求。有些食谱要求添加完整枝叶，有些仅要求添加叶子，有些则只添加茎部。

• 要注意处理香草的时间。切碎或添加香草之前一定要把香草冲洗干净并且晾干。如果菜谱要求我们将其切碎，那就尽可能在真正要用时再处理，因为一旦将新鲜的香草切碎，它就会开始流失本来的风味。

• 若要柔和地调配整道菜品的口味，通常要在最开始时把整枝香草或其茎干添加到菜肴中；若想获取更浓烈的味道，则只需在即将起锅时放入切碎的香草或整片的新鲜叶子即可。

干香草使用时需注意以下问题：

• 风味：由于所含水分较少，干香草通常要比新鲜香草风味更浓。

• 用量：通常来讲，我们可以用一茶匙干香草代替一汤匙新鲜香草。

• 使用方法：大部分干香草需要在烹饪前期就添加到菜肴中，这样菜肴中的汤汁才能有充足的时间吸收香草的味道，从而给菜品调味。

2.2.2 调味料

调味料是少量添加在食物中，使其获得特殊风味的香料，多由植物的种子、树皮、根、茎或者果实制成。许多我们今天习以为常的调味品，如肉桂、胡椒等，都曾经是仅供富人享用的稀有物品。

如果需要贮存，最好购买调味品的完整原生形态而非其制成品，使用时再根据实际所需进行处理即可。这是因为这些香料一经研磨，便会很快失去其芳香，而完整形态下调味品的保存期则更为长久。比如胡椒粒在干燥的容器里面可以存放好几年，而胡椒粉则在大约6个月之后就可能丢失其风味。

烹制菜品时，可以把调味品直接加进去，食用前再滤清；也可以先将其磨碎，然后稍油炸，使其味道更易完全融合到整个菜肴当中；或是将其先行烤制，在烘烤过程中略微改变其原本的风味，如芥子籽或孜然等调味品。此外，这些香料还可以用来与油或醋等其他调味品糅合使用。

混合调味料，顾名思义，则是将多种调味料（或是多种香草）混合在一起，如咖喱粉、辣椒粉和南瓜派调味料等。通常情况下，这些混合调味是呈粉末状均匀地混合在一起的，但也有些是直接以完整调味料或种子的形态混合。

未进行烘烤处理的干料末也属于混合调味料，多用来为肉类或家禽类食物调味。许多市场上售卖的调味料正是根据不同功效加以混合、装包，以备出售的。当然，也有些厨师喜欢自己制作调味料，以便其控制混合物的数量和种类，最终获取自己需要的风味。

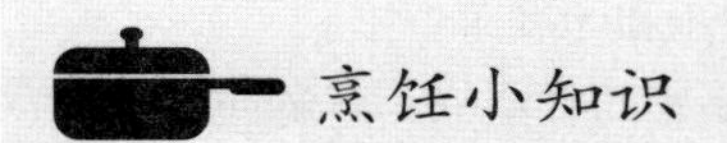

调味料之路

大约自公元前3000年以来，像丁香、藏红花和肉桂这类具有极高的药用和食用价值的调味料就已为人们所熟知了。到中世纪时期，使用调味品被视为财富的一种象征。那么，这些调味品为何如此值钱？这其实与丝绸之路是息息相关的。

丝绸之路是西汉时期中国人为了连通中亚、西亚直至地中海各国进行贸易往来而建立的陆上通道。商人们赶着骆驼，沿着商路，运送香料、丝绸和宝石。当肉桂等来自中国或东方的香料群岛的调味料被带到遥远的欧洲时，它已经过了多次转手，其价格自然也大大提高。为防止欧洲人染指这项交易，香料生长地的信息被商人们视为秘密牢牢地守护着，甚至还编造了许多神奇的故事。据说罗马人曾经努力寻找比肉桂更便宜易得的替代品，却被告知这一美味的调味品是在一个有很多蝙蝠守卫的偏远山洞收割而来的，罗马人最终不得不颓然放弃。

调查

调查哪些调味品是中世纪通过丝绸之路从东西传入西方的。提供一道使用了一种或多种调味品的中世纪食谱。

以下为部分常见调味品：

- **多香果** 多香果棕色的小浆果常被研磨成末用作香料。顾名思义，多香果的香味是肉桂、丁香、肉豆蔻、姜和胡椒等多种香料的混合。此外，因常用在麻辣、鲜香的牙买加烟熏烤鸡的制作中，多香果还被称为牙买加胡椒。

- **葛缕子籽** 葛缕子为欧芹属草本植物，因其种子而闻名。这些种子颗粒小，呈新月形，有坚果、胡椒、甘草的味道，被广泛应用于烘焙食品和鲜香菜肴的烹饪。

- **小豆蔻** 种子细长，形似豆荚，呈浅绿色或棕色，味辛辣、刺鼻，有柠檬香。烹饪时，可使用其完整形态，或碾碎成末使用。常用于印度菜肴的烹饪。

- **肉桂** 是樟属乔木的内层树皮制品，最早产于印度和其他东方国家。它芳香味甜，可以肉桂粉或肉桂卷的形式出售，常用于甜点中，也是其他许多美味菜肴的重要调味品。

- **丁香** 是以桃金娘科蒲桃属丁香木未成熟的花蕾干燥制成。单个的丁香是褐色的，形状像钉子。丁香非常芳香，味道则兼有甜、涩味。和肉桂一样，丁香常被用作甜味香料，通常以丁香粉或整颗丁香的形式出售。

- **芫荽** 即香菜。其鲜叶可食用，但用以制作调味品的芫荽则多为其棕褐色种子，味道与叶片迥异，为柠檬、鼠尾草、葛缕子味道的综合。某些特制饮品需使用完整的芫荽种子，粉末状芫荽则多用于混合咖喱粉以及汤品制作。两种形式在超市中均比较常见。

- **莳萝种子（小茴香籽）** 莳萝为欧芹属植物，其种子呈新月形，香味浓郁、独特，具泥土气息，既可以整颗使用，也可以磨成茴香粉使用。常用于中东和印度菜肴中。

- **茴香** 植株形似莳萝，呈羽状叶。其种子呈椭圆形，有显著的甘草味，新鲜或干制均可，常用于意大利和中欧菜式中的点心和美味菜肴。茴香种子通常以整颗的形式出售。

- **葫芦巴** 是一种苦涩的芳香植物，其叶片具强烈气味。在有些国家，新鲜的葫芦巴叶子是可以直接食用的，其干叶则可以用作调味剂。黄棕色的葫芦巴种子磨成粉末后，有一种类似枫糖浆的香味，常被当成制作咖喱粉、混合香料和茶的原材料，其应用在印度尤为广泛。无论是整颗还是颗粒状、粉末状的葫芦巴种子，均有广泛应用。

- **生姜** 是一种高大的热带植物，用作香料的为其多节的根部，通常去皮使用。生姜具有独特的麻辣口味及淡淡的柠檬甜味，其气味兼具迷迭香的气味，并带有强烈的辛辣香气。生姜粉则是鲜姜烘干后磨制而成的。姜常用于亚洲和印度菜式，适用于甜、咸口味的菜肴。

- **杜松子** 是一种原产于欧洲和美国本土的刺柏的蓝黑色浆果。浆果味苦，不能生吃，一般要压碎后才能被用来调味。它们可以为肉类（特别是味道浓郁的肉）、馅料调味，还是杜松子酒的调香材料。香料市场通常有售杜松子浆果干。

- **芥末** 包括十字花科中芸苔属、白芥属的若干种蔬菜，其叶子被当作蔬菜食用，种子则具有泥土般的辣味和刺鼻的气味。芥菜籽有黄色、红色和黑色等多种，每一种都各有其独特味道。芥菜籽颗粒和芥末粉末在市场上均有出售，前者多用于印度料理。

- **肉豆蔻和肉豆蔻皮** 肉豆蔻树的种子呈椭圆形，质地光滑。肉豆蔻皮指的是种子的花边外衣，其味道甜且香。新鲜肉豆蔻味道最佳，但需使用一种特殊的刨丝器进行处理。完整形态及粉末状的肉豆蔻和肉豆蔻皮皆有售，可用于甜、咸口味的菜肴中。

- **胡椒子** 是胡椒浆果，最初源自印度和印度尼西亚一带，其颜色除了黑、白外，还有绿色、粉色。绿色胡椒子通常是未成熟的，可腌制或冷冻干燥处理，它们质地松软，味略酸。粉色胡椒子则常用来烘干或腌制，但它们实际上并不是真正的胡椒子，而是一种南美玫瑰所结的带有苦涩、松树味道的浆果干。

- **辣椒** 是一种蔬菜，原产于美洲。它们颜色丰富，味道从甜到极辣不等。辛辣的辣椒通常被称为红辣椒或红番椒。甜椒和辣椒都可以在晒干后磨成各种甜味或辣味调料，口味不一。辣椒粉作为一种香料，常用于中欧、西班牙、意大利和美洲。

- **藏红花（番红花）** 制作藏红花要将其细小的紫色花朵充分晾干。藏红花具有独特的辛辣和甜味，略苦，且气味刺鼻。藏红花可用来将食物染成深黄色，或被碾碎后加入菜肴中，给食物调味。市面上也有藏红花粉出售。

- **漆树** 是一种野生灌木，遍布于中东和意大利。漆树的浆果颜色众多，从红橙色到紫红色深浅不一，其果实香气浓郁、味微涩，可用以烹调多种食物，包括鱼、肉和蔬菜。中东市场上，作为常见调味料的漆树粉及其浆果均有出售。

- **八角** 取自八角树的深褐色豆荚，呈八瓣星星状，每瓣中均有一颗小种子。它有一种与众不同的甜甘草味，比普通的茴香略苦。八角被广泛使用于亚洲菜式中，整个亚洲市场均可找到其踪迹，在中国，它是相当畅销的五香粉的原料之一。

- **姜黄** 是一种与生姜密切相关的热带植物根部，其气味芳香，味道苦中带着辛辣，颜色呈浓烈的黄橙色，故姜黄除可为食物调味外，还可作上色用。姜黄是常见的咖喱粉配料，广泛用于印度烹饪中。它也给美式芥末添加了明亮的黄色。姜黄粉在超市中大量有售。

2.2.3 其他调味品

尽管香草和调味料都具有浓烈、特别的味道，但厨师为了追求更多样化的风味，往往还会往菜品中添加其他类型的调味品。以下为烹饪中最常见的三类调味品：芳香蔬菜和水果，液态提味增香剂，腌（熏）制食品。

- **芳香蔬菜和水果** 在菜肴中加入带有芳香味道的蔬菜和水果，可提升菜品的味道，比如洋葱家族中的植物，包括大蒜、小葱和韭葱，再如蘑菇和芹菜之类的其他蔬菜。当然番茄也可用来提味：只需直接把番茄剁碎加进菜肴里就可以。如果想进一步提升它的风味，也可以放入烤箱或直火烹饪。

在西方饮食文化中，水果，尤其是柑橘类水果，比如柠檬、青柠、柑橘和橙（如橙皮或橙汁）等，也经常会被加到菜肴里增加香味。而在中东、亚洲和印度地区，罗望子的果肉因其酸甜口味受到广泛使用。此外，我们还可以用像葡萄干、杏肉这类干水果来为菜品提味。

- **液态调味增香剂** 厨师在烹制汤、蔬菜和谷物等菜品时，还可能会使用多种液态食材进行调味，如肉汤、高汤等，这些汤料加入菜品后，可为其增香。厨师也可能使用酒品进行调味，例如白兰地、烈性甜酒等——一经加热，酒精挥发，味道就会得到提升。

调味油，如调味橄榄油、芝麻油和核桃油等，也同样可以增加菜肴的风味和香气。但要注意，这些油不宜过早放入菜肴中，否则长时间加热会令其挥发掉一些香气。

将香草或柠檬等芳香成分浸泡在酒精中，可制成一种新的调味品。往菜肴中加入少量的该萃取物，同样可以提味或增香。

- **腌（熏）制食品** 腌（熏）制食品是将食品（如火腿、培根或咸凤尾鱼）干燥处理后，通过咸制、腌制或烟熏等方式加以保存的食物。除可能增加咸味外，它们还能给菜肴增添一种诱人的风味与香气。使用腌（熏）制食品调味时需注意，由于它们口味极重，一般在开始烹制一道菜时就需将其加入，以便均匀调味。

以刺山柑为例，这种灌木原产于地中海和亚洲部分地区，在地中海国家，其干花蕾加入食用盐和盐溶液后的腌制品被广泛应用于肉类和蔬菜烹饪中，以便为其增加辛辣的味道。

2.2.4 综合香料

一道菜品中如果使用了不止一种调味料或调香料，就是在使用综合香料。厨房中常见的综合香料主要有以下三种：杂菜调味料；香料袋；香料束。

以杂菜调味料为例，这是一种蔬菜的混合香料，广泛应用于诸多菜品的调味中。我们可以通过查阅菜谱确定菜品的烹饪时间，并据此决定这些蔬菜添加到菜肴中时应切成大块还是小块。需长时间烹煮的调味蔬菜应切成大块，反之则切成小块或薄片。

制作杂菜调味料时，只需对食材稍作改变，便可产生出许多不同的调味组合。以下列举了几种最常见的杂菜调味组合：

- **标准杂菜调味料** 用于多种高汤和其他汤类，一般包含以下几种基本配料（按重量计）：两份洋葱，一份胡萝卜和一份芹菜。此外，这种调味料内还会包含黄汁（法式烹饪中的一种汤汁）、素汤、肉汁（或者炖菜）、番茄酱。
- **白色蔬菜调料** 白色调味蔬菜一般用来为象牙白或白色的肉汤或素汤调味。制作这种调味料时，通常用欧洲防风草来代替胡萝卜，用韭葱代替洋葱。
- **法式三菜** 这种调味料混合了洋葱、芹菜和青椒三种蔬菜在内，常用于克里奥尔式或法式菜肴之中，如用以烹制秋葵。
- **马提尼翁** 这是一种类似于调味蔬菜的香料组合，包含洋葱、胡萝卜、芹菜和火腿（火腿需切成易食的小块）。根据不同的食谱，也可能会用到蘑菇、香草和调味香料。
- **香草碎** 常用于意大利素汤、酱汁、炖汤和肉食中。制作香草碎时，常以食用脂肪（橄榄油、猪油、意大利烟肉或背部肥肉）搭配大蒜、洋葱、欧芹、胡萝卜和芹菜，此外，青椒也较常用。

全球调味料简介				
区域	菜式	香草	调味料	其他调味品
亚洲	中国菜	香葱	辣椒/肉桂/生姜/八角	大蒜/橙子/嫩洋葱/芝麻油/柑橘/白醋/米酒
	印度菜	茴香/芫荽/咖喱叶/薄荷/鼠尾草	多香果/茴香/小豆蔻/红番椒/肉桂/丁香/芫荽/小茴香籽/葫芦巴/生姜/芥末/肉豆蔻/辣椒粉/藏花/姜黄	大蒜/洋葱/罗望子果/番茄
	日本菜		辣椒/生姜	干鱼片/嫩洋葱/芝麻油/高汤/白醋/米酒
	泰国菜	（泰国）罗勒/芫荽/柠檬草/薄荷	辣椒/芫荽/小茴香籽/生姜/姜黄	大蒜/洋葱/嫩洋葱
	越南菜	（泰国）罗勒/芫荽/柠檬草/薄荷	辣椒/生姜/八角	大蒜/柠檬/青柠/洋葱/嫩洋葱/青葱
地中海地区	法国菜	茴香/罗勒/细叶芹/香葱/薰衣草/马郁兰/欧芹/迷迭香/鼠尾草/龙蒿叶/百里香	芥末/肉豆蔻	凤尾鱼/培根/酸豆/胡萝卜/芹菜/大蒜/火腿/韭葱/蘑菇/橄榄油/番茄/青葱/烈酒/高汤/醋/酒
	希腊菜	茴香/罗勒/月桂/薄荷/牛至/迷迭香/百里香	多香果/肉桂/丁香/小茴香/肉豆蔻	大蒜/柠檬/橄榄油/洋葱/葡萄干/番茄/烈酒/高汤/醋/酒
	意大利菜	罗勒/马郁兰/牛至/欧芹/迷迭香/鼠尾草/百里香	辣椒/肉桂/茴香/肉豆蔻/红椒片/藏花	凤尾鱼/酸豆/大蒜/柠檬/蘑菇/橄榄油/洋葱/意大利烟肉/意大利熏火腿/葡萄干/烈酒/高汤/番茄/醋/酒
	中东菜（大部分）	马郁兰/薄荷/牛至/欧芹	肉桂/丁香/芫荽/小茴香（籽）/生姜/肉豆蔻/漆树	大蒜/柠檬/橄榄油/橄榄/洋葱/葡萄干/芝麻油/番茄
	摩洛哥菜	芫荽	辣椒/肉桂/芫荽/小茴香籽/生姜/辣椒粉/藏红花/漆树/姜黄粉	柠檬/橄榄油/橄榄/洋葱/葡萄干/番茄
	西班牙菜	月桂/欧芹/百里香	辣椒粉/藏红花	凤尾鱼/酸豆/西班牙辣味香肠/大蒜/火腿/柠檬/橄榄油/橄榄/洋葱/橙子/烈酒/高汤/番茄/醋/酒
拉丁美洲	巴西菜	芫荽/欧芹/藏红花/百里香	小豆蔻/辣椒/丁香/生姜/肉豆蔻	熏肉/大蒜/洋葱/橙子
	智利菜	牛至	辣椒/小茴香籽/辣椒粉	大蒜/橄榄/葡萄干
	拉丁美洲菜（大部分）	芫荽/牛至/迷迭香/龙蒿叶/百里香	辣椒/肉桂/丁香/小茴香籽	大蒜/青柠/洋葱/橙子
	墨西哥菜	芫荽/土荆芥/牛至/藏红花	辣椒/肉桂/小茴香籽	大蒜/柠檬/青柠/洋葱/橙子/番茄

（接上表）

区域	菜式	香草	调味料	其他调味品
其他地区	非洲菜	薄荷/欧芹	辣椒/肉桂/丁香/小茴香籽/葫芦巴/生姜/姜黄粉	大蒜/洋葱/番茄
	加勒比菜	月桂/芫荽/牛至/欧芹/百里香	多香果/辣椒/肉桂/丁香/土茴香/生姜/肉豆蔻干皮/肉豆蔻	大蒜/青柠/洋葱/橙子/烈酒/酸豆
	东欧菜	小茴香/马郁兰	多香果/葛缕子籽/肉桂/丁香/生姜/欧刺柏/芥末/辣椒粉	培根/胡萝卜/芹菜/大蒜/蘑菇/洋葱/烈酒/番茄/醋/酒
	北欧菜	月桂/小茴香	多香果/小豆蔻/肉桂/丁香/生姜/欧刺柏/芥末/肉豆蔻	蘑菇/洋葱/烈酒

小测验

复习概念

1. 什么是香草？列举五个例子。
2. 什么是调味料？列举五个例子。
3. 除了香草和调味料外，烹饪时还有哪三种含有芳香成分的调味添加剂？
4. 哪三种香料组合最为常见？

发散思考

5. 以茴香为例，讲述何种情况下你会将其视为香草，何种情况下视为调味料。
6. 在本节所列举的香草和调味料当中，你最喜欢哪一种？描述它们的风味。
7. 法式三菜与标准杂菜调味料有何区别？

厨房实践

将所有成员分为四个小组，分别精细研磨一种香草：香葱、牛至、龙蒿草和迷迭香。在室温下分别将各种香草末与两勺盐混合，并涂抹在吐司上。切成小块供其他成员品尝，将不同口味由最喜欢到不喜欢排列。记载全体成员的数据结果。

烹饪小科学

对某一种香草或香料进行研究，记录相关传说。研究香草或调味料是如何得其名称的，以及历史上它们是否与药品或补品相关。

2.3 佐料、坚果和种子

2.3.1 佐料

加入食物当中进行调味的佐料一般会随菜品一道端上，放于主餐碟边，依据个人口味偏好添加。当然，佐料也可充当烹制过程中的原料。佐料能够改变一道菜的口味，为其添加辣、甜、酸、咸或鲜等不同口味，还可能提升一道菜的色彩、口感，甚至温度等，进一步为菜品的美感和口感加分。

有时选择用佐料只是为了添加些新鲜元素，比如用菠萝沙拉汁来搭配烤鸡胸肉。不过很多菜肴都会使用传统佐料，如芥末配热狗。芥末、番茄酱、辣酱、辣酱油和牛排酱等，都是一些传统佐料，可用以为肉类、鱼类、禽类菜肴调味。调味料、蘸料和酱料也可以作传统佐料，比如蓝芝士酱通常是搭配鸡翅的传统佐料，而沙拉则在传统上是薯片的佐料。

做菜的时候不妨考虑使用一下这些传统佐料。比如做墨西哥玉米卷饼的时候，可以选择的传统佐料包括塔可酱、酸奶油、切碎的生菜、切成薄片的洋葱、切碎的番茄、磨碎的奶酪以及腌过的墨西哥胡椒等。做寿司的时候，则通常可以选择腌姜、芥末和酱油作为佐料。

- **佐料的选择与储存** 我们可以选择购买新鲜佐料，或是自己制作。购买瓶装或罐装佐料时，要确保容器完整，无裂缝、凹凸等迹象。如果佐料的保质期较短，需存放在冰箱里。

- **佐料的使用** 有些佐料味道较为香甜、柔和，有些则极其刺激、辛辣，添加时均需根据实际情况酌量进行。尽管不同菜肴和不同餐馆所用佐料的比例相去甚远，但均应遵守一个基本原则，即菜品内添加的佐料应当适量，以确保客人品尝到的主菜味道香浓。

在使用佐料之前，厨师一定要仔细确认并品尝。如果必要，可增补其他调料。如果在品尝过程中检测出酸味、异味等非正常味道，则意味着该佐料已过了最佳使用期。

2.3.2 坚果和种子

调味品中所提到的坚果是指各种树木的果实（花生除外，它是生长在地下）。市面上能够见到的或带壳、或去壳的坚果，可能是生的，也可能烤过或焯过水（用沸水快速煮熟，而后迅速冷却）。带壳的坚果可能整颗出售，也可能对半分切、切片或磨碎出售。坚果及其种子也可以用来生产黄油制品，例如花生酱或芝麻酱。

包括香草、花和蔬菜在内，许多植物都可以产出种子，它是植物繁殖生长的前提。这些种子中，有一些的使用方法与坚果相同，因为它们有坚果味、质地爽脆，例如芝麻籽等。另外一些种子的使用方法则与香料相同，例如芥菜籽、小茴香籽、肉豆蔻和茴香籽等。

坚果和种子的储存

坚果和种子最好储存在干冷、避光的位置，因此，真空包装能使坚果和种子保存得更久，而散装或敞开存放则会令坚果和种子很快变质。带壳的坚果可存放约六个月之久；未烘焙烤制的坚果（即生坚果）在较干燥的环境下最多可以保存三个月；而烤制过的坚果则在一个月后就会开始流失其风味。切片或磨碎的坚果保质期最短，通常不超过三到四周，所以为了延长其保质期，应将其密封后存放在冰箱里。

坚果和种子的使用

烘烤坚果和种子通常能够使其散发出更为浓郁的味道，不过烘烤过程中我们需要时刻留心，否则很容易将其煮过或者烤焦。烘烤时，要不断搅拌或者转锅，以便坚果和种子保持翻转。一旦坚果和种子开始变色或者散发出香味，应立刻将其移开，放到冷却容器中，否则炒锅的余热会导致其过度烘烤。被过度烘烤的坚果和种子的味道会变得很苦，无法使用于烹饪中。

以下为部分常见的坚果和种子：

- **杏仁** 呈浅褐色，木质外壳表面有凹点，整体形状酷似泪滴。根据味道，杏仁可分为苦和甜两种类型。苦杏仁食用时须烹熟，甜杏仁则具有独特的口感和气味，生熟均可食用。

- **腰果** 腰果的外形与人体的肾脏极为相似，味甜，脂肪含量高，与黄油相近。因腰果的外壳中含有类似于毒葛的刺激性油脂，所以通常剥壳后出售。腰果常作零食食用。

- **栗子** 这种坚果的体形较大，呈圆形或泪滴形。栗子必须煮熟食用，淀粉含量高，甜、咸菜肴皆可使用。

- **榛果** 这种小而圆的坚果甜味较强。由于榛果可以作为巧克力和咖啡的配料，所以被广泛用于甜点制作中。

- **夏威夷果** 夏威夷果近似圆形，外壳坚硬，通常需要剥壳后食用。这种坚果奶油味浓郁且脂肪含量较高。

- **花生** 花生其实是生长在地下的种子，但常被视作坚果。有壳或无壳、生或熟的花生都可食用。花生常常作为一种零食，或被制成花生酱使用。

- **山核桃** 山核桃通常是带壳出售的，其棕色外壳平滑、轻薄且坚硬，其金棕色的果核富含脂肪，有浓郁的甜味和坚果香。山核桃多用于甜味菜品，例如核桃派。

- **松子** 这种奶油色、细长的小坚果是地中海松的种子。这些果实带着松树的清香，独特而浓郁，脂肪含量高。松子可用于甜、咸菜肴中。

- **开心果** 开心果淡绿的颜色是它有别于其他坚果之处。有壳、无壳的开心果市面皆有售。带壳完整出售时，其坚硬的棕褐色外壳有时会被染成红色。这种样式精致且味道独特的坚果会被用在许多甜点中，是坚果类食品中最受人们喜欢的零食。

- **芝麻籽** 这些细小、扁平的椭圆形种子或呈黑色，或呈棕褐色。芝麻有丰富的坚果风味，被广泛用于烘焙中。

- **核桃** 核桃有坚硬的、起皱的外壳，里面有两片柔软的果肉，油性重，味温和而香甜。它们可以用来调配咸味菜肴，也可以当成零食吃。北美较常见的品种为油核桃和黑核桃。前者味道更丰富，而后者味道更浓烈。

小测验

复习概念

1. 什么是佐料？列举三个例子。

2. 如何烘干坚果、种子和香料？

发散思考

3. 你有没有最喜欢的佐料？描述它为你所熟知的菜品增添的味道。

4. 将两种你所熟悉的坚果进行比较与对比，看看它们的味道、口感、香味、外观有何异同。

5. 尝试解释为何小茴香籽放在香料的大类别下，而莳萝则放在香草的大类别下。

厨房数学

所有试验人员分为四组，每一组分别使用一种未经烘干的坚果：杏仁、松子、芝麻籽、山核桃。要求各组将实验品分成两半，一半不动，一半进行烘干，然后将二者进行对比。品尝其他组的成果，将所有口味的坚果按受欢迎程度作一个排序。

烹饪小科学

研究乔治·华盛顿·卡佛推荐使用坚果的一些菜品。是他发明了花生酱吗？他所制作的花生制品后来有投入生产销售吗？其中有多少坚果在菜品中的使用方法被卡佛注册了专利？写一篇报告来描述你的发现。

2.4 食品的调味

2.4.1 食品调味

调味料是指添加到食物当中以增进其风味的原料。烹饪菜品时，我们通常只是添加极少量调味料，因此可能不足以辨别出其中单独某种调味料。但是，只要添加的调味料数量合适，我们就能发现菜品风味有显著的提升。厨师通常通过以下几种方式来给食物调味：

- **提升天然味道** 添加调料，有时是为了使食物原本的味道更加浓烈或分明。换句话说，就是提升食物的味道。比如，如果我们煮意大利面时不加盐，那么意大利面就不会有什么味道；反之，加盐后的意大利面味道才更适口。

- **五味调和** 添加调料，有助于平衡食物中某种过于突出的味道，尤其是酸味、甜味或苦味，这就是我们常称的调和食物味道。加盐之后，原本偏苦的蔬菜尝起来就不会那么苦；酸的食物，比如柠檬汁，如果加一点糖，尝起来就不会那么酸；加入盐之后，甜食也就不会太甜。较重的味道被减弱之后，其他原料的味道就可得以突显。

• **解腻** 添加调料，也可以改变油腻、高脂肪食物的口感。少量的柠檬汁或醋可以改善蛋黄酱的味道，减少其油腻口感。我们也称调料的这种功效为解腻。

2.4.2 调味料的种类

调味要从一些基本的原料开始，下面是调料的四种基本种类：盐；胡椒；糖和其他低甜度调味料；酸。

为食物调味时，只需要少量添加上述种类中的一种或几种即可，不需要改变其整体味道。

盐

盐（学名氯化钠）是一种重要调料，在世界各国诸多菜品中被广泛使用，可在烹饪前、烹饪中、烹饪后或食用时少量添加，以提升食物的风味。除盐之外，也可以用含盐食物或高盐食物充当菜品的调味料。厨房常用的高盐食物有酱油、帕尔马干酪、培根以及盐腌橄榄。

储存方面，唯一需要注意的是盐可能受潮融化或者结成硬块。为了防止这种情况发生，需要将盐存放在密封容器中，置于阴凉处保存。在干燥的情况下，盐几乎可以无限期保存。

• **食盐** 将原盐中的其他矿物或杂质净化、加工提炼后，它就变成了食盐，这种盐常被加工成细腻、均匀的颗粒。实验中还会加入少量淀粉，以防结块。也可以将碘添加到食盐中作为营养补充，从而制成碘盐。

• **精制食盐** 精盐，也简称为MSG，使用广泛。由于精盐的鲜味比盐更浓，可以提升肉类和蔬菜的口感，因此常用于中国菜或日本菜中。

• **粗盐** 粗盐不含任何添加剂，市面有售大粒、小粒两种。粗盐通常比食盐更有味道，很多厨师喜欢用粗盐来烹饪。但要注意，如果用粗盐代替食盐进行烹饪，添加时需要在食谱所确定用量的基础上增加一倍才行。

• **海盐** 海盐是通过海水蒸发形成的，通常没有经过太多的提炼，这就意味着它包含着更多矿物质及海水中的常见元素，其成品也往往具有轻微的色彩。海盐颗粒大小不一，其外形也较为多样，有极其粗糙的晶体，有薄片，也有细小的颗粒。

• **岩盐** 岩盐不像食盐那么精致，一般不作食用。在厨房中，岩盐通常用于冰淇淋机，或是作为某些菜品的底盘配料，尤其是带壳的牡蛎和蛤蜊。

胡椒

在大多数人的印象里，盐和胡椒经常搭配在一起使用，可以说它们是世界上使用最为广泛的两种调料了。实际上，胡椒是一种用量极小的调料。一般来说，只有味道辛辣的黑胡椒和白胡椒会被用来调味，提升食物的味道。

• **黑胡椒** 将胡椒藤上未成熟的浆果烘干，即可制成黑胡椒，市面有售完整黑胡椒粒，块状、粉末状黑胡椒也很常见，且后者因磨碎后味道更为鲜香而颇受欢迎。

- **白胡椒** 将成熟的胡椒浆果烘干，去除外皮就得到了白胡椒。通常情况下，白胡椒用来为颜色较淡的菜肴调味。同黑胡椒一样，研磨成粉末状的白胡椒更受欢迎。

糖和其他低甜度调味料

糖也可以提升菜肴的风味——沙拉酱、番茄酱、蔬菜，甚至肉类都可以用糖调味。用糖调味时，只需添加少量即可。如果糖有特别的风味（比如红糖），则宜将其作为一种调味剂使用，而非调味料。这也是像玉米糖浆、蜂蜜以及枫糖浆这样风味较淡的调味液，比糖的应用更为广泛的原因。

酸

柠檬、橙汁、醋和葡萄酒等都是可以用来调味，提升食物口感的酸性调味料。此外，它们还可以增加食物的美感。比如我们在做洋姜时，加入柠檬汁就可以使其不变成棕色；煮荷包蛋时，加几滴醋，可以使蛋的形状保持完好。

2.4.3 给食物调味

给食物调味时，应以尽量避免大幅改变食物原本风味的前提下提升其香味为原则。我们可以给食物添加调味料增添食物的风味，例如在原有基础上添加香草、香辛料、香料或者调味料。一些厨师将为食物调味的过程称为“分层加料”，即将一种调料添加到另一种调料上，以求创造出一种令人满意的混合香味。

以下例子表明了增添佐料和调味料之间的区别。如果我们用加了少许盐的水来煮饭，米饭尝起来会松软适中，也就是说米饭的调味是合适的。但如果放入的食盐过多，那么煮熟的米饭就会呈现出略显怪异的咸味。这时，盐在烹饪中就已成为一种调味料，而不是佐料。在这种情况下，添加物是作为一种佐料还是调味料的区别其实就是用量多少的问题。

许多原料或混合原料都会被用来给食物调味。为了烹调出令人垂涎的、味道香郁的菜肴，每一种调味原料都是在特定的时间、以一种特定的方式被加入其中的。

2.4.4 美食和风味之间的关系

在给食物调味时，各地所使用的香草、调味料和香料的搭配组合方式都各有不同。这些差异往往基于地域的不同，食物特有的风格、风味以及烹饪方法都与特定的地区紧密相连。

关于菜系的地域划分界限，一直众说纷纭。例如，我们可能会关注一种在特定区域为众人喜爱的区域美食。这一“区域”范围可能很大，甚至涉及多个国家。地中海菜系、拉丁美洲菜系和亚洲菜系就是这类区域性菜系的例子。地方菜系则通常指某个国家所特有的菜肴，例如法国菜肴和中国菜肴。

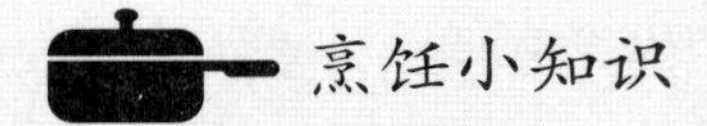

印度的烹饪艺术

印度的文化、饮食与中国和东南亚国家密切相关。波斯（今伊朗和伊拉克）和印度尼西亚（克里斯多弗·哥伦布远航发现的著名的香料群岛）对印度烹饪的影响甚深。

北印度是著名的农业区，种植多种谷物。各式面包于是成为印度饮食的一大特色。南印度则以巴斯马蒂香米闻名，这种香米是香辣食物的完美伴侣，在当地很受欢迎——事实上，越往南，这种食物就越受欢迎。

蔬菜在印度烹饪中是很重要的。印度人有极强的吃素传统，尤其是在一些反对吃肉的宗教地区。在典型的印度饮食中，有一些佐料是不可或缺的，例如腌蔬菜、酸辣酱以及其他开胃小菜。

奶制品在印度烹饪中很常见，这是印度烹饪有别于其他亚洲国家的重要方面。从牛奶、羊奶中提炼出的脂肪——酥油被普遍使用于烹饪中（芥子油和椰油也是当地重要的烹饪用油）。酸奶和白脱牛奶既可直接食用，也可以当作原料添加于其他菜肴中。奶豆腐，一种有名的鲜奶酪，也是印度特色菜品。

咖喱和烧烤是印度重要的烹饪技术。咖喱经常用于炖菜中，以肉、鱼、鸡和混合蔬菜为主料。烹饪时，常用混合香料来提香，制作的最后步骤需要添加酸奶。烘烤则经常在一些特殊的烤炉中进行，例如可以达到极高温度的著名的印度筒状泥炉。

总之，印度菜系以草本植物和香料遐迩闻名。有名的混合香料马萨拉，可能至少采用了12种草本植物和香料，包括芥菜籽、辣椒、肉桂、丁香、姜、藏红花、肉豆蔻和月桂叶等。不同口味的咖喱是由不同种类的马萨拉调制而成的。在印度，马萨拉香料的选择视个人喜好而定，每个家庭都有自己的烹饪方式，这也就使得他们烹饪出的菜品哪怕和邻居相比，都各具风味。

主厨们经常会关注某些十分细化的地方菜系。例如，一些专家将中国菜细分为近30种地方菜系。甚至有专家穷毕生之力，深入钻研粤菜、川菜、山东菜和淮扬菜等地方菜系。

而在美国，烧烤是另一种细化地方菜的范例。尽管美国南部与中西部均以烧烤食物为特色，但不同地区间仍有些细微差别。

- 北卡罗来纳州东部，烧烤时通常会使用整猪，把猪肉切成小块、搅拌，再浇上由香料和醋制成的清淡酱汁。
- 北卡罗来纳州西部，烧烤时经常选用猪肩胛部位，以及以番茄为底料的浓厚甜酱汁。
- 南卡罗来纳州西部，烧烤时喜欢在猪肉上浇以椒香番茄汁或以番茄酱为底料的酱汁。
- 南卡罗来纳州中部的人常使用由芥末、醋、红糖和香料混合制成的黄色酱料。

- 南卡罗来纳州的近海区，则流行一种由醋和胡椒制成的味道香辣的酱汁。
- 孟菲斯地区烧烤时多选用肋骨，端上桌的有“湿”（用酱汁烹饪的）或“干”（烹饪时没使用酱汁，或只使用干调味料）两种。
- 堪萨斯城用干调料熏制各种肉，但会在另一边放上浓厚、偏甜的番茄和蜜糖酱汁。
- 德克萨斯州流行各种各样的烧烤，但他们通常只选用牛肉来制作。
- 肯塔基州则不常使用牛肉，他们更喜欢使用羊肉。

有时候我们会听到来自某一区域的人谈论他们的“家常菜”或是儿时记忆中的菜。那些菜通常带有该区域的“正宗风味”，因为菜品往往就地取材，并且使用当地特有的烹饪方法（以及炊具和调料）。烹制这类菜品时，常会使用某些特定的香草、香料和芳香剂；上菜时，也会配以某些特殊的佐料，等等，这些都会为地方特色菜增姿添色。

小测验

概念复习

1. 主厨给食品添加佐料的原因是什么？
2. 四类基本的佐料有哪些？
3. 给食物添加佐料与给食物调味的区别是什么？

发散思考

4. 描述精盐、粗盐和海盐的区别。
5. 为什么只有淡味糖会被用作佐料？

厨房实践

将所有人员分为四个小组，每组各领取以下材料：中等大小的番茄块和均匀的洋葱块混合洋葱调味汁，其中番茄的量是洋葱的三倍。要求各组将酱汁一分为二，其中一半酱汁用来佐味，另一半用来调味。请预估二者用量的不同。

烹饪小科学

研究碘化食盐的历史。查找资料，看看人类历史上何时第一次将碘加入食盐中，是出于什么原因，并了解使用碘化食盐会不会产生问题。

复习与测验

内容回顾（选择最佳答案）

1. “鲜味”是指什么？（ ）

A.一种香草　B.一种风味　C.一种坚果　D.一种香料

2. 以下哪种蔬菜不属于标准杂菜调味料？（ ）

A.洋葱　B.胡萝卜　C.青椒　D.芹菜

3. 佐料是（ ）。

A.一种放于一侧的调味品，由客人自主添加　B.用于意大利汤菜、酱料的混合香料

C.法式三菜的烹制中会使用的综合香料　D.一种佐味的成分

4. 我们以“半透明”来描述烹制好的洋葱，意思是（ ）。

A.洋葱的味道与菜品的其他成分相混合　B.洋葱的香味与菜品的其他成分相混合

C.光可以穿透烹熟的洋葱　D.光无法穿透烹熟的洋葱

5. 以下哪一项不是厨师添加佐料的原因？（ ）

A.改变食物的风味　B.解腻　C.五味调和　D.增添自然的味道

6. 一般来说，我们可以用多少数量的干香草来替代一茶匙的新鲜香草？（ ）

A.2汤匙　B.2茶匙　C.1茶匙　D.1/2茶匙

概念理解

7. 我们的舌头可以辨别的五种味道是什么？

8. 大厨添加佐料的原因有哪些？

9. 调味成分的四大基本种类分别是什么？

10. 如何定义一道菜品？

11. 什么是佐料？

发散思考

12. 佐味与调味的区别是什么？

13. 标准杂菜调味料与白色蔬菜调味料有什么区别？

厨房数学

14. **概念应用** 依据菜谱，10人餐需要3茶匙新鲜迷迭香。如果由你来准备足够40位客人使用的迷迭香，而你手上又恰巧没有新鲜迷迭香，那么需要多少干燥迷迭香进行替代？

15. **概念应用** 你在为一份很大量的汤菜制作杂菜调味料。调味料会随汤汁在锅内烹煮较长时间。菜谱显示你需要40盎司洋葱，请问还需要其他哪些原料？需要多少？应如何进行切割？

工作情景模拟

16. **建立模型** 依据食谱，制作一份色泽浅淡且明亮的汤还需增加一份杂菜调味料，你会加入什么蔬菜？

17. **想法互换** 你烹制了一道美味的鱼，结果刚刚端给客人，客人就要来番茄酱打算加在上面。你应该怎么做？

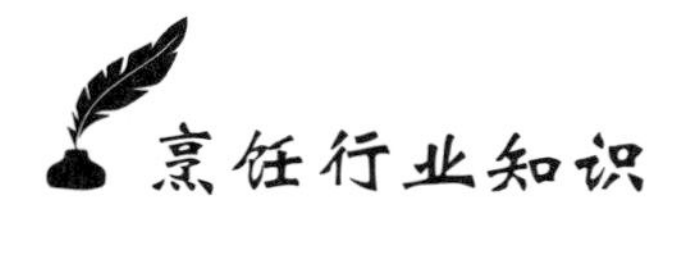

食品调味师与品尝师

食品调味师在当下食品服务行业中的地位举足轻重，是新食品研发过程中不可或缺的角色。一些个体、企业集团尤为关注食品的风味、颜色和口感。因为令大多数人意外的是，一些食物之所以令我们念念不忘、欲罢不能，是因为它们所含的奇特的味道综合，而这些味道组合往往是深入研究和产品发展的结果，并不是源自食品本身的“原始”状态。

有时候，一些食品会被制作成跟其原有状态全然不同的产品。大型制造厂和食品加工厂将它们加工成胶状、粉状、液体状等不同形态使其具有稳定的风味，用以添加到其他食物中。那就意味着，不管土豆、苹果这样的食材如何因为季节和地区的不同而产出质量不一，人们购买的加工食品却周周相同，年年如一。

从实验室里研发出的食物，有些最终为大厨所用，比如那些专注研究分子料理（也称现代主义菜式）的厨师，常常会用它们灵活地制作出全新产品。也有些产品最终为制药厂所用，以便让药品吃起来更易被病人接受。

品尝师的职责，是在食物完成烹制前评估、品鉴其质量，如巧克力、橄榄油、乳酪、红酒、啤酒和香料等具体领域。他们不仅需要有鉴别味道、风味和口感的天赋，还需要长年累月地积累经验和不断学习。在品鉴那些陈年食物时，例如红酒和乳酪，品尝师必须能评估尚未熟化的食物，并以此为依据判断制作完成时的食物风味。通过这样的品鉴，他们还可以保障食物的质量。这些品尝师是很多企业所急需的，例如食品进口公司和食品加工公司。

入门要求

入门级岗位通常需要化学类、食品与营养分析学、食品工程学以及微观生物学学士学位。现在越来越多的食品调味领域从业人员都具备相应的学科背景，或具备相关从业经历。

晋升小贴士

想在食品调味领域的研究、创新上更进一步，成为管理人员，则需要更高一级的学历（食品科学或相关领域理学硕士或博士，如生物学、化学、营养学）。专家级品尝师会通过参加培训，或者跟随该领域内的大师进行实习，以提升自己的味道鉴别能力和评估能力。

第 3 章　刀具与小型器具

学习目标 / Learning Objectives

- 认识刀具，学会根据需要选择合适的刀具。
- 确保厨房操作安全，掌握正确使用刀具的方法，能至少描述出 5 种精细切割法的名称及其内容。
- 认识刀具保养的重要性，列出至少 7 种刀具使用安全注意事项。
- 认识厨房用小型器具，并至少列举出 5 种小型工具并分别说明其功能。
- 如何对小型器具进行清洗和消毒?

3.1 刀具的使用

3.1.1 认识刀具

对一位厨师来说，可能没有比刀具更重要的厨具了。一把刀由几个部分构成，每个部分都能决定厨师在使用时的手感，为正确使用刀具，每位厨师都必须熟知以下事项：认识种类繁多的刀具，了解各类刀具的构造以及使用方法、使用寿命，知道每类刀具的特殊用途，掌握特定菜式的切法，等等。此外，厨师还必须懂得如何保养刀具。

刀片

刀片是刀的切割面。优质专业刀具的刀片多为单片金属刀片，由锻造或压模而形成特定的形状。锻造刀片是热熔金属装入模具再击打塑造成特定形状的刀片。冲压刀片则是将事先轧好的钢材切割成刀型薄片制成。

当钢制刀片成型后，还需要进行回火。刀片反复被加热并冷却，以保证刀片足够坚固且不易碎裂。如果刀片的加热温度过高（例如被直接放置于火焰上方或高温烤箱里），此时的刀片就被称作正火打造，这样制成的刀片易碎裂。

刀片通常由不锈钢或高碳不锈钢制成，但现在也出现了陶瓷材质和钛合金材质的刀片。不锈钢刀片由等离子表面合金钢制成，坚固耐用、不易生锈、不易褪色但也不易打磨。高碳不锈钢刀片由铁、碳、铝和其他金属的混合物制成。陶瓷粉经加热后形成坚固的叶片形状，可制成陶瓷刀片，质地比钢质刀片更坚固，使用寿命也更长，但也因此很难用普通磨刀石将其打磨锋利，所以当刀片在使用过程中变得迟钝时，往往需要被送回原生产商处重新打磨。

主厨刀的刀片分以下几个部分：

- **刀尖** 刀尖可用于削皮、修剪、剥皮等精细操作，也可用于去水果、蔬菜的内核，还可用于切割食材表面，使其充分腌制入味，烹调更为均匀。
- **刀刃** 刀刃用于切片、雕刻和其他精确度更高的切割操作。双凸面圆刀刃是最常使用的一种，其刀口的双面都是光滑的窄V形。双凹面圆刀刃磨去的金属更多，其刀片也更薄、更锋利，但使用寿命远比双凸面圆刀刃短。单面刀刃的平刀刃则在日式厨刀中最为常见。
- **刀尾** 刀尾是整个刀片最宽最厚的部分，主要用于对力量有所要求的切割操作，例如切割带有骨关节的鸡肉。
- **刀垫** 刀垫位于刀尾后部，刀把与刀片的连接处。刀垫能使整个刀片更加经久耐用。
- **刀脊** 厨刀切割面的另一面就是这把刀的刀脊。
- **刀刃面** 可用于碾碎大蒜等调味料。

刀柄

刀柄是刀片与刀把的连接部分，分为整体式和局部式两种。整体式刀柄跟整个刀把一样长，十分耐用。一般来说，用于重工操作的刀具需用整体式刀把，比如厨刀和剁刀。用于轻工操作的刀具则只需局部式刀柄即可，这种刀柄不需要占用整个刀把的长度。鼠尾刀柄长而窄，无须铆钉固定就能被刀把完全覆盖固定。

刀把

刀把由各式各样的材料制成，包括胡桃木一类的坚固木材，质地粗糙的金属以及其他符合要求的材料。一些刀把上还会带有衬垫，以减缓操作者长时间操作的劳累。

我们常用铆钉将木制刀把与刀片固定在一起。刀把上的可见铆钉（一般很少见）需与刀把表面齐平，这样才能避免在使用过程中给手部带来不适感，也能避免因缝隙而导致微生物滋生。组装刀把时，将刀把直接嵌入相应的模塑刀柄即可。

由于厨师使用刀具的时间较长，故必须确保刀把材料和形状的舒适度。许多制造商都会提供大量的刀把尺寸以供选择。

3.1.2 选择合适的刀具

刀具的种类几乎跟食材种类一样多。一把刀的每个部分，如刀片的长度和灵活度，切割面的所属类型，整把刀构造的力度等，都是为特定的切割任务而设计的。

以下为几种常见的刀具：

- **多功能刀** 也叫主厨刀、法式刀，是厨房中最常用的刀具。多功能刀有8～12英寸的三角刀片，可用于剥皮、修剪、切片、砍剁、切丁等。技艺高超的厨师甚至能用它对大宗食材进行切割操作。一把优质主厨刀，刀身应保持平衡，即刀片的重量应与刀把的重量平衡。
- **三德刀** 起源于日本的一种通用刀型。目前这种刀因其在操作中的使用功能而逐渐流行起来。与主厨刀不同的是，三德刀的刀刃朝刀尖弯曲，可安装平边刀片，而非大多数欧式刀具的双凸面圆刀片。三德刀一般适用于切片、砍剁、切碎等操作。
- **削刀** 削刀是轻便小巧版的主厨刀，其刀片有5～7英寸长，适用于切割、切片、剥皮等操作。
- **去皮刀** 去皮刀也是厨房最常用的刀具之一，其刀片有2～4英寸长，通常用于水果和蔬菜的剥皮削剪操作。
- **弯刀** 也叫作鸟嘴刀，是带有曲面刀片的一种削皮刀，能轻易进行圆切面操作。
- **去骨刀** 用于分离骨肉组织，去骨刀的刀片通常有6英寸长，其厚度比普通厨刀的刀片更薄。去骨刀的窄刀片使它能在骨头、肌肉、软骨组织间进行去骨操作。去骨刀刀片有向上弯曲面和水平笔直面两种。
- **切片刀** 有细长的圆头刀片，多用于制作平滑切片。分为可调节和不可调节两种。

锯齿形刃缘的切片刀有一排齿形结构，能轻松地切碎有坚硬外壳的食材。

凹槽形刃缘的切片刀有一排椭圆形结构，适用于熏制鲑鱼和腌制肉类的切割操作。

- **蔬菜剁刀** 刀片呈平直矩形，刀片型号可调节。这种刀可进行多种操作，是公认的厨房多功能刀。
- **剁肉刀** 也叫屠刀，其刀片厚重坚固，略微弯曲。这种坚固厚实的剁肉刀通常用于分离生肉筋骨操作。
- **短弯刀** 狭长弯曲的刀片使其成为剥离肉排、肉饼等生肉食材的理想工具。

3.1.3 正确使用刀具

你还记得自己第一次学写字时的经历吗？将注意力集中在手中的铅笔上，笔下的每个字才能逐渐成形。经过不断练习，写字成为自主动作，你最终就能够写出有自己风格的签名。正确使用刀具也是这样。首先，将注意力集中在刀具上，让刀下的食材按自己的想法逐渐成形，经过练习后，你便能轻松自如地使用刀具并形成自己的操作风格。

要正确使用刀具，首先要有正确的持刀方法：

方法一：大拇指紧摁刀脊，其余四根手指紧握刀把。这种方式能使持刀者更好地发力。

方法二：四根拇指紧握刀把，大拇指紧贴刀片另一侧。这种方式能使持刀者更好地控制整把刀的操作。

方法三：用三根手指紧握刀把一侧，放松食指，将其放在三根手指侧上方，大拇指紧握刀把另一侧。这是最易控制刀片的持法。

握刀方法的选择取决于特定的切割任务，刀具的专业性和操作者的个人喜好。在上述三种基本握刀方法中，当操作者的一只手拿着刀具进行切割操作时，另一只手则负责整个操作

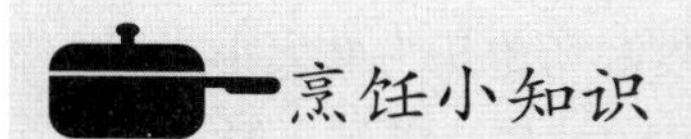

用刀安全

1. 拿刀时谨记手持刀把。
2. 绝不抢拿掉落中的刀。
3. 在给别人传递刀具时，最好将刀置于工作台上，再让对方自行取拿。
4. 在必要情况下手持无保护的刀具时，刀刃应垂直向下，使刀具锋利面背向自己。
5. 绝对禁止在未经允许的情况下借用刀具，使用后应立即放回原处。
6. 禁止将刀具的刀片遗留在餐桌或菜板上。
7. 禁止将刀具用作开启瓶子、撬松抽屉等操作的工具。
8. 禁止将刀裸露放置于不显眼的位置，如：装满水的水槽中、桌下、置物架上等。
9. 绝不在人体腰部以上存放或使用刀具。
10. 在进行切割操作时，身体与刀具之间需保持一定距离。

过程的控制。这只手的配合对于完成刀具的切割操作，是很重要的：

在菜板上切菜时，手指指关节轻微卷曲向下抓住食材，大拇指指尖轻抵食材。刀片轻抵指关节能有效防止手指被伤。

在对鲽鱼、肉类、百吉饼、蛋糕等食材垂直切片时，可将食指轻压于食物上方以防止其滑动，手掌则平放食物上方表面，适当施以压力。

有的剥皮或修剪操作需在无依托、无操作台的情况下进行，此时操作者的手需轻抵刀片并负责拿稳，翻转食材。此外，剥皮或修剪前，必须确保食材、手和刀把都是干燥的。

3.1.4 切割操作

用刀的目的是将食材变得更小并呈一定形状。烹调过程中，小而均匀的食材更易处理，体积过大和不规则的食材则不能。此外，食材大小均匀，视觉上也更能吸引客人。

如果事先做好一些基础的食材修剪、剥皮和调整工作，会让切割操作更加容易。一些本身带有纹理的食材，可按下文即将提到的方法进行切割，如土豆、胡萝卜、芹菜、大头菜等。像洋葱一类带有层状纹理的食材，或者自身有凹陷、内核、种子等结构的食材，如牛油果和苹果，则需要更加特殊的处理技巧。未去骨的肉类、鱼类和家禽类也需要特殊的切割和去骨处理。接下来的章节中，我们会陆续讲到这些食材的具体切割处理方法。

我们先来看看四种基础的切割方式：切片；砍剁和切碎；精细切割；装饰切割。

切片

当刀具锋利适度时，切片操作轻松自如。切片时，刀片穿插进食材，保持刀身笔直且受力平均，同时根据操作者所切食材的纹理来调整刀把受力的长度和所施压力的大小。

从水果、蔬菜到肉类、鱼类等，绝大多数食材都可进行整齐均匀的切片操作，但需仔细选择所需的刀具：细长的刀片适用于精细切割和切片，小型的刀片适用于处理小型的食材。

一些食材准备设备，如切肉机和专业食品加工机等，都有切片功能。这些机器是进行大量切片操作的最佳选择。有些切片专用工具，如蔬果刨等，有时也可用来进行精细切片。蔬果刨有极其锋利的刀片，且刀片可根据食材不同的精细度和厚度要求做出相应调整。

砍剁和切碎

砍剁操作是指无须严格按照特定大小，只需将食材大致切至片状即可。砍剁有时可与切碎一词互换，但切碎操作的食物通常比砍剁操作的食物偏小。砍剁或切碎时，需将刀尖紧贴案板，再迅速有力地落下刀身，重复这一动作做精细切碎，直至切碎物达到满意标准为止。

精细切割

精细切割主要用于对食材形状一致性要求极高的切割操作。将食材切割得整齐平滑、大小均匀，也是对操作者技艺的挑战。更重要的是，完美的精细切割能保证食材被均匀烹调，确保食物的最佳风味、营养、色泽和形状。

以下是几种常见的精细切割方式：

- **循圆切** 循圆切一词源自法国，表示“循环围绕”。像胡萝卜、黄瓜等圆柱形蔬菜切出来后，都是这种圆形。在循圆切时，需首先对食材进行修剪或剥皮，再将其切成圆形切片或循圆切片。此外，需确保每次循圆切片的厚度大概一致。

- **其他类型的循圆切** 除了进行垂直循圆切，还可将刀片倾斜一定角度，进行对角切。对角切过的蔬菜将有更大暴露面积，这种切法在亚洲菜系中使用最多。其他类型的循圆切，如波纹切，则需要像蔬菜刨、食品加工机或切肉机一样的专业刀片。

- **细切丝** 这种切法主要用于绿叶蔬菜和其他一些原生食材的细切割。细切丝靠手工操作，它与切碎操作有所不同，经细切丝操作后的食材，形状更小、更均匀。

基础烹饪技术 细切丝操作

1. 除茎：去除太过坚硬的蔬菜茎秆。
2. 堆叠：将叶片两头堆叠。
3. 卷裹：将蔬菜紧实地裹住。
4. 薄切：用狭窄水平切割法对裹实的蔬菜进行切片操作，另一只手需固定住蔬菜卷。

- **切丝和切条** 切丝和切条是使蔬菜得以更均匀烹调的长条矩形切法，可充分展示厨师的刀工。法式炸薯条就是切丝法的典型操作之一。一般来说，精细切丝的厚度大概为1/16英寸，普通切丝的厚度大概为1/8英寸，切条操作的厚度大概为1/4英寸。

基础烹饪技术 切丝和切条操作

1. 将蔬菜修剪至边缘呈笔直状，以便之后的均匀切割更加容易。
2. 把握适当厚度（切丝应为1/8英寸，切条应为1/4英寸），用水平切割法纵向切片蔬菜。
3. 将切片堆叠，使其边缘对齐，再次进行水平切片（切丝和切条的厚度仍分别为1/8英寸、1/4英寸）。

- **切丁** 切丁就是将食材切成立方体状。在进行切丁操作之前，应先对食材进行切丝或切条处理。切条操作后，食材厚度一般在0.5 ~ 1英寸之间。最小的一种丁状颗粒食材是细蔬菜丁，其截面只有1/16平方英寸左右。蔬菜小丁，也叫作方块菜丁，大概有1/8平方英寸大小。中等大小的菜丁则大约有1/2平方英寸，再大些的菜丁也叫立方体菜丁，截面至少有3/4平方英寸甚至更大。

- **不规则切片与传统乡村式切片** 这两种切法在传统菜品的制作中较为常见。顾名思义，其名称源自法语，即“农民”之意。将1/2英寸厚的条状食材进行不规则切片，切片时

基础烹饪技术 切丁操作

1. 修剪和剥皮：必要的话，先对食材进行修剪、剥皮操作。
2. 切片：将食材按适于切丁的厚度进行切片操作。
3. 堆叠切片：将上述切片整齐堆叠。
4. 水平切割：按步骤2的厚度再次切割，切至条状即可。
5. 整理：将切好的条状食材整齐摆好。
6. 水平切割：操作者的手需控制好食材条，再对其水平切丁。

按1/8英寸长的间隔切分，便能得到1/8英寸厚的仅1/2平方英寸的切片。传统乡村式切片的外观则较为粗糙，进行此操作需从蔬菜的弯曲或不均匀面开始。条状食材切至片状食材的厚度在1/8～1/2英寸之间。

- **菱形切** 这种钻石形切法是在摆盘装饰中经常用到的。进行菱形切时，应从1/4英寸厚的片状食材开始，再将这些片状食材切成1/2英寸宽的条状。刀具与条状食材间应保持一定的角度，才能平行切割成钻石状。
- **斜切** 斜切或卷切既不是水平切割（并排切），也不是垂直切割（保持合适的角度），而是在每次切片后旋转食材，这正是斜切也称卷切的原因。这种切法适用于胡萝卜一类的长圆柱形蔬菜，它既没有特定的斜切规格，斜切角度也应根据操作者所切食材而定，但应确保每次切割操作的角度一致。

基础烹饪技术 斜切操作

1. 对角切：蔬菜去皮后，对角切除蔬菜茎秆。
2. 斜切：呈90度斜切（即1/4转的角度）。
3. 切片：按步骤1的对角切角度将蔬菜切片，形成有角面的切片。
4. 斜切：按90度斜切蔬菜后，再重复步骤1……继续重复上述操作，直至切割操作完成。

装饰切割

以下几种切割法主要用在对外观有所要求的食材切割上。这些精细切割法有一个共同点，那就是通常需要使用削皮刀。

- **转动切割** 这种切法要求较高，是最为费时的一种切法。转动切割源自法语中的“转圈”一词，也就是说，蔬菜往往先被切片，后再被转动切割至足球状。典型的转动切割出的蔬菜有七边，但具体的食材边数则需根据蔬菜的种类而定。转动切割出的蔬菜也可以有平坦底边和三至四条弯曲边。
- **凹槽切割** 进行带凹槽伞菌切割时，菌盖轻抵削皮刀刀片便能产生脊柱状伞菌切丝。
- **粉丝切割** 在将泡菜、草莓等较柔软食材进行切片时，无须从食材另一头切割就能将食材切至粉丝状。

3.1.5 刀具的保养

专业厨师对待工具的态度是非常认真的。他们会经常珩磨刀具，以保持其最佳状态，当刀片有所磨损时，会将其送至刀匠处整修，不使用时则正确存放。没有哪位专业厨师会将刀具随意放置于水槽或洗碗水中，更不会刻意将刀具弄脏。

磨刀石

磨刀石也叫磨石，是保持刀片锋利的重要工具。当刀片多次使用后变得迟钝时，可用磨刀石珩磨至锋利。磨刀石有不同尺寸、纹理和材质，但均为人工制作。一块磨刀石的粗糙或精细可由粗磨粉的精细度判断出。大型磨刀石一般带有装润滑油的凹槽，能承担大而重的刀片珩磨工作。小型磨刀石虽易运输，但不适用于珩磨长刀片。

磨刀时，一些厨师认为刀片应从磨刀石下方往上碾，也有厨师认为应自上而下。同样，在选择矿物油还是水来打湿润滑磨刀石的问题上，不同厨师也有不同倾向。但无论怎样，最重要的还是要根据你选择的碾磨方向连续珩磨，而水和矿物油都能减少磨刀时的不必要摩擦，所以只需选择自己满意的润滑剂即可。

在使用磨刀石时，厨刀或其他刀具需与石面保持20度的倾斜角度。但在珩磨切片刀一类的偏薄刀片或剁刀一类的偏厚刀片时，则需另外调整角度。

基础烹饪技术 磨刀

1. 把磨刀石固定在合适位置，防止其打滑。
2. 用矿物油或水润滑磨刀石。越钝的刀片所需要的磨刀石越粗糙，可根据刀片的实际状况选择合适的润滑剂。
3. 沿着磨刀石的一边轻缓、连续地碾磨，碾磨时按你需要的粗糙程度选择粗砂即可。在向刀片施加均衡压力的同时也应保持刀片与磨刀石的合理角度（20度左右最佳）。
4. 刀片双边的珩磨次数应相同，大概10次。
5. 更换磨刀石，换成较之前精细的磨刀石，再碾磨相同次数。
6. 更换磨刀石，选用最精细的磨刀石，再次珩磨相同次数。
7. 珩磨刀片至无刺耳的粗磨声发出，即可结束。
8. 清洁并消毒磨好的刀片。清洁磨刀石后，妥善储存（在使用前也应如此）。

磨刀棒

除了磨刀石外，常见的磨刀工具还有磨刀棒。磨刀棒分为带纹理的钢材质地和陶瓷质地两种，使用时将刀片垂直珩磨不规则部分。钢材磨刀棒也叫屠宰滑棒或矫正棒，这种磨刀棒一般不用于珩磨刀刃，而是用来矫正刀片，经过矫正后的刀片更易被珩磨锋利。合格的厨师会定期对刀具进行珩磨处理。

珩磨的技巧很多，本书所介绍的基本珩磨技巧就特别适合新手。但不管选择哪种技巧，都应注意，珩磨时刀片两边时应选择一致的碾磨方向，并谨记勿用手接触刀刃，碾磨次数应相同，且应连续碾磨。使用磨刀棒时，将刀片轻抵在磨刀棒上即可，切勿用力拍打。

基础烹饪技术　刀具的珩磨

1. 垂直握住磨刀棒一端，另一端固定在水平面上，与水平面保持90度。
2. 手握刀把，将刀刃靠手柄的一段抵住磨刀棒。
3. 刀面沿磨刀棒往下拉，确保整张刀片、刀尖都能受到珩磨。磨刀时应靠手臂轻施压力顺滑向下，但绝不可靠腰部发力。
4. 重复步骤2～3，珩磨刀具两侧。珩磨次数应两侧相同。
5. 对刀面进行清洁和消毒。

刀具的清洁和消毒

为了保持刀具的使用安全和良好使用状态，厨师须定期清洁和消毒。刀具上可能依附有病原菌，是厨房污染源的潜在携带工具。全面有序的清洁和消毒能有效防止病原菌滋生，保护食物安全。使用后、储存前和进行切割操作前，都应用含清洁剂的热水清洁刀具，完全擦干后才能使用。用消毒溶液擦拭刀把和刀片进行消毒，可使刀具避免成为交叉污染的媒介。

要注意，切勿在洗碗池中清洁刀具，因为木质刀柄可能被挤压弯曲或碎裂，刀片也容易因与池内的餐具碰撞而受损。此外，须绝对禁止将刀具随便扔进空锅具里，因为刀片可能会因此产生凹痕甚至被重量较大的锅砸断。

刀具的存放

正确的刀具存放方法不仅能防止刀片被损坏，更能确保操作人员的安全。安全的刀具存放方法有多种，如：将刀具装入刀袋或刀箱，挂在墙上，或插入嵌在工作台一侧的刀架里。

- 刀片防护装置或刀鞘是对操作人员的又一层保护，特别是当刀具被单独置于操作柜时。
- 尽量选择结构和材料都易于清洗和消毒的刀袋。
- 钢材开槽和橡胶开槽的刀架/刀座都具有清洁卫生的特点，均可在洗碗池中消毒。
- 墙上的刀具挂钩所悬挂的多为暴露刀片，是可能存在的安全隐患。
- 刀鞘、刀盒、开槽刀座都需经常清洁并消毒。

案板的保养

切割食物时应使用案板。优质的案板表面应当平整光滑。案板缺损或被挖凿变形时，就需更换新案板或翻新其表面。使用时，要常擦拭案板，以免在剥皮、修剪后遗留食物碎屑。

案板的使用也有安全标准。根据《美国农业部食物安全法》，枫树和橡树类的细粒结构木材在清洁消毒得当的情况下，一样可用作案板材料。合成材料的案板可放入洗碗机中清洗消毒，所以在某些切割操作中比木质案板更受欢迎。

如果厨师需切割不同种类的食材，例如先后斩切鸡肉和莴苣，则需对案板进行清洁、冲洗和消毒。当然，也有厨师会准备带色标的案板来进行多种操作，以避免交叉污染。

像仿案板等其他大型案板则应先用硬毛刷或擦洗垫来擦拭干净，再用清水或含清洁剂的温水清洗。案板上残留的食材残渣应用刮刀刮去，用干净的湿布仔细擦拭残留的清洁剂，最后用干净的布擦干被消毒溶液洗过的案板表面。为防止消毒溶液被污染，在擦抹消毒液前应用干净的湿布擦拭案板面。

小测验

概念复习

1. 刀具由哪些部分组成？
2. 八种常用的刀具是什么？应如何使用？
3. 使用刀具的四种常见手法是什么？
4. 回顾并描述四种基本的切割法。
5. 保养刀具时，什么情况下使用磨刀石，什么情况下使用磨刀棒？

发散思考

6. 在你看来，为什么厨师更愿意用主厨刀而不是其他刀具？
7. 切丝操作和切条操作的区别是什么？
8. 你觉得专业厨师会使用三角面的磨刀棒吗？

厨房实践

可以用厨刀进行胡萝卜切片、切碎、切丁操作，也可以用削皮刀进行同样大小的切片操作。两者有什么区别？

烹饪小科学

掌握烹饪学中的大量术语。

3.2 小型器具的使用

3.2.1 手持工具

手持工具、壶和锅等，通常被称为小型器具。厨师所用的小型工具取决于厨师在厨房中所从事的不同工作种类。手持烹饪工具种类繁多，有适用于家庭厨房的，也有适用于专业厨房的。总的来说，手持工具大致可分为五大类（烘焙和糕点类专业工具在后面的章节中讨论）：整理和准备工具；切割和磨碎工具；混合和烹制工具；过滤、沥水和加工工具；度量工具。

对所有厨房而言，选择小型工具都是一项重要的工作任务，而具体需要何种工具则取决于所要准备制作的食物。

工欲善其事，必先利其器。无论是菜品的整理和准备，还是在灶台上或烤箱中加以烹制，只要是为了完成食物的加工，准备好合适的工具是非常重要的。由于厨房中往往会用到各种尺寸的工具来处理不同大小的食材，故应确保加工工具得到正确维护，以达到相应的安全要求，并延长其使用寿命。电子设备则应选用易于使用、清洁的类型。

整理和准备工具

专门用于整理和准备的小型工具有许多，但对一个餐厅来说，具体选用什么类型的整理和准备工具则通常受该餐厅所提供服务类型的影响。例如，意大利餐厅通常会配备橄榄去核机，专门供应苹果类产品的饭店则一般会需要专门的苹果削皮器、苹果挖核器或苹果切块机等。

切割和磨碎工具

一般的切割工作可以使用主厨刀轻松完成，但如果需要切割大量食物，就需要用到一些专门的加工工具，包括切片器、刨丝器、搅拌器，或是带有附属功能的食物加工器。

刨丝是食物加工器和搅拌器附带的功能，我们也可使用盒形刨丝器——一种特殊的菜丝加工工具。此外，超细刨丝器也较为常用。或粗加工，或精细加工，不同类型的刨丝器最终可以将食物加工成不同形状。切口较小的刨丝器适用于质地较硬的食材，更易将它们刨成丝。切口较大的刨丝器则能将食材切割成大片或大块。部分特殊的切割器则适用于某些专业加工，如加工坚果、芝士、生姜等。削皮器则是一种专门为柠檬、橙子、青柠去皮的工具。

混合和烹制工具

在制作食物的过程中，厨师一般用混合器、搅拌器以及食物加工器来搅拌或混合食物，但也会使用一些独立的手持工具，包括勺子和手动搅拌器等，以确保食物得以适当烹制。

过滤、沥水和加工工具

为食物过滤、沥水的专业手持工具有许多，这些工具可以用于处理干、湿原料，浸在液体中的食物也可适用。由于一些脆弱的网格很容易受损，故千万不能将其放入水槽，否则很可能导致其被压碎或撕裂。

这类手持工具包括筛、食品研磨器和压粒器等。在某些情况下，经由它们加工过的食材，其质地可能在烹饪效果上更为理想。比如细筛可以更好地筛除细小的纤维，而食品研磨器和压粒器则可能将食材的口感处理成更为丰富且略带粗糙的类型。

度量工具

度量工具在任何一道菜品的制作中都是必不可少的。依靠精确的度量，不仅可以确保菜品的口感及味道，还能帮助厨师控制单份菜品的菜量及成本。一般来说，度量工具可用以测量食材或菜品的重量、体积和温度。如果称重时需将食物放在容器中，则需减去容器的重量，后者通常也称“皮重”。称量时，如果使用天平秤或机械秤，要注意需先将指针调至零。如果使用电子秤，则只需要按一个按钮即可完成。

3.2.2 炊具

煮锅和浅锅通常被称为炊具。浅锅通常底扁平，带有一支长手柄。煮锅则比浅锅深，锅身垂直，一般有两个把手。

选择正确的厨具进行烹饪很重要。烹饪任何一道菜，厨师都要根据情况选择合适的炊具，例如根据食物的量选择锅具的尺寸和类型。像汤和油炸食品这类菜肴，最好使用比较深的锅，而少量油煎或烹饪时需要翻动的菜肴，则最好使用比较浅的锅。

除了考虑炊具的大小，厨师还必须要注意炊具热量传递的速度，了解应如何保证热量有效传递到食物内部。有些锅能迅速传热，有些则能保持更稳定的烹饪温度，这一方面取决于炊具的材质，另一方面也与其规格（即材料的厚度）有关。规格越薄，炊具加热的速度越快，当然冷却得也越快。如需快速烹饪，宜选择热量传递快并且对温度变化敏感的锅，中等规格的炊具在这个时候表现良好。如需慢速烹饪，则应选择保持温度效果好而且能够均匀加热的锅，重型规格的炊具最为适合。

用于炉灶的炊具与用于烤箱的炊具，其材质是基本相同的，但由于烤箱内的热量传播是间接的，因此也可以使用玻璃和陶瓷制器具，并保证器具不会开裂或粉碎。

总之，进行任何菜肴的烹饪，厨师都必须选择尺寸、材料、规格均合适的炊具。但需要特别注意的是，有些炊具的材料会与食物发生反应。以下是常见的炊具材料：

- **铜** 铜传热速度快且均匀。因为铜可以与高酸性食物反应产生有毒物质，所以大多数铜锅中都含有一种非活性金属。铜容易变色，故需要花费大量的时间和精力进行保养。

- **铸铁** 能很好地保持热量，且传热均匀。但铸铁较易碎，须小心处理，以防凹陷，留下痕迹或者生锈。为延长其使用寿命、易于清洁，制造商有时也会在表面覆以搪瓷涂层。

- **不锈钢** 不锈钢虽然传递热量不良且不均匀，但由于易于清洁，故常用于制作炊具。有时制造商会在锅底位置加入铜或铝，以提高其导热性。不锈钢一般不会与食物反应。

- **钢** 其他类型的钢（蓝钢、黑钢、压制钢和轧制钢等）传热迅速，需要快速加热食物时，这些材质的炊具往往是不二之选。这种材质制成的平底锅通常很薄，且容易变色。

- **铝** 一种优良的导热材质，属于软金属，容易磨损。此外，它容易与食物发生反应。如果用金属勺或搅拌器在铝锅中搅拌白色或浅色酱汁、汤或原料，食物颜色可能变灰。但加工过后的铝（通常称为阳极氧化铝）一般不会与食物反应，因此较为受欢迎。

- **不粘涂层** 厨师还可考虑使用带有不粘涂层的炊具。不粘涂层在炊具制作中举足轻重，但日常使用时，厨师应选用木质、塑料或硅胶铲以保护炊具的表层，延长其使用寿命。

手持工具
整理和准备工具
削皮器： 可将蔬菜和水果切掉薄薄一层皮。削皮器上装有锋利的旋转刀片，能够在食物表面轻松转动，削去表皮，使用时比削皮刀更为高效。削皮器也可以用来制作精美的装饰配菜，如胡萝卜卷、巧克力卷等。
挖球器： 能从瓜果、乳酪和黄油中挖出光滑小圆球的小型器具。挖球器的两头各有一个小勺子，以适用不同的需求。
披萨刀： 可用来切割披萨和点心。有些披萨刀的边缘是平的，也有一些刀片边缘带有凹槽，可用以制作装饰物。
槽刀： 用以纵向切割黄瓜、胡萝卜等蔬菜的小型工具。用槽刀切割过的蔬菜边缘会留有花朵状的装饰痕迹。
橄榄去核机： 利用一根小棍从橄榄中穿过去掉橄榄核的工具，它也可以用来去掉樱桃核。
厨房剪： 可用来处理诸多厨房杂物，比如剪短挂肉的麻绳，修剪洋蓟的叶子，把葡萄剪成小串，把香料修剪成段，等等。厨房剪中的鸡骨剪甚至可以剪断紧实的鸡肉关节和韧带。
去心器： 这种小型工具利用圆形的长切片来切除苹果或梨的果核。去心器尺寸多样，使用范围广，既可以用于苹果一类较小的水果，也可以用于菠萝一类较大的水果。一些去心器还可以在去除果核的过程中将水果切割成楔形或者薄片。
除鳞器： 这种小型工具一般用以去除鱼类身上的鱼鳞。
混合和烹制工具
搅拌碗： 这种小型工具一般选用不易起化学反应的物质来制作，比如不锈钢。专业厨房中，由于材质不够坚固，玻璃碗或陶瓷碗多数用来盛放烹制好的食物，但很少用作搅拌碗。
搅拌器： 这种小型工具一般用弧状细金属丝制成，是烘焙点心时必不可少的工具之一。最圆的搅拌器也被称作"气球搅拌器"，即打蛋器。弧形较小的搅拌器一般称作"鞭式搅拌器"，其金属线较粗，搅拌时不会进入太多空气，主要用来混合调味酱和面糊。
圆头刀： 这种刀有长而灵活的刀刃和圆形的刀柄，可用以翻转煮熟或烤熟的食物，为之抹馅料或浆汁。在烘焙当中也有使用。
橡皮刮刀： 这种刀刃宽而灵活的刀具有时也称之为铲刀，可用以铲掉碗碟中的残留食物。一些刮刀的刀片是由硅胶制成的，可耐高温。
撇油器： 主要用来撇除汤汁等液体中的杂质，或将煮熟的食物或面从开水中捞出。
长柄夹： 主要用于夹起高温食物，比如肉类和大块的蔬菜。有时出于服务的卫生考虑，也会用它来夹取饼干或者冰块。
食品铲： 这种小型工具面宽、柄短，且可弯曲，铲面有孔或无孔。这种设计是为了让使用者在翻转或铲起高温食物时，手部可远离热锅表面。
勺子： 主要用于混合、搅拌、捞取以及分配食物。其材质可以是木的或不锈钢的，其外形可以是实心的、带孔的，或带槽的。
厨房叉： 主要用来转移烤炉中小块的肉片，或在切割过程中固定大块肉类。
过滤、沥水和加工工具
食物碾磨器： 这种小型工具可在过滤食物的同时将其打磨成柔软、光滑的糊状。食物碾磨器有一个扁平的曲面刀片，通过手控的方式使其在圆盘上方旋转。专业的食物碾磨器有各种规格的可替换圆盘。

（接上表）

筒筛：是一种由镀锡钢、尼龙、塑料或不锈钢筛板制成的屏，延展开来搭放在铝制或木制的框架上。筒筛一般用来筛选干燥的食材，或者过滤十分松软的食物。
锥形筛：也叫中式筛。也是用来过滤食物或将其挤压成糊，其网筛的形状很像一个圆锥体。
滤锅：是一种体积较大、四周有孔的不锈钢或铝制碗。这种碗有的有底，有的无底，主要是用来过滤食物的。
压粒器：通过压力将烹熟的食物（如土豆等）压制成米粒大小的颗粒状食物的一种带孔设备。
漏斗：主要用于将液体从较大容器倒入较小容器内。漏斗可以有多种规格、多样材质。
重量测量工具
弹簧秤：非电子弹簧秤用以测量少量食物或某一种成分的重量（通常以一定比例为单位）。弹簧秤数值通常可以重设为零，这样就可以除去容器的重量，或者同时测量多种成分的重量。这种秤内有一个弹簧，施加在弹簧上的压力会导致指针移动，这也是它之所以被叫作弹簧秤的原因。
电子秤：可直接显示重量读数。人们通常认为电子秤比其他类型的秤在称量上更为准确。
天平：天平一般用来称量烘焙原料的重量。原料与砝码分置于天平两端，当两边平衡时，即可得出原料的重量。
体积测量工具
量杯和量匙：小不锈钢量杯从1/4杯到1杯不等，不锈钢量匙从1茶匙到1汤匙不等。量杯和量匙都可以用来测量干物或液体的体积。
体积和液体量杯：体积测量杯由金属制成，有不同的分数标尺以显示体积，通常是每4或8盎司有标记。液体测量杯也用于测量体积，但有一个杯嘴以方便液体倾倒。液体量杯通常使用透明玻璃或者塑料制成。
温度测量工具
热敏电阻温度计：热敏电阻温度计利用电阻器（一种电子半导体）来测量温度，可快速读取温度（约需10秒），薄、厚食物均可测量。
双金属线圈温度计：双金属线圈温度计利用探头中的金属线圈来测量温度。这种温度计有时即使在烹饪中的烤箱里仍可安全使用。双金属线圈温度计读数较慢（需1～2分钟），现有的可即时读数的版本约需15～20秒显示温度，但不能用于烤箱当中。
热电偶温度计：热电偶温度计利用探头内的两条细线来测量温度，读数极快（2～5秒），无论测量物薄、厚，均可测量其温度。
液体温度计：液体温度计是最古老的一种温度计。内部的玻璃或金属杆里，装满了彩色液体。其设计原本是为了烹饪时将其留在食物中，以测量食物温度，但由于玻璃的使用存在安全隐患，所以在专业厨房里，玻璃柄温度计并不常用。

炊具
炉灶烹饪工具
汤锅：汤锅体积较大，高度大于宽度，立面笔直。一些汤锅底部装有龙头，因此不必提起笨重的锅，即可倒出汤。
深平底锅（或炖锅）：这种锅虽然没有汤锅那么大，但与汤锅的形状相似，锅壁笔直，且有两只环形手柄，方便轻松提起。
平底酱料锅：这种锅锅壁笔直或轻微向外展开，带有一把长手柄。
平底煎炒锅：平底煎炒锅厚度较浅，用途多样，常有两种类型：一种是宽大的浅盘，锅壁倾斜，有一把长柄；一种锅壁笔直，有一把长柄，也常被称为长柄锅。
中式炒锅：中式炒锅锅身深且倾斜，非常适合快速翻炒。烹调过程中，可以将首先烹饪的食材推至锅边，将中央高温部分用于其他食材的烹制。
煎蛋锅或薄饼锅：这种锅是一种较浅的煎锅，锅壁浅而倾斜。这种锅经常覆有不粘涂层。
蒸锅：蒸锅是一套上下堆叠的锅。上层锅底或蒸笼底部分布着小孔，以便蒸汽温和地烹制或加热其中的食物。如果是金属蒸锅，则将水放置于底锅中，底锅放置于炉火上。
煮鱼锅：煮鱼锅是一种长而窄的金属锅，带有有孔托架，用于提起或放下鱼身，并保存鱼的完整性。
烤箱烹饪工具
焙烧盘：焙烧盘用于焙烤和烘烤。焙烧盘尺寸众多，四面低矮，内置烤架，用以盛放食物，使食物的底部、侧面和顶部烹制均匀。
浅烤盘：一种多功能烧烤用盘。烤盘呈方形，厚度浅，立面通常不高于1英寸。有全尺寸、半号或是1/4号几种。
陶盘：陶盘通常由陶土制成，但也可由金属、搪瓷或陶瓷制成。陶盘有各种尺寸和形状，部分有盖子。
舒芙蕾碟、小干酪蛋糕杯和鸡蛋布丁杯：均呈圆形，立面笔直。三种均有多种尺寸可选，也有铝制的一次性版本。
焖锅和砂锅：焖锅和砂锅通常锅壁高度中等，带有盖子以保持锅内水分，二者材质多样。
肉酱盘：肉酱盘盘深，呈矩形，属于金属模具。一些肉酱盘壁带有铰链。
陶瓷烤盘：一种盘身较浅的陶瓷焙烧盘。

3.2.3 小型炊具的清洁与消毒

小型器具可手洗，也可选择使用洗碗机。

手洗

为防止交叉污染，手工清洁小型器具也需消毒，故一般需要三隔间或四隔间水槽，以进行彻底的清洁和消毒：第一个水槽用于刮洗和预先冲洗餐碟和小型器具。这一水槽常带有一个垃圾处理格。有些水槽还会分设脏盘、净盘放置区。

首先，将食物残渣刮入垃圾桶，然后在水槽内对餐碟和小器具进行冲洗。一些水槽在过滤器处堆积了大量垃圾，过滤器会定量运转或者连续运转，将堆积的食物残渣磨成粉末。制造商建议不要试图磨碎硬骨头、水果核以及其他大块的硬物。银质器具需单独小心保存，远离垃圾。

如果使用三隔间水槽，大部分小型器具都可按照以下步骤进行清洗与消毒：

1. 对水槽区域进行清洗、消毒。

2. 刮净、预冲洗小型器具。

3. 往第一个水槽中倒入110℉的水，加适量清洁剂，用刷子彻底清洗小器具。根据需要排水、加水。

4. 在第二个水槽中倒入约110℉的水，冲洗小型器具上可能残余的清洁剂。

5. 向第三个水槽中加水，温度以消毒剂制造商所指定的为宜。加入推荐剂量的消毒剂（氯或碘），将小型器具浸泡约30秒钟。

6. 将小型器具捞出放置于洁净处晾干。勿使用毛巾擦干，以免导致二次污染。

洗碗机

餐饮行业需要每天清理使用过的炊具、锅和餐盘，因此通常会设立一个可供冲洗、洗涤和放置器皿的独立清洗台（也称洗涤区）。清洗台同时还配备有垃圾桶、水槽、垃圾处理装置和专业洗碗设备，如洗碗机等。清洗台工作人员负责刮净、冲洗餐盘，并操作洗碗设备，并用热水为小型器具和盘子消毒。干净的器皿被放在推车或货架上，以备再次使用。

专业厨房中常用的洗碗设备有三种：

- **柜下洗碗机** 拥有便携式餐具架，脏、净餐碟替换便捷。有专业的玻璃清洗机。
- **单层洗碗机** 用于快速清洗少量餐碟。刮擦、冲洗完毕的餐盘置于上层隔间中。关闭机门，洗碗机便开始运转。只需几分钟即可取走清洁的餐盘。
- **传送带式洗碗机** 可以连续不断地进行大量餐盘的清洗。

大多数洗碗机可以根据清洗物品的不同选择相应的运作模式，这些模式决定了洗碗机内的不同水温以及清洗时间的长短。应尽量根据实际情况选择自己需要的模式，并确保餐盘在放入洗碗机之前，已被刮洗干净（可以选择用水冲洗）。

洗碗设备一般都配备有碗碟架以及手动喷雾。清洗时，碗碟应适当放置在洗碗机内。如果物品堆叠太紧密或拥挤在一起，水就无法覆盖住所有的碗碟。同时，还应确保所有小器具、锋利物品都已放置牢固，以免它们从架子上滑落，落入洗涤区域。放置一些轻质塑料的物品时，要确保它们不会落到发热器具上面，以免它们熔化受损。

虽然洗碗机的温度通常足以对餐盘进行清洁和消毒，但洗碗机本身的消毒也是不可忽视的。清除所有表面的残渣，用消毒液擦拭洗碗机的内外表面，如果表面有水垢积聚，使用能够去除水垢的产品，并按照制造商的说明进行操作。

小测验

概念复习

1. 识别五大类型的手持工具。
2. 列出至少6种用于炉灶烹饪的炊具类型。
3. 什么是清洗台?

发散思考

4. 什么是炊具的传热?什么是炊具的规格?
5. 对比铝、不锈钢、铜和铸铁炊具的利弊。
6. 为什么长柄勺被用作测量工具?

厨房实践

使用主厨刀片将2盎司的干酪切割成片。使用刨丝器切割相同数量的奶酪。再用盒式刨丝器(或食品加工机上的圆盘)来切割相同数量的奶酪。比较结果以及不同方法所付出的劳动力。

烹饪小科学

收集3个12英寸的长柄煎锅:一支铸铁煎锅,一支铝煎锅和一支不锈钢煎锅。点燃炉灶,转至大火。在每个煎锅中放1汤匙水。使用秒表记录每个煎锅中的水开始嘶嘶作响的时间。每次只放置一支煎锅,并确保手持热锅时穿戴隔热手套。分析所得数据,以评估不同材质煎锅的传热能力。

复习与测验

内容回顾（选择最佳答案）

1. 专业品质的刀锋通常用（ ）做成。

A. 钢 B. 纯铁 C. 不锈钢 D. 高碳不锈钢

2. 以下哪一项不属于刀具的组成部分？（ ）

A. 箍筋 B. 刀柄 C. 铆钉 D. 刀架

3. 以下哪一种刀具的刀片长且薄？（ ）

A. 主厨刀 B. 切片刀 C. 短弯刀 D. 剁刀

4. 以下刀法中哪一种最为耗时？（ ）

A. 切丝 B. 切条 C. 循圆切 D. 转动切割

5. 以下哪种材料导热能力最差？（ ）

A. 铝 B. 铜 C. 铁 D. 不锈钢

6. 以下哪一种工具可以用来制作圆形球？（ ）

A. 削皮器 B. 挖球器 C. 圆头刀 D. 刨丝器

7.以下哪种炊具边缘笔直或略向外扩展，且有一支长柄？（ ）

A. 汤锅 B.中式炒锅 C.深平底锅 D.双耳炖锅

概念理解

8. 刀具有哪些基本组成部分？

9. 请列出至少7种刀具使用安全注意事项。

10. 4种基本刀法是什么？

11. 请写出至少5种精细切割法的名称并加以描述。

12. 将刀磨制锋利与和用磨刀石珩磨的区别是什么？它们分别应在什么情况下运用？

13. 请列举出至少5种小型工具并分别说明其功能。

14. 请分别列举出5种用于炉灶烹饪和烤箱烹饪的炊具。

发散思考

15. **比较** 如果你只能选择2种厨房用刀，你会选择哪两种？为什么？

16. **比较** 小型工具的5种类型中，你认为哪种是最重要的？为什么？

工作进行时

17. **学以致用** 此刻你正在用烤炉烤牛肉，并希望确保做出的烤牛肉肉香四溢。你会为此选择哪种温度计？请描述你将如何使用该温度计，并说明与其他温度计相比，这种温度计有何优点？

烹饪数学

18. **解决问题** 胡萝卜已经切成小方块，宽度、厚度分别为4英寸和1英寸。如果要将它们继续切成中等尺寸的方块，原先的一块能被分割为多少小块？

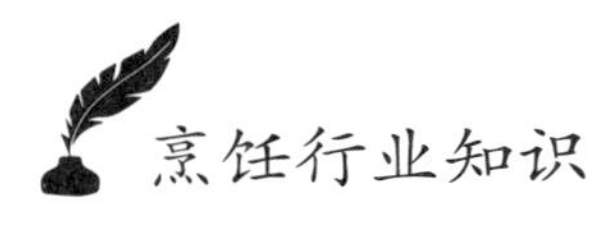

烹饪行业知识

餐具，餐馆供应和烹饪设备租赁

对多数专业烹饪工作者而言，逛餐具店或餐厅供应公司，就好像孩子走进了糖果店。

餐具和厨房工具商店 走进店里，我们会看到琳琅满目、闪闪发亮的刀具排列在货架上，尤其是来自世界各地著名刀具制造商的产品，如来自德国的三叉戟（Wusthof-Trident），法国的萨巴蒂尔（Sabatier），来自日本的旬（Shun），以及来自瑞士的维氏（Victorinox）。除了刀具之外，商店里一般还会销售各种厨房用品，从围裙到陶瓷模具等，应有尽有，有些商店甚至还提供磨刀和修理服务。

餐馆设备供应商店 餐馆设备供应商店几乎囊括餐厅经营需要的所有重要设备，如制冷机组、工作台、玻璃制品，以及陶瓷制品。其中一些商店是向一般消费者开放的，也有一些仅面向餐馆、酒店等需进行大量烹饪操作的机构，如自助餐厅。

烹饪设备租赁 大型活动往往需要提供大量食物和饮品，这对于餐厅来说，是一项特殊的挑战。即使拥有华丽精致的宴会厅，也可能出现人员不足、玻璃器皿等相关餐具缺乏等情况。对于那些在宴会厅以外的场所举办的活动来说，则更是如此。例如在客人家中举行婚礼，就在上述情况之外，还可能需要帐篷、便携式冰箱、桌椅等等。这就需要租赁烹饪设备。

入门要求

虽然烹饪设备的销售和租赁等相关行业没有绝对的入门要求，但客户可能有挑剔的口味和严格的要求，他们希望寻求专业人士的帮助，以寻找到自己所需的工具。因此对从业人员来说，了解厨房设备的操作、食品的准备过程和呈现质量标准等，是很有必要的。我们需要了解刀具、咖啡机等设备的材质及其结构。

晋升小贴士

我们的目标可能是开设自己的公司，管理餐馆设备供应店，或建立烹饪设备租赁连锁企业。如果是这样，我们就需要学习业务管理、营销和广告宣传等方面的知识。参观与餐饮业相关的贸易展览是学习的绝佳途径。了解厨具、餐饮和餐饮业的趋势，可能会对我们所提供的商品和服务产生积极影响。当然，对于想要让公司发展壮大的人群而言，相关学位也能助其一臂之力。

第 4 章 烹饪准备

学习目标 / Learning Objectives

- 了解餐前准备工作的具体内容，并能做好全面、完整的餐前准备工作。
- 厨房工作时，应如何合理地规划你的工作任务？
- 设计时间轴对厨房工作有何意义？
- 什么是定序工作与简化工作？
- 厨房工作守则的具体内容有哪些？
- 如何培养良好的工作习惯，成为一名合适的厨房工作者？
- 有效沟通四原则是指什么？良好的沟通技巧对你的厨房工作有什么帮助？
- 掌握食物装盘的基本指导原则。
- 如何利用不同质感、颜色和形状的餐盘以确保装盘美感？

4.1 餐前准备

4.1.1 了解餐前准备工作

mise en place是一个法文短语，原意是“放置就绪”。专业的大厨们用这个词来代表他们为了让他们自己，让所需材料及器具都准备就绪以便开始烹饪所进行的一系列活动。mise en place（餐前准备）很容易被视作一份工作清单，但对一个真正的职业厨师来说，其意义远不止于此。一套完整的餐前准备工作不仅可以帮助人们明确需要的材料和需要做的事，而且还可以让人们清楚何时应当完成某一项具体任务，该任务应当在哪里进行（例如，在灶具上还是工作台上），以及如何在规定期限内完成所有的工作。

餐前准备工作被主厨们认为是烹饪成功的关键。我们其实可以把餐前准备看作一系列良好的工作习惯，这就要求做事专注、努力和勤加练习。这些好习惯一旦养成，便会带来诸多好处，例如工作会更有条理、更高效，会对工作更加自信，工作质量也将会进一步提高。

基础的餐前准备技能还包括：精湛的刀工，它在各式材料的准备工作上至关重要；事先制作的某些调味酱料，以便为食物调味、增香、勾芡；其他一些常见的烹饪、混合技巧。更高要求的餐前准备技巧则还包括决定工作的优先排序，以及在合适的时间做正确的事。

4.1.2 工作的安排

餐前准备是厨房工作安排的有效方式。如果我们能有效安排工作步骤，那就意味着我们的时间得到了更好的利用。而有效安排工作的唯一途径是对工作进行规划。

规划你的工作

对工作进行规划，涉及三个重要步骤。

- **确定你的任务** 为了做出合理规划，首先需要了解你的任务以及你所负责的食物。例如，如果你是餐厅的烧烤师，就需要准备菜单所列菜品中所有需要烤制的食物及基础原材料。这些食物中可能含有开胃菜、主菜、佐菜，有时甚至会有甜品。接到任务之后，仔细研读你将要负责的菜品，对菜品做一个基本的了解（可以运用在5.1部分学习到的“预习，研读，记录”的PRN方法来阅读食谱）。在这过程中，应留心食物需要烹饪或冷却的时间以及所需的特殊设备，如食品加工机和切片机等。
- **准备存货清单** 熟悉了自己的任务后，接下来需要针对已有物品、所需物品分别准备一份书面清单。清单的内容应该包括原材料、小型工具和设备器具。越早清楚所缺少的材料或工具，找到它们就耗时越少，工作中断的次数也就越少。
- **细分工作** 接下来你需要将你的工作细分成较小的可行任务，并将它们形成文字。每个任务又可以继续细化成更小的任务。

这里有一个展示工作和任务之间关系的例子。假设餐厅要承办一个聚会，你的工作是制作意大利千层面。那么，你的主要任务就包括烹制意大利千层面、制作番茄酱、把奶酪擦碎成丝、准备好里科塔奶酪馅，最后完成意大利千层面。可以将这些主要任务划分为几个小任务，以便更高效地安排工作。例如制作番茄酱时，可完成切洋葱、大蒜和番茄几个小任务。

把你的工作划分成若干任务也可以帮助你协调完成每个任务的器具清单。例如：煮意大利面需要一口大锅和一个滤水用的滤锅；制作番茄酱需要一把厨刀、一个切菜板、一个寿司盘或寿司锅以及一只搅拌勺；做意大利千层面需要一个烤盘和一些铝箔纸；为客人侍餐时，则需要一把餐刀、几个盘子和一把抹刀。

复核任务清单

餐前准备的一个重要好处就是可以帮助我们同时进行多项任务的操作。我们在查看自己的主要任务和细化的任务时，会注意到食谱上可能出现了相同的材料。如果我们可以把每个任务所需材料汇总起来，也许就会发现自己可以从储存室或者冰箱一次性取走所需材料。

复核任务清单时，我们会注意到有些任务可以一并进行，但也有些任务是需要在特定时间完成的。有些食物在烹饪时需要我们时刻关注，有些则可以置于一旁待其烹熟。例如，将一大锅水煮沸腾需要不短的时间，我们显然不需要一直关注这一过程，所以烧水的同时，我们便可以进行其他任务。

设计时间轴

时间轴是一种计划表，让我们明确什么时间需完成哪些任务。时间轴应起于工作开始的时间点，终于工作必须完成的时间点，其完成时间也称为“截止期限”。我们应依据截止期限进行逆推，来决定其他任务需完成的时间，并以此填写时间轴。制作时间轴的步骤如下：

1. 拟列一份由你负责的任务清单。
2. 了解完成这些任务所需的时间。
3. 细化烹制不同食物所需的时间（具体时长通常会在食谱中提供）。
4. 了解食物在食用前所需冷却时间（具体时长通常会在食谱中提供）。
5. 了解食物成品在你手中停留的最长时间，以免损害食物质量。

制作上述这样一份时间轴，应注意下列问题：

- **反复查看食谱** 将餐前准备的所有步骤制作成一份清单，并简要估算每个任务所需的时间，包括找齐原料和设备并进行清洗。
- **整合任务** 以蒜泥为例，复核任务清单时应查看食谱中每一个需要用到蒜泥的任务环节，整合并计算所需蒜泥的总量。
- **为每个任务设定截止时间** 如果你是一位午餐厨师，你负责的所有准备工作都需要在餐厅11：30午餐开餐前完成，那么，你可以根据所需最长时间来逆推完成你的工作计划表。当然，在这过程中，要注意某些任务是必须率先完成才能确保后面的工作顺利开展的。

- **确保任务顺序** 一旦确认了哪些任务必须在什么时候完成，便可以对任务清单进行优化排序，以确保最高效地完成。比如说，现在是14：00，你需要在19：00为客人呈上一份意大利千层面。食谱显示你需要花1.5小时的时间来烘焙千层面，还显示千层面在上餐之前需要放置15分钟。依此逆推，那意味着在你的时间表上，千层面从烤箱出炉时间为18：45，放进烤箱时间为17：15；又因装盘预计需花30分钟，那么面条、酱料、馅和奶酪就需要在16：45之前准备妥当。这样算下来，你一共需要2.5小时来完成所有的工作。

优化先后顺序

餐前准备充分，就能够确保工作高效进行，每个环节的工作都能在要求的时间内完成。为此，需要你认真判断每一个任务的重要程度。这就涉及设定优先顺序。根据任务的重要程度进行排序，重要任务给予高度优先。设定优先顺序时需要考虑你的时间轴。

高优先级任务或是那种其他任务完成的基础，或是需要花很长时间来完成的任务。低优先级的任务则是那种与其他任务无联系且并不需要大量时间来处理的任务，这一类任务，你可以在最后期限之前、时间轴上的任意一个时间点完成即可。

同样的制作意大利千层面为例，如果你需要在2.5小时内制作完千层面酱、拌好馅、磨碎奶酪、煮面，那么各环节工作任务的优先顺序可整理如下：以最花时间的酱料制作作为最优先任务；进展较快的任务，例如磨碎奶酪，可以放在最后来完成——当然，你也可以在煮制酱料或烧开水的同时做这项工作。

问题解决策略

完整的餐前准备工作包括完成该项工作所需具备的策略、技能和技术。制定一份书面计划就是其中最为基础的一项策略。如果能把计划落实成文字，那么在餐前准备的全过程中，它就可以随时提醒自己。同理，按时做好每项任务的策略就是制定一份时间轴，而同时进行多项任务的策略就是设定优先顺序。

用以积极应对计划外状况的策略也同等重要。不管书面计划做得有多完美，计划外的事情总是有可能发生的，比如中途停电，或用来装番茄酱的碟子被用以装其他东西了，等等。解决这类问题的策略可通过实践来学习、总结。因此，当面对这些问题时，需随时调整计划，积极应对突发状况。这是学习新技能的最佳方式，也可以教会你一些更好的做事方法。

4.1.3 工作的定序与简化

定序工作

定序工作是餐前准备工作中的一个重要方面，是指在合适的时间做合适的事，为单个任务制定好时间轴并规划好顺序。如果工作安排合理，或者说顺序制定合理，准备食谱时就不需要中断或者等待。

考虑工作定序时，要特别区分出以下几类菜品：

- 烹煮过程中无须紧盯的菜品。
- 需要花费较长时间准备的菜品。
- 可以中断或是可以在短时内完成的任务。
- 不可中断的任务或是烹饪过程中需要密切注意的菜品。

那些需要很长时间冷却、烤熟、煮开或腌制的食物需要一大早就着手处理。在它们冷却、烘烤或腌制的同时，你可以做其他的事情，比如那些费时较短或中途可以暂停几分钟去做其他事的任务。但那些需要保持新鲜或香味保持时间很短的食材，例如碎芫荽或是蕃茄片等，以及包含有这类食材的菜肴，则应该尽可能地在接近计划的上菜时间再行切碎、准备。

简化工作

简化工作是指用最少的步骤、最短的时间和最少的浪费来完成工作。根据任务清单一次性切好你所需要的全部大蒜，而不是根据每一份食谱单独切制，这就是一个简化工作的例子。简化工作的一个重要方法，就是了解选用何种工具可以帮助你最方便、最快捷地完成特定任务。

工作过程中，我们会发现许多节省时间的方法。使用这些方法，能帮助我们节约往返于不同工作台的时间，让我们完成其他工作任务的时间更为充裕。例如，当你需要为了煮番茄而去取锅具时，记得同时拿上一个下一工作环节中要用到的滤锅，这样就会减少你重复往来的次数。也就是说，尽可能尝试一次性完成几件事。

4.1.4 设置工作站

工作站是厨房里集中放置餐前准备、烹饪或供餐所需所有厨具和食材的地方。科学的工作站设置能够避免我们在工作过程中不得不离开该区域。当然，我们可以用餐前准备任务清单作为提醒，这样就不必多次往返取回需要或是忘记拿的东西。

设置工作站的方法取决于所需完成的工作类型。一般来说，餐前准备的过程中所需厨具与食材，远比供餐环节多。备料时需要盛放容器，烹饪时需要锅碗瓢盆，供餐时需要盘子。除此之外，餐前准备过程中也许还会用到各种手持工具，例如勺子、搅拌器、抹刀、削皮器或长柄勺。

准备好所需全部食材、厨具和设备后，我们还要花时间加以整理，以便能够毫不费力地完成工作。当然，你也可以尝试以合理的顺序摆放这些东西，这些顺序被称为某一工作的操作流程。例如，当需要对洋葱进行削皮和切碎处理时，你可能会将未削皮的洋葱装在桶里，放置在工作台左边，随后将菜板放在桶旁边，而洋葱皮的盛放容器则置于菜板正前方，菜板右边则备好容器以便放置已削好皮的洋葱。

小测验

概念复习

1. 什么是餐前准备？
2. 在规划厨房工作时，涉及哪三个重要步骤？
3. 什么是定序工作？
4. 怎样为一个具体的任务制定工作流程？

发散思考

5. 为什么大厨们认为完整彻底的餐前准备工作是他们成功的关键？
6. 餐前准备工作的一个重要好处就是可以让你同时进行多项任务。请具体说明。
7. 如果你有许多细化任务须在同一时间内完成，应如何在时间轴上进行标注？

厨房实践

选一份不少于6种食材并能在8小时内完成的食谱，根据厨房内食材的库存情况，准备一份清单，将你的食谱划分为主要任务和一些小任务，然后绘制一份时间表来安排你的整个烹饪工作。

烹饪小科学

20世纪50年代，在美国，无论是联邦政府还是公司，都在研究一种用于项目管理的统筹方法，也称为“关键路径”。研究展示了规划时间表的过程中，哪些活动至关重要。请就“关键路径”做一些资料搜集及研究，简单描述谁在什么时候提出了该方法，并且解释该方法与制作时间表之间的联系。

4.2 厨房工作守则

4.2.1 学习交流

对餐厅的任何员工来说，信息的交流、分享都是非常重要的。在厨房里，你需要做到以下几点：有效地沟通；接受和给予批评；利用反馈检查沟通的有效性；解决冲突。

- **有效地沟通** 不管是别人向你传递信息，还是你向他人传递信息，都属于人与人之间的“沟通”。沟通通常是一种双向互动的行为。但在厨房中，我们要做的不仅仅是“讲话”，还要确保彼此之间的沟通是有效而顺畅的，这就需要遵循以下四条守则：全神贯注地聆听；主动提问；使用烹饪专业术语；发生冲突时，应保持耐心和尊重。

第一条守则就是认真倾听他人说话。注意眼睛要正视对方，并复述所听到的重要信息，以确保正确地接收信息。

第二条守则是主动提问。如果你不是很清楚需要做什么，或是不确定某些物品的存放位置，或是不清楚完成某项工作所需时间，等等，一定要记得主动询问，以便获得更多的信息或者解释。提问时应尽可能具体地阐述问题，然后集中注意力倾听对方的回答，并确保你已真正理解其意。如果没有听懂，那就再问，一直到你觉得已经理解或明白为止。当然，记笔记是一个有助于记忆与提示的辅助手段，你最好随身携带本子和笔，以便随时记录或查找。

第三条守则是使用烹饪专业术语。使用这些专业术语可以帮助我们有效并高效地与他人交流。请记住，我们这里所说的发生在厨房里的“沟通”，都是指围绕着工作而进行的专业沟通，而不是私人的聊天，因此，一定要避免说废话或是一些不恰当言语。

第四条守则是发生冲突时，应尽可能保持耐心和尊重。想象一下，如果你是冲突中的当事人，你希望被怎样对待？所以，不管是与同事，与供应商，还是与顾客发生冲突，你都需要保持耐心以及对对方的尊重，要练习聆听技巧，用你认为的最佳方式来解决它。请牢记：每个人都值得你耐心对待并予以尊重。

- **接受和给予批评**　不管你的阅历或后厨经验多么深厚丰富，我们都可以从他人的批评中学到很多东西。从这个意义上讲，“批评”并不等同于我们通常所认为的人身攻击。有效的批评不仅可以为你指出哪里做错或做得不够好，还能向你提出改进建议。

接受批评时，不管对方措辞时有多谨慎小心，你应该都会觉得不舒服甚至是愤怒。在这种情况下，你一定要记住：来自工作中的批评都是为了更好地开展工作。

要仔细聆听别人对你的批评。如果不清楚对方提出批评的主要原因，应主动询问自己错在何处，然后认真思考该批评的内容，再做出针对性的回应。

对别人提出有效的批评意见也是与他人合作的一个重要组成部分。为了保证批评的有效性，措辞时一定要谨慎。切勿在自己处于愤怒、沮丧的情绪中时批评他人。提出批评意见时宜选择一个不被干扰的合适的时间和地点，保持冷静，并控制说话的语气、语调，避免使用负面词汇或听起来像是在对别人进行个人攻击。

要让你的批评具体且有明确的针对性。明确提出对方需要做出的具体改变，是避免批评变成个人攻击的一个有效办法。

有效的批评方式	
接受批评四要素	**给予批评四要素**
记住对方批评的目的是为了帮助你更好地工作	保持冷静，不在愤怒或沮丧时批评他人
仔细聆听	避免使用负面措辞
有任何不明白之处主动询问	指出问题的具体细节
思考之后再回答	明确提出需要改进之处

- **利用反馈检查沟通的有效性**　反馈是对工作的一种回顾。获取反馈信息的来源和途径很多，如同事、上司，以及顾客等。

通过语言文字进行反馈的形式被称为文字性反馈，其他形式则被称为非文字性反馈，不能因为后者是非言语反馈就认为其不重要。身边所发生的一切，例如同事、上司以及顾客等的面部表情和肢体动作等，用餐后端回来的盘子是满的还是空的，等等，只要注意观察，都能从中获取反馈信息。

赞扬和投诉也是反馈的一种来源。前者表明你的工作出色，后者则说明你的工作尚待改进，尽管它们均属个人意见，但并不代表它们是不重要的，你可以利用这些信息来提高工作质量。收获赞扬总是令人愉悦的，但除了能大大提升你的自信心，它的意义更在于通过思考获得赞扬的原因，促使你继续保持好的工作方法，同时考虑进一步改善工作的方式。

我们也不应忽略投诉。冷静而诚实地去分析投诉的原因，我们才能针对不足之处进行改善。

- **解决冲突**　两个人或团体在讨论应该做什么时常会产生分歧。分歧一旦产生，特别需要双方保持冷静耐心，尊重对方的观点，专心聆听。解决冲突的办法就是分析分歧产生的原因，并进行直接讨论。双方都需要在一定程度上灵活变通，并且在无伤大体又不受威胁的前提下愿意做出退让。双方都应该秉持诚意，耐心地寻求一个适用于各方的解决方案。

4.2.2 良好的工作习惯

托马斯·杰斐逊认为，没有什么可以阻挡一个拥有正确心态的人去实现他的目标，同理，也没有什么可以帮助一个拥有错误心态的人。

也就是说，想要在烹饪事业上获得成功，需要培养正确的心态和个人价值观，摒弃任何可能危及个人成功的态度以及价值观。以下几方面都是你需要注意的：

- **准时出勤**　对厨房来说，厨师准时到岗是很重要的，他们是厨房开展一切工作的前提。在任何一个高效运转的厨房里，哪怕有一位厨师迟到，整个厨房都将会受到影响。因此，厨师应尽量提早到岗去进行准备工作，并且提前准备好对客服务。如果因故不能上班或是即将迟到，应记得提前告知你的上级，并尽可能与其他同事协商换班事宜，以免厨房人手短缺。

- **讲究自我管理**　在厨房中工作，大多数时候靠的是自我管理。你需要时刻关注厨房中的动态，并针对实际情况做出正确的反应。那么，什么才是正确的？随着时间和经验的增长，我们会慢慢了解在厨房里应该做的事以及别人对你的期望。刚开始时，若不清楚应该做什么，可以向你的导师或其他你认为可信赖的人询问请教。或退而求其次，问问自己“在这种情况下我能做到最好的事是什么？”总之，在完成任务的时间和质量之间做好权衡的前提下，一定要尝试力所能及地做到最好。

- **生产率 / 组织能力**　能准时出勤，自我管理能力强，可是如果缺乏组织能力，还能为厨房的整体成功做出贡献吗？恐怕不行。不是每个人都善于组织，但在厨房工作，需要有较好的组织能力，以便充分利用时间提高生产率。厨房里的时间安排是紧凑而有限的，我们需要在规定时间里尽最大能力来完成任务。

- **解决问题 / 做决策**　厨房工作过程中，总是问题不断的，我们需要随时解决这些问题，做出相应决定。有些问题通常并不需要什么复杂的问题解决能力或决策力，比如食物是否煮熟，任务完成是否准时，食物看起来应该是这样吗，等等。但有些情况则不同。例如，我们需要决定是否在菜单上增加某一道菜，或解决工作流程的问题，就需要我们深谙如何做出最好的决策、如何制订解决问题的最佳方案之道。

针对如何做出决策、解决问题，专家常常提到五步法：

第一步，描述问题。这一步很必要：如果连要解决什么问题都无法表述清楚，谈何解决？

第二步，确定方案。针对实际情况，列出能想到的所有可行方案，不必考虑选择优劣。

第三步，评估方案。进行分析，并按从最不可能到最有可能的方案这一顺序，对所列方案进行从1到5的排序。这有助于评估方案的可行性。

第四步，做出决策。排除可能性最小的方案，选择可行性高的方案。也有些人习惯于“带着问题睡觉”，即将问题冷处理一段时间。当然，通常情况下，他们的潜意识会做出正确决策。

第五步，实施决策。需要行动起来。根据决策施行后，要记得评估决策是否如你预期般奏效，并于必要时调整或更换方案。

- **主动性 / 创造性** 我们需要至少完成每天的工作量，但作为职业人，我们应当有更高的要求，也就是说，我们在工作中应具有主动性，学会主动去做事而不是等待别人提示或指示。这一要求最初很难达到，因为你不知道自己在厨房里都能做些什么，但在经验丰富之后这一问题就会迎刃而解。开发自己的创造力是工作主动性的一种表现。你会不断发现做事情的新方法——当然，在尝试新方法之前，与管理者进行充分讨论以确认创新方法的可行性，是必要且明智的。

4.2.3 应对压力

在烹饪行业工作，你会感受到许多方面的压力，例如厨房里嘈杂的声音，快到使人筋疲力尽的节奏，短时间内要完成大量工作，工作安排可能影响与朋友家人社交活动的时间……这诸多压力常常会导致不健康的生活方式，引发更大的压力，甚至影响工作效率，最终危及你的工作。这是一个恶性循环。

可用以下三步骤应对压力：仔细分析压力源；尽可能减少压力；用健康方式面对压力。

- **压力源** 人们需处理的事情骤然增多时，压力就会产生。这些压力可能产生负面作用，击垮你，让你觉得不能胜任自己的工作。但压力也可以是正面的，它可能源于一份挑战性的工作，或源于适应一份新工作或新岗位。明确压力来源的第一点，是要弄清自己所面临的压力是无法承受的，还是只是暂时的，会随自己对新工作的熟悉、工作节奏的加快而有所缓解。

如果感觉压力是消极的，就必须要查明压力的来源。是因为工作还是其他外部原因（如配偶、家庭、朋友、不健康的生活方式等）引起？是因为工作时间过长而导致长期疲惫，还是因为你对自己的工作表现感到焦虑？是因为与上司之间存在问题，还是因为和同事产生矛盾？你必须诚实面对自己的问题，只有这样，才能够与身边重要的人，如家人、朋友等一起讨论并解决它。因此，在找到方法减压之前，必须确知压力源。

- **减压** 一旦分析出压力源，下一步就是尽可能减压。举例来说，如果你的压力与工作时间有关，要试着看是否可以改变或缩短工作时间。如果是与上司或同事有矛盾，你可以安排一个时间，跟他们一起坐下来冷静、专业地谈一谈你的问题。如果是不适应你目前的岗位，应该尽早进行一些特别培训。如果是工作效率不够高，或许需要改进你的工作方法。最后，如果对你来说压力过大又找不到减压的方法，建议你换一份新工作。

- **压力管理** 多数工作都存在一定程度的压力。大部分压力是正面的，能够挑战你，使你觉得自己在这一天之内完成了有意义的事。然而，如果你的生活方式不够健康，就算是"正面的"压力也足以压倒你。所以，管理压力的最佳方法即为采取健康的生活方式。研究表明，有效的压力管理可以极大影响你的工作表现，带领你走向成功，实现个人成就。

下列建议也许对你有所帮助：

确保足够睡眠，避免疲劳上岗；

确保足够锻炼；

养成健康营养的饮食习惯；

不吸烟；

不吸毒；

加强时间管理；

提升沟通技巧，学会表达，表现自信；

设定界限，学会拒绝不健康或带来不必要压力的事情；

学会在非工作时间放松自己，采取呼吸练习、运动、健身、与家人朋友相聚、冥想等一切你认为有用的方式；

致力于处理你可以改变的事，对你不能改变的事情放手；关注眼前，减少焦虑。

4.2.4 职业化水准

职业化水准体现的是某一行业的专业人士所具备的该行业所需的高质量工作水准。没有一位专业厨师不渴望成为行业大师的，他们为成为具备高水平烹饪专业知识的专家而努力，竭尽全力做到最好，以实现职业成就感。

- **专业技能** 作为一个专业厨师，必须竭力发展、提升自己的专业技能。许多餐厅要求厨师能使用电脑，因此厨师需要学习使用工作所需的某种特定软件。此外，为了跟上烹饪技术、设备、产品的最新发展，厨师还需要阅读、理解相关技术说明书、文章或电脑程序等。

- **职业道德** 专业厨师必须恪守职业道德，不浪费时间，不使用不安全产品，不浪费食材，不违反管理规定使用劣质食物，不违反对雇主的承诺或是公司政策，等等。例如，如果你将老板视为机密的特殊食谱分享给你的朋友，该行为就属于违反职业道德。

- **接受多样性**　专业厨房由不同种族、不同性别、不同肤色、不同国籍以及不同宗教信仰的人组成。厨房应是一个无偏见和成见的地方，因此基于以上因素的歧视是错误的。专业厨师间的评价应基于各自的技巧、知识和成就，尊重别人的权利并且接受彼此的背景差异。

- **礼貌**　厨房是一个又忙碌又危险的工作场所。要让这里的工作氛围轻松高效起来，通过一些简单而礼貌的行为来展现对他人的尊重是比较可行的方法，如眼神交流、整理好自己使用过的操作台或器具、在别人需要时提供帮助等。

- **团队精神与团队合作**　在为客人准备食物时，厨房的所有员工都是彼此合作的，每个成员负责不同的工作。因此，为确保厨房的正常运转和食物生产，我们都需要熟悉、了解自己和他人的工作职责，以便于在工作中互相协助，最终完成经理分配的任务。

为了使团队运转更为高效，应明确界定团队中每个成员的工作和角色，每个成员均能做到有诚信、彼此支持、明确交流。好的团队合作，其总产出总是会大于个人投入之和的。

- **领导能力**　在没有真正成为厨房的领导之前，我们可以在实践中训练、培养自己的领导技能，例如勇于指出工作中可能出现问题的人或事，或与大家分享改善工作或减少开支的方法，等等。

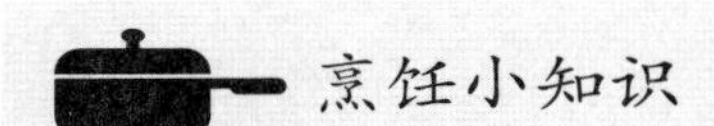

职业化水准：烹饪人准则

成立于1929年的美国厨师联盟（AFC）是一个通过教育和认证课程以宣扬美国厨师职业形象的组织。由于美国厨师联盟的不断努力，美国高级厨师被认定为“专业人士”。美国厨师联盟在“烹饪人准则”中明确要求所有成员宣誓做到以下内容：

作为美国厨师联盟骄傲的一员，我许诺向所有厨师分享专业知识和技能。在与同事的相处中，我将荣誉、公平、合作和尊重放在第一位。我会保护所有成员的个人利益免受不公平的手段、不必要的风险和不道德的行为之害。我会全力支持我的同事和这个大联盟的成功、成长和未来。

研究

请尝试组建一个团队，构建一个基于“烹饪人准则”的评价系统。例如策划一个烹饪节目，让选手对某个职位进行竞争。各选手独自执行任务，评估他们在节目中的具体表现，然后比较你的评估结果。

小测验

概念复习

1. 什么是有效沟通的四个原则?
2. 做出决策和解决问题的五个步骤是什么?
3. 应对压力有哪三个步骤?
4. 为什么好的团队合作对一个专业厨师非常重要?

发散思考

5. 为什么给予批评时要注意指出具体细节?
6. 为什么主动性对一个想要在烹饪行业有所建树的人非常重要?
7. 为什么焦虑会导致压力?
8. 谈一谈为什么浪费时间就如同在偷窃雇主的金钱。

厨房实践

找一名志愿者，请对方提交一份包括8个主菜的订单，其中附有一些特殊要求（例如：一个牛肉饼，半熟，加上番茄酱和腌菜，不要蛋黄酱和卷心菜）。将房间隔开，确保其他成员听不到志愿者所要求的具体内容，然后随机抽取一名成员使用有效聆听技巧来听取这个指令。将这一指令以相同方式传递下去，过程中注意避免让其他尚未抽到的成员听到。最后，比较最开始与最末两位成员所复述的指令内容，看看它们有何差别。

烹饪小科学

一旦遇到厨房中的生僻词，你会去哪里查询了解？最好的方法就是使用词典和烹饪艺术、烹调或食物相关的百科全书。请着手拟一份关于可使用的烹饪辞典或者百科全书的清单。

4.3 食物装盘

4.3.1 食物装盘

就像需要科学而充足的餐前准备才能着手烹饪一样，我们为客人呈上菜品之前也需要预先做好精心准备，精美的菜品摆盘可以使客人在开动之前就垂涎欲滴。

- **装盘基本指导原则** 进入餐厅准备吃饭的客人，会期望他们所点的食物烹制时间不会过长，上菜流程正确，菜品美味。食物放到碟子里或盘子上的方式被称为装盘，它可以确保食物在上桌的时候秀色可餐。装盘要遵循三条基本原则：热食要热，冷食要冷；盘子整洁，没有汤汁滴落或污点留存；食物美观，秀色可餐。

- **上菜基本准备工作** 为了做好上菜准备，我们需要事先考虑好食物呈上桌的形态，然后收集所需物品，并将上菜的位置整理有序。每样东西都要保持干净，放置要井井有条并且易于拿取。通常情况下，我们需要盘子来提供主菜和开胃菜，需要碗或杯子来盛汤或辣椒酱，自助餐当中还需要自助餐盘给客人盛菜。

有接待活动时，可能要用到大浅盘或者托盘。一些菜或酱汁要装在杯子或碗里。这些小器具都应置于手边，易于取用。

我们通常可用手持工具将食物放入盘子，例如勺或匙通常用来盛放酱料一类的液态食物，沙拉通常需要用到V型夹或铲勺，制作三明治和其他食物则通常会使用食品处理手套，等等，因此，厨房中应备齐侍餐过程中所需的全部手持工具。

一些食物从锅里取出后即可直接端上餐桌，另一些则需切片、切块、舀取或摆盘。如果食物需切割，餐刀（以及餐叉、案板、磨刀棒等）自然就成了准备工作的一部分，可见除了勺子、叉子外，其他手持工具也是可能用到的，学会使用各类工具是进行摆盘工作的基础。

但要注意，为提升食物摆盘的吸引力而使用的盘内装饰，只能是食物或可食性植物，以免客人可能因认为餐盘上的所有东西都可食用而误食。

最后，建议在工作站放置一个装热水的容器以及一些纸巾，以便必要时清理盘子边缘。

4.3.2 分餐

所谓分餐，即在为顾客服务时，把食物分别分配至各自的餐盘中。餐厅不同、食物不同，则分配的比例也各不相同，但是，在同一餐厅内，对同一种食物的分配量应保持一致，为同一桌客人分配同一种食物时，尤应如此。

- **分餐的重要性** 在餐厅工作，常常会听到客人抱怨餐厅的菜量不够稳定。分餐不均，容易使消费者认为自己受到欺骗，而均衡的分餐则会让顾客觉得自己支付的价格公道。

必须均衡合理地分餐的原因主要是：有助于规划工作，减少食物的浪费。要做到这一点，关键是使用恰当的工具进行测量分配。

- **分餐专用工具** 在为上餐环节做准备时，要记得准备好分餐所需的工具。如前所述，勺和匙是上餐准备工作的必备用具，常用以测量、分配。另外，我们还可以使用计量称来分配肉片或肉块，并将上餐所使用的盘子、碗、杯子或自助餐盘等分餐工具也一并考虑在内。

要想选择正确的分餐工具，先要知道自己将要端上的菜品是什么，以及该菜品应当分配的适当分量。只有事先了解清楚食物装盘后可能呈现出的品相，才能正确把握一道菜品的量。

4.3.3 温度

烹制、冷却食物均需确保食物在安全温度范围内，上餐时也应保证食物温度适当，以便让客人充分享受美食。为确保食物在上桌时的最佳温度，大厨们会使用一系列技巧和工具。

- **保持食物最佳温度** 热食至少要达到135℉。如果食物是从微波炉、烤炉或锅中取出后立刻上餐的，那么其热度是足够的；但如果食物提前烹制完成，则应将其先放至蒸汽保温桌内保存，并事先把微波炉或者蒸汽保温桌的温度调至至少135℉。保温过程中，应以手持即时温度计定时检测食物的温度。冷食上餐时应低于41℉，冻食则低于32℉。某些食物，例如奶酪，最佳食用温度为微冷或室温。这类食物可先置于冰箱保存，但上餐之前应取出放在室内解冻，以达到最佳食用温度的要求。至于冻食，例如冰淇淋或冰冻果子露，则可以放入冰箱冷藏使其口感略软，这样食用时风味就会更为醇厚、饱满。

- **盘子** 如果将热汤盛放到冷汤碗里，碗会变热但汤会变冷。如果将冷沙拉放进热盘子，盘子会变冷但沙拉会变热。因此，为了使食物从厨房到餐桌的过程中保持其最佳温度，应视食物的具体情况，事先将盘子加热或冷却，然后再将食物装盘。如需加热盘子，可将盘子放置在火炉附近或热灯下面。如需冷却盘子，则可将盘子放入冰箱或其他低温处。

4.3.4 口感、颜色和外观

在烹饪的过程中，我们不止改变了食材的口味，还改变了其口感、颜色和外观。通过烹饪，食物的口感有可能变得或坚硬，或酥脆，或柔软，或细嫩，其颜色也可能会由浅变深，或是改变为其他色彩。为客人上菜时，我们可以着重介绍这些变化。

- **口感** 要保持热食的酥脆口感，可将食物放在敞开的平底锅内，保持干燥。也可以放在烤架上——烤架可以让食物的底层干燥并达到合适的脆度。但给食物保温时，温度不宜过高，通常以160℉左右为最佳，否则食物的口感会过于干燥。就餐期间少量而多次地烹饪食物，也是保持菜品温度与酥脆口感的一种办法。

在盘子内组合放置食物是保持甚至提升食物口感的另一种方法。例如添加一块质地松脆的饼干到一碗汤里，在食物表面上添加一些爽口的调味酱使其口感更为嫩滑，或在松脆的食物下面放一层酱以防其受潮，等等。

要使冷食保持松脆的口感，可将其放入密闭容器内，或包裹好后放入冰箱。密闭可以隔湿，使食物不会变蔫、变软或变干，低温则可以使食物保持坚固。汤、酱或炖菜一类食物，烹熟后易在表面形成一层膜，为防止结膜，可将食物盖起来或淋上一点黄油或油。上餐之前撇去表面的膜或全部油脂即可。

- **颜色** 要想烹出的菜肴色彩美观，我们需选用正确的方式进行烹饪。食谱会全程指导我们的烹饪步骤，直至其颜色改变。每一道菜肴都有些特定的颜色可以提示我们食物已经烹熟。一旦食物烹熟，必须在开始变色之前就将菜肴呈上客人的餐桌。

如果盛在同一盘中的所有食材都是相同颜色，那这道菜的色彩无疑会颇显单调。若能加入一点点明亮的色彩，则可使菜肴的整体品相更为活泼、更具吸引力。例如如果盘内食材均呈棕色或白色，那就可以加入少许绿色蔬菜，以形成对比。

- **外观和摆盘设计** 上餐前，调整菜肴的外观或对其进行摆盘设计，可使菜品看起来更有食欲。有时菜肴的外观会决定我们应该选用哪种大小和样式的盘子，反之，盘子的大小和形状也可能会决定菜肴的外观。而为菜品精心挑选餐盘，应作为准备工作的一部分内容。

给半柔软的食物造型，你可以利用裱花袋、勺子或匙之类的工具，也可以利用模具。

如果要将食物切成一个特别的大小或形状，选用的工具必须很锋利，才能切割出整齐的直线形状。当然，保持工具的锋利对于烹煮前的切割也同样重要，切割得当可使食物烹调得更均匀、质感极佳，外观也更精美。

一些食物从某一侧看起来更美观、更具吸引力，即为展示侧，摆盘时宜将此面朝向客人。

盘中食物的排列应整洁，食物之间宜留一点点空间方便客人品尝食物。当然，也可将食物并列紧放或叠放，但这种摆盘方法只适用于部分食物。

食物的不同摆放法可创造不同效果。如要想从视觉上让一块肉显得分量更足，可将其切片并分开摆放成扇形，使其覆盖盘子的大部分空间。这是平面的处理方式。也可以立体化摆放，即在肉片下方放一些装饰用食材来支撑——调整高度是改变菜品外观的另一种方法。

摆盘方式可选用对称或不对称的。不妨设想盘子的中间有一条中轴线。如果摆盘时该中轴线两侧所要放置食物的数量和样式相同，即为对称摆放，反之则为不对称摆放。

小测验

概念复习

1. 摆盘的三条规则是什么？
2. 说出在服务过程中所使用的分餐工具的名称。
3. 盘子的温度是如何影响上餐食物的温度的？
4. 什么是对称摆盘？

发散思考

5. 为什么关注食物的展示很重要？
6. 为什么一个厨房会选择把酱放在食物的下面而不是放在一边。
7. 哪些食物摆盘时最适合采用对称法？哪些食物摆盘时最适合采用不对称法？

厨房实践

将所有成员分成两个小组：每组利用同样的主菜，不同的配菜、酱、装饰或厨房里其他任何可以利用的东西，各设计一种摆盘方式。摆盘结束后，共同讨论各组的摆盘方式并投票选出令人最有食欲的一种。

烹饪小科学

研究china（陶瓷）一词，了解陶瓷餐具的知识：它产生了多长时间？它是如何制作的？同种类型的餐具质量上有差异吗？如今这类餐具还在继续使用吗？

复习与测验

内容回顾（选择最佳答案）

1. 以下关于餐前准备工作的哪一项是错误的？（ ）

A. 可以被当作一份待办事项清单　　B. 是一个法语，意思是“快速工作”

C. 代表了烹饪前的一系列准备活动　　D. 帮助你决定做什么，什么时候做

2. 工作定序的意思是（ ）。

A. 在正确的时间做正确的事　　B. 在同一时间完成所有的烹饪工作

C. 合理有序地安排工具　　D. 尽可能地用减少步骤来完成事情

3. 以下关于接受批评的哪一项表述是不正确的？（ ）

A. 应该记住批评的目的　　B.主动提问

C.仔细聆听　　D.立即回应

4. 决策“五步法”的第一步是什么？（ ）

A.明确方案　　B.评估方案　　C.咨询专家　　D.描述问题

5. 以下哪一项不属于分餐工具？（ ）

A.勺　　B.刀　　C.球形勺　　D.份额定量

6. 热食的最低温度是多少？（ ）

A.115℉　　B.125℉　　C.135℉　　D.145℉

概念理解

7. 决策“五步法”具体是哪五步？

8. 有效沟通的四个原则是什么？

发散思考

9. 为什么准备你所需要的材料和你所不需要的材料的存货清单都很重要？

10. 为什么设计时间轴、优化工作的先后顺序和定序工作是厨房工作者应掌握的重要概念？

烹饪数学

11. **概念应用** 你有一份菜肴需要2盎司的食材，另一份则需要4盎司同样的食材。前者需要准备45份，后者需准备25份。为了简化你的工作，如果想要一次性从存放食材的冷冻库里取出全部所需食材，你应该拿多少分量？

工作情景模拟

12. **沟通** 你在工作中犯了个错误，上司在压力极大的情况下直接批评了你，斥责你“总是……”。试判断，这是有效沟通吗？为什么？请问你应该怎么做？

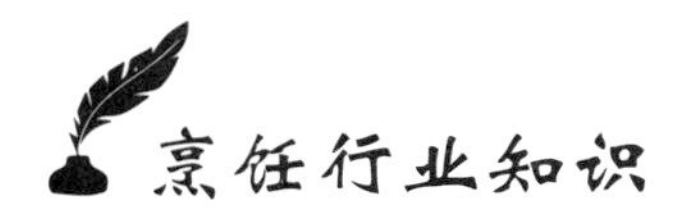

烹饪知识教学

你可能看过许多从基础到实践的烹饪技巧教学电视节目或视频。烹饪技能教学的好老师通常不仅具备第一手经验和技能，还具备逻辑清晰的解说能力，以及回答食物需要花多长时间来完成的能力。他们能制订课程计划，安排测试项目，准备好试卷、菜单和其他教学材料，随时测试学生对课程的掌握程度，并维持一个安全、卫生的工作环境。

烹饪总监 通常情况下，每位大厨在工作中都会花费大量的时间去教别人。因此，对包括大厨在内的大多数在厨房工作的人来说，谈论烹饪基础技巧并且将其转换成为职业生涯（即成为一名烹饪总监）似乎是一个自然而合理的选择。

演示师和私人指导师 烹饪演示师是公司和企业为了展示新产品和新工具而雇佣的，一般在百货商店、市集以及节日庆典场所等地进行演示，他们通常更注重销售额。私人指导师则更注重提供个性化服务。他们可能应邀在一些成人大学里教授课程，也可能受雇于个人或商店提供烹饪教学课程，及一些针对性较强的特殊菜肴的制作教学，例如为糖尿病人制作健康食物。

高中教师或职业学校教师 普通高中或职业学校的教师也可教授学生们一些基础的烹饪技巧。那些也许还同时经营着一家对大众开放的室内咖啡馆或者餐厅的教师，除了上面提到的烹饪技巧外，通常还可在更多领域提供指导，包括环境卫生、产品知识以及糕点烘焙等。

两年制烹饪学校或社区大学教员 在社区大学或是两年制专业烹饪学校，教授的内容更多指向一些特定领域。例如，教员可能并不教授适用性较强的烹饪基础知识，而是教授某一特定类型的菜肴（如意大利菜、中餐等）或某种特定的技巧（如面包烘焙、糕点装饰等）。

学位课程教授 一些大学和学院会就与烹饪艺术相关的学科提供四年制课程甚至是硕士、博士学位课程，如：食品科学、营养学、酒店管理、活动策划和烹饪历史等学科。通过学习，学生通常就可以具备特定领域的知识，并可能拥有一个或多个相关领域的学位证书。

入门要求

在美国，烹饪演示师通常没有特别的证书要求，但一般会要求具备能够展示产品和工具的必要技能；高中或职业学校教师必须达到每个州设定的具体要求；社区大学或两年制烹饪学校的教员通常要求至少具备烹饪领域副学士学位。讲师必须达到工作和教学经验方面的最低要求；学位课程教授要求至少具备硕士学位，且通常还要求有一个相关领域的博士学位。

晋升小贴士

在美国，要成为一名教授烹饪知识的教员，需要有三年及以上烹饪领域的工作经验和至少一年的大专水平的教学经历，还要具备在课堂上熟练运用烹饪技术的能力。如果是专业烹饪和教育组织（如美国烹饪协会）的成员则更好。公开发表或出版与烹饪专业和酒店行业有关的文章或书籍，也能帮助你在这一行业向前发展，这也是对一个烹饪讲师的固定要求。

第 5 章　烹饪方法

学习目标 / Learning Objectives

- 理解干热烹饪法、湿热烹饪法分别是如何影响食材的。
- 学会辨认并运用多种干热、湿热烹饪技巧。
- 学会辨认并运用多种组合烹饪技巧。
- 学会判断用干热烹饪法所烹制食材的熟度。
- 学会判断用湿热烹饪法和多种组合烹饪技巧所烹制食材的熟度。

5.1 干热烹饪法

5.1.1 干热烹饪如何影响食材

任何一种烹饪方式都会改变食材的外观和口感，以及它们提供的营养成分。

热量的转移

进行干热烹饪时，热量可以转移或者传导到食材中去，具体方式如下：

- 通过辐射。热量来自一些温度灼热的热源，例如：燃烧的煤炭、火焰或者是电子加热设备。这种热量转移的方式叫作辐射加热。
- 通过金属。通过金属传导热量的方式对食材进行加热。
- 通过油。平底锅加热后，又把热量转移给油。

食材的变化

使用干热烹饪法烹饪食材时，能够看到、感觉到甚至品尝到这些食材的变化，但另外一种重要的变化则是不那么容易察觉到的，即食材营养价值的变化。烹饪前后，食材的颜色、质地、风味以及营养价值变化的程度，取决于所备食材和所选烹饪技术。

烹饪时，热源会导致食材的表层变干，颜色发生变化。如果是运用干热烹饪法，食材一般会变成金黄色或深棕色。随着食材的颜色逐渐变化，食材表层的风味会变得更浓重，其内部颜色虽然并不像表层那样变化显著，但无疑也是随之变化的。含糖食物在接触到足够热量时，表层颜色会变成棕色或者是焦糖化，食物整体颜色也随之改变。蛋白质丰富的食材，如肉类食品，也同样会随着烹饪的进行而变成棕色，意味着该食材发生了美拉德反应。

一般来说，当热量传递到食材表层后，食材表层会变硬，有时甚至能直接看到它们那明显的硬壳。烤鸡、炸鱼等的表层脆皮，以及薯条外层的脆皮，都属于干热烹饪法改变食材质地的典型例子。同样变化的还有鸡蛋、肉类、鱼类以及家禽类等。当然，也有一些食材会出现变软的情况，例如洋葱，在干热烹饪法的作用下，它会由硬变软，最后几乎熔化。

锁住食材中的水分

由于干热烹饪易导致食材中水分流失严重，为尽可能减少这一影响，准备干热烹饪时，可事先采取一些防范措施，尽可能锁住其水分。以肉类和蔬菜类食材为例，烧烤或焙烤前，可用油、料酒、香料、草药等将食材浸湿，以增加其水分。在油炸前为食材表面涂上一层面粉或面粉糊，也是一种有效办法。当然，维持食材水分的最好方法，就是避免过度烹饪。

营养价值

食材中的碳水化合物、蛋白质以及脂肪能为我们提供能量，同时还能为我们提供其他物质（如维生素等）以维持人体健康。我们所讨论的食材能为身体带来的好处，其实就是食物的营养价值。

对任何一种食材进行干热烹饪，都会导致部分营养流失。简言之，食材烹饪得越久，营养价值就越低。快速烹饪食材，则维生素和碳水化合物的流失会相对较少。不过，从另一方面说，虽然这种营养流失在所难免，但同时也会增添一些烹制前所没有的物质。例如在烹饪过程中加入脂肪和油，通常就会增加我们所摄入的卡路里和脂肪含量。

备好食材、便利食材与预烹制食材

专业厨房能够利用不同食材进行干热烹饪。事先备好的便利食材是指那些已经处理过的、用卤水腌制或浸泡过且塞满佐料或涂有面包屑的肉类。而一些冷冻的食材，例如虾类和鱼类，既可以在冷冻状态下直接进行烹饪，也可以运用干热烹饪法对食材进行预烹制后安全储藏，然后在上餐前完成后续的烹饪步骤。在宴会接待等必须快速做好准备并呈上菜品来招待大量客人的场合，后者是一种常见策略。因为这一策略可以帮助我们有效利用厨房设备，合理安排时间进行烹饪，以确保所有工作按时完成，让菜品以最佳状态呈现给客人。例如，你可以烤或煎制牛排至半熟且外层呈现极佳的色泽，却不让其彻底熟透，上餐前，只需很短时间，即可完成烹饪。烹制薯条时，如果能够在较低温度下对其进行预烹制，薯条的口感会达到最佳，这一步骤称为“焯水”。焯水之后可降温保存，当客人需要时，只需短短几分钟内，即可高温完成烹饪。

5.1.2 干热烹饪方法

干热烹饪共有八种基本方法。为了方便记忆，我们将这八种方法按组别分成四对来了解：烧、烤；烘、焙；煸、炒；煎、炸。

烧烤

“烧”是指将食材放在烧烤架上进行烹饪的一种干热烹饪方法。通常来说，经过烧烤烹制后，食材会具有一种有嚼劲的、烟熏的风味。烧制食材时，提供热量之源位于烧烤架下方。热源可以来自木炭、天然气、木头（厚木块或者原木）或者是电子的、红外线的加热装置。辐射加热的热量来自加热烤架上的金属，通过给食材传导热量来进行烹饪（食物表面留下的深色烤架痕迹是使用烤架烧烤的明显标记）。辐射加热法中，食材一般不直接接触烧烤架，也可以使用煎饼浅锅来完成食材烧制，即在开放的烧烤架上放置稳固、平坦的金属盘。被“烧”“烤”烹制的菜品通常在菜单上会被归为“烧烤类”。

“烤”和“烧”很相似，只除了其热源是位于食材上方。把食材放在烧烤架上，通过上方热源对其进行辐射加热。供烤架使用的热源中，最具代表性的是天然气火焰或者是电子、红外线的热量设备。

基础烹饪技术 烧烤

1. 在烤架或烤石上刷上油，加热烤架。
2. 将食材放在烤架上，展示侧向下放置。根据食谱的需求在食材上涂刷酱汁。
3. 翻转食材，烹制食材的另外一面，直到食材完全烹制完成。
4. 将完成烹制的食材放在已加热的盘子上。

烘焙

烘焙是在烤箱中通过干热的方式使食材脱水从而变干变硬的干热烹饪技巧。随着热源接触到食材，食材的表面开始升温、变干。最终，食材的表面会呈现出更深的颜色，口感也随之变化。一般来说，烹制完成后，肉类、鱼类、家禽类会变得更硬，而蔬菜和水果则反之。

从热量转移方式这个角度而言，“烘”和“焙”其实并无显著差异，其差异更多表现在所烹制食材的大小上。通常来讲，“烘”意味着要准备一份完整的食材或者是一大块食材，而“焙”则意味着所需食材的体积稍小。也就是说，把一整只鸡放入烤炉进行烹制，指的是“烘”鸡，而将同样大小的鸡切成很多块放入烤炉进行烹制，则是“焙”鸡。但烹制土豆则是个例外：以上述方法烹制整个土豆叫作“焙”，“烘”却指把土豆切成块状烹制。

肉类进行“烘”“焙”时，通常会事先进行灼烧。“灼烧”是煎的一种类别，在后面的章节中将会作进一步说明。

基础烹饪技术 烘焙

1. 加热烤箱。根据食谱需要，用高温平底锅或在高温烤箱中对食材加以灼烧。
2. 烘焙时勿在食材上覆盖任何东西，直到烹制完成。
3. 在烘焙成品上涂刷调味料。在切片和分割之前静置，待其冷却。

“焙”还包括在烤炉中进行食材的混合烹制。例如焙千层面，就是由土豆块和意大利面在烤炉中混合焙制而成。“焙”同样也包括在面包店生产的产品，例如蛋糕、曲奇、派和面包。这些产品是通过烤炉，直接暴露在高温空气中进行烹制的。

和烤架、烤炉或炉灶相比，烤箱所产生的热量一般没有那么高，但在制作某些精细菜肴时，它的热力仍有可能太过强烈。为了解决这个问题，当主厨想要烹制口感细腻、均匀的食物时，他们就会把食材放在平底锅或烘烤盘内，然后将其放置在已加入适量水的平底锅上，使得烹制过程中小平底锅周围始终充满水，以此达到控制烤箱温度的目的。这是因为水温最多只能上升到212℉，故其能隔离、保护食材。这就是著名的水浴加热烘焙烹制法。

使用不同类型的烤箱对烘焙食材会产生不同的影响。传统的烤箱会令食材的外层颜色较深，形成明显的外壳。使用对流式烤箱也会出现相似的情况，而且因为运转过程中空气始终存在于烤箱内，一些食材会比在传统烤箱中熟得更快。微波炉则在食品解冻和再加热方面特别有用，因为微波炉不会使内部空气变热，而是通过电磁波能量转移的方式来烹制食材。然而，就是因为缺乏热空气的存在，用微波炉烹制的食材表面几乎不会呈现棕色。此外，由于不同波段对不同食材的影响不同，如果使用微波炉烹制一块兼有瘦肉、肥肉、皮和骨头的家禽肉，在判断肉的烹熟度方面就会有一定的难度。

煸炒

“煸”是一种烹饪技巧，煸炒食材时，速度一般非常快，食材上也不覆盖任何物质，只在煎锅内加入少量的脂肪大火炒制。适合煸炒的食材要足够嫩，足够薄，才能够确保在短时间内烹制完成。在煸炒食材之前要在其表面涂上一层调过味的面粉，锅内应涂上脂肪，以防止食材粘锅。如果烹制其他口味的菜肴，也可以加入其他风味的脂肪油，例如黄油和橄榄油。

煸炒食材时，首先应预热锅，甚至在加入油之前就进行预热。一旦煎锅变热，就可以加入食用油。食用油在短时间内迅速变热，即可以开始烹制食材了。如果在冷锅冷油的情况下着手烹饪，食材就会粘锅，不仅会吸收更多的油，而且风味也会发生变化。

向煎锅加入食材的时候，煎锅会变凉。食材加得越多，对煎锅再次加热所需的时间就会更久。煎锅再次加热的这段时间，被叫作“恢复时间”。煸炒食材是否成功与恢复时间的长短有着直接的关系。恢复时间短，就意味着食材的成色和风味均有可能较好。

在烹制的过程中，如果需要翻转食材的另一面进行烹饪，必须维持一定的温度。也就是说，除非食材烹制得过快或者开始焦黑，否则不要改变温度。

基础烹饪技术 干煸

1. 依据食谱要求，在食材外部包裹上面粉以避免食材干燥。
2. 加热煎锅，加入油或者是烹饪脂肪。注意：仅需加入少量。
3. 把食材放入煎锅，注意锅内食物不宜相互接触。
4. 烹饪食材的一面。完成后，翻转，完成另一面的烹饪。
5. 食材烹制完成。

下面介绍和煸炒相类似的四种重要的不同“煎”法：翻炒；灼烧；干烙；焖。

翻炒与煸炒很相似，但还是有一些基本的差异。翻炒是亚洲菜系的一个重要的烹饪方法，一般使用锅底圆、边缘高的中式炒锅。翻炒时，通常需把食材切得特别小，以便更快地完成烹制。煸炒时，食材只需翻转一次，而翻炒则需要持续不断地对食材进行搅拌和混合，这样才能保证食材受热均匀，烹制速度更快。

灼烧也是一种烹制食材的方法，通常不用任何物质覆盖，只在一定时间内用少量的高温油使得食材外表变色。这种方法能使肉类食材的外表呈现深棕色，接下来只需把食材放入烤箱中，即可完成烹制。一般来说，为宴会准备大量食材时，常使用灼烧这一烹饪方式。灼烧过程中要注意翻转食材，以免灼烧过度后食材变焦。

干烙和煎非常相似，但干烙烹制过程中无需使用食用油。“烙”是在高温烈火的条件下进行烹饪，无需在食材上覆盖任何物质。这种烹饪方法通常用于那些含有大量油脂的食材，例如培根，食材中的油脂会在高温下释放出来。有时，这样的烹饪方法也被叫作干煎。

焖这一烹饪方法对温度的要求比煸炒、灼烧、烙都低，一般适用于以蔬菜为代表的食材，是在少量油脂、较低温度、无任何物质覆盖的情况下进行烹饪的。食材在烹制过程中变软并析出水分，与食材自身所含汁液混合在一起，由于加盖“焖”制，这些汁水被尽可能地保留在锅内。这种烹饪方法和煸炒不同的是，在大多数情况下，焖制过程中需要对食材进行搅拌。

煎炸

煎是在高温油锅中进行的。煎对油的需求量大于煸炒，烹制时，所需油量大致应与食材的一半厚度齐平。但与煸炒一样，煎制食物全程只需翻转一次食材即可。

我们可以将较厚的食物双面煎至金黄且形成脆皮，然后再放入烤箱烹制完成。如果食材一直在炉灶上煎制至熟，则食物外层可能就会烹制过度了。

根据食谱，煎制食物前，要求必须将油加热到特定温度（一般是350℉），因此需要用温度计来测定温度。如果向油锅中添加食材时油温未达到指定温度，食材的颜色将会变淡并且容易吸收过量的油分，使其变得油腻。但在油温合适的情况下，食材外部就会形成金黄色的脆皮，水分和汤汁也会密封在食材内部。

被煎过的食材，通常会变得细嫩柔软且富有水分。烹制蔬菜、鱼类、鸡肉、小牛肉以及猪肉等，通常都会选择煎的方式。

将食材放入锅内煎制之前，一般会在食材表面裹上一层面粉或由面粉调制的糊状物。以下为三种常见的形态：

- **调味面粉** 以添加盐和胡椒调味的面粉来裹住食材是最简单的方法。面粉调好后，放入食材并翻转，确保已将食材表面全部均匀包裹，然后轻轻摇落多余的面粉即可。
- **标准拌粉** 所谓“标准拌粉”，即先将调味粉撒在食材表面，然后将其浸入蛋液中，最后在食材表层均匀抹上面包屑（或与其他碎屑进行混合）。你可以在煎制菜品前数小时，先对食材进行标准拌粉处理，然后放在冰箱内等待后续烹制。
- **面糊** 面糊种类有许多，其中最具代表性的一种是面粉和水的混合。其做法，一般是先将食材裹上面粉（或玉米粉），轻轻摇落多余的面粉，然后将其整个浸入液体中。裹好面糊的食材通常应立即下锅，并在高温热油的情况下烹制。浸制用的液体不同，制作出来的面糊也不同，比如啤酒面糊和甜不辣面糊。

将食材进行“油炸”，仍需高温热油，但对油的需求量又更大了——需将食材完全浸没。油炸时，油温一般需达350℉～375℉，且需在食材表面裹上标准拌粉或面糊。裹上拌粉的食材可放入油炸篮后，再放入热油中炸制，而裹好面糊的食材则需使用食品夹小心地放入热油中。

把食材加入高温油锅后，锅内油温会下降。油温回到适宜温度的时间，即恢复时间的长短对食材的风味、颜色、质地都有所影响。这也是煎、炸食物时往往要小批量进行的原因。

基础烹饪技术 煎

1. 依据食谱要求，在食材表层包裹上面粉。
2. 加热食用油或者在锅内翻炒脂肪。用油量应该达到食材厚度的一半。
3. 小心地将食材加入高温油锅。食材之间应当互不接触。
4. 煎制食材的一面，直至呈现出金黄外壳。翻转食材，继续煎制。
5. 完成煎制，沥干食材上多余的油，随后放入350℉的烤箱中，不加覆盖，继续完成烹制。
6. 食材烹制完成。在上菜之前用吸油纸吸干食材上多余的油。

基础烹饪技术 炸

1. 使用油炸锅或者容器壁较高的锅具加热食用油。
2. 将食材干燥处理，吸干食材表面的水分，然后依据食谱要求给食材裹上面粉。
3. 使用油炸篮或者食品夹将食材放入油锅，油炸到食材呈现金黄色，则代表烹制完成。
4. 将食材从锅中移出，沥干食材上多余的油。上菜之前用吸油纸吸干多余的油。

5.1.3 判断食材的烹熟度

判断食材是否烹熟是干热烹饪方法面临的一大挑战。有些食材不仅仅有一种熟度。以牛排为例，根据客人的需要不同，从三分熟到全熟的牛排皆有。在判断菜肴的烹熟度时，有两个问题需考虑在内：延迟烹饪和菜品放置。

延迟烹饪

食材从锅中、烤架上和烤箱中移出来之后的一段时间内，会继续保持烹饪状态。这是由于干热烹饪法高温烹制后，食物在一段时间内仍保持着原有的温度，这些余热足以进行继续烹饪。这就是著名的延迟烹饪。

延迟烹饪的时间是由食材大小所决定的。比较大块的肉类通常留存有更多的热量，故能延迟烹饪更长的时间。

延迟烹饪是不可避免的，所以需要在整个烹制过程中将这一部分考虑在内。这就意味着从锅、烤箱中移出食材之前，食材很可能是没有完全烹制成熟的，延迟烹饪结束后，才算是完成了整个烹饪过程。如果将食材完全烹制成熟，则再加上后续的延迟烹饪，那么上菜时菜品就会烹制过度了。

菜品放置

主厨要求在烹制完成后，菜肴要进行放置。这是出于以下三个重要的原因：

- 让食材的烹制恰到好处。放置菜肴可为延迟烹饪留出足够时间，以达到适宜的烹熟度。

• 让食材内的汁液重新分配。烹制过程中，外部的高温会使得食材内部自带的汁释放出来。菜品放置可以使汤汁在食材内部重新均衡分配。

• 为装盘、摆盘预留时间。菜品放置可给厨师留出时间，去添加酱汁或完成配菜设计。

小测验

概念复习

1. 焦糖化和美拉德反应的区别？
2. 描述干热烹饪的8种基本方法。
3. 什么是延迟烹饪？

发散思考

4. “烧”和“烤”有何区别？
5. “煎”和“炸”有何区别？
6. 描述油炸食材的恢复时间与食材的颜色、风味、口感之间的关系。

厨房实践

将所有人员分成两个小组，按要求各烹饪一份薯条。第一小组烹饪一份有正常恢复时间的薯条，第二小组忽略恢复时间。比较最后结果。

烹饪小科学

描述炒锅的材质、大小，观察其是如何用于烹饪的。搜集资料，看看如何才是保养炒锅的正确方式，了解什么类型的菜肴适合使用炒锅。

5.2 湿热烹饪法

5.2.1 湿热烹饪如何影响食材

湿热烹饪方式意味着固定的温度控制。食材是在液体中进行烹制的，而液体的温度大多数时候不会超过212℉（即水的沸点）。与干热烹饪相比，湿热烹饪会使食物呈现不同的外观、风味和口感。

热量的转移

进行湿热烹饪时，食材的受热或来自高温液体的直接接触，或来自高温液体所产生的蒸汽。也就是说，来自热源（通常是炉灶）的热量通过锅传递给液体，再通过液体或高温蒸汽传递给食材。

食材的变化

由于湿热烹饪的温度远低于热锅、热油或者烤架的温度，所以食材表面的颜色变化便没有干热烹饪法那样显著。通常来说，经湿热烹饪后，食材内外颜色仍保持一致，且食材的风味通常也比较清爽，没有烧烤或者焦糖化的味道。

烹饪过程中，肉类、鱼类、家禽肉或者鸡蛋这样的食材会变硬，而蔬菜、水果、谷物却会变软，主厨将依据材质上的变化判断何时烹制完成。

营养价值

当食材直接接触到高温液体或蒸汽时，液体会吸收食材中的部分营养物质。因此，分切食材时，应尽量切到最小，以便尽可能缩短烹饪时间。

备好食材、便利食材与预烹制食材

如果主厨选择使用湿热烹饪，那么要么是把食材完全准备好，要么就是将食材先预烹制，稍后烹熟或进行再次加热。提前备好食材的好处在于能够比较轻松地制作客人所点的菜肴并且按时上菜，而不是把做好的食材放在蒸汽保温桌。烹制完成或预烹制的菜肴可以冷藏、打包，之后使用水浴法或微波炉进行再次加热以完成烹制。便利食材，例如酱汁和高汤，需要在使用前炖开或煮沸。

5.2.2 湿热烹饪方法

湿热烹饪有四种基本方法，它们有很多相似点，但最大的区别还在于食材的选择，以及蒸汽烹饪时的液体温度：蒸；低温水煮；炖；煮。

“蒸”需要在密封的锅或者是大蒸锅内进行，这样，高温蒸汽就会被困于锅内、环绕在食材周围，热量通过蒸汽转移到食材，食材并不直接与高温液体接触。所以，“蒸”是一种温和的湿热烹饪技术。

“蒸”还是一种尽可能保留食材养分的好方法，是烹制蔬菜的绝佳选择，同时它也适合烹制那些细软、精致的肉类、鱼类，包括鸡胸肉、整鱼等，以及蛤、龙虾这样的带壳动物。蒸菜的时候要注意为食材调味，可以往汤汁中加入调味品和香料。随着水温的升高，这些调味品的风味就会从液体中释放出来，随着蒸汽进入食材。

基础烹饪技术 蒸菜

1. 加热蒸锅中的水，直到出现蒸汽。
2. 把食材放入蒸锅，预留足够的空间以便蒸汽在食材周围循环。
3. 将蒸盘放入蒸锅，盖上盖子，“蒸”到食材成熟，烹制过程中尽可能不打开蒸锅盖。

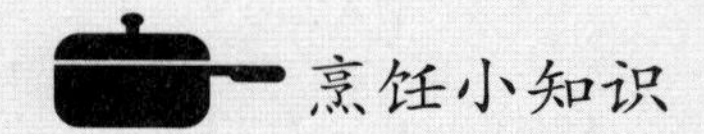

意大利的烹饪艺术

意大利国土版图狭长，山峦连绵，高低起伏。在现代道路交通尚未普及的过去，这些山脉使得国内旅途异常艰辛。这也是这个国度内烹饪风格与技巧极为丰富多彩的原因。

绝大多数的国家都有一种基本谷物作为烹饪的基础。意大利北部以威尼斯米饭为特色，特别是意大利调味饭，它是一种由肉汤、黄油、芝士做成的奶油状的米饭。由玉米粉做成的玉米粥，在意大利的北方也十分常见。

历史上，大麦遍布意大利绝大多数地区。意大利面食是由一种特殊品种的硬质小麦做成的。无论你身在意大利何处，都可遇上这种面食，面食伴侣——酱汁则展现着不同的地区文化，如南部普遍使用以番茄或肉为底料的酱汁，北部则多用奶油和芝士烹制成的酱汁。干意大利面有上百种形状和大小，从极小的米粒状到宽大的千层面皆有。新鲜的意大利面有长丝带状，也有折叠成小方形的意大利式饺子。颇受欢迎的意式饺子，又称汤团，可由土豆、面粉甚至粗粒小麦（一种小麦的品种）制成。

烹饪油方面，橄榄油在意大利南部尤为风行，那里的气候很适合橄榄树开花结果。寒冷的北方显然不适宜橄榄树的生长，所以黄油和奶油更为常见。

大蒜、紫苏叶、橄榄和刺山柑都是意式菜肴中常见的调味品，但不同地区对它们的使用也各有不同：香蒜酱，一种由紫苏叶、橄榄油、大蒜、松仁和芝士做成的酱汁，来自意大利北部的利古里亚；海鲜辣酱，一种由大蒜、辣椒和番茄做成的酱汁，来自意大利中心地区；烟花女酱，一种由大蒜、橄榄、凤尾鱼和番茄制成的酱汁，来自意大利南部；等等 。

全球有名的芝士品种，绝大多数都来自意大利。其中一些甚至重要到意大利当局为它们申请了法律保护。著名的“帕尔马干酪”来自意大利一个特殊地区，这个地区被标记为D.O.P，代表着denominazione di origine protetta（出产于意大利艾米利亚–罗马涅地区），作为真品保障。其他一些产品可能也会贴上D.O.P的标志，包括著名的意大利帕尔玛火腿。

众所周知，意大利的烹饪艺术延续了古意大利的传统，但同时也受到从新世界传入的食材的影响，引入这些新鲜食材的人是著名的哥伦布。他带回来了番茄、辣椒和玉米。直到现在，制作意大利面和披萨仍旧离不开番茄酱。

调研

1. 调查披萨的起源地，看看传统的披萨和现在一般的商店里所销售的披萨有什么区别。
2. 调查帕尔玛火腿的制作流程。
3. 调查了解古代意大利的点餐程序是什么。

基础烹饪技术 低温水煮 / 炖 / 煮沸

1. 加热液体到正确的温度（低温水煮：160℉ ~ 170℉；炖：170℉ ~ 185℉；煮：212℉）。
2. 加入食材。如果有需要，再额外加入水并没过食材。
3. 根据食谱要求加入调味品和香料，持续烹饪，直到食物烹熟。
4. 从液体中捞出食材，沥干水分。

液体的温度	
温度阶段	状态描述
低温水煮（160℉ ~ 170℉）	锅的边缘和底部附着许多气泡。有些气泡移动到液体的上层，看上去几乎没有怎么运动。
炖（170℉ ~ 185℉）	气泡逐渐变大，更快速、频繁地上升到表面，液体表面展现出明显气泡运动的迹象。
煮沸（212℉）	气泡变得异常大，迅速上升到液体表面，运动得更剧烈。

5.2.3 组合烹饪方法：焖与煨

组合烹饪方法一般分为两个步骤。第一个步骤是把食材置于高温热油中过油。这不仅是为了在烹饪中保持食材的形状，还能为菜肴增添风味。在一些实例中，这一步骤会被焯水替代。在沸水中焯水也能达到保持食材形状、为菜肴提供独特风味和色泽的目的。经过油或焯水后，再进行第二个步骤——将食材置于极具风味的汤汁或酱汁中温和烹制。

“焖”和“煨”是两种基本的组合烹饪方法。**“焖”**一般是对整个或较大的食材进行烹饪，烹饪过程中要求加入能够把食材大部分浸没的水。**“煨”**一般是对较小块的食材进行烹饪，烹饪过程中要求加入能够把食材和配料完全覆盖住的水。

这两种烹饪方法通常都是针对较硬的肉类、整只家禽、整块新鲜鱼类和海鲜进行烹饪，当然也可以是蔬菜和豆类。焖制时所用食材必须经得起长时间的烹制，以免在这个过程中破碎散开。

基础烹饪技术 焖 / 煨制食物

1. 在较深的锅中加热肉汤或水。如果是过油，则加热少量脂肪或食用油。
2. 将食材加入锅内，焯水（或过油），让食材褪去“生”色，表面变硬。
3. 将食材从锅中捞出。往高温热油中加入调味料或其他香料炒香，放入焯过水的食材。
4. 向锅内倒入足够多的汤汁（“焖”要求汤汁需浸满食材厚度的1/3；“煨”要求汤汁将食材完全淹没），盖上盖子直到煮沸。
5. 以较低温度“煨”制食材，直到食材变得细软。“焖”菜需要翻转，“煨”菜需要搅拌。如果需要，可再次加入适量汤汁。
6. 沥去汤汁中多余的油脂和其他杂质。

完美的“焖”和“煨”可以使菜品拥有丰富的味道和细软的质地。对于这两种烹饪方式来说，酱汁的重要性是远不及原汤的。烹饪进程中，食材中大量的调料、组织和养分被释放到原汤中，最终形成独特的风味极强的酱汁。

5.2.4 判断食材的烹熟度

在使用湿热烹饪方法或者组合烹饪的第一阶段时，如何判断食材是否应烹熟？一般来说，如果用湿热烹饪法烹制的食物是要直接呈上客人的餐桌的，那么就需将其完全烹熟——当然，类似蛋类这种客人对其烹熟度有特殊要求的除外。

但是，如果是使用组合烹饪法制作一道菜所需的配料，或是用于某一特殊菜品（比如蔬菜拼盘）的辅料，则在第一阶段内无须将其烹熟，直到进入第二步骤使用湿热烹饪法将食材烹制完成才算最终结束。

适当的烹熟度

使用湿热烹饪和组合烹饪方法时，食材的烹制过程如下：焯水；预烹制；完全烹熟；入叉即碎。

焯水是指将食材放在液体中或者使用蒸汽进行加热。在这过程中，可能会看到食材颜色的变化，比如，花椰菜和豌豆的颜色会变成亮绿色。焯水可使蔬菜保持靓丽的色彩，但同时也会稀释掉一些浓烈的味道和香气，例如乡村火腿的味道在焯水后会变淡。另外，焯水还会使食材的表皮变松，更易去皮，例如土豆、栗子、桃子、杏仁等。

焯水的操作很简单：往锅或蒸锅内注满水，放入食材即可。焯水时间的长短取决于烹饪的目的。焯水过后，将食材从汤汁或蒸锅内捞出来，立刻放入盛有冰水的容器内，以避免延迟烹饪的发生。在储存食物或将其加入另一菜品中前，将水沥干。

预烹制的方法与焯水相同，或用水，或用蒸锅，只是烹饪时间更长一些。预烹制可以令工作更为高效，特别是在宴会服务期间，由于事先已将食材进行了预烹制处理，宴会期间就只需要将半熟的食物完全烹熟。例如，如果一道菜品完全烹熟需要15分钟，那么，在用10分钟将其预烹制后，只需要再花5分钟就可以完成烹制了。

完全烹熟的食物则会一直烹饪至全熟，或是烹至顾客要求的熟度。烹饪过程中，一定要注意观察烹制食材的温度，以及记得进行延迟烹饪这一道程序。

入叉即碎是指食材的烹熟度已达快要煮烂或煮散的状态。这是在焖、煨食材的特殊熟度。与全熟不同，全熟仍可能需使用餐刀分切食用，而“入叉即碎”的熟度则真正只需餐叉即可。

检测烹熟度

观察食材的外观是检测食材烹熟度的方法之一，但这一方法也常与其他测试方法结合使用。如果只是预烹制，则检测食材熟度的工具就只能是以下的某一种：削皮刀、食用叉和烤肉叉。半熟的食材可能会很容易去皮，但一旦接触到食材的中心位置时，就很难再继续切了。而对全熟食材进行切割时，可以很轻松地从头至尾划开。入叉即碎这一熟度的判断一般是指用厨房的尖刀叉可以将那些比较大的食材很轻易地划开而没有一点阻碍。而在焖制较小的块状食材时，测试其熟度的方法要么是撕成片状，要么是使用食用叉切边。

小测验

概念复习

1. 湿热烹饪是如何把热量转移到食材上的?
2. 描述湿热烹饪的4种基本方法。
3. 为什么焖、煨被称为组合烹饪方法?
4. 你如何评价焯水烹饪方式?

发散思考

5. 低温水煮、炖、煮沸有何区别?
6. 焖和煨有何区别?
7. 预烹制食材是如何提高效率的?
8. 低温水煮和炖哪一个用时较长，为什么?

厨房实践

如果不考虑延迟烹饪这一环节，完全烹熟绿豆需要多长时间?如果用半煮熟的时间来烹制同样数量的绿豆，请问绿豆会熟吗?

烹饪小科学

调查研究“蒸”制食材的好处，比较它与其他烹饪方法分别保留下来的食材原有的营养价值高低，并解释为什么它被称为最健康的烹饪方法。

复习与测验

内容回顾（选择最佳答案）

1. 美拉德反应发生在什么时候？（ ）

A. 水煮时食材由绿变为亮绿的时候

B. 烹饪时，食材中含有的糖变为棕色的时候

C. 烹饪时，食材中含有的蛋白质变为棕色的时候

D. 烹饪时，食材由硬变软的时候

2. 干热烹饪方法中，以下哪一项不是热量转移的方法？（ ）

A. 用蒸汽　　B. 辐射加热　　C. 用金属锅　　D. 用锅内的热油

3. 以下哪一种烹饪方法符合这些描述：烹饪速度快，不加盖，少量的油却高温？（ ）

A. 炒　　B. 焖　　C. 煨　　D. 煸

概念理解

4. 烧和烤有何区别？烘和焙有何区别？焖和煨有何区别？

5. 比较蒸、低温水煮、炖、煮之间的区别？

批判性思考

6. 以下哪一种烹饪过程需要更用心对待：延迟烹饪，烘，还是焙？

烹饪数学

7. 根据食谱，服务8个人时，需要处理3杯胡萝卜汁。那么，如果需要服务50个人，需要处理多少杯胡萝卜汁？

工作情景模拟

8. 你需要在短时间内完成一道菜肴，而这道菜肴的众多配料质地各不相同。你是打算一次性完成以节省时间，还是在足够长的时间内使用一口锅逐个有序进行，还是使用不同锅具同时烹饪？请解释你的答案。

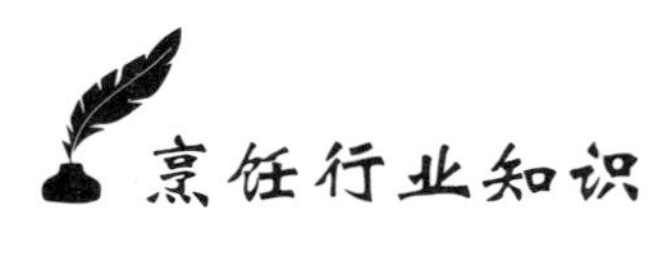

烹饪行业知识

厨师和主厨

主厨和厨师能够决定餐厅的名声好坏、成功与否。主厨通常负责监管厨师工作。但这两者既要独立工作，又要作为一个不可分割的团队共同承担巨大压力，共同为了一个目标而努

力：让客人满意。一般来说，厨房里会设置行政总厨、主厨、助理厨师三个管理职位。

- 行政总厨负责整个厨房甚至连锁厨房的运营管理，是厨房的管理者、决策者。他们必须有学校或者组织机构授予的行政总厨资格证书。

- 主厨主要侧重于厨师的培训，并对厨房所有菜品进行高标准控制。在厨房里，如果行政总厨不在，由主厨全权负责。

- 助理厨师是厨房的最低行政管理职位，通常向主厨负责。

接下来是烹饪各种食材的厨师，比如“煸炒”厨师、“烧烤”厨师和“水产”厨师等。

- “煸炒”厨师负责煸炒食材和厨房所需的酱汁。这个职位是众多厨师职位中最富有挑战性的职位，它要求富有经验、体力和耐力，会掌控时间、有出色的记忆力和同时处理多种事物的能力。

- “烧烤”厨师负责准备所有需要烤制的食材。这个职位的要求和“煸炒”的要求基本一致。

- “水产”厨师要求必须熟知各种类型的河鲜、海鲜、养殖水产及其构造。

厨房中更为底层的职工、雇员通常通过学徒和实习生计划开始他们的职业生涯。这些工作不需要特别高超的技术，但却很重要。学徒通常是负责清洗、修剪、准备食材，为烹制肉汤、浓汤和沙拉等做准备。他们有时还会负责制作沙拉或者是沙拉酱等一些比较简单的项目。

入门要求

厨师和主厨通常需要烹饪方面的学位才能争取更高一层的岗位，入门级别的岗位则需要一些烹饪行业工作经验。

晋升小贴士

想要获得更高阶的职位，通常需要有专业资格证，拥有营养学、财务、经营管理等方面的知识。

第2篇

专业烹饪

第 6 章　早餐食物

学习目标 / Learning Objectives

- 什么是欧式早餐？有何特色？
- 无需烹饪、可直接食用的早餐产品或新鲜食材有哪些？试罗列。
- 试描述鸡蛋的结构，并说明如何选择并储存鸡蛋？
- 你能列举几种鸡蛋菜肴，并说明其相应的加工准备和服务吗？
- 如何辨别和存储乳制品？
- 如何制作班戟饼、华夫饼和法式吐司？

6.1 鸡蛋和乳制品

6.1.1 鸡蛋的选择和储存

早在人类驯养动物之前，鸡蛋就已经成为我们日常饮食的一部分。人们吃过各种各样的禽、鸟蛋，包括鸭子、鹅、鹌鹑、天鹅和鸵鸟，然而，一旦驯养了鸡，鸡蛋就成了日常饮食的主要食材。本节将专门讨论如何为你的菜肴选择合适的蛋，以及如何储存鸡蛋，以便在尽可能长的时间内保证其质量。

蛋理解剖

鸡蛋有三个主要部分：

- **蛋壳** 蛋壳是保护鸡蛋内部的硬外壳。蛋壳多细孔，有透气性，空气可进入，便于排湿。蛋壳的颜色与鸡蛋的质量、营养价值或味道没有任何关系，棕色也好，白色也好，都只意味着它们是来自不同种类的鸡。
- **蛋白** 也叫蛋清，是由蛋白质和水组成的。生蛋白是无色的，看起来很清澈，在原始状态下呈液态，但当煮熟后，它就会凝固变白。
- **蛋黄** 蛋黄是蛋内的黄色中心部位。如果说蛋白质主要集中在蛋白和蛋膜处，那蛋黄内更多含有脂溶性维生素、卵磷脂等，后者是一种天然的乳化剂。蛋黄的颜色可以从浅黄色到深金色不等，这主要是受鸡的饮食所影响。

鸡蛋的检测和分级

鸡蛋分级是在自愿基础上完成的。来自苏达（美国农业部）的一个分级机构会全权受理农场对所产鸡蛋进行分级的申请。外观检测是分级机构检查的第一件事。这些鸡蛋应该干净、无裂缝或孔洞。部分鸡蛋会被打碎后放入盘中，以便分级机构能够检测蛋壳的坚硬度、蛋清的清澈度，以及鸡蛋在盘子里的扩散程度。后者主要是观察蛋黄是否位于蛋清的中心，是滑到一边，还是变平。

分级机构可以给鸡蛋分配3个等级：AA，A，或B。一旦分级，鸡蛋的包装盒上就可以使用美国农业部（USDA）官方评级的分级盾牌标记。

- **AA级** 这些是最新鲜的鸡蛋，蛋清清澈紧凑，蛋黄位于蛋清正中间。AA级鸡蛋（也称特级蛋）尤其适合用来烹制煎蛋或水煮蛋。
- **A级** A级蛋（也称较好的蛋）的蛋清有稍许的流动，蛋黄不像AA级那样位于蛋清的中心，其蛋壳也比AA级蛋更容易破碎。A级蛋适用于鸡蛋混合加工或搅拌并在蛋壳中进行加工的菜肴。
- **B级** B级蛋（也称为标准蛋）的蛋清更为流动，蛋黄扁平，不位于蛋清的正中心。它们多用于商业用途，可用于烘焙和面糊加工，以及制造液体的、冷冻的和干燥的蛋制品。

鸡蛋的大小尺寸

鸡蛋的大小尺寸也是分级机构检测内容的一部分。鸡蛋的不同大小对应着不同的标准名称，以表明鸡蛋的特定重量。但不管鸡蛋的大小尺寸如何，通常壳体约占鸡蛋总重量的10%，余下重量中，蛋清约占2/3，蛋黄占另外1/3。右表“鸡蛋的大小和重量”中所指的“重量”，即包含了蛋壳的重量。记住，在进行食谱分解或转换时，需减去蛋壳的重量。

鸡蛋的大小和重量	
大小尺寸	**重量**
超小	1.25盎司 / 个
	15盎司 / 打
小	1.5盎司 / 个
	18盎司 / 打
中等	1.75盎司 / 个
	21盎司 / 打
大	2盎司 / 个
	24盎司 / 打
超大	2.25盎司 / 个
	27盎司 / 打
特大	2.5盎司 / 个
	30盎司 / 打

鸡蛋的购买和储存

购买鸡蛋一般取决于几个因素：你为多少人烹饪，成本预算，你打算加工或使用鸡蛋的方式，以及客人的特殊需要等。鸡蛋出售时，形态多样。以下为四种基本形式：

- **带壳蛋** 这些带壳出售的鸡蛋一般都是新鲜的鸡蛋，它们或6个、或12个、或18个被包装在纸盒中。当然，也有整箱出售的鸡蛋：每箱12层，每层30个，共360个鸡蛋。购买时应打开其包装，仔细检查蛋壳，将出现破裂或破损的鸡蛋取出丢弃。储存时需连同包装一起冷藏，但要注意避免与气味浓烈的食物放在一起，否则鸡蛋易吸收那些异味。

- **散装蛋** 这种鸡蛋已从蛋壳中被分离出来，并以盒装或桶装的形式出售。可分几种：全蛋的散装蛋（蛋黄和蛋清混匀的），全蛋中添加了蛋黄的散装蛋，纯蛋黄散装蛋，以及纯蛋清散装蛋。它们在出售前都经过巴氏灭菌法消毒，以杀死细菌和其他病原体。散装蛋通常需放在0℉的冰箱中冷冻储存，并在冷藏条件下解冻，以保证安全。

- **干蛋粉** 一般可储存于厨房干货储藏区的货架上，但一旦打开使用，剩余干蛋粉就需冷冻储存。使用干蛋粉时，需根据其包装标签上的指示进行操作。

- **鸡蛋替代品** 由蛋清或大豆制品为基础制成的产品，颜色、质地和味道都与鸡蛋近似。如客户有饮食限制不能食用蛋黄时，就可选用本产品来代替。

鸡蛋的储存时间和温度		
产品类型	**储存时间**	**储存温度**
带壳蛋	5～7天	33℉～38℉
散装蛋	2～3天	29℉～32℉
冰冻散装蛋	1～2个月	-10℉～0℉
干蛋粉	1～2个月	40℉

6.1.2 烹饪鸡蛋

鸡蛋可能是厨房里最常用的食物，在糕点烘焙、酱汁加工、浓汤制作中被大量使用，这些都将在本书后续章节中陆续提及。本节主要展示鸡蛋的八种基本烹饪方法：带壳煮鸡蛋；

水煮温泉蛋；煎蛋；炒蛋；奄列蛋；蛋盅焗蛋；咸味蛋挞馅饼；舒芙蕾蛋奶酥。

带壳煮鸡蛋

鸡蛋可以带壳煮制，其成品根据成熟度可分为以下几种：

- **溏心嫩蛋** 现代凯撒沙拉中常以此为配料。鸡蛋煮至半熟，蛋白紧实，微微温热，呈不透明状，蛋黄则温热，呈流动状。
- **软熟嫩蛋** 也称软煮蛋，其蛋清几乎没有凝固，而且非常湿润。蛋黄温热，但仍呈液体状。它们通常被盛装在蛋壳里置放于蛋杯中食用。
- **中等半熟蛋** 其蛋白已经完全定型，蛋黄则变稠、温热。它们的上菜服务方式和软熟嫩蛋是一样的。
- **全熟硬壳蛋** 其蛋白完全定型，发硬，蛋黄也完全煮熟，按压时易碎。全熟的煮鸡蛋在早餐中是一道热菜。它们也被使用于魔鬼蛋和鸡蛋沙拉中：切成蛋角形或块状，作为沙拉或蔬菜的装饰。

带壳煮鸡蛋通常在微沸的水中煮制。全熟硬壳蛋和软熟嫩蛋在煮制时，应始终保持在温度稳定、微沸的水中小火慢煮。如果放入快速沸腾的沸水中，易使鸡蛋不断翻腾摇晃，导致蛋壳破裂。如果这样的话，蛋白就很容易煮熟发硬，蛋黄则会变得质地粗糙，呈颗粒状而非奶油状。

烹制带壳煮鸡蛋，需先将鸡蛋放入锅中，再加入能将鸡蛋完全淹没且高出至少一英寸的水。鸡蛋的煮制时间如表格所示（以大鸡蛋为例）。煮制时间是从浸泡着鸡蛋的水开始沸腾时算起。

带壳鸡蛋的煮制时间	
成熟度	煮制时间
溏心嫩蛋	30秒
软熟嫩蛋	3～4分钟
中等半熟蛋	5～7分钟
全熟硬壳蛋	14～15分钟

水煮温泉蛋

水煮温泉蛋是将鸡蛋破壳，将蛋液完整地加入热水中汆煮，直至蛋清虽凝固但仍很嫩、蛋黄略稠。所谓汆煮，是当锅中水温保持在160℉～170℉时，放入食材小火烹制的方法。若高于这个温度，可能会产生白色浮沫。往锅中加入少许醋可保持蛋清的整洁和紧致。

烹制水煮温泉蛋应使用非常新鲜的AA级鸡蛋。另外还应注意，如果将蛋液直接放入热水中，很可能会破坏蛋黄，破坏这道菜的效果。正确的做法是，鸡蛋破壳后，将蛋液倒入小杯子内（每杯一个鸡蛋）——这样的话，哪怕蛋黄不小心被打碎了，也仍然可以将这个鸡蛋用

基础烹饪技术 水煮温泉蛋

1. 将锅中的水加热到165℉，然后滴入少许的醋，将蛋液斜着轻放入热水中。
2. 用小火慢煮约3～4分钟，到蛋白刚好定型。
3. 用漏勺或煎铲将蛋从水中取出，放在吸水纸上沥水。
4. 趁热立刻上菜。

于其他菜肴的制作中。接着，再将蛋液从杯中滑入热水。鸡蛋在沉落锅底的过程中 ，由于水温的作用，包裹着蛋黄的蛋清迅速凝固，使其不至于散开。

如果需提前准备水煮温泉蛋，可将其煮到蛋白刚好定型，即捞出、置于冷水中。一旦需要上菜，就可将它们放入热水中烹煮一两分钟，升温加热后，即可完成烹饪过程。煮好的水煮温泉蛋应立即放在保温热烫的菜盘内，迅速呈上餐桌。

煎蛋

一个完美的煎蛋是由一个非常新鲜的AA级鸡蛋在热油或黄油中迅速煎熟制成的。煎蛋的蛋白应该很嫩，且全熟，至于蛋黄，也应完整美观，直到客人用叉子将它切开、流出蛋浆。

如果使用不粘煎锅煎蛋，你只需刷上一层薄薄的油，并将热量保持在中等程度以上，就可以快速烹熟鸡蛋，而不至于使鸡蛋焦糊。

煎鸡蛋可分两种类型。一种是单面煎蛋，即在煎盘里煎制鸡蛋，但是不翻面。一种是双面煎蛋，是在鸡蛋煎制过程中，将鸡蛋翻面后盖上锅盖，利用锅中水汽蒸制。

无论是单面煎蛋还是双面煎蛋，通常都可被烹制成三种不同的熟度：

- **嫩煎蛋** 蛋黄是热的，呈流动状，总体来说未定型。
- **中等熟度煎蛋** 蛋黄部分定型，但其中心部位仍有少许的流动。
- **全熟煎蛋** 蛋黄完全定型，已完全成熟。

炒蛋

西式炒蛋是非常普及流行的早餐菜肴：将蛋黄和蛋清混合搅匀，然后倒入煎锅或炒锅内以中小火炒制而成。若炒制前往蛋液中加入少许清水或牛奶调匀，炒蛋会更加松软和润泽。

炒蛋中可加入一些配菜，配菜可提前炒香后加入蛋液中混匀再炒制。鸡蛋也可以事先打散，炒制后加盖密封送入冰箱保存，需要时再取出。通常做好的炒蛋存放期不得超过一天。

西式炒蛋应保持松软的质感和滋润的口感，但不能太稀或呈流动状。上菜时，可将炒蛋盛在预热好的菜盘中，趁热立刻上菜。

奄列蛋

奄列蛋是西式早餐或午餐中常见的蛋类菜肴。奄列蛋中可以加入很多配料，也可以将配料置于奄列蛋上。制作奄列蛋的方法与炒蛋相类似，都需先将蛋液打散搅匀。

奄列蛋有两种常见的做法：一种是奄列蛋卷，即在蛋液炒制过程中，将嫩蛋翻卷或折叠成奄列蛋卷，另一种是平的奄列蛋饼，即在蛋液煎制时不搅动，使其慢火加热定型，形成一个紧实的蛋饼。奄列蛋饼不需要卷制或折叠。

下面是两种基本的奄列蛋卷的做法：

- **法式奄列蛋卷** 制作法式奄列蛋卷，最好使用专门的奄列蛋煎锅。将蛋液倒入有热油的煎锅内，将锅转动以便蛋液在锅中旋转、摊平，同时用餐叉将锅中心即将凝固的蛋皮不

基础烹饪技术 煎蛋

1. 将煎锅置于中火上，加油烧热。
2. 将鸡蛋破壳，蛋液倾入小杯中，再滑入热油内煎制。可舀少许热油淋在鸡蛋上。
3. 根据客人要求，将鸡蛋翻面，煎制至客人所要求的成熟度。
4. 出锅上菜。

基础烹饪技术 炒蛋

1. 将鸡蛋打破，蛋液倒入碗中。根据需要加入水或牛奶调匀。
2. 蛋液中加入盐和胡椒粉调味，搅打均匀。
3. 加油，中火烧热后，倒入蛋液，不断搅动炒制，直至蛋液定型，松软且呈奶油状。
4. 出锅上菜。

基础烹饪技术 法式奄列蛋卷

1. 将鸡蛋打散，加入盐和胡椒粉以及配料搅匀。
2. 煎盘中加入足量的油以防止鸡蛋粘锅，然后将蛋液倒入煎盘内。
3. 边加热边搅拌蛋液，直到蛋液开始凝固成凝乳状蛋块。
4. 将锅底的蛋浆蛋块铺平均匀，根据需要放上一些馅料。
5. 将煎盘离火，利用锅内的余温使蛋浆凝成蛋皮。
6. 晃动煎盘使蛋皮松动，然后将蛋皮卷成型。
7. 将蛋卷顺势倒入温热的盘子中，上菜。

断打散，以使蛋液不过快凝固。这样边炒边搅动，直到蛋液最终失去流动性后，关火，利用锅内的余温使底部的蛋液定型，形成一层光滑的、没有大裂缝的蛋皮，然后慢慢从边缘往内翻折蛋皮，奄列蛋卷就制作成功了。各种馅料和配料可以折叠卷入蛋皮内，也可以放在蛋卷上面。

- **美式奄列蛋卷** 美式奄列蛋卷通常是在平扒炉上烹制而成。将蛋卷在平扒炉上对折后，再用抹刀铲下，装入盘中。与法式奄列蛋不断炒制相反，美式奄列蛋卷需要不时地将蛋液从底部和侧面推开。这种搅拌技术会导致形成较大的凝乳蛋块，造成粗糙纹理和局部棕色外皮。

基础的平面奄列蛋饼，其实就是煎蛋饼，也称农夫式煎蛋饼（或西班牙玉米粉圆饼），这是一种圆形的开放式煎蛋卷，通过将打散搅匀的蛋液倒入在明火上预热的煎锅内加热制作而成。一旦锅底和锅边的蛋液开始定型，你就可以将蛋液放入烤炉内加热成熟，然后切成三角形即可。

蛋盅焗蛋

蛋盅焗蛋也叫烤鸡蛋，即破壳后把完整的蛋清和蛋黄倒入一个杯子里，然后在烤箱里烤制而成。烤制前，鸡蛋上面通常会覆上一点奶油，再撒上面包屑。蛋盅焗蛋具有蛋白紧实而蛋黄软嫩的特点。

陶瓷餐具是烘烤鸡蛋菜肴的传统选择，因为它们有助于均匀而温和地烹制鸡蛋。当然，为了使烹制出来的焗蛋拥有最好的质感，也可以将装满蛋液的焗盅放在一个大烤盘中，再加入足量的热水，水位至焗盅的一半高度，以“水浴”加热的方式来焗烤嫩蛋。

咸味蛋挞馅饼

咸味蛋挞馅饼是另外一种类型的焗蛋菜肴。往蛋液中加入奶油或牛奶后搅匀，这种调好的蛋奶浆被称为“卡士达”。将蛋奶浆倒入脆皮黄油挞皮内，送入烤炉中烤制，直到蛋奶浆完全成熟定型即可。大多数咸味蛋挞馅饼都会加入各种馅料一同烤制，如芝士，煎土豆、洋葱、蔬菜或火腿等。

要确认一个蛋挞馅饼是否已烤熟，只需把削皮刀的尖端插入蛋挞馅饼中。如果抽出来的刀尖是干净的，那就说明鸡蛋已完全烹熟，蛋挞馅饼也制作完成，随后根据需要，趁热或在室温下上菜即可。

舒芙蕾蛋奶酥

舒芙蕾蛋奶酥是一种用陶瓷模具烘烤的口感轻盈松泡的膨化蛋类菜肴。在烘烤时，模具的直壁帮助蛋奶酥不断向上膨胀。

制作舒芙蕾蛋奶酥时，要先从模具开始加工准备，将舒芙蕾焗盅内部刷满黄油，以免出现食用时鸡蛋浆粘在焗盅上的情况。然后加入适量的面包屑（或磨碎的芝士、细砂糖），轻摇，使其均匀地附着在焗盅内部。下一步是分离鸡蛋。分离出的蛋黄被搅匀以便做酱底，通常是用蛋黄加牛奶等制成浓稠的酱汁。蛋白则被搅成一层厚厚的蛋泡沫，以便容纳空气，为舒芙蕾提供膨胀的空间。然后再将蛋黄做成的基础稠酱和由蛋白做成的蛋泡混合在一起，搅拌均匀后舀入焗盅，再放进烤箱里烤制而成。

6.1.3 乳制品的识别和储存

乳制品是指以生鲜牛（羊）乳及其制品为主要原料，经加工制成的产品。乳制品有各种形式、各种口味和质地，但相同的是，它们都由水、固体颗粒和乳脂组成。

牛奶

牛奶是一种饮料，也是一种原料，许多产品都是由牛奶制成的，包括奶油、黄油和酸奶等。还有一种重要的乳制品——芝士，将在后面详细讨论。

尽管羊奶和羊奶制品并不少见，但生鲜牛奶仍是大多数乳制品的基本原料。牛奶中的主要成分是水、蛋白质、脂肪、乳糖等。

牛奶的生产过程受到严格的管制。首先，奶牛需定期检查，以确保其健康。鲜奶和奶制品是经过巴氏灭菌法处理的，以杀死其中的有害细菌，然后迅速冷却。均质化的乳制品通过细筛把脂肪分离出来。

牛奶的种类	
形式	描述
全脂奶	包含不少于3%的乳脂
低脂奶	通常含有1%或2%的乳脂
脱脂奶（无脂）	含有少于0.1%的乳脂
干奶粉（粉状）	完全脱水的牛奶，由全脂或脱脂牛奶制成
炼乳	在真空中加热以脱水60%的牛奶。可以由全脂、低脂或脱脂乳制成，其中乳脂含量为8%或低至0.5%
甜炼乳	已加糖的炼乳

奶油和人工乳制品

奶油呈浓稠状，其乳脂含量一般比牛奶高，口感也更丰富。它经过了均质化和巴氏灭菌法处理，有多种用途。

酸奶、酸奶油和酸芝士等养殖乳制品是通过添加一种特殊的有益细菌到牛奶或奶油中制成的。随着细菌的生长，它们会使牛奶或奶油变得浓稠，并产生酸味。法国的“鲜奶油”味道和质地与上述酸奶油相类似，但由于含有太多的乳脂，它不能像酸奶油和酸奶一样在热汤和酱汁中凝结。

奶油和人工乳制品的种类	
形式	描述
奶油，浓或搅打	含有至少36%的乳脂。偶尔可以使用轻微搅打的奶油，含有30%～35%的脂肪
奶油，淡奶油	含有18%～30%的乳脂
半对半	牛奶和奶油各一半，包含10.5%～18%乳脂。多用作咖啡伴侣
脱脂乳	浓稠的、经加工的无脂或低脂牛奶。多用于烘焙行业
酸奶油	浓稠的、经加工的甜奶油。含有16%～22%的乳脂
酸奶	浓稠的、经加工的牛奶。可能全脂，低脂，或无脂，风味浓或清淡
鲜奶油	浓稠的、经加工的带坚果味浓奶油，含有30%的乳脂

黄油

黄油是用牛奶加工出来的一种固态油脂，是把新鲜牛奶加以搅拌之后，将上层的浓稠状物体去除部分水分之后的产物。质量等级为AA级或A级的黄油，具有细腻的奶油味。盐通常作为防腐剂添加其中，味道较淡。低等级的黄油则是由较低质量的奶油制成的，闻起来有点像芝士。

黄油可以作为一种涂抹的调味酱用在面包卷、面包和烤面包上提味，或是涂抹在薄班戟饼和华夫饼表面。将黄油与水果、香草或其他原料混合在一起，可以制作出味道和颜色更为丰富的调味酱。

动物黄油主要由乳脂、牛奶固体和一些水组成。当动物黄油被加热时，黄油中的牛奶固体被融化，香气四溢。

植脂黄油则是一种黄油替代品。在大多数情况下，植脂黄油可以代替黄油，但其风味显然不如后者。因此，也有一些植脂黄油被加入添加剂，以使其风味更接近于黄油，或与橄榄油、菜籽油等混合，以改善其口感。

有些人认为植脂黄油是一种更健康的黄油替代品，特别是如果植脂黄油不含反式脂肪酸（也称氢化或部分氢化脂肪）。这是因为胆固醇、饱和脂肪和反式脂肪酸都易诱发冠心病等心血管疾病。通常，植脂黄油的硬度越高，就越有可能含有反式脂肪酸。

植脂黄油是素食主义者、素食烹饪和烘焙的一个很好的选择。犹太教徒烹饪非牛奶餐时，也常使用植脂黄油。

植脂黄油和动物黄油对比

	植脂黄油	**动物黄油**
来源	植物油	动物油
胆固醇	不含	含有
好的脂肪（单饱和脂肪）	高	低
坏的脂肪（饱和脂肪）	低	高
坏的脂肪（反式脂肪酸）	可能含有	可能不含

基础烹饪技术 **澄清黄油**

1. 将黄油放入煎锅或煎盘中，置于中火上加热，熔化至锅中出现发着嗞嗞声的油泡。
2. 继续加热，直至油中多余的水分挥发，注意不要让黄油中的牛奶固体物质被烧焦。
3. 撇去黄油表面的浮沫。
4. 将已经澄清的黄油用勺子舀出或倒出来装好，让牛奶固体物质继续留在锅底即可。

乳制品的储存

像鸡蛋一样，乳制品很容易变质腐烂。大多数乳制品容器上，都清楚地标识了容器内产品的保鲜时间。储存时，应将乳制品与具有强烈气味的食品分隔开。

乳制品的储存时间和温度		
产品	储存时间	温度
巴氏消毒奶：全脂，低脂，脱脂	1周	35℉～40℉
奶粉	未开罐：3个月	60℉～70℉
	复原乳：1周	35℉～40℉
淡奶	未开罐：6个月	60℉～70℉
	已开罐：3～5天	35℉～40℉
炼乳	未开罐：2～3个月	60℉～70℉
	已开罐：3～5天	35℉～40℉
酸奶	2～3周	35℉～40℉
酸芝士	3～6周	35℉～40℉
浓奶油或搅打奶油	1周	35℉～40℉
淡奶油或半对半	未开罐：4周	35℉～40℉
	已开罐：1周	35℉～40℉
黄油	3～5个月	35℉～40℉
澄清黄油	3周	35℉～40℉

小测验

概念复习

1. 市场上出售的鸡蛋主要有哪4种形式？

2. 烹饪鸡蛋的8种基本方法是什么？

3. 描述牛奶和奶油的区别。

发散思考

4. 做水煮温泉蛋时，锅中不断散发出酸味，蛋白也如橡胶般硬实。请解释原因。

5. 当黄油没有正确澄清时，里面会有固体颗粒凝结。如果用这种黄油炒鸡蛋，会出现什么情况？它会如何影响菜肴的味道？

6. 把一个鸡蛋放进平底锅里煎时，蛋清紧凑，蛋黄位于蛋白的中心位置，紧实突出。试判断这是什么级别的鸡蛋？

厨房实践

分组制作奄列蛋卷。一组使用平扒炉制作美式奄列蛋卷，另一组使用奄列蛋煎锅制作法式奄列蛋卷，仔细观察两种制作法之间的区别，并结合设备、用时以及成品的情况，考虑你会在餐厅的厨房里使用哪种方法来做煎蛋卷？

烹饪小科学

传统上，在东亚和南亚，乳制品不属于日常饮食的一部分。请研究该地区的乳制品消费状况，并尝试解释乳制品在当地不受欢迎的原因。

6.2 早餐食品和饮料

6.2.1 班戟饼、华夫饼和法式吐司

班戟饼、华夫饼和法式吐司是很受欢迎的早餐食品。

班戟饼和**华夫饼**是由面糊制成的。面糊是一种通常由油（或融化的黄油）、鸡蛋、牛奶（或其他液体）、盐、面粉和发酵粉制成的面团。配方不同，这些食材的比例也各不相同，最终产生的结果也不同，这就是为什么华夫饼松软而班戟饼呈饼干状的原因。班戟薄饼和华夫饼食用时可以配上各种酱料，包括黄油、糖浆、果酱和打发的奶油等。

法式吐司是将面包浸在牛奶和鸡蛋的混合液中，然后下锅炸至两边呈金棕色。这种蛋奶混合液中通常还含有糖、肉桂和肉豆蔻。法式吐司可以用不同类型的面包制成，通常配有糖浆、果酱或糖粉。

基础烹饪技术 制作班戟饼和华夫饼

1. 将干的饼坯原料过筛，所有的液体原料倒入小碗中，调匀。
2. 将液体原料与混匀的干性原料拌匀。注意不要过度搅拌。
3. 将油倒入平扒炉或华夫饼炉，并预热，然后舀入面糊浆。
4. 烹制面糊，直到面皮双面金黄，全熟后即可。若是制作班戟饼，当发现班戟皮表面开始出现小泡，饼皮边缘开始变干时，即翻面。另一面煎制时间应比第一面少一半。
5. 装盘上菜。

法式班戟饼由不含发酵粉且非常稀的面糊浆在一个特制的煎盘内用中火煎制而成，其成品薄如纸。法式班戟薄饼通常会抹上果酱或者配上什锦水果，或折叠或卷起来食用。

基础烹饪技术 制作法式班戟饼

1. 将鸡蛋、牛奶、熔化的黄油放入盆中，搅打均匀后备用。
2. 将面粉、糖粉、盐过筛后倒入不锈钢盆，然后倒入混匀的液体原料搅匀至面糊细腻无颗粒。
3. 加入风味调料搅匀，至面糊细腻光滑，然后放入冰箱冷藏12小时。
4. 将班戟煎盘置于中大火上预热，放入少许黄油润锅。
5. 将面糊倒入煎盘内，转动煎盘至班戟面糊均匀铺满盘底。
6. 面糊定型后，翻面，继续煎制另一面。根据需要将班戟饼晾凉，放在烤盘纸上备用。

6.2.2 早餐面包和麦片粥

早餐供应包括各式面包，它们既可以与蛋类搭配，又可以与咖啡、茶或果汁一起搭配出欧式早餐。烘焙面包的方法将在后面具体讨论。

餐饮服务场所经常使用现成的早餐面包，包括以下品种：烤面包，如黑麦、白面或全麦面包；英式松饼；百吉饼，可加芝麻籽、葡萄干或其他配料；牛角面包，富含黄油的月牙形酵母卷；各式糕点，通常是酿有杏仁酱、水果或奶油的点心；油炸圈饼，如环形甜甜圈；松饼，如玉米、蓝莓或麦麸松饼；条式面包，如香蕉面包和蔓越莓坚果面包；轻而薄的饼干，如英国茶饼。英国茶饼是一种食材丰富的饼干，有时含有葡萄干，配上黄油、果酱或厚厚的奶油食用。

谷物是儿童和成人的早餐主食，也是餐馆的早餐选择。后面我们将会讨论谷物食物的准备，如燕麦或小麦制成的谷类食物等。冷麦片则食用方便，通常配着牛奶食用，上面还会有新鲜的水果，比如香蕉或浆果等。瑞士的格兰诺拉麦片就是一种牛奶什锦早餐，由谷物（如燕麦和小麦）、水果干、坚果、麸皮和糖的混合物配着牛奶或酸奶一起食用。

6.2.3 早餐肉类和土豆类

肉类在美国人的饮食中占有很大的比重，早餐也不例外。当然，除了肉类之外，鸡蛋和土豆也是不可或缺的。早餐肉类食物中，最常见的有三种：培根，香肠和火腿。

- **培根** 培根是经盐腌或烟熏的猪腹部五花肉，形式多样，不过大多数时候是切成或薄或厚的片状出售，也有以块状出售的。加拿大培根是由猪肉精瘦的部分制成的，和普通培根相比，其风味更接近于火腿。培根通常是高脂肪的，在烹饪过程中会收缩，故多在烤箱中烹饪，以产生大量的油脂，但也可以在平底锅中小火加热烹调。

- **香肠** 香肠是将绞肉、脂肪、液体、盐和各种调味料一同混合制作而成的。香肠馅料还可以做成馅饼。包裹香肠所用的肠衣通常是动物的肠膜。标准早餐所用的香肠是未煮熟的，须于上菜前烹制。若你计划将香肠切片或切丁，可以采用煮制的方法，这样香肠会于煮制后定型。水煮香肠的具体做法是：将香肠淹没在165℉的水中浸煮，在这过程中，如香肠表面出现气泡，用针戳破即可，直到完全煮熟（用即时读取温度计检查）。煮熟的香肠放在煎盘中或平扒炉上清煎出香味即可食用。

- **火腿** 美国各地都有各式火腿出售，用于早餐的火腿通常是熏制的，且已预先烹制和切片，上菜前将火腿放在焗炉下或平扒炉上加热烹制即可。

- **炸鸡牛排** 这是在美国南部和中西部地区很流行的早餐肉类食品。炸鸡牛排是将薄牛排浸入鸡蛋、牛奶和调味料的混合浆液中，裹满汁液后放入油锅，然后像炸鸡肉一样炸至酥脆。食用时可在上面淋一些乡村肉汁，再配上鸡蛋和饼干。

- **汉堡肉饼** 这种美味的早餐菜肴是由牛肉碎（尤其是谷饲牛肉）、土豆、调味料等材料拍粉煎制而成的，食用时通常会配上水煮蛋或煎鸡蛋。

- **土豆煎饼** 这是一种很受欢迎的配菜，其做法是将切细的土豆丝或磨碎的土豆泥在平底煎锅（或平扒炉）上压平，两面均煎至棕色后，即可食用。家庭薯条（或薯片）是一种油炸土豆条/片，通常配上切碎的辣椒和洋葱食用。

6.2.4 早餐饮料

对于许多人来说，没有饮料的早餐是不完整的。早餐饮料可为人体提供额外的营养，或咖啡因——一种在咖啡、茶、巧克力和苏打水中发现的化学物质，可以刺激人的身心。

- **咖啡** 一种深褐色的液体，是由咖啡豆经烘焙、磨碎后煮制而成。咖啡豆生长于热带气候环境中，采收后需经漫长的烘焙过程。咖啡的风味与咖啡豆的生长环境有关，也与其烘焙手法有关。一杯香醇的咖啡需从完整的咖啡豆开始，亲自研磨、煮制。另外，每次煮制的咖啡不宜过量，且应在20分钟内饮用完。这是因为咖啡沉浸的时间越长，其酸度越高，咖啡的口感也自然变差。
- **茶** 与咖啡相比，茶的颜色更浅，含有较少的咖啡因和更低的酸度，口感也完全不同。茶是通过让叶子在热水中浸泡，在热水中缓慢释放精油，使液体增香的。在亚洲文化中，水果、香料、花甚至树皮均可冲泡饮用，成为广义上的茶饮料。而且，并非所有茶饮料都是含有咖啡因的，如薄荷叶子或甘菊花等由草本植物制成的茶饮料。
- **果汁** 一种很受欢迎的早餐食物搭配饮料，市场所售品种极为多样，可以是鲜榨的，也可以是重新配制的果汁浓缩物或冷冻浓缩物，它们与水混合、搅拌均匀后即可制成新的果汁。
- **冰沙** 一种将新鲜水果（如香蕉和草莓）、果汁和冰混合后，在搅拌机中充分搅拌至浓稠而细滑的冷饮。冰沙中也可加牛奶或酸奶，其营养价值足以使它成为一种早餐替代品。

概念复习

1. 列出大多数早餐面包常见的原料食材。
2. 什么是欧式早餐？
3. 最常见的早餐肉类有哪些？
4. 列出不含咖啡因的早餐饮品。

发散思考

5. 什么形式的煮鸡蛋能让蛋白和蛋黄完全煮熟？
6. 描述班戟煎饼面糊与用于制作煎法式吐司的液体面浆之间的异同。

厨房实践

将所有成员分成3组，同时制作班戟煎饼、华夫饼和法式吐司。请比较烹调时间。作为餐厅厨房的厨师，你喜欢其中的哪一种？为什么？

烹饪小科学

你需要为20人制作煎饼。假设每个人都会吃2个煎饼，且每个煎饼由4盎司的面糊制成，那么，你一共需要多少面糊？

复习与测验

内容回顾（选择最佳答案）

1. A级蛋是指（ ）。

A. 一种最新鲜的鸡蛋，有着紧实的蛋清和位于蛋清正中心的蛋黄

B. 适合做搅打鸡蛋菜肴的鸡蛋

C. 适用于制作商业鸡蛋制剂　　D. 最适合用来煎制鸡蛋

2. 一个法式奄列蛋可以描述为（ ）。

A. 平的　　B. 半熟的　　C. 卷状的　　D. 烘焙的

3. 奶油和牛奶之间最大的区别在于（ ）。

A. 牛奶中的乳脂含量比奶油高　　B. 奶油比牛奶清淡

C. 牛奶的色泽比奶油稍偏黄　　D. 奶油的乳脂含量比牛奶高很多

4. 做法式班戟饼，你需要（ ）。

A. 将面糊放入煎盘正中，然后用中火加热制作

B. 将面糊放入平扒炉内，然后用小火加热制作

C. 将面糊放入煎盘正中，然后用大火加热制作

D. 将面糊倒入煎盘底部，旋转煎盘使面糊铺匀煎盘底部，然后用中火加热制作

5. 汉堡肉饼是以下哪种组合制成的？（ ）

A. 土豆和谷饲牛肉　　B. 肉碎　　C. 肉和辣椒　　D. 土豆和洋葱

6. 你不会用面糊做（ ）。

A. 班戟煎饼　　B. 华夫饼　　C. 法式煎吐司　　D. 以上任何一种

概念理解

7. 描述鸡蛋的结构。

8. 简述制作澄清黄油的步骤。

9. 什么是欧式早餐？

批判性思考

10. **比较** 烹调一个全熟鸡蛋和烹调一个单面太阳煎蛋，方法上会有什么不同？

11. **分类** 请为你的早餐列出可直接使用、不需要烹饪的现成产品、新鲜食材。

12. **应用概念** 把面糊倒在平扒炉上的最佳工具是什么？

烹饪数学

13. **相关概念** 你正在准备10人份的炒鸡蛋。如果按每人6盎司的分量来计算的话，共需要使用多少个大鸡蛋？

工作情景模拟

14. **概念应用** 用一个烹制鸡蛋的平扒炉能制作出什么类型的鸡蛋菜肴?

15. **解决问题** 如果你要做水煮温泉蛋，却又担心敲击蛋壳时打散蛋黄，应如何避免?

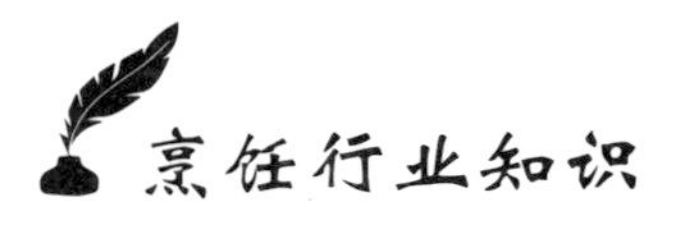

烹饪行业知识

私人厨师与个体厨师

私人厨师和个体厨师都被定义为“出租厨师”，因为他们是为个人客户服务，而非餐饮店、酒店或其他餐饮服务机构。这两类厨师都可根据客户口味或饮食需要来计划并准备饮食。

私人厨师和个体厨师可以是自主创业，也可能是为某家机构工作的。现在也有专门的组织可以为私人厨师和个体厨师提供培训材料，组织论坛交流，拟定工作清单等。这些为个人工作的厨师不单要为客户的日常饮食制定菜单，有时候还需在客户需要在家里举办特殊活动或聚会时为其制定菜单。在某些情况下，他们还应协调配合有需要的其他人员。

这些厨师中，有些是专门从事特殊烹饪的，如素食烹饪，犹太烹饪，养生烹饪，心脏健康烹饪，甚至减肥烹饪等。他们的工作场所不定，但无论是在家里工作还是提供送货服务，厨师都应密切关注客户的需求，包括客户的个人喜好，是否有食物不耐受或过敏情况，以及是否存在与饮食相关的健康问题，如糖尿病或心脏病等。

但至关重要的是要认真对待、严格执行相关的食品安全标准和操作。所有的食物都必须小心处理，以保证其安全和健康。如果食品是从另一个工作场所运送到客户这里，这一点尤为重要。工作完成后，应确保客户的厨房保持整洁。

虽然私人厨师和个人厨师的称呼有时可互换使用，但二者还是有一些差异的。

个体厨师通常会一次性准备好几天或一个星期的饭菜，以便留给客户重新加热。有些厨师是在一个单独的地点准备好饭菜后送到客户家里，也有些厨师是把材料、工具和包装材料等所需材料都带到客户家中，并在那里完成工作。个体厨师通常为多个客户工作，当然，一天之内，他们只服务于一位客户。现在个体厨师为其客户提供烹饪课程已变得越来越普遍。

私人厨师一次只为一个家庭工作，为这个家庭提供一日三餐。在某些情况下，他们的职责可能还包括为客户的家庭工作人员做饭，也可能需要在某些情况下提供服务，比如当客户需要招待客人时，他们不仅要制定菜单，还需装饰餐厅并布置餐桌。他们还可能在厨房之外承担着家务管理的职责。这种情况下，如果客户可以为他们提供住所，他们一般会与客户一同居住生活。当然，他们也可以住在别处。私人厨师也为那些租用别墅或游艇度假的客户服务。他们通常一次只能为一个客户工作，但是这个任务可能会持续一个周末到几个月。

入门要求

在美国，要成为一个个体厨师或私人厨师，虽然并没有什么特别的要求，但他们通常都具有几年在专业厨房里的工作经验。许多人已经完成了一些烹饪培训。大多数已经完成了各州要求的服务安全培训和其他健康证明。

晋升小贴士

除了烹饪、烘焙和糕点技能外，个体厨师和私人厨师还应该精通菜单规划和开发、食材采购、多种烹饪技能、良好的管理和沟通的能力。如果具备一种以上的语言能力，了解多种烹饪风格，具有营养学知识，掌握财务管理能力且熟知烹饪趋势等，则更是大有帮助。须知这类工作是有竞争力的，所以拥有一个强大的知识网络是很关键的。当然，自我推销和营销能力也很重要。个体厨师和私人厨师可以通过一些专业组织（包括美国个体和私人厨师协会和美国烹饪联合会）获得认证。

第 7 章 冷餐

学习目标 / Learning Objectives

- 了解冷餐厨师的工作场所。
- 认识沙拉酱和蘸酱的种类，掌握其食用搭配规则。
- 沙拉有何用途？可分为几个类别？
- 学习制备复杂的组合沙拉。
- 了解奶酪的类型，并掌握购买、处理和储存奶酪的方法。
- 认识冷食展示的基本元素及其不同类型。
- 掌握餐桌中央摆饰与菜肴装饰的基本方法。

7.1 沙拉酱和蘸酱

7.1.1 冷餐厨师

本章主要讨论冷餐厨师负责的以下方面工作：沙拉酱和蘸酱；沙拉；奶酪；冷餐食品的展示和装饰。

然而，不同的厨房可能对冷餐厨师岗位有不同的要求。例如，如果制作一份沙拉需要一块炙烤的鸡胸肉切片、晾凉后放在生菜上，那么炙烤岗位的厨师就会先制作好，然后把它送到冷餐厨师处冷却，以便在沙拉中使用。每个厨房都有自己的工作流程，其中会规定冷餐厨师具体需要承担哪些职责，如冷的三明治、开胃菜和腌肉等的制作。

7.1.2 沙拉酱和蘸酱

沙拉酱主要用来给沙拉调味，有时也用来使各种沙拉食材黏合在一起。许多沙拉酱也被用作蘸酱。蘸酱是一种酱汁或调味品，是用来搭配各种生的蔬菜、饼干、面包、薯片或其他快餐食品的。通常来说，这些食物都是提供给用餐者的开胃小吃。

沙拉酱和蘸酱分为五大类：油醋汁（包括基础油醋汁和乳化油醋汁）；蛋黄酱；奶制品为基底的沙拉酱和蘸酱；烹制调味沙拉酱和蘸酱；蔬菜或水果为基底的沙拉酱和蘸酱。

油醋汁

油醋汁是一种沙拉酱，它是由油和醋混合后形成的乳化液。乳化液是由两种不能混合在一起的原料制成的状态稳定、质感均匀的混合物。

油醋汁有两种类型：基础油醋汁；乳化油醋汁。

基础油醋汁是一种临时状态的乳化液，通常是某种类型的油和醋混合制成的：将醋和油通过用力搅拌混合在一起。

然而，随着时间推移，油醋汁中的个别食材将会渐渐分离出来。而为了使乳化液保持持久的稳定状态，就需要加入乳化剂，这样就得到了**乳化油醋汁**。用于沙拉酱中的常用乳化剂多为蛋黄、芥末、玉米淀粉、土豆淀粉和葛粉，它们充分吸收了油和醋，从而将两种原料紧密结合在一起。

油醋汁中的油与醋的标准比例是3（油）：1（醋）。使用电动搅拌机或食物搅碎机可以更快速地制作出基础油醋汁，相比较用手工搅打出来的油醋汁，电动搅拌机做出的油醋汁乳化效果更好，乳化液稳定的时间更长。通常基础油醋汁在每次使用前都需要再次充分搅匀，以保持均匀的乳化状态。

制作一种好的油醋汁的原则是，在油的醇厚香味和醋的刺激酸味之间，以及油醋混合后形成的入口综合风味中达成一种平衡。这样的话，哪怕仅仅是油和醋混合后形成的酱汁，油

基础烹饪技术 油醋汁

1. 调味盆中放入调味料，如芥末酱和盐。加醋，用蛋抽搅拌均匀。
2. 持续加入油，呈一条细线状，边加边搅拌。
3. 继续搅拌所有的混合料，直到油醋成为稳定均匀的乳化液。
4. 根据需要，加调味料补充调味即成。

醋汁也可以提升和完善蔬菜沙拉的味道。

油醋汁也可以是一个复杂的酱汁，如果再加入其他不同寻常的油、果汁、香草和其他食材，就可以拥有独一无二的风味体验。下面是一些你可以用来制作油醋汁的材料：

- **橄榄油** 油醋汁中最经典的油脂是美味的橄榄油。橄榄油分为许多等级，部分厨师会使用其中最高级别的特级初榨橄榄油，它是在不加热的情况下用橄榄榨出来的，具有水果味、青草味和胡椒味，其颜色从淡黄色到亮绿色均有，酸度极低。但也有厨师认为，由于费用的原因，将特级初榨橄榄油用在油醋汁中纯粹是一种浪费，因为它精致的味道会被其他配料的风味所掩盖。

如果储存在一个阴凉、黑暗的地方，特级初榨橄榄油的保质期是一年，但是初榨橄榄油越新鲜越好。为了保持最好的味道，可以把橄榄油放在一个深色的瓶子里，加盖盖上或用软木塞密封，远离热源。如果你把橄榄油从一个大密封罐 / 瓶里倒出来，要注意只需倒出一天或一周的使用量即可，其余橄榄油最好继续密封在罐或瓶中，保存在凉爽的食品储藏室或酒窖里。

- **其他油类** 虽然橄榄油是油醋汁的原材料传统选择，但是许多其他类型的食用油也在可选择之列，如核桃油、榛子油和葵花籽油。橄榄油和其他类型的食用油有时也混合在一起使用。当然，也可以将香草和香料与食用油混合后使用。总之，冷餐用油应该具有高品质，具有最佳的风味和营养价值。
- **醋** 油醋汁中可以使用各种各样的醋。最常见的醋的类型是红葡萄酒醋、白葡萄酒醋、苹果酒醋或商业香脂黑醋。商业香脂黑醋呈深棕色，具有甜酸味。用于油醋汁中的大多数葡萄酒醋的口感都很醇厚。也可以用香草和各种香料来提升醋的香味。

油醋汁通常是以所使用的酸味调料来命名的。例如，如果使用了红酒醋，这个油醋汁就会被称为红酒油醋汁。

- **其他酸味调料** 水果汁，如柠檬汁、青柠檬汁或橙汁，有时会代替沙拉酱中的醋，给油醋汁增加了水果香味。
- **芥末酱** 在各种芥末酱中，第戎芥末酱是油醋汁中最常用的。芥末酱是一种最常见的乳化剂，加工过的芥末酱、干燥的芥末粉都可以用于制作乳化的油醋汁，使乳状液更持久，为油醋汁添加一种香辣的味道。
- **香草** 新鲜的香草可以为油醋汁提供另一个层次的香味。但如果往油醋汁中提前添加太多时，香草会变色且改变风味，因此，香草应在最后一刻加入油醋汁中。

适合使用在油醋汁里的香草包括：龙蒿、百里香、莳萝、细香葱、意大利细叶芹、薄荷、罗勒或普罗旺斯什香草等，普罗旺斯什香草是一种传统上与法国普罗旺斯地区有关的干制香草混合物，它可以包括罗勒、百里香、马郁兰、迷迭香、鼠尾草、茴香籽和薰衣草。

- **盐和胡椒粉** 盐对于维持油醋汁的风味平衡很重要。如果没有足够的盐，油醋汁的味道会显得太过刺激。用于油醋汁中的盐多为无添加剂的粗盐，胡椒粉则白色或黑色均可。
- **糖** 油醋汁有时会用一小勺蜂蜜或糖（或其他甜味剂）来调和醋的酸度。蜂蜜也是乳化油醋汁中常见的组成部分，它和芥末组合后会产生可口而辛辣的酸甜味。

虽然油醋汁通常被认为是沙拉酱，但它们还有许多其他用途：

1. 在炙烤肉类和鱼类时，添加以增添食材的风味和滋润度。
2. 给烹制成熟的蔬菜调味。
3. 给生或熟的蔬菜作蘸酱。
4. 给豆类沙拉、谷物类沙拉或米饭类沙拉菜肴调味。
5. 提升三明治菜肴的风味。

蛋黄酱

虽然蛋黄酱的配方只涉及少数食材，但在将蛋黄和食用油结合起来时，需多加小心。最初，你需要在用蛋抽搅拌时加入油，每次一小滴，从而形成乳状液的基础。如果油添加得太快且液滴太大，则乳液无法形成，蛋黄酱呈分离状。当食谱指定油量的约1/4都被吸收后，就可以连续搅拌，将剩余的油加入到已稳定的乳状液体中。

可以在蛋黄酱中加入一些液体调料以调节味道和稠度，如柠檬汁、醋或水。要在添加食用油之前就加入这些液体，以确保乳液的稳定性。当软峰形成时，蛋黄酱就完成了。如果蛋黄酱的浓稠度超过了你的要求，可以通过额外加入少许水来稀释它。任何额外的调味料，如切碎的香草、酸泡菜或水瓜柳，都可以在最后这个时候加入。

因为蛋黄是生的，所以无论是制作还是储存蛋黄酱都需严格小心，以防止污染。商业厨房通常使用巴氏消毒的鸡蛋来防止蛋黄酱变质和沙门氏菌感染。

如果蛋黄酱出现分离的状况，解决方式是将巴氏消毒后的蛋黄混入混合物中连续搅拌，直到蛋黄酱混合物变稠、均匀即可。

基础烹饪技术 蛋黄酱

1. 将蛋黄和少许水用蛋抽搅匀。
2. 将食谱指定油量的1/4一次一滴加入蛋黄中，边加边搅拌，至形成奶油状稳定的状态。
3. 根据食谱加入剩余的调味料（如醋、柠檬汁、芥末酱等）。
4. 分次加入剩余的油，持续搅拌直到软峰形成即可。
5. 放入冰箱冷藏备用。

常见蛋黄酱的变化类型和蘸酱		
蛋黄酱变化类型和蘸酱	描述	应用
蒜味蛋黄酱	蒜泥蛋黄酱，可以加入一些调味料，如香草和风干番茄	低温煮鱼柳，蜗牛，鱼汤，煮肉类或煮蔬菜，煮带壳鸡蛋，沙拉，冷肉类
绿色女神沙拉酱	蛋黄酱、龙蒿醋、银鱼柳，加欧芹、细香葱、龙蒿、大葱和大蒜调制而成	沙拉，鱼类，贝类菜肴
俄式沙拉酱	蛋黄酱加番茄酱，加酸黄瓜等	沙拉，三明治，煮带壳鸡蛋，煮肉类和蔬菜
塔塔酱汁	蛋黄酱加莳萝味的酸黄瓜、水瓜柳、洋葱、柠檬汁或酒醋	炸鱼菜肴

乳制品为基底的沙拉酱和蘸酱

乳制品有时被用作沙拉酱和蘸酱的基础。若用于蘸食，你可以从软芝士开始，比如奶油芝士。为了获得口味的一致性，你可以使用酸奶油、鲜奶油、酸奶或者酸奶酪等。

以牛奶为原料的沙拉酱或蘸酱可以用柠檬、胡椒、罂粟籽、香草、红葱（或洋葱）、水瓜柳、橄榄、松露、坚果、辣椒粉、酸黄瓜或朝鲜蓟等来调味。有时也加入水果酱或蔬菜泥来改变沙拉酱或蘸酱的颜色，并增加其风味。

熟制的酱汁和蘸酱

有一些冷菜需要使用熟制酱汁。熟制酱汁是在美国发展起来的，用以凉拌卷心菜沙拉和土豆沙拉，后来由于油脂含量少甚至不含油脂而流行起来。熟制酱汁内可能包括芥末、培根或其他调味料，其风味通常比以蛋黄酱为基底的沙拉酱更浓厚。

另一种独特的蘸酱是用来搭配饺子的口味清淡的亚洲蘸酱。这种酱汁通常以酱油、海苔或蔬菜汤为原材料，有时还含有醋或某种类型的葡萄酒。

熟沙拉也可以用熟制酱汁来制作。熟沙拉是指将热的油醋汁倒在冷的沙拉上，以使沙拉蔬菜熟化。熟制酱汁还可以搭配其他熟制的食材，如培根或烤蔬菜。煮熟的西兰花可搭配用热橄榄油和大蒜制成的热制蒜香橄榄油酱；一种传统的菊苣沙拉，是由橄榄油、酒醋和培根制作成的热沙拉酱拌成的。

以蔬菜或水果为基底的调味酱或蘸酱

以蔬菜或水果为基底的调味酱或蘸酱可以是熟制的，也可以是生的。在许多情况下，这些调味酱或蘸酱也可以用作酱汁。

- **莎莎番茄辣酱** 莎莎番茄辣酱通常生食，这种辣酱是以带有辛辣味或酸味的水果、蔬菜（如番茄等）为基础，再加入可提升酸味的调料（如醋、柑橘或葡萄酒等）。莎莎辣酱的口感非常丰富，材料中通常还包括辣椒、香料和香草。

- **牛油果沙拉酱** 牛油果沙拉酱是一种墨西哥蘸酱，它是由牛油果泥加柠檬汁（或青柠檬汁）、番茄、芫荽、洋葱、辣椒等调和而成。
- **橄榄酱** 这是一种由黑橄榄、水瓜柳、银鱼柳、大蒜、香草、柠檬汁和橄榄油共同制成的蘸酱，最初来自法国普罗旺斯地区。
- **中东茄泥酱** 由烤茄子制作而成。将烤茄子去皮后捣成茄子泥，加橄榄油、芝麻酱、青柠汁、大蒜制成。这种烤茄子酱起源于中东，是一种蘸酱，也可以搭配皮塔面包一起食用，味道美极了。

小测验

概念复习

1. 什么是冷餐厨师？
2. 沙拉酱或蘸酱的五大类型是什么？

发散思考

3. 制作油醋汁有哪些步骤？
4. 什么是乳状液？
5. 基础油醋汁和乳化油醋汁之间有什么区别？
6. 简述制作蛋黄酱的基本步骤。
7. 蘸酱和沙拉酱有什么不同？

厨房实践

使用特级初榨橄榄油和红葡萄酒醋制作油醋汁，将其与购买的红酒油醋汁作风味与质感上的比较，并评估其差异。

制作蛋黄酱，将其与购买的蛋黄酱作风味和质感的对比，并评估其差异。

烹饪语言艺术

描述怎么做才能确保鸡蛋中不会有有害细菌。

7.2 沙拉

7.2.1 沙拉的用途

沙拉是由生食或煮熟的原料组合而成的，可以淋上沙拉酱直接冷吃或热食。沙拉通常是美味的，其风味可能是甜的（如水果沙拉），也可能咸、甜滋味兼具。

在一顿正餐的上菜过程中，一份沙拉根据它的食材和分量，可以归入以下六大类：

- **开胃菜沙拉** 开胃菜沙拉的作用是在主菜前刺激食欲。它可能仅仅是一份用色彩丰富的各类蔬菜与由特级初榨橄榄油和红酒醋制成的油醋汁拌匀的沙拉，或是用冷餐食材如冷肉、鱼、海鲜或芝士制作的一个更精细的沙拉。在美国，通常是使用绿色蔬菜沙拉。

- **配菜沙拉** 在非正式的用餐中，配菜沙拉是搭配着主菜一同端上餐桌的。如果主菜的口味很浓厚，那么清淡脆嫩的绿色蔬菜沙拉就是一份理想的配菜沙拉。反之，如果主菜风味比较清淡，那么一份风味浓厚的配菜沙拉，如意大利面沙拉或谷物沙拉将是不错的选择。在宴会上，配菜沙拉应避免使用主菜及此前开胃菜沙拉里的原料。

- **主题沙拉** 主题沙拉是用浓稠的、奶油状的沙拉酱（如蛋黄酱等）加上各种食材制成的，常见的包括大虾沙拉、土豆沙拉、金枪鱼沙拉和鸡蛋沙拉等。这些沙拉可以单独食用，也可以作为开胃菜或主菜沙拉的一部分来搭配其他沙拉，或是作为一道配菜沙拉来搭配主菜。它们也可以作为三明治的馅料。

- **主菜沙拉** 在某些情况下，主菜就是沙拉。制作主菜沙拉最重要的是要能令蛋白质（如肉类、家禽、鱼类、豆类或蛋类）和多种蔬菜之间营养结构均衡。在美国，以沙拉作为主菜已经颇受欢迎了，但这一概念在意大利和法国并不常见。

- **餐后沙拉** 在意大利，一份绿色的蔬菜沙拉经常会配搭肉类或鱼类主菜，海鲜沙拉或腌肉沙拉等则常被用作开胃菜沙拉。在法国，绿色蔬菜沙拉通常在主菜之后作为单独的菜肴出现。可见这些独立的餐后沙拉往往是风味清淡的绿色蔬菜沙拉，蔬菜单一，如芦笋，配有简单的油醋汁，可改善食欲，并在甜点之前提供一个休息时间。要注意，如果是在宴会中，餐后沙拉不应使用与前面的开胃菜沙拉或配菜沙拉相同的配料。

- **甜点沙拉** 这种沙拉通常以水果、坚果或明胶为主料制作而成，配上甜味酱汁、柑橘类调味酱或打发的鲜奶油。

7.2.2 绿色蔬菜沙拉

绿色蔬菜沙拉可用作开胃菜沙拉、配菜沙拉、主菜沙拉或餐后沙拉。一份绿色蔬菜沙拉可以由一种或多种不同的绿色蔬菜生拌而成，这意味着所有的原料都会和沙拉酱混合在一起。

绿色蔬菜沙拉的类型

从风味来看，绿色蔬菜沙拉可以被分为三种基本类型：柔和型的绿色蔬菜沙拉；辛辣味的绿色蔬菜沙拉；苦味的绿色蔬菜沙拉。

选用何种绿色蔬菜取决于沙拉的使用方式。例如，如果作为配菜沙拉食用，最好选材简单，这样既可以清新口味，还能为食用者提供纤维以帮助消化。如果作为开胃菜沙拉食用，考虑到其目的以刺激食欲为主，则可以从味道、颜色和质感纹理等各方面来选择绿色蔬菜。

在制作开胃菜沙拉时，要注意口味和质地的平衡。例如，如果你选用的是脆嫩中带有苦味的意大利菊苣，就可以考虑加入一些口感柔和而脆嫩的绿色蔬菜，如比布生菜或波士顿生菜。然后再加入一些软嫩的、口味温和的绿色蔬菜，如野苣生菜。当然，最后你还可以加入一些水田芥这样软嫩而稍带辛辣的食材来完成这道沙拉。

有些厨房会使用事先准备好的什锦绿色蔬菜沙拉。但是每一种什锦绿色蔬菜沙拉都各有其独特的味道和质感。例如，法国风格的什锦绿色蔬菜沙拉通常包括小的红色罗马生菜、苦苣、野苣、意大利菊苣和芝麻菜等，而亚洲风格的什锦绿色蔬菜沙拉则可能包括小菠菜、芥末菜、京水菜等。

新鲜香草例如欧芹、罗勒、细香葱、酸模、莳萝、龙蒿、芫荽、薄荷和细叶芹等，常常作为一种额外的风味调料放入沙拉中增香。有些常用的香草甚至可以作为沙拉的主要食材，例如中东沙拉就只使用欧芹作为它的主料。切块的番茄和绿色的洋葱可以作为辅料加入沙拉中，然后用橄榄油和柠檬汁为调料拌匀。

食用花卉有时被撒在沙拉上以丰富人们的视觉。具体包括：金莲花、三色堇、金盏花、康乃馨、倒挂金钟、天竺葵、野生三色紫罗兰、报春花、玫瑰、向日葵和紫罗兰等。

来自香草中的可食花与食用花卉的使用方式相同，具体包括：芝麻菜花、琉璃苣花、细香葱花、薰衣草、荠菜花、牛至花、迷迭香花、鼠尾草花和百里香花等。而豆类、草类和各种绿色蔬菜植物的芽苗也常作为沙拉菜肴的食材使用。

以下为部分常见的柔和风味绿色蔬菜：

- **比布生菜** 也称石灰岩生菜，是一种菜叶松散、口感脆嫩、风味独特的生菜。比布生菜的价格较贵，常用波士顿生菜替代。
- **波士顿生菜** 一种球生菜，球形，叶片软嫩。它有一种温和而微妙的味道。
- **卷心莴苣** 一种球生菜，其叶子的质地非常紧密，可以使生菜头很重，颜色呈浅绿色，味道温和，口感脆嫩。
- **叶状莴苣** 一种松散的生菜，其叶子或红色，或绿色，边缘往往有皱褶。它们的味道通常比较温和，但如果收获时过度成熟，就会变得很苦。
- **野苣** 也称“玉米沙拉”或“羔羊生菜”，松散且呈束状生长，有圆形的叶子。叶子很嫩，带有一种微妙的味道。
- **罗马生菜** 一种长着深绿色叶子的长叶莴苣，尖端颜色较深，味道温和，脆嫩度极好，是凯撒沙拉的最佳选择。
- **菠菜** 呈束状生长，有深绿色圆形叶。新鲜的菠菜（称为小菠菜）很嫩，味道温和。

以下为部分常见的辛辣风味绿色蔬菜：

- **芝麻菜** 具有带扇贝状边缘的嫩叶。其味道刺激而辛辣，生长期越长，味道越浓郁。
- **京水菜** 一种绿色的束状生菜，有长而尖的锯齿状叶。其味道稍辛辣，口感柔嫩。日本料理中常用来与其他菜肴搭配。
- **芥菜** 叶子略圆，在细茎上有锯齿状边缘。芥菜往往成串生长，其味道稍苦，且辛辣。大而成熟的芥菜通常煮熟后作为汤菜或烩菜的配菜。

• **水田芥** 水田芥是一种绿色的束状生菜，有圆形或扇形叶，味道辛辣刺激。

以下为部分常见的苦味绿色蔬菜：

• **比利时菊苣** 头部紧闭，呈椭圆形，白色叶子的尖部有部分位置呈黄色或绿色。味微苦。除了作为沙拉菜肴之外，比利时菊苣还常被作为一种焖菜使用。

• **青蒲公英** 呈束状生长，叶子细长，如矛状，边缘上有明显的凹痕。其嫩叶被用来做沙拉，味道辛辣且微苦。大而成熟的叶子则通常是煮熟后作为汤菜或烩菜的配菜。

• **菊苣** 叶形松散的绿色蔬菜，叶尖的扇形边缘处呈深绿色，接近茎末端的边缘部分则呈浅绿色或近白色。味稍苦。成熟菊苣一般先煮熟，再用于汤菜或烩菜中。

• **皱叶菊苣** 也称卷叶莴苣，是一种叶形卷曲、叶缘呈锋利锯齿状的球形生菜。其内部的叶子是淡黄色的。味略苦。

• **意大利菊苣** 球状生菜。叶子深红色至紫色，具有白色脉纹。味微苦。

绿色蔬菜加工制备

因为绿色蔬菜的储存时间很短，所以它们通常应该在购买后的两到三天内尽快食用。食用前最好尽快清洗并干燥，以便让它们尽可能保鲜。清洗时注意勿切割或撕裂，否则其边缘易被氧化变色。一些蔬菜，如菠菜或芝麻菜等，可能需要清洗几次才能去除其根部的沙质土。干燥后的蔬菜应放在一个干净容器中，上覆一条湿润的毛巾，以便保鲜备用。

绿色蔬菜在上菜时应该是新鲜且有活力的——一份菜叶枯萎、豆苗疲软的蔬菜沙拉，可不会受到食客的欢迎，因此，在使用前应令其尽量保持干爽，应在最后一分钟添加调味酱料，以确保沙拉保持脆嫩的质感。沙拉酱和绿色蔬菜之间的搭配是一个判断问题，但绿色蔬菜沙拉通常与大多数类型的沙拉调味酱都搭配得很好。

基础烹饪技术 混合什锦蔬菜沙拉

1. 将绿色蔬菜放在流动的冷水下冲洗干净后，放入沙拉盆中沥水。
2. 将生菜撕或切成便于一口食用的小块，淋上沙拉酱，搅拌均匀。
3. 放入装饰食材。

戴上手套，手就成为混合沙拉所有食材的最佳用具了。当然你也可以使用夹子或大勺子。相对于油醋汁而言，厚而奶油状的沙拉酱需要更多的搅拌调味工作。拌好后的沙拉，其食材表面应该覆盖有一层沙拉酱薄膜。如果沙拉酱都在碗底沉积下来，那就说明沙拉酱加得太多了。

适当的装饰可令绿色沙拉更为诱人。常用的装饰材料有番茄、豆苗菜、新鲜香草、橄榄、切成薄片的洋葱、胡萝卜细丝、黄瓜、蘑菇和樱桃小萝卜等。这些装饰食材应新鲜，且宜切成小块，便于一口吃掉。其他如坚果、帕玛森干酪碎、菲达奶酪碎或切片的熟蛋等，也可作为装饰用食材。一些较酥脆的装饰用食材，如油煎培根或面包片等，则可以丰富绿色沙

基础烹饪技术 烤面包丁

1. 将烤炉预热到300℉。
2. 去除切片面包的棕褐色外皮，切成大丁，用少量的橄榄油或者熔化的黄油拌匀。
3. 根据需要，在面包丁上均匀撒上盐和干香草碎。
4. 放入烤盘，烤制约12分钟，至表面呈浅黄色。
5. 从烤炉中取出，冷却备用。

拉的口感层次。你可以用橄榄油炸面包丁或者在烤箱里烘烤调好味的面包块，来制作松脆可口的装饰用食材。

7.2.3 其他的沙拉配料

除了绿色蔬菜之外，还有其他很多食材都可以用来做沙拉。如何选择，取决于沙拉的用途和用餐过程中的其他菜肴。

配菜沙拉与主菜之间的搭配是很重要的。如果主菜是蛋白质（例如肉类、家禽或海鲜），则可能需要搭配侧重于蔬菜或淀粉的配菜沙拉。如果主菜是淀粉类食物，配菜沙拉则宜以蔬菜或蛋白质为主。

当你设计一份菜单时，开胃菜沙拉、配菜沙拉和主菜沙拉都是需要考虑在内的，它们能满足不同的口味。如果食客所点主菜侧重于蛋白质类，比如炖肉，可能就需要一份清淡的开胃菜沙拉来搭配。而对于那些想吃得清淡点但又希望补充蛋白质的人来说，一份富含蛋白质的主菜沙拉是理想之选。

在设计沙拉时，你可以考虑四种不同的类型：蔬菜类沙拉； 淀粉类沙拉；蛋白质类沙拉；水果和坚果类沙拉。

蔬菜类沙拉

沙拉中最主要的食材是或生或熟的蔬菜，如茴香或甜菜等。较受欢迎的生蔬菜沙拉包括番茄沙拉、凉拌卷心菜沙拉、黄瓜沙拉、朝鲜蓟心沙拉、茴香沙拉和蘑菇沙拉。较常见的熟蔬菜沙拉的食材则包括水煮或烤甜菜、烤辣椒、蒸糖豆、煮青豆、煮花椰菜、蒸西葫芦、水煮萝卜和土豆。

根据蔬菜的种类和最终所需的质地口感的不同，熟蔬菜沙拉通常采用烘烤、炙烤、水煮、氽烫、蒸制等多种烹调方法来处理食材。一些蔬菜，如卷心菜、豌豆或糖豆，都是简单烫熟即可，其他蔬菜则可能需完全煮熟。加入沙拉酱拌和时，有些熟蔬菜沙拉需于食材仍处于温热状态时放入，这样风味才更容易融合，比如德国土豆沙拉；有些则应在最后一分钟才调味装盘，以避免蔫软，比如西葫芦和茄子……总之，厨师需对各种菜肴本身所需要呈现的味道及质感了然于胸。

大多数情况下，一份熟蔬菜沙拉要比单一蔬菜更有营养。如用蛋黄酱调味制作成的俄罗斯沙拉，是由煮熟的土豆、甜菜、鸡蛋、水瓜柳（通常还加入小萝卜、胡萝卜、豌豆和其他蔬菜）组合而成的，其营养价值不言而喻。

淀粉类沙拉

淀粉类沙拉一般由含淀粉的食材制成，包括面包、谷物、面食和豆类等。

- **面包** 面包是许多传统沙拉的基础食材，如意大利托斯卡纳地区的panzanella，即由当地的无盐面包和番茄共同制成；fattoush，一种中东沙拉，则是由面包、生菜、菠菜、黄瓜、番茄、甜椒、绿洋葱、芫荽和薄荷，搭配柠檬汁、橄榄油和大蒜制成的油醋汁共同调味制成。
- **谷物** 包括碎小麦、大米和大麦等在内的许多种类的谷物，都可以用来做沙拉。谷物沙拉最好即制即食，以免因迅速吸收沙拉酱或其他调味料而变得蔫软。中东地区的谷物沙拉tabouli就是由碎小麦制作而成的。
- **面食** 意大利面沙拉很受欢迎，它可以是传统的通心面沙拉，也可以像古斯古斯沙拉那样是一份加入柠檬、薄荷、洋葱和辣椒制作而成的蒸粗麦粉沙拉。此外，甚至还有用荞麦面和花生酱制成的日本沙拉。由于意大利面沙拉在储存过程中容易变得平淡无味，故在食用前，需仔细检查其风味是否仍完好未变。
- **豆类** 豆类和小扁豆可以制成美味又营养的沙拉。食材需先煮熟，制成的沙拉可以在冷的或室温状态下食用。因为豆类不会自然变软，所以预先对其进行加工处理是很必要的，这样出来的效果才最理想。实际上，任何一种豆类都可以单独用于沙拉制作或与其他豆类结合使用（例如传统的三豆沙拉）。豆子须煮熟至软糯程度，且应于上菜前调味，以免受沙拉酱的酸味影响，令豆类口感更硬，影响其风味。

蛋白质类沙拉

蛋白质大多来源于肉类、家禽、海鲜和奶酪等食材中，这些食材可以制成或热或冷的沙拉。在某些情况下，它们还是沙拉中的主要关注点。肉可以被烘烤，鸡可以炙烤，虾可以煮制……但不管蛋白质食材以何种方式烹熟，它们都应该是新鲜的。

尤其是海鲜。由于海鲜极易腐烂变质，故应新鲜烹制。如果暂不食用，则冷冻保存。沙拉酱加入海鲜中调味的时间应不早于上菜前3～4小时，以防止海鲜过度吸收沙拉酱。在理想的情况下，用于制作沙拉的肉类、家禽和海鲜食材应保持湿润、口感软嫩。沙拉酱的功用是增加风味，而不是为煮过头的食物增加湿润度。

蛋白质类沙拉可以作为开胃沙拉，若分量足够的话，还可以作为主菜沙拉，但它们通常不被用作配菜沙拉。

传统的美式鸡肉和海鲜沙拉一般使用以蛋黄酱为基底的沙拉酱。其他种类的蛋白质沙拉则越来越普遍地使用凯撒酱，如炙烤鸡肉沙拉。

肉类沙拉、家禽沙拉和海鲜沙拉的风味有无穷无尽的变化，例如：墨西哥卷饼沙拉、牛排和大麦沙拉、卡真式大虾沙拉、泰式牛肉沙拉、咖喱鸡沙拉、龙虾沙拉、炙烤三文鱼沙拉、希腊羔羊薄荷沙拉、香煎扇贝沙拉……

水果和坚果类沙拉

随着全球贸易的开展，世界各地的水果和坚果的流通越来越便利，人们的选择也越来越自由，厨师们可以很有创意地进行沙拉制作。过去，人们一般认为水果只能用于制作甜点沙拉，现在却常常在开胃菜沙拉、甚至是主菜沙拉中使用，例如用由梨子、蓝纹奶酪组成的开胃菜沙拉，或是由如芝麻菜、核桃和没有加任何醋的橄榄油酱汁调和而成的绿色蔬菜沙拉。主菜沙拉则经常采用苹果或梨。当然，水果沙拉有时也会在早餐或午餐菜单上提供。

水果一旦切开，就会迅速变质，故应在沙拉准备上菜时才切制。一些容易氧化变色的水果，如苹果和梨子，可以浸泡在冰水和柠檬汁的混合液中，其防变色时效可长达数小时。但要注意的是，柠檬汁可能会导致沙拉口感发生变化。

7.2.4 组合沙拉

组合沙拉是指由各种食材组合配制而成的沙拉，各种配料（各种绿色蔬菜、蛋白质、淀粉、水果或装饰）被精心而巧妙地摆放在盘或碗里。组合沙拉既可以只搭配一种风格的沙拉酱，也可以为其中某些食材单独搭配不同的沙拉酱调料。上菜时，调味沙拉酱可以装在单独的容器（如调味盅）内，与沙拉一同呈上，由顾客自行取用调味。

以绿色蔬菜为主的组合沙拉通常可以作为开胃菜沙拉或是主菜沙拉，水果组合沙拉则既可以作为一道甜点，也可以是早餐或午餐的主菜。

组合沙拉为冷餐厨师所在的冷菜房提供了极好的创意机会。各种食材和装饰料通常都可以很漂亮地摆放在盘或碗中作为装饰，而不是简单地拌和后，就一股脑地放入盘中。

组合沙拉的加工准备

组合沙拉通常有四个组成部分：

- **主料** 组合沙拉通常以一种或多种主要食材作为其主料，它们可以是烤蔬菜、炙烤鸡胸肉、炙烤切片牛排、清煎大虾或炙烤三文鱼柳。
- **配料** 主料通常被放置在一层绿色蔬菜或蔬菜丝上面。这些蔬菜配料可以构成主料的辅助食材。例如，以生菜为配料，其上可以放各种主料，如煮熟的鸡蛋、火腿、火鸡和奶酪条等。组合沙拉中所包含的配料可以有多种，一般都精致而巧妙地摆放在菜盘中的主料旁，能起到很好的装饰作用。
- **装饰料** 组合沙拉的视觉吸引力是很重要的，所以必须认真考虑食材之间的搭配是否平衡，能否提升味道或质感，然后用心选择质感、风味和色彩均合适的食材，精心装饰。

- **沙拉酱** 沙拉酱在组合沙拉中可起到平衡各种口味的作用，使所有食材的风味保持一致。它可以作为组合沙拉的一部分放在沙拉主料的旁边，或者作为组合沙拉的搭配酱汁单独放在一个专门的调味盅内，或者在上菜前倒入沙拉主料内，迅速拌匀，起到调味的作用。

制作沙拉时，外观与风味的平衡和对比是需要特别注意的。组合沙拉中的食材应该以设计的眼光来安排。也就是说，当你在构思和考虑如何装饰沙拉时，需要想想沙拉的整体形式和造型之间的平衡——尽管没有什么能取代食物的新鲜和美味的重要性，但若菜盘中菜肴的外形和观感能够吸人眼球、促进食欲，那就将于无形中增添品尝菜肴的乐趣。要做到这一点，你需要记住以下指导方针：

- **风味** 制作沙拉时，把不同味道的食材放在一起，需要确保它们之间的风味是兼容的。通常风味相互不融合的食材不应该放在同一个菜盘中。
- **口感** 食材的口感丰富，会让沙拉更加开胃。酥脆的熟培根，柔软的山羊乳酪，温和脆嫩的比布生菜，味道浓郁的油醋汁……都可以给沙拉带来丰富的口感和风味。
- **色泽** 要善于使用各种颜色的食材。活力四射的黄色灯笼椒，紫色的菊苣，白色的苦苣……鲜艳丰富的色泽可以大大提升菜肴的吸引力。
- **高度** 可以利用空间上的高度来作为设计元素，制作独具特色的沙拉。例如，切片的蔬菜可以被堆叠或分层，以增强视觉上的吸引力。

组合沙拉的菜例

一些组合沙拉，如尼斯沙拉和番茄芝士沙拉，其制作法已经非常完善，且已拥有自己的独特名称，是在餐厅里最受欢迎的沙拉。其他的组合沙拉则依赖于当季的食材或厨房所熟知的特殊食材。例如，某乡村餐厅可能会供应一种由金枪鱼、白豆和烤红椒制成的组合沙拉，搭配芥末沙拉酱。而在另一家餐馆，则可能会选择在上述金枪鱼沙拉的基础上，再加上用薄荷酸奶酱拌和的青豆、核桃、葡萄和腌西瓜——这样一来，二者就风味迥异了。

四款流行的组合沙拉		
沙拉名称	酱汁	食材配料
厨师沙拉	油醋汁	拌匀的生蔬菜；火腿丝、鸡肉或火鸡肉；芝士；蔬菜片；水煮蛋
Cobb沙拉	Cobb 沙拉酱（橄榄油，红酒醋，柠檬汁，芥末酱，大蒜）	生菜（基底）配火鸡胸肉或鸡胸肉，牛油果片，芝士条，水煮蛋，番茄，培根。常搭配蓝纹芝士食用
（配炙烤鸡肉的）凯撒沙拉	凯撒酱（橄榄油，葡萄酒醋，鸡蛋黄，大蒜，芥末酱，有时加银鱼柳）	罗马生菜（基底），炙烤鸡肉片（主料），帕玛森芝士碎。常搭配烤吐司丁食用
尼斯沙拉	红酒油醋汁	金枪鱼（主料），配水煮土豆片，番茄片，水煮蛋，黑橄榄，银鱼柳，煮青豆和红椒片

概念复习

1. 沙拉有哪6种类型?
2. 绿色蔬菜沙拉有哪3种类型?
3. 除了生菜以外，还有哪4种食材被认为是沙拉常见的原材料?
4. 什么是组合沙拉?

发散思考

5. 请说出混合什锦蔬菜沙拉和组合沙拉之间的差异？
6. 你认为沙拉中食料装盘的高度变化会引人注目和增加美观吗?

厨房实践

尽力搜集沙拉蔬菜。准备红酒油醋汁，将这些蔬菜分别取样和混合加工，然后分别比较拌匀和不拌油醋汁时的情况，并描述对这些不同生菜类型风味的品尝感受。

烹饪小科学

选取来自三个不同地区的沙拉生蔬菜，仔细研究，并就其中你最喜爱的一种沙拉蔬菜作详细描述，然后用这种蔬菜做一款菜肴，同时描述出对该款菜肴的感受。

7.3 奶酪

7.3.1 奶酪的类型

奶酪可以由奶牛、绵羊、山羊或水牛的奶制成，根据质地、味道、外观和熟化等特性的不同，奶酪可以分为七种基本类型：新鲜奶酪；柔皮软质成熟奶酪；半软质奶酪；硬质奶酪；蓝纹奶酪；奶酪碎；再制奶酪。

新鲜奶酪

新鲜奶酪通常是指还没有熟透或还没有显著熟化的、湿润而柔软的奶酪。这些奶酪一般用来涂抹在水果上，与水果一同食用，或者用于烹调和烘焙。

乡村奶酪、奶油芝士、农夫芝士、山羊奶酪、马士卡彭芝士、马苏里拉奶酪、菲达芝士、里科塔干酪等，都属于新鲜奶酪。新鲜奶酪易腐烂变质，故购买后应尽快食用。

以下为部分常见的新鲜奶酪：

- **山羊奶酪** 由山羊奶制成。它有多种形状：块状、金字塔状、钮扣状、轮子或圆木状。新鲜的山羊奶酪味道浓郁，质地柔软。

• **菲达奶酪** 由绵羊奶、山羊奶或牛奶制成，呈块状，白色。菲达奶酪味道浓郁，稍咸，质地较脆软。

• **马士卡彭奶酪** 由加奶油的全脂牛奶制成，一般以桶装的方式出售。马士卡彭奶酪呈象牙色或奶油色，入口有清爽的奶香，略带膻味，口感柔软、丝滑。

• **马苏里拉奶酪** 由全脂或脱脂的牛奶或水牛奶制成，一般呈球状或圆木状。马苏里拉奶酪呈白色，味道温和，偶有烟熏味，质地细嫩且略带弹性（取决于年龄）。

• **里科塔奶酪（意大利乳清干酪）** 由全脂、脱脂或低脂牛乳清制成，一般以桶装方式出售。奶酪呈白色，味道温和；为柔软、湿润到略干的小凝块状；还有颗粒状的纹理质感。

柔皮软质成熟奶酪

柔皮软质成熟奶酪是软奶酪，通过接触喷雾或喷粉状的“友好”霉菌，直到奶酪表面形成一层柔软而稳定的外皮，即成熟。这些奶酪都是陈年的，外皮可食用，其口感和味道与干酪的内部形成了令人愉快的对比。当软质奶酪完全成熟时，呈几近于流动的稀软状态。

常见的柔皮软质奶酪有布里奶酪，卡蒙贝尔奶酪和邦勒维克奶酪。许多柔皮软质奶酪都是以制作的城市或地区命名的，但由于布里奶酪和卡蒙贝尔奶酪的名字没有受到法国法律的保护，其他地方也有广泛生产，因此，这两种奶酪的口味和质量差别很大。

以下为部分常见的柔皮软质成熟奶酪：

• **布里奶酪** 用巴氏杀菌的全脂或脱脂牛奶或羊奶制成，有时还添加了奶油。它的外形像一个圆盘，外表面柔软如同白色天鹅绒。布里奶酪内呈金黄色奶油状，柔软光滑，外皮可食用。

• **卡蒙贝尔奶酪** 用生的或巴氏杀菌的全脂牛奶或山羊奶制成，呈圆盘状，外表面柔软如同白色天鹅绒。卡蒙贝尔奶酪呈淡黄色或淡奶油色，有轻微的膻味，质地柔软如奶油，外皮可食用。

• **邦勒维克奶酪（主教桥干酪）** 由全脂牛奶制成，呈方块状。邦勒维克奶酪呈淡黄色，味道鲜美，香气浓郁。其质地柔软，有小孔和可食用的金黄色表皮。

半软质奶酪

半软质奶酪质地比柔皮软质奶酪更硬，不易变形。由于制作过程特殊，所以半软质奶酪一般风味温和而浓郁。其类型主要有三种：

• **外皮成熟型半软质奶酪** 属于水洗奶酪，即在整个熟化期需频繁水洗。通常可用葡萄汁、啤酒、白兰地、葡萄酒、苹果酒或橄榄油等清洗，过程中所产生的有益细菌会从奶酪外皮渗透到内部，为其增添风味。常见的本类型奶酪有明斯特奶酪和波特萨鲁特奶酪等。

• **干皮半软质奶酪** 这是一种可以通过接触空气使其自然变硬的奶酪，但外皮的硬化却并未妨碍其内部仍然保持软嫩。干皮半软质奶酪的常见品种有贝尔培斯奶酪、蒙特里杰克奶酪、莫尔比耶奶酪、哈瓦蒂奶酪等。

• **蜡皮半软质奶酪** 在这种奶酪中，蜡皮是奶酪成熟后所形成的坚实外壳，奶酪内部则始终保持柔软。常见的蜡皮半软质奶酪有荷兰的埃德姆奶酪和意大利的芳提娜奶酪等。

以下为部分常见的半软质奶酪：

• **埃德姆奶酪** 由全脂或部分脱脂牛奶制成，呈面包状或球状，也可以涂上蜡。埃德姆奶酪有一种温和的味道（取决于年龄），质地坚硬，有小孔。

• **芳提娜奶酪** 由全脂牛奶或羊奶制成，呈轮状，半软，有蜡质感。芳提娜奶酪呈中等黄色，具有坚果味和浓郁香气。

• **蒙特里杰克** 由全脂牛奶制成，呈轮状或块状，色呈浅黄，有温和的辛辣味（可能有用辣椒、香草或番茄等来调味）。根据不同年龄，这种奶酪的质地由半软到坚硬皆有。

• **明斯特奶酪** 由全脂牛奶制成，呈轮状或块状，内为淡黄色，外皮可能为橙色，有轻微的刺激性气味（取决于年龄）。明斯特奶酪呈半软质，质地光滑，有蜡质纹理及小气孔。

• **波特萨鲁特奶酪** 由全脂或低脂牛奶制成，呈轮状或圆筒状，内为白色，外皮呈赤褐色。波特萨鲁特奶酪质地近似黄油，半软、光滑，口味从柔和到浓厚刺激，层次丰富。

硬质奶酪

硬质奶酪比半软质奶酪的质地更干，口感更松软，易于切片，也易磨碎。最著名的硬质奶酪当属切达奶酪和瑞士风格的奶酪，如埃曼塔拉奶酪和格鲁耶尔奶酪，它们在烹饪中用途广泛。其他如科尔比奶酪、亚尔斯堡奶酪、普罗符洛奶酪和曼彻格奶酪等，也颇受欢迎。

以下为部分常见的硬质奶酪：

• **切达奶酪** 由全脂牛奶制成，色泽为淡黄色或中等黄色，质地坚硬。其口感根据不同年龄，从柔和到浓厚刺激均有，层次丰富。

• **格鲁耶尔干酪** 由生牛奶或巴氏杀菌牛奶制成，呈轮状，色泽为淡黄色，具轻微的坚果味，质地坚硬光滑，有光泽，随着奶酪的成熟陈年，会出现小气孔或裂纹。

• **亚尔斯堡奶酪** 用全脂牛奶制成，呈轮状，色泽为淡黄色，带有较浓的刺激味，坚果味浓郁，质地坚硬，内部有大气孔。

• **曼彻格奶酪** 由全脂绵羊奶制成，呈圆筒状，色泽为淡黄色，味道浓郁醇厚。曼彻格奶酪具有半软质奶酪到硬质奶酪的质地纹理（取决于年龄），内部有气孔。

• **普罗伏洛干酪** 由全脂牛奶制成的，形状多样：梨形、香肠形、圆形或圆筒形均有。这种奶酪的色泽从淡黄色到金棕色均有，风味也从温和至刺激各异（取决于年龄），质地坚硬而有弹性。也可熏制。

蓝纹奶酪

为了制作蓝纹奶酪，需在奶酪中用针头扎刺，使之形成孔洞，以便让青霉菌孢子在其中繁殖。奶酪经过盐渍化后，在洞穴中慢慢熟化。一般来说，与陈年的相比，年轻的蓝纹奶酪的风味要温和得多。最著名的蓝纹奶酪当属被称为奶酪之王的洛克福特蓝纹奶酪，它诞生自古罗马时期，是查理曼大帝的最爱。其他的蓝纹奶酪还包括：来自意大利的古贡佐拉奶酪，来自英国的斯蒂尔顿蓝纹奶酪，以及来自美国的梅塔格蓝蓝纹奶酪等。

以下为部分常见的蓝纹奶酪：

- **古贡佐拉干酪** 由全脂牛奶或山羊奶制成，呈轮状，色泽为中等黄色，内部有蓝色大理石花纹，味道浓郁而辛辣。这种奶酪为半软质，部分呈奶油状，其他则酥脆。
- **洛克福特奶酪** 由生的绵羊奶制成，呈圆筒状，外部呈白色，内部则带有蓝绿色的大理石花。其味道辛辣而刺激，为半软半脆质地。
- **斯蒂尔顿奶酪** 由全脂牛奶制成，呈圆筒状，外部呈中黄色，内部则带有蓝绿色的大理石花纹。其味道辛辣，但相对于蓝纹奶酪来说要温和些。其质地坚硬酥脆。

奶酪碎

一块具有均匀颗粒状的固态干性奶酪，是用于制作奶酪碎的理想选择。由于质地极脆，它们经常被磨碎或刮到食物上，而不是切成薄片。但是，也可以将大块的奶酪切成小块，做成奶酪拼盘。奶酪碎通常由75～80磅的轮状干酪加工制成。

较常见的奶酪碎有：帕马森，佩科里诺-罗马诺以及来自瑞士的绿色干酪。

以下为部分常见的奶酪碎：

- **帕马森干酪（帕米詹-雷吉亚诺）** 由部分脱脂牛奶制成，有浓郁的坚果味，质地坚硬、干燥、松脆。
- **佩科里诺干酪** 由全脂绵羊奶、山羊奶或牛奶制成的，呈圆柱状，具有刺激的咸味，质地坚硬、干燥、酥脆。
- **瑞士绿色干酪** 由酪乳、乳清和脱脂牛奶制成，呈扁平的圆筒状，色泽为淡绿色，有三叶草叶子的香味，质地坚硬，具有颗粒状纹理结构。

再制奶酪

由一种或多种奶酪经研磨后与其他非乳制品原料混合，加热后倒入模具中制成。必须确保加工奶酪食品中至少有51%的原材料是奶酪。加工过程中，可添加额外的水分，使其易于融化。

7.3.2 奶酪采购、处理和存储

奶酪的购买

想要了解奶酪，最好的方法无疑是向那些知识渊博的奶酪供应商、生产商等专家们学习。而在购买奶酪这个问题上，他们都深知，需要多少奶酪就买多少，切勿过量购买。这是因为奶酪一旦切开，它的品质就开始下降，应该快速食用，以确保奶酪的新鲜度。

购买奶酪时，你应该做到以下几点：

- **检查标签** 标签提供有关奶酪的种类及其产地、真伪、成分和生产日期的信息。
- **检查外皮** 外皮的颜色应该是自然的。通常，奶酪的颜色人工程度越高、外观越是完美，那么其真实性可能就越差。
- **检查内部** 内部不应出现明显的孔洞和色素，不应出现不应有的颜色。奶酪碎一定要确保是健康的麦秸秆色，没有干瘪或粉状。
- **品尝奶酪** 如果可能，应在购买前品尝奶酪，以确保这是你想要的。

奶酪的处理

如果你有一大块奶酪，那么一次只能切下你所需要的量，剩余部分则需正确存放在冰箱内。

奶酪上的霉菌，不像大多数食物上的霉菌，不会污染整个奶酪。你可以将奶酪上形成的你不想要的霉菌去除——只需要切除这块被霉菌污染的部位就好了。为了防止霉菌孢子在处理过程中扩散到奶酪的其他部位，要注意不要让发霉部位与奶酪的其他部位接触。

只在需要时才制作奶酪碎。预磨奶酪会使奶酪变干并丧失其独特风味。你可以使用盒式研磨机或装有金属刀片的食品加工机来加工奶酪碎。

可以用清洗消毒过的铁丝或细线来切割新鲜而柔软的奶酪，半软质奶酪、蓝纹奶酪、硬质奶酪则可以直接使用厨师刀切割。至于奶酪碎，传统上是不用刀切的，你可以用一个带有木质手柄和三角形刀片的特制奶酪刮片机来刮（或擦）出奶酪碎。

奶酪加工必须保持卫生干净，以防止产生潜在危害。加工过程应遵循以下卫生标准：

- 使用清洁的餐饮服务手套或清洁的餐具，避免将细菌从手上传入，造成交叉感染。
- 每天工作结束时，对工作台和其他食品接触区域进行彻底清洁和消毒。
- 每天工作结束时，对切片工具或其他奶酪加工设备进行彻底的清洁和消毒。

奶酪的储存

正确的储存方法可以保证奶酪的新鲜度。完整的奶酪只要未切开并储存得当，就可以继续陈化。切开的奶酪一旦内部暴露在空气中，就会开始变质。新鲜奶酪会迅速变质，而硬质奶酪由于水分含量低，保存时间较长。

外层塑料包装易使奶酪无法呼吸透气。奶酪最好的包装方式是将它用食品蜡纸或包肉纸包装好，储存在阴凉处。要确保外包装上无破损、无裂口。另外，也可以把奶酪放在有盖的密封容器中储存。注意不要重复使用包装纸，因为这些包装纸经加工处理后，已暴露在空气中。应将其丢弃，使用新的包装纸。

7.3.3 奶酪的上菜方式

新鲜奶酪（如马苏里拉奶酪）制成后应尽快食用，因为它们的水分蒸发后会失去其风味和奶油状质感。最好是在食用的当天购买这类新鲜奶酪。

奶酪一般应在室温下食用。如果奶酪已经存放在冰箱中，则食用前应在室温下放置一小时，且只取出你所需的量。如果放置时间达到数小时，硬质奶酪会变得油腻，软质奶酪则可能会变干。当奶酪达到适合食用的温度后，应立即食用。有些奶酪可以作为一道独立的菜式，在一顿西式正餐中的两个菜肴之间上菜食用。

- **开胃菜菜肴** 为开胃菜提供优质奶酪，或者作为餐前开胃沙拉的一部分，可以给客人留下良好的第一印象。
- **正餐后** 在欧洲的传统中，奶酪通常是在正餐之后、甜点前，与水果一起食用。

奶酪上菜食用的方式有三种类型：

- **单份奶酪呈现** 这种方式的好处是，客人可以专注于这份奶酪的外观、风味和口感，而不会被盘子里的其他食物分散注意力。
- **多份奶酪呈现** 即同时提供多种不同的奶酪（有时这种方式被称为“奶酪之旅”）。有时，奶酪之旅所提供的是同一类型的奶酪，客人因此有机会品尝到来自同一原材料的各种奶酪（例如山羊奶酪）。然而，不同类型的奶酪的组合才是比较典型的奶酪之旅。
- **奶酪推车** 有些餐厅会将陈列着各式各样奶酪的奶酪车推到客人的餐桌旁，方便客人们边看边选择不同种类的奶酪。通常情况下，客人点好奶酪后，服务员会把它们盛放入盘子，端上餐桌。面包、饼干和水果常作为这些奶酪的陪衬出现。

放置奶酪的器具被称为奶酪板，通常用平坦的大理石、瓷器或木料制成。如果需同时陈列几种奶酪，可把每一种奶酪分置于不同奶酪板上，或放在同一个奶酪板上，有时还用无毒叶子（如葡萄叶）覆盖。使用后一种陈列方式时，需注意一定要在每种奶酪周围留出足够的空间，以防软质奶酪滑动碰到其他奶酪。当然，还要记得为每一种奶酪分别提供一把餐刀。

面包、饼干和水果经常搭配奶酪食用。其他适合搭配奶酪的食物还有腌肉（比如萨拉米香肠或熏火腿）、烤辣椒和切好的生蔬菜等。

7.3.4 用奶酪烹调

虽然奶酪经常被用于烹饪，但高温会改变其独特风味，且使奶酪变得坚韧而有弹性。因此，一般情况下，烹饪奶酪时应使用小火。以下是奶酪烹饪的三种方法：

- **在菜肴中** 半软质奶酪和硬质奶酪，如切达奶酪、格鲁耶尔奶酪和芳提娜奶酪等，是融合菜肴风味的理想选择，因为它们不会像新鲜奶酪那样渗出多余的水分。烹饪时，它们应该切碎而非切片，以便更易融化。奶酪火锅是最著名的奶酪菜肴之一。它是由埃曼塔拉奶酪和格鲁耶尔奶酪制成的，具有浓厚的奶油质地，通常用于蘸蔬菜（生、熟均可）和面包。
- **在酱汁中** 奶酪可以增添酱汁的浓度和味道。在调味酱汁中，如果需要使用陈年的、复杂的奶酪，比如帕马森干酪，应尽量使用小火，且奶酪应于最后一分钟搅入酱汁中。
- **作为淋酱或装饰配菜** 奶酪可以作为很好的表面淋酱或装饰，补充或抵消其他食材的风味和口感。你可以用软质奶酪或硬质奶酪，或是二者的组合，用来淋在菜肴表面，焗烤上色提味。比如，马苏里拉奶酪的柔软特性使它们在熔化过程中效果出色，而帕马森干酪这样的奶酪碎，则可以提升菜肴的风味。它们也可以擦碎后撒在沙拉、肉类或蔬菜开胃菜的表面，起到淋酱或装饰的作用。

概念复习

1. 奶酪有哪7种基本类型？
2. 储存奶酪的最好方式是什么？
3. 通常奶酪上菜时的温度应该是多少度？
4. 奶酪烹调时有哪3种方法？

发散思考

5. 在奶酪的7种基本类型中，你最熟悉的是哪种？
6. 新鲜奶酪和软质成熟奶酪之间有什么区别？
7. 描述在正餐进餐中，奶酪的3种上菜服务方式。

厨房实践

尽可能多地收集齐7种奶酪类型。请品尝每种奶酪（可以搭配面包），记录下你对各种奶酪味道的感受，并评出你最喜欢的类型。最后，请将你的结论与其他成员的作比较。

烹饪小科学

研究奶酪的历史，回答：奶酪在历史上起了什么作用？发明奶酪的人是谁？

7.4 冷餐食品展示

7.4.1 冷餐食品展示

冷餐食品（简称冷食）展示是指以艺术而巧妙的方式将冷食集合在一起，通常以自助餐的形式呈现。客人可以从中自行选择食物，也可向服务员说明自己的选择，由其将食物单独拼盘。

冷食的准备工作为冷餐厨师提供了一个兼具创造性与艺术化工作的机会。由于冷食的制作必须提前准备，所以相比于一般的烹饪方式来说，冷餐厨师的控制力和灵活性要更强。冷菜的呈现方式可以是简单的，也可以是复杂的，这取决于厨师要提供的是一种食物还是多种食物。以下是一些冷食展示的例子：冷食拼盘，托盘，生食吧，鱼子酱展示，烟熏三文鱼展示，肉制品展示。

冷食拼盘

冷餐厨师常将各种冷食装在一个大浅盘中，作为一个展示冷食的机会，这些冷食包括冷肉、奶酪、蔬菜、水果，也许还有面包和饼干等。目前比较流行的是意大利开胃拼盘，即各种腌制肉类（如熏火腿和萨拉米肠）、奶酪和腌制蔬菜的组合。

水果也通常是用拼盘的形式呈现。因为水果在切开后会氧化变色，所以拼盘中所使用的水果通常是可以整个食用的，如葡萄和草莓。奶酪拼盘应提供不同类型、不同口味、不同质地的奶酪。奶酪一般应该放在奶酪板上，以便于切割。水果、饼干和面包经常与奶酪拼盘搭配。各种不同种类的沙拉，则为拼盘的创新提供了另一种可能性。

托盘

厨师可以将冷食摆放在盘子里，然后由服务员递送或餐桌上的食客互相传递。托盘的面积比拼盘小，所以通常可容纳的食物种类也较少。另外，在盘子上进行冷食展示时，要考虑到盘子是要被移动使用的，所以食物的摆放一定要稳定，不能从盘子上掉下来。

生食吧

生食吧是指摆放生鲜水产品的酒吧或柜台。这是一种优雅而豪华的冷食展示方式，所摆放物品通常包括生蚝、蛤蜊、贻贝、扇贝、虾和龙虾等。牡蛎和蛤蜊打开后，就可以直接从壳中取食了。

其他可以直接食用的生鲜水产品包括虾和蟹。此外，新鲜的柠檬、咯嗲酱（也称鸡尾酒酱，是用番茄酱做的蘸酱，包括辣根酱或塔巴斯科酱），以及其他附带的酱料，也都会放置在生食吧的台面上。

贝类食品一般生吃。但生食吧或任何生吃贝类和其他水产的服务都是有风险的，餐厅必须意识到可能存在的相关健康危害。在美国，根据法律规定，所有生鲜贝类等水产品必须来自特定供应商，并贴上标签，详细注明产地、收获日期、批发商和销售商等信息，以便帮助我们在疾病暴发时可追踪到所有已出售给餐馆的水产品。

购买贝类水产品时，请遵循以下准则：

- 只购买在清洁、受控环境下养殖的贝类。
- 只购买已去污的牡蛎、蛤蜊和贻贝，且已被放入淡水中，以清除其内部的杂质和沙子。
- 了解你的供应商，确保他们所出售的贝类都是新鲜的。

鱼子酱展示

鱼子酱是一种经过盐渍的鱼卵。在法国和美国，只有鲟鱼这种大型鱼类的卵才能被归类为鱼子酱。新鲜的鲟鱼鱼子酱应该是丰满而湿润的，带有坚果和略咸的味道。欧洲的鲟鱼有三种类型：大白鲟、奥西特拉鲟、闪光鲟。每种鲟鱼的卵都能加工成鱼子酱，且每一种鱼子酱都有不同的风味和口感。

• **大白鲟鱼子酱** 大白鲟鱼是鲟鱼中体型最大的一种，大约在20岁左右达到成熟期，体重达一吨。如此长的生长周期，使得大白鲟鱼卵的价格非常昂贵。大白鲟所产鱼卵最大，颜色从浅灰色到深灰色不等。大白鲟鱼子酱通常用蓝色罐（瓶）装的形式出售。

• **奥西特拉鲟鱼子酱** 这种鱼子酱色泽金黄，具有独特的坚果味。奥西特拉鲟鱼重达500磅，成熟期在12～15年。奥西特拉鲟鱼子酱通常用黄色罐（瓶）装的形式出售。

• **闪光鲟鱼子酱** 闪光鲟是三种鲟鱼中体型最小的，其卵所制成的鱼子酱色泽深褐，味道浓烈。成熟的闪光鲟重约150磅，成熟期在8～10年。闪光鲟鱼子酱的价格比上述两种鱼子酱要便宜，通常以红色罐（瓶）装的形式出售。

在美国，黑鲟的卵加工成的鱼子酱通常被称为“美国鱼子酱”，而像黑背鱼、灰桨鱼、白鱼、鲑鱼（三文鱼）和浪浦斯鱼等鱼类的卵吃起来口感也有点像鱼子酱一样。

压制的鱼子酱是用成熟的、破碎的或熟透的鱼卵制成的。将腌制好的鱼卵装入亚麻袋中，压榨出液体。这些浆液通常用于黑面包片上，或是替代那些更昂贵的鱼子酱，用于菜肴和酱料的配料。压制鱼子酱的味道非常浓郁，口感与其他鱼子酱有明显差异。

由于鱼子酱的价格昂贵且奢华，所以通常只在非常特殊的场合下食用，且享用时需遵守一些传统的仪式和考究的礼仪。考虑到鱼子酱的高昂成本和稀有性，所以餐厅经理需要对如何选购、处理和上菜有充分的了解。以下是一些处理和食用鱼子酱的指南：

• 处理鱼子酱时，不要使用金属器皿。金属会与鱼子酱发生反应，产生异味。

• 将鱼子酱在32℉的条件下冷藏。因为大多数冰箱的制冷温度不足，所以通常需要将鱼子酱放在冰箱里最冷的地方。

• 如果不准备食用鱼子酱，请勿开罐。一旦打开，鱼子酱就应在2～3天内食用。

• 将鱼子酱装在原来的容器中或装在非金属碗中食用。因为鱼子酱极易腐烂变质，所以容器或碗应该放在冰上。装鱼子酱的容器最好是非金属和不吸水的，以瓷器为最佳。

• 处理鱼子酱时需小心谨慎，防止鱼卵碎裂。

• 将鱼子酱盛在冰镇过的盘子里，以保持温度。

• 请使用专门为处理鱼子酱而制作的珍珠母、骨质或玳瑁材质的勺子。

• 鱼子酱的传统配菜包括：切碎的水煮蛋蛋白、蛋黄（与蛋白分开摆放或上菜）、柠檬和酸奶油。

• 用于搭配涂有薄黄油的白面包或一种很薄的俄式煎饼。

品质较低的非鲟鱼鱼卵一般不单独食用，更多是作为其他菜肴的配料或装饰品来使用。

烟熏鲑鱼展示

烟熏鲑鱼和其他熏制鱼肉经常被用来做冷食，其天然油脂可以保持鱼肉的鲜嫩和湿润。切成薄片的鲑鱼可以放在吐司、黑面包、全麦面包及其他面包制品上。经典的搭配包括以下几种：烟熏鲑鱼配洋葱碎和胡椒粉；烟熏鲑鱼配切碎的水煮蛋、花椒和芫荽；烟熏鲑鱼配鱼子酱、芥末酱或辣根味酸奶油；烟熏鲑鱼配辣根酱；烟熏鲑鱼配鱼子酱。

肉制品展示

在专业厨房里，“charcuterie”是一个法语烹饪术语，指的是熏肉、香肠、肉派和肉批等肉制品。在没有冷藏的时代，这些食物展现了人们传统上是如何成功保存食物的。

熏肉包括火腿、意大利乡村风味火腿和意大利风味的牛肉干等。这些肉用盐和香料混合腌制的，既可以用烟熏和干燥，或者简单地风干。

香肠是由肉碎与盐、香料、脂肪一同制成的。有些香肠可在早餐时熟制以备食用（详见第6章），也有些被腌制、熏制或风干。后者可以切成薄片，放在烤肉拼盘上食用，如意大利萨拉米香肠、意大利辣味香肠、夏季香肠、马塔德拉香肠和西班牙式香肠等。

肉派和肉批是由肉碎与盐、香料、脂肪一同制成的。它们被放置在模具中低温慢烤，冷却后切片，并配上各种调味酱，如芥末酱或酸辣酱等。

肉派多数是在铺有脆皮的肉批盒模具中烘烤而成的。该模具可以方便地使肉派从模具中移除，而不会损坏其饼皮。肉批是在铺有很薄的培根片或蔬菜片的特殊模具里面经过烘焙加工制作而成的。肉批的模具最初是由陶瓷制成的，现在也常用金属制作。

7.4.2 冷食展示的基本元素

冷餐店可以用冷食展示的方式来展现员工的才华，但设计和装饰并不是一切。食物首先必须美味而健康，同时能在视觉上吸引人。餐具应该既实用又有品位。此外，还应该考虑布置一个吸引力和功能性兼备的餐桌环境。

食物摆放的设计元素

虽然以下任何一种设计元素都可作为菜肴装盘或食物摆放的要点，但如果将其有机组合起来，可大大提升活泼感和趣味性。记住，无论哪种元素，重复使用太多都会让人觉得单调。

- **平衡** 平衡能创造出一种平静的感觉。在构图、色彩和质感等各个方面，都应注意对称性和均衡性，做好色彩、形状、高度和质感之间的平衡。

- **色彩** 没有什么比色彩更能激发兴奋和活力了。但要注意，应使用自然色彩，拒绝人造元素。这是因为使用前者，你可以不必担心会出现色彩上的冲突。如果食物的色彩比较暗淡（如肉类等），那么其装饰物就可以选用更为明亮多彩的。要避免在布置中过多使用同一颜色，以免令人觉得单调。

- **质感** 光滑的表面可以增添光彩；粗糙的表面，例如自制的面包，可以反映出质朴的品质；天鹅绒般的质地，如新鲜的马苏里拉奶酪或软质奶酪的奶油质地，顺滑而诱人……在设计冷食展示时，将食物的纹理质感考虑在内是很重要的。

- **烹调技巧** 与热食不同，冷食缺乏以浓烈香味来吸引客人的优势。不过，通过某些特殊的烹饪技术，可以创造出强烈的视觉吸引力，让人联想到香气。例如，将肉类烤焦用于冷色拉，或将蔬菜烤熟，使其具有温热的味道，就可以向客人暗示一种香气，一种味道。还记得厨师们常说的那句话“人是用眼睛吃饭的”吗？这句话其实就是意指忽悠人们的鼻子，诱导人们用眼睛去“闻”。

- **形状和高度** 为了表现食材的丰富和外形上的刺激，你可以调整冷食展示的形状和高度。例如将扁平的食物如肉片、薄面包等卷起来。你还可以将食物以有趣的排列方式堆叠起来，如将生的或焯过水的蔬菜切成细长条，整理成干草堆状、茶几状或其他艺术性的设计。奶酪碎可以在平底锅表面融化成圆形，然后捏成菜篮子形状，用来嵌套油菜或其他食物……
- **焦点** 为冷食展示提供一个视觉中心，它可以是一个单品，也可以是单品的组合。
- **强烈、简洁的线条** 无论你是使用直排、弯角还是曲线，简洁而不间断的线条都可以成为视觉强烈的有效设计元素。例如，你可以将条状蔬菜并列摆放，而不是随意或杂乱地堆叠。你还可以将切成片的食物有序叠压，形成美观的长列。

自助餐台的设计

自助餐台上的物品陈列和盘中食物的摆放一样重要。以下是自助餐台设计的一些建议：

- 餐台应令客人取食便利。
- 餐台上的服务用具和餐桌上的餐具应丰富完备，易于取用。
- 餐台的设计和布局必须考虑到一切必要设备，以便在必要时保持食物的低温。
- 餐台上的物品应按从小到大、从低到高的顺序摆放。

主菜的上菜方式

在冷食展示或自助餐中，主菜的上菜方式有两种：

- **切片排序** 将食物切成不规则或三角形的片状，然后按顺序叠压、排列，可形成明确的线条。这种方式即称为排序。例如，将火鸡胸肉片按顺序排列，可形成一个规则的、线条清晰的设计效果。
- **大块** 将主菜品切成“大块”是相对于“切片”而言的。一个主菜品可以以大块的形式呈现，但若是被切片，则需进行排序。

餐具

餐具对于冷食展示来说很重要。虽然这些工具是功能性物品，但它们被摆放在餐桌上，自然而然地成为展示的一部分。因此在冷食展示中，你应该使用餐桌工具（包括大汤勺、夹子、餐勺、餐叉、餐铲等），而非厨房工具，因为后者通常体积太大，并不适合用于食物展示。

7.4.3 餐桌中央摆饰和菜肴装饰

冷食展示和自助餐台的设计还有两个注意事项，即餐桌中央的摆饰和装饰物，它们有助于将冷食展示或自助餐的效果融为一体。

餐桌中央摆饰

一个漂亮的餐桌中央摆饰具备强烈的吸引力，它可以反映出餐桌上的食物的艺术性，且传递令人愉悦的信息。餐桌中央摆饰能强化或放大自助餐的主题或概念，帮助客人理解各种菜肴展示的功能和意义。

高大的餐桌中央摆饰必须小心仔细地摆放好，以不挡住客人观看食物的视线或影响客人拿取食物为原则。要注意稳定好餐桌中央摆饰的重心，以免摇晃或倾倒。还要确保与食物一起展示用的所有元素都是安全的。例如，有毒的花（如百合花）不应用在餐桌的中央摆饰中，因为它们可能会掉落到食物上，使客人误食。

最壮观、价格最昂贵的餐桌中央摆饰当数冰雕。冰雕可以是纯粹的装饰品，也可以作为盛放食物的容器，比如熟虾或海鲜沙拉。个别以装饰杯形式出现的冰雕可以用来盛放冷冻的菜肴、水果或蔬菜。

由于冰融化所带来的额外挑战，冰雕制作是一项专业性很强的技能。不过，有些冰雕作品可以很容易地通过模具制作出来，然后组装成较大的冰雕作品。

要制作冰雕，需要一大块冰块和一个合适的场所。冰块雕刻好后，应该放在步入式冷库中保存，直到需要它成为餐桌中央摆饰。要从冰块中雕刻出一个作品，先要设计好一个指导性图案。冰雕工具有很多，包括冰镐、凿子、梳子和手锯或电锯等。锯子用来切割大块的冰块，凿子用以进行更精细的切割。有些凿子的头部有凹槽，可用以制造出特殊效果。请记住，冰雕作品在展示过程中会缓慢融化，因此，冰雕的腿或其他支撑部位应该足够厚，可以坚持几个小时不开裂或折断。比如说，如果你要做一只天鹅，那它的颈部一定要足够厚，以支撑其头部。否则，一旦天鹅的头部折断，美丽的效果就会大打折扣了。

组装冰雕时，底座须坚固。应把冰雕放在一个与排水管或阀门相连的底盘上，避免融化的冰水影响美观。当然，底座可用布、可食用的花或植物等来伪装遮蔽。

菜肴装饰

菜肴装饰的目的是为单个菜肴、组合拼盘和托盘菜肴、自助餐等增添风味、颜色和质感。装饰是为了吸引人们对食物的注意，而不是以任何方式掩盖或减损食物本身的风味。

在讨论装饰物时，你可能常常会听到garni和garniture这些术语。garni是一个法语名词，简单来说，就是指用于食物或拼盘的菜肴装饰，而garniture则是装饰用食材原料的统称。

过去，那些没有什么味道的东西被用来做菜肴装饰物，往往只是取其色彩效果。然而，训练有素的烹饪专业人员深知质量在食物制作和展示中的重要性，因此，在厨师们看来，装饰品也是食物，而不是纯粹为了美化而使用的装饰品。

厨师在选择和准备装饰品的时候得花点心思，把它们当成菜肴或冷食展示的一个有机组成部分。装饰品不应该像是为每道菜都随便配上一小把芫荽一样枯燥乏味或过度使用。

以下是附加的装饰指南：

- **功能** 装饰品应该用来创造视觉效果，同时也要能增加味觉体验。

- **味道** 装饰品的味道应该是新鲜的，并与所装饰菜肴的风味相得益彰。
- **颜色 / 视觉吸引力** 装饰品既应具有视觉上的吸引力，也应具备上佳的食用体验。一般来说，它们会给菜肴或展示品添加不同的颜色，带来一种新的效果。
- **质感吸引力** 通常，添加了装饰物的菜肴会增加一种不同的质感。
- **适当的尺寸** 设计装饰品时要注意比例。如果它们与所呈现的食物之间的比例太小，就会“淹没”在盘子里；如果过大，又会喧宾夺主，与菜肴或展示的重点食物形成竞争。
- **特殊效果** 如扇形切割（例如切割泡菜或草莓），排序，切割成丝状或细棍状，螺旋切割（使用螺旋切割器），褶皱切割，玫瑰花结，卷曲切割，薄纸切割，食物雕刻，冰雕，软质食物（如肉冻或黄油）模具。

基础烹饪技术 扇形切片刀法

1. 将装饰用食材对半切开，切口面向下放在工作台上。
2. 用连刀切片的刀法，使食材根部相连，前端切成纸一样薄的薄片。
3. 用手指把薄片呈扇形摊开，放入菜盘或拼盘中作为装饰品。
4. 扇形切片法使用刀、抹铲或抹刀。草莓之类的水果也可以按照这个扇形刀法切配。

常见装饰用食材

颜色	效果	装饰用食材
绿色	新鲜 / 有活力	细香葱 / 法香 / 新鲜香草 / 绿豆芽 / 大葱 / 生菜 / 青柠檬 / 青椒
褐色 / 金色	温暖 / 舒适 / 丰富	柠檬 / 面包条 / 面包制品 / 水煮蛋 / 黄油卷 / 黄椒 / 小黄番茄
橙色 / 红色	明亮 / 欲望 / 饥饿感	番茄 / 小红皮白萝卜 / 意大利菊苣 / 胡萝卜 / 红椒 / 黄椒 / 可食用的旱金莲花

添加到菜盘中的装饰，除了可以让菜肴看上去更有吸引力外，还能起到更多作用。最有效的装饰，一般都很醒目，且切割整齐并精心排列。它们应该与菜盘中的主要食材有特定关联。

厨师们会使用特殊工具来制作一些装饰品。螺旋切刀、削皮沟槽刀、槽形戳刀、特制切刀（如可以切出波浪纹的切菜刀，或是可切出华夫饼状的交叉沟槽的切菜器等）、各种大小的挖球器、鸟嘴刀等，都是可用于雕刻水果和蔬菜的刀具。

- 柑橘类水果可以切成片，也可以雕刻成篮子。其色彩鲜艳的果皮可以切成长条，也可以磨碎了撒在食物上。
- 苹果和梨可以切成薄片，然后叠压排列。
- 香草可以整枝留着，也可以切碎后撒在盘子上做装饰。
- 水煮蛋可以切片，或切碎。
- 可食用的花和叶子可以装饰性地撒在盘子上。

- 可以使用各种水果和蔬菜的小球（圆形或椭圆形）来协调展示效果。
- 黄瓜切成片状或螺旋状，或制成花篮状或杯状，以增添展示菜肴的新鲜感和凉爽感。
- 胡萝卜和芹菜的长条形或卷曲状刮片可以使菜肴更具色彩。
- 由韭葱制成的刷子可用于刷酱汁或肉胶冻。
- 由小红皮白萝卜制成的玫瑰花可增加菜肴的观感和优雅度。

小测验

概念复习

1. 说出至少5种常见的冷食类型。

2. 在冷食展示或自助餐中，主菜的上菜方式通常有几种？

3. 菜肴装饰的目的是什么？

发散思考

4. 为什么只有压制鱼子酱适用于菜肴和酱料的配料？

5. 你认为食物排列摆放最重要的设计元素是什么？为什么？

6. 适当的装饰能给一个肉类菜肴带来怎么样的提升效果？

7. 如果生食贝类或其他水产品的菜品服务都是有风险的，为什么餐厅还会愿意冒这样的风险？

8. 如果你在制作一个巨大的酒杯状冰雕时，将其杯脚雕琢得很纤细，可能会产生什么后果？

厨房实践

将所有成员分为4个小组，各小组分别制作一个小拼盘作为冷食展示，并配上装饰。对照食物排列摆放的设计元素对其他团队的工作效果进行评估，并统计结果。

烹饪小科学

请仔细研究鱼类的熏制法，如烟熏的三文鱼和鳟鱼，回答以下问题：腌制过程需要多长时间？烟熏的合适温度是多少？是不是所有类型的木材都适合用来做食物的烟熏材料？香草或香料在烟熏过程中能否为其添加风味？在鱼类的烟熏制作方法上，不同国家和地区有无差异？

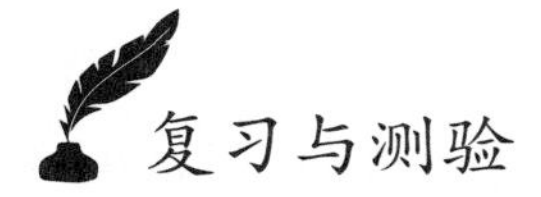

复习与测验

内容回顾（选择最佳答案）

1. 蛋黄酱是（ ）。

A. 油醋汁 B. 乳化酱 C. 熟制的酱料 D. 以上所有

2.沙拉生菜的三种风味类型是（ ）。

A. 甜的，酸的，苦的 B. 温和的，辛辣的，苦的

C. 温和的，浓厚的，甜的 D. 甜的，辣的，酸的

3. 帕马森奶酪是（ ）。

A. 软质成熟奶酪 B. 硬质奶酪 C. 奶酪碎 D. 蓝纹奶酪

4. 鱼子酱是（ ）。

A. 来自鲟鱼的卵 B. 一种熏鱼 C. 生鱼片 D. 一种生吃贝类

5. 菊苣是（ ）。

A. 一种带有苦味的绿色蔬菜 B. 一种蓝色干酪

C. 一种以蛋黄酱为底料的酱料 D. 一种产鱼子酱的鲟鱼

6. 下列哪种不是新鲜奶酪？（ ）

A. 马士卡彭奶酪 B. 布里奶酪 C. 里科塔奶酪 D. 菲达奶酪

概念理解

7. 什么是油醋汁？什么是配菜沙拉？

8. 新鲜奶酪和柔皮软质成熟奶酪有什么区别？

9. 鱼子酱是什么？

10. 混合沙拉和组合沙拉有什么区别？

11. 在冷食或自助餐中，主菜的上菜方式有哪两种？

判断思考

12. **认知模式** 硬质奶酪和奶酪碎的区别是什么？

13. **预测** 你会如何描述一个包含意大利菊苣、叶莴苣、苦苣和芝麻菜在内的沙拉的味道？根据这种沙拉的味道，你会加入什么样的调料汁来调味？

烹饪数学

14. **解决问题** 根据食谱，要制作一份大虾沙拉，需32盎司蛋黄酱、8盎司柠檬汁、2条西芹梗，以及12磅虾。但你目前只有6磅虾，如果要做出一份大虾沙拉，还需多少其他配料？

15. **应用概念** 如果咯嗲酱制备中番茄酱和辣根的比例是7：1，那么制作1加仑的咯嗲酱，分别需要多少夸脱番茄酱和辣根？

工作场景模拟

16. **沟通交流** 有一位自称是素食者的客户预订了一个尼斯沙拉。有问题吗？需如何处理解决？

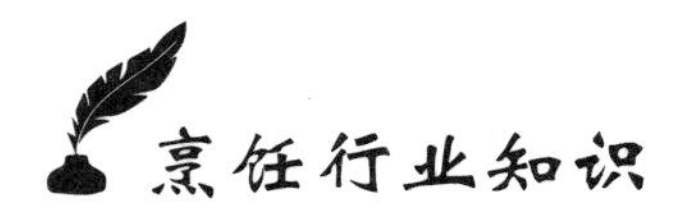

烹饪行业知识

冷餐厨师，肉制品熟食厨师和屠宰工

一般来说，烹饪艺术领域内的种类要比你想象的更多样化。冷餐厨师的工作包括一些传统的内容，如准备和展示冷食，也可以担任最近比较流行的职位：屠宰工和香肠制作师。这个烹饪专业领域越来越受关注的原因之一，是来餐厅就餐的客人对烹饪的认识度很高，他们更熟悉某道菜肴所使用的传统腌肉和香肠。另一个关键因素则是，人们越来越喜欢在当地养殖和生产的食品，这些食品采用的技术不依赖于大规模食品加工。

冷餐厨师通常在冷餐厨房中工作。他们负责菜单上的冷盘、冷色拉和三明治的制作。自助餐和招待会上的拼盘和菜盘的准备、装饰和展示也是冷餐厨师的工作职责的一部分。在大型活动中，冷餐厨师通常与宴会厨师或宴会经理密切合作，指挥一个团队来制作冰雕，准备和加工制作各种冷食菜品和组合酱料等。

肉制品熟食厨师负责加工准备各种熏肉和腌肉（如火腿、香肠、肉派和肉批等）。一些大型的餐厅可能会有专人负责自制的特色烤肉制品。较小的餐厅也可能制作这些特色产品，但通常是一般厨师的工作内容，而非为此而单设职位。许多有才华的肉制品熟食厨师要么自己开设了肉制品熟食零售商店，要么就成为餐馆或市场的肉制品熟食供应商。

屠宰工则可能在不同的情况下工作。食品连锁店会设置这一职位，以便将大块的肉切成小块，比如把猪里脊肉从整块的排骨上分割出来。他们还会为一些特殊订单做准备，比如用肉排中最厚的部分加工成皇冠烤肉排或肉扒。那些采购当地肉类的餐馆可能会收到屠宰好的整猪，再由餐厅的屠宰工按照烤肉、猪扒、肉片、排骨等不同用途进行分切。因为这是整猪购入，事先并没有切割成某种特定形状，所以餐厅的屠宰工还必须切割出一些不太为人所熟知的、烹调所需的肉块形状，以迎合客人的需要。

入门要求

冷餐厨师可能是许多专业厨房的入门级职位，因此对教育和培训没有特殊要求。

晋升小贴士

烹饪艺术学位或专业认证有助于从入门级职位晋升到管理职位。成功的冷餐厨师通常会积极参加烹饪比赛，或者花时间去屠宰工或冷餐厨师那里当学徒。

第8章　三明治、开胃菜和开胃小吃

学习目标 / Learning Objectives

- 一个受欢迎的三明治，其组成有哪几个基本要素?
- 了解三明治的预制加工准备。
- 分别认识冷、热三明治的不同类型。
- 正确区分开胃菜和开胃小吃，并掌握呈现开胃菜和开胃小吃的通用准则。

8.1 三明治

8.1.1 三明治的基本要素

三明治已经变得如此受欢迎，在晚餐、午餐，甚至是早餐菜单上，从食客到快餐店，再到高级餐厅，你可以在任何时间、任何地点找到它们。基本上，一个非常受欢迎的三明治是由四个简单要素组合而成的：面包；抹酱；馅料；装饰。

这些要素是主厨们用来制作经典三明治和新型三明治的基石。你可以调整三明治的各种要素，制作出大小不一的三明治以满足优雅的下午茶的需求，也可以制作出大块大块的三明治，单独作为餐点。

面包

不同类型的三明治需要不同类型的面包。为了使三明治的外观和味道达到最佳，面包的新鲜度和口感是非常重要的。有些三明治适合使用脆皮面包或厚实的面包，如长棍面包或黑麦面包。当然，面包也不宜太脆或太硬。通常情况下，所使用的面包类型取决于所使用的馅料类型，面包必须能包裹住馅料而不散开。例如，对于多汁的牛排三明治来说，厚厚的面包片或面包卷是最好的选择，而较软、较薄的白面包片最适合做精致的手指三明治。

很明显，标准的面包——小麦面包、白面包、黑麦面包、酸面包等——都可以作为三明治的基础。也有一些用于三明治的面包会在制作时加入香草、坚果、奶酪或水果等调味料。然而，面包中任何味道浓郁的调味料都应与三明治的馅料相得益彰，而不是主宰或分散其口感。

在三明治中常用的其他类型的面包有以下几种：

• **三明治方包** 在带盖的长方形吐司炉里烘烤出来的三明治方包是一条长面包，其切片为正方形。这种紧凑的、质地细腻的三明治方包更易切下外层的面包皮，或将面包切成所需形状。白面包和全麦三明治方包常被用来做冷三明治。

• **皇冠面包** 一种大而圆的脆皮面包卷，也称硬面包卷或维也纳卷。

• **意大利拖鞋面包** 一种大而扁平的意大利面包，通常被切成正方形，然后分割开来再填入馅料和装饰。

• **皮塔面包** 一种平底圆形或椭圆形的中东面包，也称“口袋面包”。当它被切成两半时，每半块就会形成一个可以填馅料的口袋。

• **墨西哥玉米饼** 墨西哥的无酵面包。这是一种用玉米或面粉制成的圆形扁平状面包，看起来像一个非常薄的煎饼，通常被折叠起来或包裹着馅料卷起来。

• **百吉饼** 百吉饼正在成为越来越受欢迎的三明治，特别是早餐三明治。

• **牛角包** 牛角包的薄片状黄油风味有助于创造出一种口感丰富的三明治。

• **热狗和汉堡卷** 对于那些曾经有过野餐经历的人来说，这些特别制作的面包卷是非常熟悉的。

抹酱

三明治面包片上的抹酱可以给三明治增添额外的风味和口感。在某些情况下，它们可以作为屏障防止馅料中的水分浸入面包。酱料还可以增加面包的湿润度，同时让三明治保持粘连状态，防止松散的馅料从面包上脱落。这种抹酱并不总是单独添加的，在某些情况下，它是馅料中的一种配料食材，如金枪鱼沙拉或鸡蛋沙拉。

最常见的抹酱之一是黄油。黄油的风味丰富、平滑，可通过添加香料、胡椒、大蒜或其他调味料来提高口感。黄油软化至室温时涂抹效果最好，不至于撕裂面包。

另一种常见的抹酱是蛋黄酱。蛋黄酱为三明治增添了丰富而浓郁的味道，它也可以用香料、胡椒、大蒜或其他调味料来调味。

由牛油果、橄榄、烤辣椒或烤茄子制成的蔬菜泥也可以作为一种抹酱使用。虽然它们能减少脂肪，但通常不能给面包提供保湿的作用。

馅料

馅料是三明治的核心。馅料可以是热的，也可以是冷的，可以是一餐饭的量，也可以是刚好够一口的量。但无论怎样，注重细节，才能使你的三明治获得成功。沙拉生蔬菜和其他绿色蔬菜要仔细冲洗干净并晾干，肉和家禽要适当煮熟，奶酪要新鲜且不能压制其他馅料的风味，所有的切片要大小均匀。

馅料将决定你是否需要使用抹酱，并帮助你决定应该选用哪一种面包。例如，金枪鱼沙拉或其他任何以蛋黄酱为基础的馅料就不再需要抹酱，而是需要薄而紧实的面包，以便包裹住馅料。如果馅料为切片熟肉，尤其是干肉片，则需要使用大量的抹酱。

以下是一些最常见的三明治馅料：

- **肉类和家禽** 肉类和家禽作为三明治的主要馅料，可烘烤、平扒煎、炸、炙烤或煨煮。它们可热吃，也可冷吃，可单独食用，也可组合食用（如意大利潜水艇三明治中即加入了多种肉类）。肉类和家禽也可制成以蛋黄酱为底料的三明治沙拉，如火腿沙拉或鸡肉沙拉。

- **海鲜和鱼类** 金枪鱼和虾通常做成以蛋黄酱为基底的三明治沙拉。许多品种的海鲜和鱼类都是用烤或炸的方式做成三明治，并配上鞑靼酱。

- **蔬菜类** 随着人们对健康饮食的重视，对三明治中的蔬菜的需求量越来越大。生菜、番茄、洋葱和腌泡菜一直是三明治的常用蔬菜。当然，你可能还会使用豆芽、青椒、萝卜和黄瓜。总之，蔬菜是无肉三明治的主要馅料，炙烤、烘烤或生吃均可，且通常用油醋汁来增加蔬菜的风味。

- **奶酪** 奶酪可以作为一种独立的馅料，如经典的烤奶酪三明治。它也是许多其他三明治中常见的补充。奶酪的选择范围以丰富的口味和细腻的质感为前提，既可以选择温和口味的奶酪，也可以选择能做抹酱的刺激风味奶酪，以及可以被切成薄片的奶酪等等。无论选择哪种类型，均应以其能与三明治中的其他食材口味和质感互补为原则。

- **鸡蛋** 煎蛋或炒蛋经常与培根和奶酪一起出现在早餐三明治中，但也可以用在其他类型的三明治中。例如，一种叫“槌球夫人”的法式三明治中，就包括火腿、奶酪和煎蛋。水煮蛋可以制成蛋黄酱沙拉三明治。

装饰

放在菜盘中的三明治的装饰，通常是既有装饰性又可以食用的配菜。这些配菜应与三明治的味道相得益彰，因为顾客经常把装饰加到三明治里一起食用。生菜、豆芽、泡菜、调味品、番茄、洋葱和橄榄都是潜在的内部装饰，可以作为三明治的一部分。沙拉和其他绿色蔬菜在使用前应该仔细清洗并晾干。较大的装饰物，如整棵蔬菜、胡萝卜、芹菜杆、泡菜、橙子片或西瓜片等，既可为三明治提供互补的风味，也可以单独食用。

8.1.2 三明治的预制加工准备

无论你是制作许多不同种类的三明治，还是大量的相同种类的三明治，都需要把人员组织起来，有条理地开始进行三明治预制加工准备。三明治的准备工作主要有三个步骤：收集工具；选择和准备配料；组织工作和工作空间。

收集工具

你需要先准备好以下工具：案板；汤匙和铲子；锋利的刀具，包括厨师刀、面包刀和一把锯齿刀（切三明治需要一把锋利的刀）；用以控制分量的台秤或量勺；抹刀或黄油刀，用来涂抹酱料和以蛋黄酱为基底的三明治沙拉；烤箱（如果需要烤面包）；食品处理手套；三明治包装材料。

选择和准备食材

在某些情况下，你只需要做一个三明治就可以了。其他时候，你可能一次需要做数个甚至上百个三明治。但无论要做多少个三明治，在上菜前都必须先选择好食材。以下是一些三明治食材准备的小贴士：

- 尽可能在上菜前将面包和面包卷切成片。如需烤面包，最好在组装三明治时再进行。
- 将抹酱提前准备好，而且要保持酱料的均匀软和，以避免撕裂面包。使用抹刀来涂抹酱料，以保证其可以覆盖整个表面。
- 提前准备好馅料，并称量好。需炙烤的三明治面包可以提前根据需要进行烤制。
- 清洗和晾干绿色蔬菜。
- 提前准备好配菜装饰。

整理工作和工作空间

就像所有的预制加工准备一样，你必须将制作三明治的步骤进行分解，并确保已按照优先程度排列这些任务。例如，如果要制作一个夹有鸡胸肉切片的冷三明治，你不仅要有足够的时间来煮熟鸡肉，还必须预留出时间令鸡肉降至合适温度。如果你是按订单顺序制作三明治，那么你的工作空间的组织方式就会和一次性制作大量三明治不同。以下是一些整理你的工作和工作空间的指导方针：

- 按照需要完成的顺序，将食谱中所涉及的步骤列出清单。记得使用PRN方法（即预览、阅读、笔记法）。
- 把你需要的所有东西都放在触手可及的地方，以节省来回拿取的时间。
- 让所有的东西都朝同一流向，即从最初的面包开始，按步骤向另一边移动，直到最终三明治成品出现，制作结束。通常情况下，习惯使用右手的人都会按从左到右的顺序移动，所以面包在你的左侧，三明治成品则在你的右边。
- 在准备大量的同一类型的三明治时，为了提高工作效率，可以将多片面包按顺序铺好，一一涂抹酱料、加入馅料，统一进行装饰，然后切好后上桌或包好。

8.1.3 冷三明治

目前市面上已开发出各种口味的冷三明治。冷三明治通常是以肉片、奶酪或蛋黄酱为主的三明治沙拉，如鸡蛋沙拉、鸡肉沙拉、金枪鱼沙拉等。餐馆通常将冷三明治作为午餐菜单的主菜，与汤或沙拉搭配食用。冷三明治的便携性使其成为外卖的最佳选择。

冷三明治主要有6种类型。

- **封闭式三明治** 提到三明治，大家都会想到它。一个封闭式三明治其实就是两片夹有馅料的面包，或是一个小圆面包、一个面包卷。
- **敞开式三明治** 即以一片面包和摆放其上的配料做成的三明治。
- **手指三明治** 手指三明治（也叫茶叶三明治）是一种简单的小三明治，通常是用结实的、切成薄片的三明治方包做成的。它既可以做成封闭式三明治，也可以做成敞开式三明治。由于面包密度大，所以三明治可以切成小正方形、菱形、长方形、圆形和三角形。三明治方包可以切成薄片，填满馅料，然后再切成各种形状，这样可以使三明治的批量生产更有效率。
- **英雄三明治** 英雄三明治是一种大型的封闭式三明治，用一块长长的薄面包（常被称为英雄面包）做成。这种三明治在美国国内的不同地区有不同的称呼，如潜艇、碾子或豪杰等。但无论什么名字，这种大三明治都是“内容丰富”的：通常里面装满了薄薄的肉片、奶酪、番茄、莴苣等生蔬菜，再加上各种装饰品。
- **俱乐部三明治** 这是一种双层的封闭式三明治，用三片面包（或吐司）做成。传统上是用鸡肉（或火鸡肉、火腿或牛肉）、培根、生菜和番茄填充，然后以三明治牙签串在一起，切成四个三角形，吃起来比较方便。
- **卷饼和皮塔口袋三明治** 将三明治卷起来，或以其他方式包裹在可食用的包装物中的三明治，被称为卷饼。常使用玉米饼或薄而有弹性的扁面包，如拉瓦什薄脆饼等。而皮塔面包则被用来做皮塔三明治（也称口袋三明治）。卷饼和皮塔三明治的好处是可以装很多食材，而且仅在顶部开口。要注意的是，不要把馅料放得太多，也不要用太大块的馅料，否则会造成三明治散开。

基础烹饪技术 制作俱乐部三明治

1. 烤面包（每个俱乐部三明治需要3片面包片）。
2. 往最下一层烤吐司片上抹匀蛋黄酱，并放上垫底的生菜、番茄和培根片。
3. 放上第二片烤吐司片，并在其表面抹匀蛋黄酱，然后铺好生菜和火鸡肉片等馅料。
4. 放上第三片烤吐司片，抹匀蛋黄酱，注意抹酱面向下盖面。
5. 用牙签固定后，将三明治对角切成四块，上菜即成。

基础烹饪技术 制作卷饼

1. 将墨西哥玉米饼放入热煎锅中，每面加热约15秒。
2. 将煮熟的黑豆酱抹在玉米饼的其中一面饼皮上，在黑豆酱上放生菜、番茄、洋葱。
3. 在这些馅料上面铺好炙烤的鸡肉片。
4. 用玉米饼把馅料牢牢地卷起来。
5. 用三明治牙签固定卷饼，立刻上菜。

8.1.4 热三明治

热三明治主要有4种类型。

- **热馅三明治** 封闭式三明治、英雄三明治、俱乐部三明治、卷饼等，都可以做成热馅三明治。如果需要生菜或番茄等蔬菜与热馅一起装填入面包内时，通常会先将其放在一边，直到客人点餐后，再组装上桌，以防止热馅料使蔬菜萎蔫。
- **炙烤三明治** 要做一个炙烤三明治（也称格子三明治），首先要把三明治组装好，然后在面包的外表面涂抹上黄油，放到热源（通常是烧烤架）上烤制。烤奶酪三明治和鲁本三明治就是烤三明治的例子。
- **压制三明治** 这种三明治是在一个厚重的双面加热烤制的压力机（即三明治压制机）上烤制的，热力从外部进入面包，直到其内部被彻底加热。
- **热的敞开式三明治** 热的敞开式三明治通常是在烤吐司上浇上肉汁或酱汁制作而成。在美国的一些地方，还会再添加土豆泥，称为“热枪”。还有一种本尼迪克火腿蛋饼——一道由英式松饼、火腿、水煮蛋和酱汁组成的早餐/早午餐菜，实际上也是热腾腾的敞开式三明治。

小测验

概念复习

1. 三明治有哪4种元素?

2. 三明治预制加工准备的3个步骤是什么?

3. 冷三明治有哪6种类型?

4. 热三明治有哪4种类型?

发散思考

5. 假如你正在做一份热的火鸡肉封闭式三明治，而且把肉汁涂抹在三明治方包的薄片上了，这样做会发生什么状况?

6. 蛋黄酱比培根、生菜和番茄三明治上的蔬菜泥抹酱更好吗?

7. 手指三明治变干和变硬了，可能是什么原因导致的? 怎么才可以避免?

厨房实践

将学员分成四个小组。各小组用相同的馅料、抹酱、调味品和装饰配菜，以及不同风格的面包或卷饼，分别制作一个烤牛肉三明治。评估结果。

烹饪语言艺术

为烤牛肉三明治创制三种风味的抹酱，并以说服客户去尝试这份抹酱为目的，分别为上述三种酱料撰写一份吸引人的菜单描述，其中至少应使用三个不同的形容词。

8.2 开胃菜和开胃小吃

8.2.1 开胃菜和开胃小吃的类型

一道味道鲜美可口、通常只吃上一两口的小菜，被称为 “开胃菜” 。这个词在法语中，意为“（正）餐外之餐”。同一菜品，如果作为正餐中的第一道菜，则被称为开胃菜；如果分量比开胃菜稍小，则通常被称为开胃小吃。也就是说，二者的主要区别在于开胃菜和开胃小吃的供应环境（可以是在餐外或作为正餐的一部分）以及它们的分量大小。开胃菜和开胃小吃均各自有热菜和冷菜之分。

开胃小吃和开胃菜的目的都是刺激食欲，并为接下来的就餐设置气氛。一个好的菜单包括有多种口味和质感的开胃菜菜品，它们与主菜相辅相成，但不可重复。例如，一份意大利饺子开胃菜的基本口味和质地可能与千层面相同，但脆脆的口感不失为奶油面食的好前奏，同理，酿蘑菇则是烤鱼的好前奏。

开胃小吃在上菜时经常会配有餐巾，并用手指拿取食用。当以这种方式食用时，开胃小吃也称手指食物。开胃小吃很少需要叉子。开胃菜则通常放在盘子上，以叉子来食用（虽然有时开胃菜也是手指食物）。

热的开胃菜和开胃小吃

热的开胃菜和开胃小吃的种类之多令人不可思议。事实上，几乎任何类型的咸味食品，只要做成小分量呈上，都可以被看作一款开胃菜。而任何类型的食物，只要你可以用手拿着吃或者一口吞下，都可以变成开胃小吃。以下是一些常见的热的开胃菜和开胃小吃：

- **焙烤、香煎或炙烤的海鲜** 海鲜，尤其是扇贝和大虾，加香草快速香煎后，可以作为开胃菜或开胃小吃。
- **烤肉串** 肉类、鱼类、家禽或蔬菜都可以用细长的木制或金属长签做成肉串来炙烤或焗烤，被称为“烤肉串”。这种食物通常需经腌制后再烹调，食用时要配蘸酱调味。
- **油炸食品** 包括面糊炸鱼、炸鸡肉或炸蔬菜，食用时要配蘸酱调味。日本的天妇罗就是其中的典型例子。
- **酥塔馅饼和酥盒饺子** 在小的派盘或模具上放上酥脆的馅饼派皮，派皮里面可以塞满各种美味的馅料，然后进行烘烤。馅料的内容可以包括吉士达酱、肉、家禽、蔬菜、奶酪和海鲜等。面团有时可以以馅料为中心折叠翻转后，做成酥盒饺子。鸡肉馅饼饺子大概可以算得上是一个拉丁美洲版本的酥盒饺子。
- **肉丸** 小肉丸子或其他经过精心调味制作的绞肉菜品都可以配以牙签作为开胃小吃。肉丸通常是用甜酸酱调味的。作为开胃菜的肉丸食用时使用餐叉，作为开胃小吃的肉丸子则通常是串成烤串或夹入三明治内吃的。
- **面食** 小份的意大利面可以作为开胃菜。意大利饺子或其他带馅料的意大利面食可冷吃，也可热食，可配上酱汁，也可原味食用。在某些情况下，这些不同形状的意大利面还可以油炸后作为开胃菜。
- **炙烤、蒸制、焙烤或者烘烤蔬菜** 像芦笋、洋蓟、青椒、洋葱、大蒜、西葫芦和胡萝卜等这些蔬菜都可烹熟后配以蘸酱或用油醋汁来食用。蘑菇的菌盖有时会被填馅后烤制。
- **饺子，蛋卷和春卷** 这些都是亚洲传统的开胃小吃和开胃菜。
- **蟹饼** 将蟹肉与蛋黄酱、香草和香料混合做成饼状，香煎烹制。食用时常配上酱汁。

冷的开胃菜和开胃小吃

你可以用一些简单的东西来刺激客人的食欲，如在法式面包上加一片腌熏三文鱼，或尽可能用更精致的菜品来打开他们的胃口，比如用杧果酸辣酱搭配一口大小的蟹肉沙拉挞。冷的开胃菜和开胃小吃的种类繁多，数不胜数，但都要求分量适当，因为它们只是主菜的补充，必须与主菜相辅相成。冷的开胃菜和开胃小吃的一个显著优势是可提前进行大批量的准备——这对于快节奏的专业厨房来说非常重要。以下是一些常见的冷的开胃菜和开胃小吃：

- **生海鲜** 这包括新鲜去壳的蛤蜊和生蚝，食用时配以各种调味汁。

• **熏鱼、肉或家禽** 多与面包、调味品和酱汁一起食用，是优雅的开胃菜或开胃小吃。

• **冷的熟制海鲜** 鸡尾酒鲜虾是一道传统的冷开胃菜，是将虾蒸熟后配上辛辣的鸡尾酒酱（咯嗲酱）调味后制成的。酸橘汁腌鱼也是传统的冷开胃菜或开胃小吃。这道拉丁美洲风味菜是将鱼或其他海鲜放在柑橘汁中，加洋葱、辣椒和芫荽调味后烹调制成的。

• **敞开式三明治** 仅一口大小的小巧的敞开式三明治通常被用作开胃小吃。这种三明治一般选用饼干或硬面包而非软面包作为其底托。开那批就是一种在一口大小的面包或饼干上面配有美味的盖面馅料的敞开式三明治。它们常常被用作开胃小吃。用于盖面的馅料变化多端，既可以是一片简单的奶酪，也可以是精心制作的抹酱。大块的面包则被用来做开胃菜，如意大利式烤面包片和意大利什锦烤脆面包片，就是由用橄榄油调味的烤吐司片，配上番茄、橄榄、奶酪或其他配料制成的敞开式三明治。

• **生肉或腌肉** 这里面包括意大利熏火腿和意式生牛肉片。意式生牛肉片是将生牛肉切成非常薄的薄片，配上酱汁。腌肉有时会配上一些水果作为口味互补，如甜瓜或桃子。

• **泡菜** 这种腌制或泡制的蔬菜通常作为开胃菜的一部分。

• **冷的炙烤或烘烤蔬菜** 炙烤或烘烤后的蔬菜可以冷食（或在室温状态下），食用时应配上各种酱料和调味品。

• **沙拉** 小份的沙拉，包括以蛋黄酱为基础的沙拉，用作开胃菜是很出色的。它们有时被称为“组合沙拉”，以区别于其他的绿色混合蔬菜沙拉和作为配菜的配菜沙拉。

• **奶酪** 插着三明治牙签的奶酪块是非常理想的开胃小吃。

• **生的蔬菜** 切成一口大小的蔬菜块被称为“什锦凉拌蔬菜”，常配合蘸酱上菜食用。

• **肉派和肉批** 肉派是经过精心调味，由各种绞肉、鱼肉、家禽或蔬菜的混合肉馅烘烤而成的冷肉菜肴。可热食，但通常为冷食。肉派的口感丰富多样，从呈奶油状的细腻口感到呈粗粒散碎的肉块肉糕状口感均有。如果将其放在肉批模具中制作，即为通常所称的肉批。

8.2.2 开胃菜和开胃小吃的呈现

开胃菜的呈现

客人们入座时，服务员会提供开胃菜，因此，需要同时提供餐叉、勺子，甚至是一把餐刀。

以下为开胃菜上菜的一些通用准则：

• **小份上菜** 开胃菜的分量应该比较小，只以刺激食欲为目的，而非满足食欲。

• **调味料的正确平衡使用** 用餐开始时，调味料是否正确平衡地使用会影响正餐中其他菜肴的味觉感受。如果开胃菜的味道过于浓烈，就会使接下来的主菜味感体验产生偏离。

• **产生良好的第一印象** 开胃菜会给顾客带来对食物的第一印象，故应以艺术、整洁的方式呈现出来。装饰品应尽量少用，仅以添加风味、质感和颜色为原则。

• **可以考虑厨师的品鉴推荐** 开胃菜有时也会采用主厨品鉴盘的方式来呈现。这是一个带有各种开胃菜的什锦样品盘，虽然其分量往往只有一口，但却可以品尝到多种开胃菜。

开胃小吃的呈现

开胃小吃可放在大拼盘或独立盘中，以自助餐的形式上菜。大拼盘通常用于在客人们均以站姿出现的场合，服务员通常手托大拼盘巡场，提供上菜服务。这一形式的服务也称管家服务。这种场合中，客人们通常手持玻璃酒杯，只有另一只手是空闲的，故最适合这种场合的是那些不需要用盘子或其他餐具即可食用的开胃小吃。因此，除了可以作为正餐之前的小菜外，开胃小吃也许还是派对和招待会上可以提供的唯一食品。二者的服务准则是相同的。

以下是关于开胃小吃的一些通用准则：

- **使用新鲜食材** 食材原料必须达到最高品质。虽然在开胃小吃中可以使用切边或剩余的食材，但它们应该是完全新鲜的。
- **制作一口大小的开胃小吃** 一到两口大小的规格是最理想的。
- **作为其他食物的补充** 应与其他食物互补搭配，但又有足够的差异性，以避免重复。
- **不要将热菜和冷菜混合在一起** 冷、热菜绝不应该放在同一个盘子或拼盘里。如果的确需要同时提供热菜和冷菜，请使用多个盘子或拼盘。
- **提供不同类型的开胃小吃** 不同的菜系有不同的开胃小吃。法国菜系的开胃小吃，包括肉派、泡菜和腌蔬菜。西班牙菜系的开胃小吃以火腿或鸡蛋等原料为特色。意大利菜系的开胃小吃，是一种精选的肉片、奶酪、香肠和橄榄等做成的烤面包片。

概念复习

1. 开胃菜和开胃小吃的区别是什么？

2. 呈现开胃菜的两个准则是什么？呈现开胃小吃的两个准则是什么？

发散思考

3. 你要为一个客人们站立进食的聚会提供开胃小吃，目前可选择的菜品为：小海鲜烤串、鸡翅膀和开那批。你会选哪种？请说明原因。

4. 饭后，客人向厨师抱怨开胃菜中的大蒜和罗勒放得太多了。如果主菜是一道慢煮鸡肉配口感细腻柔和的酱汁，那么客人的抱怨是否合理？请说明原因。

厨房实践

为一个鸡尾酒会做一个以蛋黄酱为基底的海鲜沙拉，把它分成两份，其中一半用作开那批，另一半用作开胃菜沙拉。客人站立时，可直接用手品尝开那批；客人入座时，可用餐叉品尝开胃菜沙拉。哪种呈现方式比较合适

烹饪小科学

你正为一个公司聚会设计开胃小吃。出席人数为75人，预计每人需食用10个开胃小吃。如果有5个服务员，则每个服务员最终要上多少份开胃小吃？

复习与测验

内容回顾（选择最佳答案）

1. 什么是三明治方包？（ ）

A. 一种肉糕　B. 一种蔬菜批　C. 一种长方形面包　D. 一种面包和肉的顺序排列

2. 什么是手指食物？（ ）

A. 食物与餐巾一同上菜，吃的时候用手指取着食用

B. 形状像手指，长而薄的三明治

C. 大型三明治配上以蛋黄酱为基底的三明治沙拉　D. 完全用手工加工制作的食物

3. 各种不同变化的开胃小吃是指（ ）。

A. 根据一周每天不同变化　B. 根据每日的特色菜不同变化

C. 在一个盘子里的混合变化品种　D. 根据季节不同变化

4. 开那批是（ ）。

A. 一口大小的蔬菜，常常配蘸酱食用　B. 肉、鱼，或烤串上的肉串

C. 由烤吐司面包、橄榄油和番茄制作的敞开式三明治

D. 顶部盖有美味馅料的一口大小的面包或饼干

5. 意大利式烤面包片是（ ）。

A. 一口大小的蔬菜，常常配上蘸酱食用　B. 肉、鱼，或烤串上的肉串

C. 由烤吐司面包、橄榄油和番茄制作的敞开式三明治

D. 顶部盖有美味馅料的一口大小的面包或饼干

概念理解

6. 三明治的四个要素是什么？

7. 三明治抹酱的目的是什么？

8. 什么是手指三明治？什么是压制三明治？

9. 开胃菜和开胃小吃有什么区别？

10. 什么是开那批？什么是什锦混合沙拉？

判断思考

11. **概念分析**　一个盘子里有两个小饼干，上面配有肉派，另一个盘子里有一片从肉批中取出来的切片。哪个更有可能作为一道开胃菜？为什么？

烹饪数学

12. **分析信息**　你需要10磅的大虾来制作100份开那批。如果按每位客人各食用2个开那批来计算的话，20磅的大虾可以满足多少位客人的需要？

工作情景模拟

13. **写作** 你的老板想要在酒吧里做一个免费“手指食物”的推广，时长2小时。当然，由于用以推广的3款手指食物都是免费的，所以它们一定是成本相对低廉的。请你针对这三款不同类型的手指食物，写一份简单但又能诱人食欲的推广语。

14. **得出结论** 健康俱乐部的SPA菜单上提供一份低脂卷饼。为了避免脂肪，这份卷饼只用番茄片、黄瓜、青椒和香醋腌制的蘑菇作为馅料。但有顾客抱怨说，这份三明治的口感太杂了。请分析这是什么原因导致的。

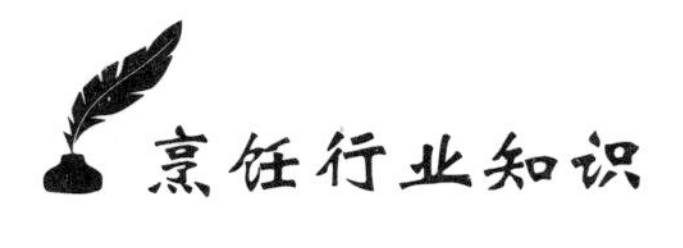

餐饮业

餐饮服务商为客户提供专业服务。如果客户想要举办特殊活动，如商务会议期间的午餐，或婚礼的大型宴会，餐饮服务商就要负责整个活动期间的菜单、食物准备和相应服务。

餐饮业的老板和经理既应主要专注于业务发展，也应履行许多其他职能，包括厨师或厨师长。除了直接与客户合作策划活动外，他们还可以经营餐饮企业或餐厅（或酒店等大型企业中的宴会设施），以及在公园、博物馆等公共场所或客户家中组织和实施现场活动。

成功的餐饮业老板和管理者拥有良好的商业技能和与他人合作的能力，注重细节，善于解决问题和管理。选择餐饮业作为职业发展方向者必须既有组织能力，又有较强的适应能力。

活动策划者是餐饮行业不可或缺的一部分。他们通常直接与客户合作，然后代表客户管理某个活动的人员配置，寻找或规划活动地点，并关注其他与食物准备或服务无关的细节。

宴会厨师长和厨师们为所承接的主题活动设计菜单并计算成本花费，然后确保食品的正确加工准备和呈现。他们可能在菜单策划阶段负责为客户准备一份试吃菜单，供客户品尝。

宴会厅经理（领班）负责准备宴会厅，设置自助餐或取餐台，预设餐桌，并与活动策划人一起工作。

服务员把食物从厨房端出来，然后放在自助餐餐台或餐桌上，以便客人们拿取食物。

餐饮经理的职责是为餐饮公司发展业务。他们为公司带来新的业务，并与现有客户保持良好的关系。他们也可以被称为餐饮协调员或销售人员。

入门要求

在入门阶段，尽管许多公司要求完成内部培训计划，但并没有具体的学位要求。

晋升小贴士

在烹饪艺术、酒店管理或活动策划方面，具备副学士的学位（或更高）是有帮助的。除了2～4年制学位外，销售人员至少应具备烹饪和服务方面的基本知识，才能有效开展工作。

第 9 章　水果和蔬菜

学习目标 / Learning Objectives

- 厨房用水果，一般可以分为哪些类型?
- 掌握水果、蔬菜的选择及储存方法。
- 掌握水果的常用烹饪及料理方法。
- 水果可以用在咸味菜肴的制作中吗？为什么?
- 认识并能辨认常见的蔬菜品种。
- 为什么像番茄和牛油果这样的水果也被归类为蔬菜?

9.1 水果

9.1.1 水果类型

植物的每一个果实中都含有种子（在某些情况下，甚至可以有上百粒种子），可以长成新的植物。从烹饪的意义上来说，水果除了可直接食用外，通常还被用来做甜食和甜点。但这条规则也有很多例外，比如说，水果也可以用来做出美味的菜肴。

水果生长在树上、灌木或藤蔓上。每种水果都有一个茎端，也就是果实附着在树、灌木或藤蔓上的地方。种子则被果肉包裹着。瓜类的种子数量也较多，分布于果实的中心位置；苹果和梨的种子相对较少，位于果实的核心部分；李子、桃和杏只有一颗种子，它们被坚硬的外壳所保护，也称果核；草莓的种子分布在果实的表面。

果实在生长和成熟的过程中被果皮所保护，在某些情况下，果皮的变化是果实成熟及可以食用的一种信号。成熟的果实色彩鲜艳，而在那之前，则通常呈绿色。

有些水果的果皮是可食用的，如苹果、梨、李子、葡萄等。而其他一些水果的果皮，要么太厚、太硬（如西瓜、菠萝等），要么太苦（如香蕉、橘子等），无法食用。

苹果类

苹果是被最广泛使用的水果之一。有一些品种如蛇果和粉红佳人，新鲜时食用口感极佳。另一些品种则很适合用来烹饪，如麦金托什，它们煮熟后会变软，可制作苹果酱。瑞光苹果煮熟后形状保持不变，是制作派和糕点馅料的好选择。大多数品种的苹果则既可新鲜食用，也可做菜和烘焙，被称为多用途苹果。

优质苹果应该坚实饱满，有重量感，颜色鲜艳，多汁，不应该有压伤或斑点。

以下为一些常见的苹果品种：

- **布雷本苹果** 肉质新鲜爽脆，味甜酸，适用于各种烹饪。食用期为每年10月到次年4月。
- **黄金苹果** 果肉清脆，甜美多汁，切开后不易氧化。适用于各种烹饪。食用期为每年9月到次年5月。
- **麦金托什红苹果** 果肉色白，多汁，绵软，味酸甜。可生吃，也可用于制作酱料和酿造苹果酒，可冷冻储存。食用期为每年9月到次年6月。
- **红苹果** 果肉呈黄白色，口感紧实，味道甘甜。适用于各种烹饪。食用期为每年9月到次年6月。
- **史密斯青苹果** 口感清爽，细腻，果肉色白略带浅绿。适用于各种烹饪。食用期为每年4月到次年7月。
- **粉红苹果** 口感清脆，果肉甜美，适于生吃。食用期为每年10月到次年1月。
- **乔纳森苹果** 果肉柔软，绵软香糯，可以生食，也可用于做馅饼和酱。可冷冻储存。食用期为每年9月到次年1月。

• **瑞光苹果**　口感紧实，有轻微的酸甜味，可用于各种烹饪方式。食用期为每年10月到次年6月。

浆果类

蓝莓、草莓、黑莓、覆盆子可能是提起浆果时人们首先会想到的。它们生长于灌木上，成熟周期较短。成熟时应采摘颜色良好，没有擦伤或发霉的果实。如果包装上沾有汁液，说明浆果在运输过程中可能已经受损。如果其中一些浆果已经发霉变质，那同一包装内的其余浆果也将很快变坏。因此，在出售或烹饪前，应尽可能保持浆果的干爽状态。

蔓越莓的果实坚实，味酸甜，可很好地保存及冷冻。上桌食用的蔓越莓基本上已经被煮熟处理过。除了这些熟悉的浆果外，这类浆果还包括醋栗、鹅莓、黑加仑等。

以下为一些常见的浆果类水果：

• **红色覆盆子**　果肉甜美多汁、多籽，可生食或用于烘焙，可制酱或糖浆。食用期为每年两季：初夏或夏末。

• **金色覆盆子**　风味与口感与红色覆盆子相似，可以生食或用于烘焙，可制作酱料或糖浆。食用期为每年两季：夏初，夏末。

• **桑葚**　风味和口感与覆盆子相似，果形和种子比覆盆子大，稍偏甜，可生吃或用于制作果酱、果冻和糖浆。食用期为每年春季。

• **草莓**　果肉甜美多汁，种子布满果实表面，可生食，可风干，可用于烘焙，或制成果酱、果冻。食用期为每年春末到初夏。

• **黑莓**　风味与口感与红色覆盆子相似，果形与种子较大，比红色覆盆子甜，可生食或制成果酱、果冻，可用于烘焙，可制作酱料或糖浆。食用期为每年仲夏。

• **蓝莓**　果肉甘甜多汁，可生食或风干食用，可用于烘焙。食用期为每年的夏末。

• **红加仑**　红色，黑色或白色果肉，红色最甜。多用于果酱、果冻或糖浆制作，常见干果。食用期为每年仲夏。

柑橘类

柑橘类的水果包括柑橘、葡萄柚、柠檬和酸橙等，有明亮的表皮且富含精油。这些精油会迅速挥发，给水果带来独特的香气和风味。表皮下白色的、味苦涩而不易消化的一层，为果皮。优质的柑橘类水果应有良好的色泽和香气，无软陷或受伤部位，无霉点。

柑橘类水果有四种基本类型：

• 果皮易剥，例如蜜橘、柑橘、柚、克莱门氏小柑橘等。

• 甜橙，个头较大且方便食用，籽较少，例如脐橙。

• 榨汁的橙子，味甜，皮薄，多汁，多籽。

• 苦橙，皮厚，味苦，多用来制作果酱。

以下为一些常见的柑橘类水果：

• **柳橙** 甜酸味，多汁，有些品种无籽。可生食或榨汁，或制成柑橘酱。皮可用于调味。食用期为全年。

• **西柚** 甜酸味，多汁，有些品种无籽。果肉呈米黄、粉红或深红色。可生食或榨汁食用。食用期为全年。

• **柠檬** 风味独特，酸且多汁，带籽。可用于榨汁或用于调味。食用期为全年。

• **青柠** 味酸甜，多汁，一般无籽。可用于榨汁或用于调味。食用期为全年。

• **橘子** 味酸甜，风味略淡于柳橙，多汁，多籽。可生食或榨汁食用。食用期为每年10月到次年4月。

• **克莱门氏小柑橘** 类似于柳橙，风味略淡，果形小，籽少或无籽。可生食。食用期为每年11月到次年2月。

• **蜜柑** 味道类似于橘子，多汁少籽。可生食或榨汁。食用期为每年10月到次年2月。

• **丑橘** 果肉类似于柳橙，多汁少籽，有绵滑甘甜风味。可生食或榨汁。食用期为每年11月到次年4月。

• **金桔** 果皮可食用，味甘甜，果肉酸，可生食或用于制作果酱。食用期为每年10月到次年1月。

葡萄类

葡萄是生长在葡萄藤或灌木上的多汁浆果，可直接食用，可酿酒，或制作成其他葡萄制品。可新鲜食用的葡萄呈红色、紫色（黑色）或绿色，或有籽，或无籽。康科德葡萄用于制作果汁、果冻和蜜饯。无核葡萄品种，例如汤普森或苏丹娜等，可于烘干后制作成葡萄干。

葡萄应牢牢地附着在葡萄茎上，形态饱满而无萎缩。

梨类

梨在很多方面与苹果相似。它们生长在树上，果肉甜，呈奶油色，核内有多颗种子。果皮的颜色多样，或呈斑驳的棕色，或淡绿色，或深红色。尽管有些食谱要求去掉果皮，但梨的皮是可以食用的。梨通常可以冷藏几个月而不至于过熟或失去原有的品质。

以下为一些常见的梨类品种：

• **安茹梨** 果肉色白、细腻、略带硬颗粒，芳香多汁，甘甜略酸，可生食或煮制，或用于烘焙。食用期为秋季。

• **红巴梨** 芳香甘甜，口感多汁，细腻润滑，可生食或煮制，或制罐头。食用期为秋季。

• **塞克尔梨** 果肉爽脆，甜美可口，可生食（也有观点认为口感偏硬不宜生食），可煮制，可制成罐头。食用期为秋季。

• **考密斯梨** 果肉细滑而柔软，非常甜美多汁。可生食。食用期为秋季。

• **博斯克梨** 肉质细密、爽滑，风味甜香，可生食或煮制，可用于烘焙。食用期为秋季。

• **亚洲梨** 果肉爽脆、颗粒感强，芳香多汁，可生食。食用期为秋季。

核果类

樱桃、杏、李子、桃子和油桃等都属于核果，它们的种子或核，位于被果肉紧紧包裹住的中心部位。新鲜的桃子和杏的果皮覆盖着一层绒毛，尽管可以直接食用，但通常在烹饪前会削除。市场上有许多在售的李子品种，其中，紫色或红色的新鲜李子通常可直接食用，而最适合做菜和烘焙的当数意大利李和西洋李。

黏核水果的果肉紧紧附着在果核上，导致果肉很难被分离干净；而离核水果的果肉则很容易就可以从果核上剥离出来。桃子和油桃都兼有以上两个品种。

以下为一些常见的核果品种：

- **杏** 果肉柔软多汁，芳香，有甜酸味。可生食，可烘焙，可制糖浆、果酱、果茸、果干、罐头等。食用期为夏季。
- **樱桃** 果肉多汁，有些品种偏酸或偏甜，果皮或果肉呈红色、白色或黑色。可生食，可烘焙，可制作糖浆、果酱或酱汁。常风干，用于制作罐头或冷冻保存。食用期为夏初。
- **油桃** 果肉类似于桃子，表皮光滑，呈红色、粉色、白色或黄色。可生食或用于烘焙，可制作果酱。食用期为夏季。
- **桃子** 表皮有绒毛，呈红色、粉色、黄色或白色。果肉多汁、紧实，呈橙色或奶白色，带有柔和的芳香，甜味与风味的浓郁度，因品种不同而有所差异。可生食，可用于烘焙，可制作果酱。食用期为夏季。
- **圣塔罗萨李** 果肉柔软多汁，呈浅黄色，有浓郁甜香味。可生食，可制作果酱和果冻。食用期为夏季。
- **乌制子李** 果肉芳香多汁，味道酸甜，黄中带绿。果皮呈紫黑色。可用于制作果酱、果冻，可烘焙。食用期为夏末。

瓜类

瓜类有很多不同品种，每个品种的大小、口感、颜色和皮质都不一样。

瓜类生长在藤蔓上，果实接触地面，一部分没有受到阳光直射的外皮呈白色，有褪色的斑点。有些瓜在成熟时茎端稍有软化，其余的瓜则茎部光滑，这些现象表明藤上的瓜已经足够成熟，只待被采摘。优质的瓜结实多汁，香甜可口。

以下为一些常见的瓜类水果：

- **哈密瓜** 果肉细密多汁，橙黄色，非常甘甜，有一种令人愉悦的蜜瓜香味。可生食。食用期为夏季。
- **卡萨巴甜瓜** 果肉绿白色，甜味清爽。储存时间较长。可生食。食用期为每年秋初。
- **西瓜** 果肉甘甜多汁，红瓤或黄瓤。有无籽品种。生食。食用期为夏季中晚期。
- **克伦肖蜜瓜** 果肉紧致多汁，呈桃色，甘甜芳香。有青、白两个品种。可生食。食用期为初秋。
- **香瓜** 果肉多汁，呈浅绿色，被视为瓜类中甜度最高的品种。可生食。食用期为夏季。

大黄

虽然严格意义上说，大黄并不属于水果，但是它常常被视为水果的一种。其叶柄呈红色，形似芹菜茎，味极酸，通常与大量的甜味剂混合，用于果酱和馅饼的制作中。

热带水果和异国水果

根据供应情况，你经常可以在杂货店或专卖店找到热带水果和异国水果。

以下为一些常见的热带水果和异国水果：

- **香蕉** 果肉柔软香甜，呈奶白色。品种多样，包括黄香蕉、卡文迪什香蕉、红香蕉（比卡文迪什香蕉更甜更短）、帝王蕉等。可生食或用于烘焙。大香蕉与香蕉品种接近，果肉含淀粉较多，可油炸、煮制或制成果泥。食用期为全年。
- **椰子** 果肉乳白，味道浓郁甘甜，口感带粉。有坚硬的棕色外壳包裹。可生食或用于烘焙，或制成蜜饯，或用于炖菜及咖喱菜肴等。通常制成果干、罐头、椰奶、椰浆或冷冻。食用期为全年。
- **枣椰果** 果肉香糯，味极甜。果皮薄如蜡质，果核较长。可生食或制成干果。食用期为全年。
- **无花果** 果肉甘甜柔软，呈粉红色、红色或琥珀色，内含柔软的籽。果皮呈紫色、绿色或棕色。可生食，可煮制或用于烘焙，多制成干果。食用期为每年春末至冬季。
- **番石榴** 果肉甘甜芳香，呈米黄色或亮红色，籽可食用。果皮较厚，其颜色从黄色到深紫色不等。可生食或榨汁，或制成浓缩果汁。食用期为每年仲夏至冬季。
- **猕猴桃** 果肉多汁，呈绿色。其心色白，带有黑色种子。果皮薄，棕色有绒毛。可生食。食用期为全年。
- **杧果** 果肉甘甜，芳香浓郁，呈深黄色。果核扁平。果皮呈红色、黄色或绿色。可生食，可煮制或制成罐头。食用期为全年。
- **木瓜** 果肉多汁，甘甜浓郁，呈橙色。果实内部有深灰色可食用种子，味辛辣。果近梨形，外皮呈黄绿色。可生食，煮制或制成果茸。食用期为全年。
- **西番莲（百香果）** 果肉金黄，味酸甜，芳香浓郁。有黑色可食用的种子。果皮（或果壳）呈深红色，成熟后果壳会凹陷有皱褶。可生食，或制成压缩汁。食用期为初冬。
- **杨桃** 果肉多汁，味酸甜，呈金黄色，带有浓郁的甜香味。其籽深色，可食用。表皮薄，有蜡质，可食用。成熟后呈金黄色。可生食。食用期为每年夏季到初冬。
- **柿子** 果肉柔软细腻而香甜，呈橘红色。表皮光滑，也呈橘红色。可生食，可煮制，可烘焙或制成果酱。食用期为每年秋末到初春。
- **石榴** 果肉具有爆浆口感，呈透明红色，香甜如果冻。果肉包裹着种子。果皮坚韧结实，呈红色。可生食或榨汁。食用期为每年春季到初冬。
- **菠萝** 果肉甘甜浓香，多汁，果肉纤维较多，表皮有坚韧的菱形花纹，叶子呈剑状。成熟后果香更浓郁。可生食，可煮制或烤制，也可用于烘焙，常制成罐头。食用期为全年。

9.1.2 水果的挑选和储存

新鲜的水果在成熟或者不成熟的状态下被售卖，这取决于使用的方式和时间。此外，水果的来源也会影响到其售卖状态：它们或许种植于当地，或许从世界各地运输而来。

水果的市场销售模式

水果的销售形式多种多样。你可以购买单个（如柠檬）或成串（如葡萄或者香蕉）的新鲜水果，也可以购买被包装在大小和形状不一的容器中的水果。

大多数水果的品质直接与其生长季节相关。由于大多数水果的生长周期相对较短，有些水果容易腐烂，即使在理想的贮藏条件下也只能保存几天，所以，在冬季购买的水蜜桃，其味道、色泽、质地、香气和营养价值，显然均无法与在夏季成熟高峰期的水蜜桃相媲美。

新鲜水果在出售前也可能要经过加工处理，例如将草莓去茎，将西瓜切片或切块，等等。

干果的保质期非常长，而且仍然保留着水果在新鲜状态下的大部分风味和甜度。葡萄干（晒干的新鲜葡萄）、西梅干（干制的西梅）、枣和无花果等都是通常以干果形式出售的水果。干果可加糖制成蜜饯或糖渍水果。

冷冻水果可以单独速冻（IQF），即将水果以单个或片状、块状冷冻，无须添加任何糖或糖浆。冷冻水果还可以以果泥形式（加糖或不加糖）或成团出售，或是以糖渍方式储存。

水果罐头包括什锦水果（水果去皮，切片或切块，在糖水中煮制处理后装罐），腌渍在糖水或果汁中的完整或切块的水果。此外，还有水果馅料，果泥和果酱等。

成熟过程

厨师需要了解水果是怎样生长和成熟的。这些信息可以帮助他们选择和储存水果，使其尽可能地保留美味和营养，同时也保证尽可能减少因水果腐坏变质而带来的损失。

在藤上、树上或灌木丛中生长的果实，一旦达到合适大小，即被视为进入成熟期，但这并不意味着它已实现了完整的生长成熟过程。真正的“成熟”，意味着果实已达到颜色最鲜艳，味道最浓厚，甜度和香气最浓郁的时期——这就是人们为什么可以闻到新鲜的瓜和桃子的芬芳的原因。有些水果会随着成熟而变软、多汁。

根据水果的种类和加工方式的不同，有些水果须在成熟后采摘，如苹果和桃子。其他水果则是在进入成熟期之后、真正“成熟”之前采摘。香蕉就是一个很好的例子，它在成熟期采摘时，表皮仍为绿色，置于室温下保存一段时间后，香蕉才逐渐成熟至表皮呈金黄色。

果实在成熟过程中，会释放一种气体，即乙烯。乙烯在催熟果实后，仍会继续释放更多的气体，影响果实，并使之持续变化，直到其变得过软、过熟，最终腐烂变质。

水果的分级

农产品采收后，由美国农业部农业市场服务局（AMS）对其进行分级。新鲜水果根据其大小、形状、重量、颜色和是否有缺陷（例如皮上是否有裂纹）等来判断其等级。其等级如下所示：

- **美国精选** 特优产品。
- **美国1号** 优质产品，略低于精选。
- **美国2号** 中等品质产品。
- **美国3号** 标准品质的合格产品。

水果的等级不一定能反映其味道。美国2号或3号水果的外观可能不像美国精选水果那么好看，但如果你打算把它做成馅饼或酱汁，那么它的外观其实并没有味道那么重要。然而，如果一份甜点需要一个完整的梨或桃，那就需要高级别水果，如美国精选或美国1号产品。

冷冻水果的分级则略有不同：

- **美国A级** 相当于新鲜水果中的特优级。
- **美国B级** 高于平均质量（称为严选品质）。
- **美国C级** 中等质量（也称为标准品质）。

储存水果

你需要采取适当的步骤去尽可能长时间地保持水果的品质。

大多数水果冷藏是为了稍微延缓其成熟的过程。冷藏时一定要确保水果在冷藏过程中始终保持干燥状态。此外，由于有些水果（尤其是苹果和梨）会释放出大量的乙烯，因此储存时需远离其他水果，否则乙烯会导致其他水果腐烂。有些可散发强烈气味的水果容易影响附近储存的食物，特别是乳制品。在可能的情况下，须将水果与其他易腐品隔离储存。

直到使用前，新鲜水果都应一直在冰箱里冷藏。罐头和干果则可以保存在厨房的干货存放区。干果包装一旦被打开，需要密封住开口或将未使用完的部分转移到有密封盖子的容器中，既可防止其变得过干，还可以防虫。

9.1.3 水果的准备

无论在什么情况下，要处理呈给客人食用的新鲜水果，均需先戴上手套。清洁永远是加工处理水果的第一步。清洗完水果之后，就可以根据需要，按照最合理的顺序进行其他步骤。例如，菠萝需要先削皮再去核，但对于杧果来说，在去皮之前处理果核会更容易。

清洁

尽管水果不属于潜在的危险食品，但其果皮仍会附着一些病原体。此外，水果在生长及出售过程中，会接触到化学物质、污垢、动物和害虫，这就使得清洁水果非常重要。

在处理水果时，应以温和的方式使用冷水清洗，以避免碰伤水果。果皮厚的水果清洁时需稍用力，并用刷子刷去果皮上的残留物。精致的水果，如覆盆子等，应在食用前进行精细的冲洗，以避免水果吸收过多水分。

去皮、除核和除蒂

有些水果的果皮是不能食用的，需去除。有些果皮很容易剥离，如香蕉或橙子等，另一些则剥离时较麻烦些。总的说来，准备水果时，通常均需去掉果皮、果核、种子和茎。

- **去除果皮** 用削皮器或去皮刀去掉果皮（如因打过蜡而不能食用的苹果皮和梨皮，或因果皮有太多绒毛而不能直接食用的猕猴桃等）。如果要去除瓜类和菠萝等厚重的果皮，可使用厨师刀，但要注意切除果皮时，要尽可能多地保留果肉。要注意，切除果皮后，菠萝身上还有不少小“眼睛”，也应继续处理，将其一一去除。
- **去除果核** 要除去苹果或梨芯，可从顶切开分成两半，用挖球器挖去果核。
- **去除种子及硬核** 要去掉瓜子，可将瓜切成两半，用料理勺挖出瓜子和瓜膜；要去除柑橘类的种子，可使用削皮刀的尖端；要去掉樱桃的硬核，可用樱桃去核器；要去掉李、桃、油桃等水果的硬核，可用去皮刀在果皮和果肉之间旋转一周，直切至凹槽处，然后双手将两边果肉各往反方向扭转。
- **去除果蒂** 要去除浆果的蒂，可以蒂为圆心，使用去皮刀的尖端绕切，调整刀的角度对准浆果中心，以便仅去除顶端及其周围的白色部分。
- **剥皮** 柑橘类水果的果皮剥除后，可以磨碎或切成细条，制成柑橘皮。但是，这些果皮往往只取其颜色鲜艳的表皮部分，内部与果肉相连的白色部分味苦，不宜使用。柑橘皮气味芳香，可用作调味品或装饰品。

水果切配

水果在出菜时常被切成楔形、片状、块状或方块状以供食用。切制水果时，刀具一定要足够锋利，确保切面干净，这不仅有助于水果形态美观，还能保持水果的品质，避免果汁流失。

还有一种特殊的水果切法，即把水果处理成小圆球状。制作方法很简单：用勺或挖球器在水果表面均匀地挖出一个个水果球，然后切除该水果层，重新形成一个干净的水果层后，继续挖制水果球。以此类推，直至完成全部制作。

榨汁及制作果泥

新鲜水果可以榨汁和制作果泥。包含铰刀的手动榨汁机可用来为柑橘类水果榨汁。榨苹果或者梨汁则最好使用电动榨汁机。水果泥是将准备好的水果（根据需要去皮、去籽或处理）放入搅拌机或者食品加工器中加工而成。如果水果为柔软多汁型，可以不额外添加水分；如果水果本身水分含量低，你可能需要预煮或添加更多的液体，才能完成果泥制作。

干果处理

水果干可即食，一般不需要提前准备或处理，但如果要加入菜肴或烘焙食品中，则需先行软化处理。软化水果干的方法是将其放入碗中，以凉水或热水覆盖，直至其稍微膨胀变软。食用前应将水果干沥干水分。水果干恢复水分的这个过程被称为膨胀或补水。

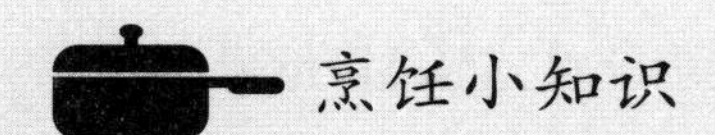

原材料损耗率

在餐饮业，食物经加工后可被用于烹饪的比例十分重要。加工过程中，被切除不用的部分叫作边角料。边角料与可用部分的百分比，即为原材料损耗率。

以下是如何计算原材料损耗率的步骤：

1. 称量加工前食材的重量。
2. 按照配方指导步骤，处理食材。
3. 称量边角料。
4. 用边角料的重量除以加工前的总重量。
5. 把得数换算成百分比。

例如：原材料=16盎司；边角料=2盎司

根据上述步骤：2÷16=0.125

换算为百分比：0.125 x 100% = 12.5%

计算

1. 一个苹果重6盎司，边角料重0.5盎司。请计算原材料损耗率。
2. 一个西瓜重25磅，边角料重6磅。请计算原材料损耗率。
3. 一个桃子平均重6盎司，边角料重0.5盎司。根据食谱要求，需要40盎司的桃肉切片来制作馅饼。请计算一共需要使用多少个桃子。

9.1.4 水果的烹饪

干热法和湿热法均可用于水果烹饪。前者包括烤、炒、煎、炸和烘烤，后者则包括水煮和炖煮。开始烹饪之前，你最好先查看一下食谱，以确定应如何进行水果的准备工作。有些方法适用于完全成熟的水果，另一些方法则适用于未完全成熟的水果。

- **炒制** 香蕉、菠萝、桃和李都可用来炒制。炒水果一般是将水果去皮切成块，然后锅中下黄油，以中大火翻炒至熟。炒制过程中，如果加入糖，可产生浓稠的糖霜。炒水果可单独食用，也可作为薄饼的馅料、煎饼的装饰配料或冰淇淋的淋酱。
- **油炸** 往水果片上涂上一层面糊，然后油炸制作成果馅油炸饼。也可以使用面包屑、坚果碎或椰丝来代替面糊。
- **烘烤** 水果可以用多种不同的方式烘烤。可以简单地去核后烘烤至软嫩，也可以为了增添风味而在烘烤前用切碎的坚果和干果等填充水果，或在水果顶部淋上酱汁或奶油。

- **水煮** 在液体中煮水果，通常会加入一些糖和其他调味料。直到果肉软嫩熟透，果实仍应保持其形状。水煮水果可以热着吃，也可以冷着吃，可以配上汁水，也可以不配。水煮也是制备水果馅饼或水果派的第一步。
- **炖制** 虽然类似水煮，但用新鲜水果或干果慢炖的水果一般是和其汤汁一起食用的。

基础烹饪技术 水煮水果

1. 将水果初加工，包括根据需要去皮、切配。
2. 熬制烹饪汁水，根据配方加入增加风味的食材。
3. 将水果放入汁水中，如果需要可以加入更多汁水直至其浸没水果。
4. 低温文火（温度保持在170℉）慢煨至水果软熟且风味浓郁。
5. 让水果在汁水中冷却、沥干，然后食用或储存。

- **水果泥** 煮或炖后的水果放入食品加工机或搅拌器中，即可制成口感滑润、清淡的果泥。如果用食品研磨机，可使果泥更有质感。如果想要进一步获得最光滑、最细腻的口感，还可将果泥用细网筛过滤。果泥可用作调味酱或其他菜肴的配料。

基础烹饪技术 水果泥

1. 根据需要对水果进行初加工。
2. 根据食谱加入甜味剂或其他调味料，煮制水果，直至水果软烂。
3. 使用搅拌机、食品加工机或筛子等工具，将果泥搅拌至所需要的细腻程度，并调味。
4. 使用或储存果泥。

- **烧烤和炙烤** 水果可以被切成薄片或成串进行烤炙。为了保护鲜嫩美味的水果，你可以在水果表面轻轻刷上少许融化的黄油，然后撒上糖或刷上少许蜂蜜（或枫糖浆），以便让水果着色。把水果直接放在烤架上，或将水果放置在托盘中，抹上一层薄薄的黄油或铺上内衬烤盘纸，烤制水果，直到它散发出浓郁的香气且表面呈现焦糖色。

9.1.5 水果料理

果盘和沙拉是较为常见的水果料理方式。其他菜品包括什锦水果等，通常都被装在冰镇的杯或碗中。新鲜水果还可以作为前菜和甜点的点缀，例如在巧克力蛋糕上放上新鲜的浆果，或者早餐时在煎蛋卷上放上一片甜瓜，甚至在冷食麦片粥上放上桃片。

水果在常温下食用时味道最浓郁，所以如果可能的话，从冰箱里拿出来的水果，最好能在室温下静置几分钟。

水果有时也可以搭配肉类、鱼类或家禽食用。葡萄、葡萄干、李子、西梅干、杏等水果或水果干都可以作为馅料或加入酱料中。水果泥也能做出可口的佳肴，例如火鸡配蔓越莓酱、土豆煎饼配苹果酱等。

甜品火锅是较流行的水果料理：将鲜果块蘸上巧克力、焦糖或牛油果酱等温热酱料即可。硬巧克力外壳包裹着新鲜水果，可作为甜点食用。

概念复习

1. 列出桃子的组成部分。
2. 描述水果成熟之后的性状。
3. 所有涉及水果的初加工，其第一个步骤是什么？
4. 列出可用于烹饪水果的干热法。
5. 如果以水果作为晚餐的开胃菜，应如何制作？

发散思考

6. 橙子成熟时会呈现鲜亮的橙色，为什么你能据此判断橙子已成熟？
7. 为什么水果在煮制前通常要去皮？
8. 哪些水果更适合炒制？

厨房实践

将所有成员分成四组，每组分别煮制一种不同的水果。各组所用全部材料与器具，均大小相同、重量相当。将每种水果切成大小一致、重量接近的块状，放入锅中；称量出等量的烹饪汁水（如苹果酒），倒入锅内，然后用中火烧开、煮制。如果全程温度控制在165℉～170℉之间，那么哪一种水果所耗的煮制时间最长？请根据实际结果检验预测是否正确，并阐述导致这一结果的原因。

烹饪小科学

复习本章，参考其他资料，写一篇约350字的小论文，讨论果实的定义、基本解剖结构，以及从开花到成熟的过程。

9.2 蔬菜

9.2.1 蔬菜类型

蔬菜属于植物，植株的各个不同部位都可食用，包括根、茎、叶、花和种子。有些蔬菜可生吃，有些则须煮熟。蔬菜可作为主菜或其他食物的佐餐，也可作为一道菜的配料。

番茄和牛油果本应归类为水果，但人们通常视其为蔬菜，且从烹饪角度来看，它们也更符合蔬菜的用途，因此本节中也包括了它们。

和水果一样，色彩鲜艳、种类丰富的蔬菜也是多用途的。随着关注饮食健康的人越来越多，对优质蔬菜的需求也越来越大。

牛油果（鳄梨）

牛油果实质上是一种水果，是为数不多的含有大量脂肪的农产品之一。牛油果的表皮不可食用，颜色多样——从成熟的哈斯牛油果的棕色，到佛罗里达品种的绿色，变化不一。牛油果的果肉呈奶油色，切开后很快会变成棕色，故牛油果通常到需要时才会被切开。

卷心菜科

卷心菜科的蔬菜种类繁多，包括卷心菜、抱子甘蓝、西兰花、花椰菜等。卷心菜的品种包括红卷心菜和绿卷心菜，其中前者的体积要重些，叶片包裹紧密。皱叶甘蓝和白菜（小白菜和青菜）的叶子相对于卷心菜来说，则包裹得更疏松一些。

挑选卷心菜科蔬菜时，要选择颜色均匀、茎干无破损、叶片无干枯者为佳。

以下为部分常见的卷心菜科蔬菜品种：

- **西兰花** 购买时以紧实、未开花者为佳。可蒸制或煮制。夏季出产者最佳，但全年均可通过进口产品供应链购买。
- **奶白菜** 购买时以茎部紧实新鲜、叶子鲜嫩者为佳。可蒸制，煮制和炒制。夏季和秋季出产者最佳，但全年均可通过进口产品供应链购买。
- **抱子甘蓝** 购买时以甘蓝顶部紧实新鲜、叶片包裹严密者为佳。可蒸制或煮制。秋末到冬季出产者最佳，但全年均可从仓库或通过进口产品供应链购买。
- **花椰菜** 购买时以花朵色白紧实且无变黄发黑者为佳，包裹花朵的叶子应附着牢固、不枯萎。可蒸或煮。夏末到秋季出产者最佳，但全年均可从仓库或通过进口产品供应链购买。
- **绿色和红色卷心菜** 购买时以茎端顶部紧实新鲜，表面叶片新鲜结实，无褐变或虫洞者为佳。出产较早的品种，其叶片包裹较不紧实，冬季出产或储藏型卷心菜的叶片则较为紧实。可制成沙拉生食，或蒸、烧和煮制；可做成馅料，或烤、腌制。夏季和秋季出产者最佳，但全年均可从仓库或通过进口产品供应链购买。
- **中国白菜** 购买时以顶部紧实新鲜、表面叶片无虫咬和变色者为佳。可制成沙拉生食，可蒸、煮和炒制。夏季和秋季出产者最佳。
- **皱叶甘蓝** 购买时以顶部紧实新鲜、表面叶片无虫咬和变色者为佳。可制成沙拉生食，可蒸、炖和煮制，也可腌制。夏季和秋季出产者最佳。

瓜类蔬菜

瓜类蔬菜包括黄瓜、胡瓜、茄子，以及多种西葫芦和南瓜族。

• **西葫芦** 包括绿皮密生西葫芦、香蕉西葫芦、扁圆南瓜等。和黄瓜和茄子一样，西葫芦在未成熟时采摘，此时其果肉、果皮和种子均较为软嫩可食。通常这些蔬菜的所有部位均可食用，但如果果皮和种子太硬，也可以选择去掉。随着它们持续生长，表皮会变厚、变坚硬，果肉变干，种子变大。

• **南瓜** 包括橡子南瓜、胡桃南瓜和红薯南瓜等。表皮不能食用。种子大，食用前应先去除。有一些南瓜的种子可以像坚果一样烘烤食用。南瓜的果肉通常为黄色至橙色。

以下为部分常见的瓜类蔬菜品种：

• **黄瓜** 表皮紧实，呈深绿色，未打蜡表皮可食用。乳瓜可生食或腌渍。水果黄瓜常用于沙拉、腌渍，可制成调味品和未经烹饪的酱汁。英式黄瓜常用于沙拉制作和腌制。一年四季均可食用。

• **茄子** 质地紧实，表皮光亮，无损伤，无软烂变色。未打蜡表皮可食用。可用于烩、炖、烧、烤或填馅烘烤。一年四季均可食用。

• **长茄子** 质地紧实，表皮光亮，无损伤，无软烂变色。未打蜡表皮可食用。可用于烩、炖、烧、烤或填馅烘烤。一年四季均可食用，以夏季出产者最佳。

• **橡子南瓜** 质地紧实，有的品种可能呈橙红色，也可能是橙色。可刷上蜂蜜或枫糖浆烤制，可煮制，或做成汤。表皮不可食用。

• **带花小南瓜** 表皮光亮，质地紧实。可能有花朵附着（花朵新鲜时可食用）。未打蜡表皮可食用。可蒸、炒、煎、炸。夏季出产者最佳。

• **节瓜** 表皮光亮，质地紧实，有绿、黄色两种。未打蜡表皮可食用。可烩、烧、烤、炸、炒，或裹上面包糠和挂糊油炸，或填馅和烘烤。一年四季均可食用，以夏季出产者最佳。

• **飞碟南瓜** 表皮光亮，质地紧实。未打蜡表皮可食用。可蒸、炒、煎。夏季出产者最佳。

• **长南瓜** 质地紧实。表皮呈橙色或棕色，不可食用。可刷上蜂蜜或枫糖浆烘烤，可制成蔬菜泥或制作汤羹。一年四季均可食用，以秋末出产者最佳。

• **夏南瓜** 质地紧实，是一种夏季产的南瓜，但口感接近冬季产的南瓜。果肉呈橘色，表皮可食用，但常被削去。可刷上蜂蜜或枫糖浆烘烤，可制成蔬菜泥，或是用于做汤。一年四季均可食用，以秋末出产者最佳。

• **圆南瓜** 质地紧实，表皮不可食用。可刷上蜂蜜或枫糖浆烘烤，可制成菜泥或用于做汤，也可用于制作馅饼和面包。种子可食用，可炒制。一年四季均可食用，以秋末出产者最佳。

蔬菜烹饪

除了我们在第10章所讨论的沙拉用蔬菜外，还有其他一些通常用于烹饪的绿叶菜（尽管有些绿叶菜，如菠菜，也可以用在沙拉中），包括莴苣，萝卜，以及卷心菜科的两种叶菜属成员——高丽菜和甘蓝。蔬菜烹饪方式通常为炒、蒸、炖或焖。烹饪用蔬菜的挑选标准和处理方法与沙拉用生菜相似。

以下为部分常见的绿叶蔬菜品种：

• **菠菜** 购买时以叶子深绿鲜嫩者为佳。可蒸、炒（搭配大蒜），可用于沙拉生食。全年均有。

• **牛皮菜** 购买时以叶子深绿色者为佳。茎部可食用，呈白色、红色或彩色。可煮、炒（搭配大蒜）、炖。一年四季均可食用，以夏季至秋末食用最佳。

• **芜菁叶** 叶子绿色，叶片边缘有皱褶。可蒸、炒（搭配大蒜）、炖、煮。

• **宽叶羽衣甘蓝** 购买时以叶子大片且嫩绿者为佳。可蒸、炒（搭配大蒜）、炖、煮。一年四季均可食用，以秋季食用最佳。

• **羽衣甘蓝** 叶片深绿至蓝绿色，边缘有褶皱。可蒸、炒（搭配大蒜）、炖、煮，或用于做汤。一年四季均可食用，以仲夏至晚秋食用最佳。

蘑菇

蘑菇在大小、形状、颜色和味道上有很大的差异。长期以来，唯一可以广泛使用的蘑菇是白蘑菇（也称口蘑或巴黎蘑菇）。如今，越来越多的品种被成功养殖，也就是说，很多所谓的野生品种实际上都是人工培育的。

常见的人工培育蘑菇品种有白蘑菇、大褐菇、小褐菇、香菇和平菇等。野生蘑菇品种有牛肝菌、鸡油菌、羊肚菌、松露等。

购买蘑菇时，要挑选菌盖上无软斑、无瑕疵、菌褶菌柄无破损的结实蘑菇。蘑菇需冷藏保存。为使其更持久地保鲜，可用微湿的纸巾轻轻盖上，而不使用保鲜膜。直到使用前，都应尽可能保持其干燥。

以下为部分常见的蘑菇品种：

• **白蘑菇** 最常见的食用蘑菇品种。购买时宜选择质地紧实细密，且带有新鲜蘑菇芳香的。可生食、熟食，或腌制。可用于制作酱汁，可煮汤，可烩菜。一年四季均可食用。

• **小褐菇** 人工培育品种。口感与白蘑菇类似，风味则略比其浓郁。可生食、熟食，可用于制作酱汁。一年四季均可食用。

• **大褐菇** 人工培育品种。口感堪比优质的菲力牛肉，蘑菇风味浓郁。可炒或烤。一年四季均可食用。

• **平菇** 人工培育品种。口感细腻，带有甘甜芳香的果味。可炒制，可制成酱汁。一年四季均可食用。

• **香菇** 人工培育品种。质地坚硬，略带嚼劲，有肉味、土味、烟熏味。可炒制，可制作酱料。可晒干使用。一年四季均可食用。

• **牛肝菌** 野生品种。口感细腻，带有坚果芳香，有类似于肉的风味。可生食、熟食，可腌制，可用于制作酱汁，可煮汤，可烩菜。可晒干使用。夏季和冬季食用最佳。

• **鸡油菌** 野生品种。口感柔软，带有果香、泥土香和香辛味（视品种而定）。可生食、熟食，可腌制。可用于制作酱汁，可煮汤，可烩菜。可晒干使用。秋季食用最佳。

• **羊肚菌** 野生品种。口感紧实，带有浓郁的泥土芳香，须彻底煮熟后才能食用。可制作酱汁。可晒干使用。初春食用最佳。

- **松露** 野生品种。质地紧实，芳香浓郁，有刺激性强烈的类似于肉香的风味。价格非常昂贵。可生食，可炒制，可制作酱汁或松露油。有黑松露（秋季）和白松露（春季和夏季）两个品种。

葱类

葱类包括蒜和葱，两大主要分类为：叶用葱（新鲜），干洋葱。

- **叶用葱** 冬葱和韭葱属于叶用葱，它们都有着柔嫩的白色球茎。在某些品种中，绿色部分为可食用部位（如冬葱），但在其他品种中，绿色部分则是被丢弃的（如韭葱）。细香葱也是叶用葱的一种，尽管它们在烹饪中通常被用作香料。叶用葱外层应坚实，不能过度干燥或者撕裂，根部则应坚实而有弹性，烹调前应冲洗干净并彻底晾干。

- **干洋葱** 干葱大小不一，从小小的珍珠洋葱到个头较大的红洋葱或黄洋葱都有。它们的肉多汁，表面覆盖着一层层干燥的表皮，呈白色、黄色或红色。购买时应挑选重量合适、外皮紧实的洋葱、大蒜或葱头。

以下为部分常见的葱类品种：

- **冬葱** 也称青葱。除根部外，整株可食用。可用于沙拉，可制酱汁。一年四季均可食用。

- **韭葱** 只使用白色和浅绿色部分。可用作主要食材，或作为增加风味的调味品。可烤、蒸、烩，可用于汤、炖菜、酱汁。一年四季均可食用，以夏季、秋季食用最佳。

- **蒜** 顶部变软或发芽的蒜忌用。一般用作增加风味的调味料。可烤制后做成蒜泥。一年四季均可食用。

- **红洋葱** 表皮呈红色、肉质为白色。可用于沙拉中生食，可烤制，可制作酱汁，可作为增加风味的调味料。一年四季均可食用。

- **白洋葱** 比红洋葱更具辛香味。可用作芳香剂或增加风味的调味料。可用于炖汤和烩菜。一年四季均可食用。

- **黄洋葱** 比红洋葱更具辛香味。可用作芳香剂或增加风味的调味料。可用于炖汤和烩菜。一年四季均可食用。

- **小干葱** 风味比洋葱更柔和细腻。果肉为白色或浅紫色。可用于沙拉酱汁，可作为增加风味的调味料。一年四季均可食用。

- **珍珠洋葱** 有红色、白色两种。可煮制、腌制、卤制。常用于烩菜和炖肉中。一年四季均可食用。

椒类

挑选坚实且重量合适的椒类，其表面应紧实而有光泽，无皱痕和褶子。新鲜的椒口感厚实、爽脆。目前有两种基本的椒类：甜椒和辣椒。

- **甜椒** 根据其外形，甜椒有时也称灯笼椒。甜椒在其成长初期都是绿色的，部分品种成熟后变为其他颜色——最为常见的是绿色、红色、黄色。各类甜椒的味道相似，但红色和黄色的甜度较高。

- **辣椒** 辣椒有不同大小和颜色，以及不同的辣度等级。辣味的形成是因为辣椒含有一种化合物——辣椒素。它广泛分布于辣椒内部的白色纤维中，通常辣椒越小越辣。除鲜辣椒外，市场上还有灌装辣椒、干辣椒（或整颗，或切碎，或磨成粉状）、熏制辣椒等可供选用。目前流行的部分辣椒品种，其辣度从轻微到强烈依次排列为：波布拉诺辣椒，阿纳海辣椒，哈拉贝纽辣椒，卡宴辣椒，苏格兰帽红辣椒，哈瓦那辣椒。史高维尔是衡量辣椒辣度的单位，它依据辣椒中的辣椒素含量来测定。甜椒不含辣椒素，所以史高维尔单位为零。哈瓦那辣椒为350000个单位，苏格兰帽红辣椒为325000个单位，卡宴辣椒为50000个单位，哈拉贝纽辣椒为8000个单位，阿纳海辣椒为2500个单位，波布拉诺辣椒为2000个单位。

以下为部分常见的辣椒品种：

- **阿纳海辣椒** 味道轻柔，有非常美味的辣椒风味。可生食，可制作酱汁，可干制。全年均有。
- **苏格兰帽红辣椒** 表皮薄，个较小，有红、橙、黄或棕多种颜色。苏格兰帽红辣椒和哈瓦那辣椒味道相似，非常辣，有果味、柑橘味及花的芳香。可制成酱料，作为瓶装调味品。可干制成辣椒碎。全年均有。
- **波布拉诺辣椒** 表皮较哈拉贝纽辣椒厚，果肉从深绿到黑色不等。味道相对温和，但有时来自同一植株的个别辣椒会有特别味道。常用于填馅、烘烤或制酱。其干制品称为安可辣椒。全年均有。
- **哈拉贝纽辣椒** 表皮较苏格兰帽红辣椒厚，呈绿色或红色。辣味浓郁。可新鲜食用，可腌渍，可制成酱汁。墨西哥烟熏辣椒即由哈拉贝纽辣椒干制后烟熏制成。全年均有。
- **卡宴辣椒** 味道辣。通常干制或磨成辣椒粉，用于调味。也可制作成瓶装调味品。全年均有。

处理辣椒时，应采取适当的预防措施：戴好手套。切完辣椒后，须清洗切割台面和刀具，并用肥皂好好洗手。操作、清洗过程中应避免接触到你的眼睛、嘴唇或其他敏感区域。

豆类和种子类

豆类和种子类蔬菜包括豌豆、蚕豆、豆芽，以及玉米、秋葵等。本类蔬菜的所有品种在成熟初期最适合食用，其口感清甜柔嫩。一旦采摘，蔬菜中的天然糖分开始转化为淀粉。许多品种的豆子和玉米都以脱水的形式出售，详见第10章所述。

购买时宜选择豆荚坚硬爽脆、色泽鲜艳、无萎蔫或起皱的新鲜豆类。选购玉米，则应为外皮绿色、玉米粒紧紧地附着在穗上、须丝干燥且呈棕色或黑色。

有些豆类的豆荚可食用，其他则不能。

- **可食用豆荚** 甜豆、荷兰豆、青刀豆和黄荚菜豆的豆荚都可食用。法国青豆、绿扁豆、豇豆的豆荚也可食用。当豆荚生长至肉质肥厚且柔嫩时即可采摘。

- **不可食用豆荚** 食用前需剥除豆荚，如豌豆、蚕豆、利马豆等。

以下为豆类和种子类蔬菜的部分常见品种：

- **黄荚菜豆** 豆荚可食用。表皮较薄，味道比豌豆更细腻。可生食，可蒸、煮、炒、烘烤、旺火煸炒，可用于制汤，可腌制或冷冻食用。每年夏中至夏末出产。
- **四季豆** 豆荚可食用。味道鲜美、甘甜。可生食、蒸、煮、炒、烘烤、旺火煸炒，可用于制汤。可腌制或冷冻食用。每年夏中至夏末出产。
- **荷兰豆** 豆荚可食用。口感脆嫩，味道清甜鲜美。可生食，可旺火煸炒、蒸、炒、煮，可冷冻食用。每年初春和夏季出产。
- **法国绿扁豆** 豆荚可食用。外形比四季豆长，但更细，质地更嫩，且味道更为浓郁。可蒸、煮、旺火煸炒，可冷冻食用。每年夏中至夏末出产。
- **豇豆** 豆荚可食用。味道同四季豆类似，但口感更饱满、坚实。可旺火煸炒。每年夏中至夏末出产。
- **甜豆** 豆荚可食用。口感脆嫩、甜美。可生食，可蒸、煮、旺火煸炒。每年初春至夏季出产。
- **菜豆** 豆荚不可食用。含淀粉较多，质感软糯细腻，有黄油风味。可煮、蒸、烘烤，可制成菜泥或用于制汤，可干制或冷冻食用。每年夏中至夏末出产。
- **豌豆** 豆荚不可食用。质感柔软，风味鲜美、香甜。可生食，可蒸、炒、煮、煨、旺火煸炒，或用于制汤，可干制或冷冻食用。每年初春至夏季出产。
- **蚕豆** 豆荚不可食用。质感软糯，有坚果的风味，略苦。可蒸、煨，可制汤或制成豆泥，可干制。每年夏季出产。
- **秋葵** 豆荚可食用。口感脆嫩鲜美，生食时有粘稠液。可生食，可旺火煸炒、炒、蒸，可用于制汤，可腌制或冷冻食用。每年夏季至秋季出产。
- **豆芽** 由豆类种子发芽而成。口感新鲜，有蔬菜的味道。可生食、煮，或是旺火煸炒。全年均有出产。

根类

根类蔬菜生长在地下。它们储存了植物生长所需的营养和水分，富含糖、淀粉、维生素和矿物质。常见根类蔬菜包括芜菁、胡萝卜、根芹、防风根等，其根端应紧实、干燥，食用前必须去皮。如果厨房里的根类蔬菜还带有绿色叶子，应检查叶子的色泽和质地是否良好。

以下为部分常见的根类蔬菜品种：

- **芜菁** 表皮光滑，肉质饱满紧实，常为白色，但也有橙色、黄色，或紫红色，味道较特别，烹饪后略带卷心菜的味道。可蒸、炒、烘烤、炖，可制泥，可制汤。每年深秋至冬季出产（可储存）。
- **甜菜头** 表皮光滑，肉质饱满紧实，常为红色或金黄色，具有香甜味，烹饪后味道浓郁。可蒸、煮，常用于沙拉或制汤，可腌制和制作罐头。每年夏季和秋季出产。

- **长白萝卜** 肉质紧实，呈白色，风味清淡。可生食，可煮、旺火炒、炖，可腌渍。每年夏末和初秋出产，但可全年储存。
- **根芹** 肉质紧实，呈白色，有芹菜味。可生食，可炖、烘烤、制汤。每年秋季和冬季出产。
- **防风根** 形似胡萝卜，但色泽较淡，呈灰白色，烹饪后具有黄油风味，微辣。可煮、烘烤，可用于制汤、炖菜。每年秋季至冬季出产。
- **胡萝卜** 口感脆嫩，绵软。色泽多样，有橙色、黄色、红色、紫色或白色。味道甜美。可生食，可旺火煸炒、蒸、炒、煮，可用于制汤、制泥、榨汁，常用于烘焙食品或甜点中。可冷冻食用。全年均有。

芽和茎类

芽和茎类蔬菜包括洋蓟的嫩芽和球茎、芦笋、芹菜、茴香、蕨菜（一种可食用蕨类植物的一部分）等。

洋蓟是一个绿色的球状物，多层羽状裂叶大而肥厚，密生茸毛。洋蓟的核心是枝端生长的肥嫩花蕾，其可食用部位为位于花蕾中心的幼嫩叶片，及其与茎部相连的花托的一小部分，包裹在外的叶的部分则占其总体积的2/3。洋蓟其实是未充分发育的花朵，如果不采摘，就会绽放出美丽而巨大的紫色花朵。

芦笋属百合科，应选择肉质紧实、肥厚饱满、无褐变或枯萎的食用。其茎杆应略弯曲，顶端的芽苞应紧密闭合。

以下为芽和茎类蔬菜的部分常见品种：

- **洋蓟** 烹饪后质地绵软，有坚果风味。可蒸、煮、炒、炖，可冷冻食用。全年均可食用。
- **茴香头** 由球茎茴香膨大而肥厚的叶鞘基部相互抱合而形成的球茎。茴香头具有脆嫩的绿白色表皮，有浓烈的茴香风味，可生食，可炒、煨、炖。茴香头的叶柄部位坚实，具有芹菜风味，可生食，可制汤和炖菜。全年均可食用。
- **芦笋** 质地脆嫩，味道鲜美。可生食，可蒸、煮、炒，可用于制汤和炖菜，可冷冻食用。全年均可食用。
- **西芹** 口感脆嫩，风味独特。可生食，可煸炒，可用于制汤和炖菜，或作为制作酱汁的香料。全年均可食用。
- **蕨菜** 烹饪后口感柔软，具有淡淡的坚果味并带有芦笋的味道。可清蒸，可水煮。每年春季食用。

番茄

番茄实际上是一种水果，品种多达数百个，虽然其大小、颜色、形状、味道和质地都各不相同，但相同的是，这些品种均有多汁的果肉、可食用的种子和光滑且富有光泽的表皮。商业种植的番茄一般在未成熟时采摘，以便其在运输过程中成熟，但大多数厨师更愿意寻找当地种植的、在藤蔓上自然成熟的品种，因其多汁且具有丰富的味道。

纯种番茄目前在市场上越来越受欢迎。纯种植物（可以是水果或蔬菜）一般是用农民们保存下来的最原始的种子培育出来的。杂交品种通常生长更快速，保质期和生长期也可相对延长，但纯种番茄的外观和风味更为独特，其肉质细嫩，汁水丰富且味道甜美。

以下是部分常见的番茄品种：

• **李子形番茄** 果肉可使用比例较大，常用于制作酱汁，可制成番茄泥，可做汤料等。每年夏末出产。

• **牛排番茄** 大而多汁，适用于切片，多用于生食沙拉和三明治。每年夏末出产。

• **梨果番茄** 黄色的品种味稍酸。可生食，可制作沙拉。每年仲夏至夏末出产。

• **樱桃番茄** 黄色的品种味稍酸。可生食，可制作沙拉，可加入意大利面中烹制。每年仲夏至夏末出产。

• **黏果酸浆** 通常用于酱汁制作和其他菜肴的烹制。这种果实即使成熟了也是绿色的，使用前须去掉其纸质外皮。每年仲夏至夏末出产。

块茎类

块茎是某些植物的肉质部分，通常生长于地下。土豆是最常见的块茎类蔬菜。购买块茎类蔬菜应挑选坚实且形状尺寸合适的。大多数块茎类蔬菜分属以下三个类别：

• **高淀粉而低水分土豆** 包括褐色土豆，多用于烘烤。由于熟制后呈干燥的颗粒状，故其烹饪方式首选烘烤或捣制成薯泥。此外，由于水分含量低，烹制时不易飞溅或吸收油脂，这类土豆非常适合油炸。正是由于它们易吸收水分，故烤制或制作砂锅类菜肴也是很好的选择。

• **低淀粉而高水分土豆** 包括红皮土豆、黄土豆等。它们即使被煮软，也能保持形状完整，因此烹饪时建议用来水煮、蒸、煎、烤、焖或炖，或用来制作沙拉和汤。新土豆（收获时直径不到1.5英寸）同样富含水分，其味道自然鲜甜，只需要简单的烹饪手法（水煮、蒸或烘烤）就可以使其新鲜的口感得以最好地展示出来。

• **山芋和甜薯** 这两个品种外形相似，常被混淆。甜薯的顶端呈锥形，果肉为深橘色，质地致密，味甜，皮薄而光滑。烹饪甜薯时建议使用与低淀粉、高水分土豆相同的手法。山芋则富含淀粉，质地较干，没有甜薯甜。其菱状皮粗糙且有一定程度的斑驳，果肉呈浅色至深黄色。烹饪山芋时建议使用与高淀粉、低水分土豆相同的手法。

以下为块茎类蔬菜的部分常见品种：

• **甜薯** 质地紧密，味道较山芋甜。可烘烤、煎炸、炖，可制成薯泥，可制作酱料。全年均可食用。

• **山芋** 含有大量淀粉，较干实，甜度比甜薯低。可烘烤、煎炸、炖，可制成薯泥，可制作酱料。全年均可食用。

• **褐色土豆** 高淀粉而低水分。可烘烤、煎炸、炖，可制成薯泥。全年均可食用。

• **红皮土豆** 低淀粉而高水分。可煮、蒸、炒、烤箱烤制、炖、焖、煨，也可用于沙拉和汤中。全年均可食用。

- **新土豆** 低淀粉而高水分。可煮、蒸、烤箱烤制。全年均可食用。
- **黄土豆** 低淀粉而高水分。肉质金黄，具有黄油香味。可烤箱烤制、炖、焖，也可用于沙拉和汤中。全年均可食用。
- **小土豆** 低淀粉而高水分。可烤箱烤制、煮、蒸。全年均可食用。
- **紫薯** 低淀粉而高水分。可烤箱烤制、煮、蒸。全年均可食用。

9.2.2 蔬菜的选择与储存

除了需要在常温下逐渐成熟的牛油果和番茄，新鲜的蔬菜一般购买后会被尽快食用，因此，为确保最佳的风味和新鲜度，蔬菜必须用心挑选和储存。实现这一目标的方式有多种。

蔬菜市场

蔬菜市场里销售的蔬菜大致可以分为新鲜蔬菜、罐装蔬菜和干制蔬菜三种。

新鲜蔬菜一般装在盒子、箱子、袋子中，按照重量和数量销售。一些新鲜蔬菜在包装销售之前已经去皮、修整及切块。罐装蔬菜一般被浸泡在盐水中，如罐装番茄或玉米。厨房常用的干菜则包括番茄、蘑菇、辣椒等。

和水果一样，蔬菜也根据品质的优良程度，由美国农业部的农业市场服务局（AMS）基于蔬菜的外观、颜色、形状和大小进行分级评定。等级标识最常见于土豆和洋葱的包装上。以最常见的美国1号等级为例，在土豆的包装上，分别以一个字母来表明其大小："A"表示直径为17/8 ~ 21/2英寸，"B"表示直径为11/2 ~ 21/ 4英寸，"C"表示直径小于11/4 英寸。

购买时，应尽量选择重量合适、颜色良好和表皮无瑕疵的蔬菜。和水果一样，厨师选购蔬菜时，还应结合烹饪方法，并考虑其价格和质量。当新鲜蔬菜过季后，厨师往往宁可选择冷冻蔬菜，也不依赖于昂贵又不太可口的进口蔬菜。

储存蔬菜

妥善储存蔬菜，可以延长其寿命，保持其品质。

除了土豆、番茄、牛油果、干洋葱（包括大蒜和大葱）和冬南瓜外，新鲜蔬菜都易腐烂变质，应冷藏储存。储存时，应将它们松散地包装好，以防止其变得太湿润。

新鲜的根茎类蔬菜（如胡萝卜和甜菜头等）宜冷藏储存。储存时应注意：购买时如仍带有叶梢，储存时应除去这些部位，以避免蔬菜变软或太快枯萎；应剪去根须；为防止水分流失，储存时须保持根部干燥，不剥落。未成熟的牛油果应放置于室温中，直到其熟化、软化至可以食用；完整的番茄可在室温下储存，维持其风味不变。

块茎类蔬菜可储存在通风良好的干燥储藏室，避免直接接触到阳光、热量和水分。如果土豆在不适宜的条件下储存，它们可能会软化、萎缩、长出绿色斑点，甚至发芽。土豆上的绿斑和嫩芽有毒性，要丢弃这样的土豆。

洋葱、大蒜和大葱的储存方法应与土豆相同，但要分开存放，避免串味。可将它们储存在空气流通的篮子、袋子或盒子里。冬南瓜也应存放在阴凉避光处，可维持数周不变质。

任何已修剪、去皮或切割的蔬菜都应被视为易腐食品。在准备食用或烹调之前，应将其冷藏保存，并确保在它们变质之前使用。

9.2.3 蔬菜初加工

清洗永远是蔬菜初加工的第一步。蔬菜清洗干净后，就可以根据需要进行切割和修剪——处理时，一定要戴好手套。

清洗

所有新鲜蔬菜必须彻底清洗，哪怕是那些要削皮使用的蔬菜也不例外。清洗可以去除蔬菜表面的污垢、细菌和其他污染物。叶菜中可能含有沙子和污垢，甚至还有虫子，而芹菜和韭菜等芽茎类蔬菜的根部总是很脏，或是在叶与茎杆之间藏污纳垢。

要清洗蔬菜，可将其放在冷水中冲洗。和水果一样，有专门的清洗蔬菜的溶液。蔬菜清洗后应尽可能立即使用。

初加工

蔬菜上的果皮，可用旋转式削皮器、削皮刀或厨师刀去掉。蘑菇、芦笋、洋蓟和西兰花等蔬菜上的木质茎，应去掉。

洋葱和大蒜是许多类型的食物烹调中的关键材料，故掌握准备、整理和切割的技巧很重要。它们味道最好的时候是在刚刚被切开使用时。

番茄是厨房里最常用的蔬菜之一，使用时通常去皮、去籽，然后切成丁，叫作番茄丁。

9.2.4烹饪蔬菜

烹调得当时，蔬菜的柔嫩度有明显的区别。这个程度是根据蔬菜的用途、特点、地区或人们的饮食习惯，以及烹饪技术来决定的。

蔬菜的熟度有四个等级。

- **焯水** 蔬菜下锅焯烫30秒到1分钟。焯水蔬菜适合凉拌，或需分别单独烹饪以完成全部烹饪过程的蔬菜（如炖煮）。
- **预煮（半熟）** 指将蔬菜煮至半熟。一些蔬菜在完成烤、煎、炖等烹饪前需预煮。
- **断生** 蔬菜煮到很容易被咬断，但仍然有轻微的韧度和质感。
- **全熟** 蔬菜被煮到非常软嫩的状态下，仍能保持颜色和形态。如果想制成蔬菜泥，需继续煮至极易捣烂为止。

基础烹饪技术 洋葱的切配

1. 用削皮刀分别将洋葱头顶部和根部的尖端切除，保持切面平整。
2. 用削皮刀拉去不可食用的洋葱皮，沿生长方向将洋葱切成两半，切面向下置于案板上。
3. 沿生长方向将洋葱切成宽度均匀的丝，根部不切断（洋葱碎为1/4英寸宽，洋葱粒为1/2英寸宽，洋葱丁为3/4英寸宽）。
4. 水平于案板方向将洋葱横切两到三刀（根部不切断），再垂直切成四方均匀的粒状。

基础烹饪技术 蒜的初加工

1. 用毛巾包裹住整个蒜头，在操作台上用力挤压。
2. 蒜瓣置案板上，单手握拳击打平置于蒜瓣上的刀身，挤压蒜瓣去皮。
3. 切除蒜瓣根部及褐色斑点，如果蒜瓣已发芽，需切开蒜挖掉蒜芽。
4. 压碎蒜瓣，方法同步骤2，然后以刀身与案板持平的角度，有节奏地将蒜瓣碾压成泥。

基础烹饪技术 番茄丁

1. 用削皮刀的刀尖在番茄顶部切出十字形开口，不可切太深。
2. 在沸水中焯烫15秒（若番茄未成熟则时间略长）后，将番茄放入冰水中。
3. 用小刀去皮后，将番茄拦腰切成两半，并用勺子挖出或挤出其中的番茄籽。
4. 综合运用纵切、横切的方法，根据需要，把番茄切成小丁。

蒸煮蔬菜

经适当蒸、煮的蔬菜通常颜色鲜艳，形态良好，味道鲜美。大多数蔬菜宜慢煮，最好勿直接放入沸水中。烹调时要添加足够的盐，以形成良好的风味（标准比率为每加仑水放1汤匙盐）。有些厨师认为在水里加入少量小苏打，使水变为碱性，有助于蔬菜保持颜色鲜艳。

为了保持蔬菜的最佳风味、口感和营养价值，烹调后应尽快食用。食用前应沥干水分，以便让调味料的各种味道均能附着在蔬菜上。

有时你需要提前准备一部分蔬菜。为了保持蔬菜的质量，厨师们会设法快速降温：蔬菜煮熟后，用漏勺沥干，然后立即转移至装满冰块的容器中。这就可以中止烹饪过程。当蔬菜冷却足够长的时间后，再次沥干水分。在使用之前，新鲜蔬菜都宜储存在冰箱里。

蒸蔬菜时，最好使用分层并带有密封性良好的锅盖的蒸锅或压力蒸锅，所需水的数量取决于所用设备的种类和蔬菜烹调的时间：烹饪时间越短，所需水越少。

蔬菜泥

蔬菜泥在烹饪里有多种用途：给另一道菜品调味着色，或作为酱汁的增稠剂，或作为酱汁或汤的基料。任何足够柔嫩的蔬菜均可成为制作蔬菜泥的材料，收获松软的口感。用所需方法烹调蔬菜至软嫩程度（非常嫩的绿色蔬菜应略微焯一下，使其颜色定型），并在做成蔬菜泥之前滤干水分。做蔬菜泥的设备有食品加工机、搅拌机、食品粉碎机或筛子等。

品尝并评估制成的蔬菜泥。有些蔬菜泥可能需要添加额外的汁水来辅助形成良好的口感，有些则可能需要蒸煮脱水。此外，还可以往蔬菜泥中添加多种成分和口味的配料，如鸡蛋、奶油、黄油、香料、香草或香油等，使蔬菜泥的口感更有层次、颜色更丰富。

蔬菜挂汁

蔬菜挂汁是一种加工技术，一般包含蒸、煮、炒、焖，甚至烧烤等环节。传统的蔬菜挂汁法是先在水里预煮蔬菜，同时在另一个锅里制作汤汁，最后将蔬菜倒入汤汁中混合盛出。不过你也可以在汤汁（高汤效果最佳）中直接烹煮蔬菜，变软后加入黄油（根据需要加入糖），即可完成蔬菜的挂汁。另一种做法是将所有材料放入中温烤箱烤至蔬菜变软，形成挂汁——这种方法比较棘手的地方在于，对分量和时间的掌握都必须很精确，才能保证最终的挂汁效果。

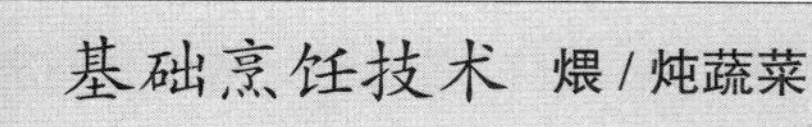

煨 / 炖蔬菜

1. 倒入油，炒香蔬菜（可先炒葱蒜类），然后根据烹饪时间加入其他食材，不停翻炒。
2. 根据需要调味和加汤汁，调整其浓稠度，小火煨炖，直至蔬菜软烂入味。
3. 出菜或备用。

烧烤和扒蔬菜

烤架和烤箱的高热给予了蔬菜更加大胆、丰富、浓郁的味道。烧烤和炙烤的基本程序，包括正确的烤架保养和涂抹酱料或调料等，都适用于烧烤和扒蔬菜。烧烤和扒制蔬菜具有独特的焦味和深褐色的外表。

高水分或柔嫩的蔬菜（蘑菇、西葫芦和番茄等）可以在生鲜状态下烤制，但密度大或淀粉含量高的蔬菜（南瓜，土豆和茴香等）可能需要初步烹饪到适当程度再上烤架。软质或预煮过的硬质蔬菜可以在烹调前稍加腌制，其腌制酱料可以作为这道菜的酱汁一同呈上。

烘烤蔬菜

烘烤蔬菜的味道浓郁厚重，这是烤箱中干燥的环境所决定的。烘烤常用于制备南瓜、山药、茄子和甜菜头等。

烘烤蔬菜时，应先将烤箱预热到合适的温度。有些蔬菜在低温条件下长时间烘烤的效果最好，有些则更适宜在高温条件下迅速烘烤。

烘烤前，将需烹饪的蔬菜清洗并穿孔，以使蒸汽逸出，避免它们在烹饪过程中爆裂。

烘烤前，还要记得往切好或去皮的蔬菜中加入调味料。腌料、黄油和油不仅可以增加风味，还能改变蔬菜的色泽，并使其具有层次丰富的口感。馅料混合物（如米饭、面包、蘑菇、肉馅或香肠等）可以填入已挖好的蔬菜中（如西葫芦、蘑菇、茄子或番茄等）。

油煎及煸炒

油煎及煸炒，不仅是处理高水分蔬菜（如绿叶蔬菜、蘑菇和嫩南瓜等）的基本技法，还常作为预烹饪蔬菜（煮、蒸或烘烤）的最后一道加工程序和再加热技术。油煎及煸炒技术可以使蔬菜的味道和配料更有层次感。

烹饪温度应与所需烹饪的蔬菜相匹配，一般来说，起初会使用相对较小的火力在奶油或黄油中慢慢炸制，直到蔬菜稍变色或有一定脆度后，再调整使用大火高温。

选择一种与蔬菜的味道相得益彰的烹饪油脂，橄榄油、花生油、菜籽油、玉米油或红花油等均可，也可以使用全脂或澄清黄油。此外，还可以使用调味料和芳香剂来提升蔬菜的风味，用装饰品来增加菜品的颜色和质感。

如果是油煎或煸炒蔬菜组合，应先根据各自所需烹饪时间，按需时从长到短的顺序依次放入蔬菜。油煎蔬菜时，可裹上面包糠，或涂上一层面粉或面糊。做得好的油煎蔬菜，外表呈金黄或褐色，外脆内嫩，咬起来非常烫嘴。如果有涂层的话，则口感脆爽。酱汁和调料的口味和质地可以与蔬菜的风味形成互补或对比。

完美的油煎蔬菜包括脆薯片、法式炸丸子，以及裹上脆脆的面包糠或面粉的细嫩蔬菜。

基础烹饪技术 油炸蔬菜

1. 在炸锅中预热油。
2. 用沥油网或夹子将蔬菜放入热油中，油炸至蔬菜熟透。
3. 取出蔬菜并沥干油。如有需要进行调味。

土豆泥

制作简单可口的土豆泥包含三个基本步骤：选择合适的土豆（高淀粉而低水分的品种最佳）；制作土豆泥之前须沥干水分；将所有成分混合成土豆泥时，要将所有原料都烫熟。

关于设备使用的一点说明：可使用土豆捣碎器、木勺、筛子、薯泥加工器或食品粉碎机。制土豆泥时，要注意搅拌器或薯泥加工器等如果处理土豆的时间过长，容易导致制成的土豆泥太稀、太薄。

基础烹饪技术 土豆泥

1. 将蒸熟或煮熟的土豆放入锅中，小火烘干多余的水分。
2. 将热腾腾的土豆捣碎成泥后，加入调味料，如热牛奶、奶油或黄油，出菜或备用。

上菜

你的烹饪手法会使最后呈现的蔬菜在味道、质地、颜色和营养价值上产生巨大的差异。例如，虽然橡子南瓜通常用来烤或制成蔬菜泥，但它也可以放在奶油里慢炖，或烤制之后配莎莎酱食用。黄瓜，最常被视为生吃类蔬菜，但也可以蒸、炒，甚至炖煮。你可以根据第5章中介绍的所有基本烹饪技巧来准备蔬菜，使其成为菜单中最多变、最有趣的选择之一。

蔬菜不仅仅是一道小菜，也可以单独作为开胃菜或主菜，或作为肉类、鱼类的配菜。它们是许多汤和酱汁的基础，也是许多其他调味剂中的一个重要成分。随着越来越多的顾客选择素食，你的蔬菜烹饪技巧将能确保蔬菜菜品的供应不再有后顾之忧。

小测验

概念复习

1. 什么是块茎蔬菜？它是如何生长的？
2. 哪些蔬菜适合在室温下储存？
3. 如何制作番茄丁？
4. 用于制作蔬菜泥的蔬菜需要煮至什么程度？
5. 除了配菜，蔬菜还有哪些用处？

发散思考

6. 为什么洋葱不宜储存在小冰箱里？
7. 给洋葱和蒜去皮的正确工具是什么？
8. 哪些类型的辣椒适合做沙拉？

厨房实践

将所有人员分成三组，每组均用等量的水煮等量的四季豆。第1组用白水煮。第2组在每加仑的水中加入1/4杯盐。第3组在每加仑的水中加入2茶匙小苏打。焯水2分钟，然后用冰水浸泡。比较一下：哪组的蔬菜颜色最鲜亮？哪组的蔬菜风味最好？哪组的蔬菜口感最好？

烹饪小科学

三根胡萝卜，其中一根切成小丁，另一根切成中粒，第三根切成大粒。将三种大小的胡萝卜丁各称出4盎司，并测量其对应的体积。评估结果。

复习与测验

内容回顾（选择最佳答案）

1. 每一种水果都包括（ ）。

A. 至少一个种子 B. 果肉 C. 果皮 D. 以上全部

2. 以下哪种蔬菜需要被避光储藏在室温下？（ ）

A. 羽衣甘蓝 B. 山药 C. 芦笋 D. 白菜

3. 以下哪种食材，在挂汁中十分重要？（ ）

A. 香叶 B. 面粉 C. 增稠剂 D. 油脂

4. 以下哪种食材，不能用于水果的煮制？（ ）

A. 水 B. 甜味剂 C. 香辛料 D. 油脂

5. 下列哪种水果和芭蕉有关？（ ）

A. 苹果 B. 橙子 C. 香蕉 D. 无花果

6. 以下哪种方法可以增加蒸煮蔬菜的风味？（ ）

A. 加盐 B. 加胡椒 C. 用沸水煮 D. 以上全部

7. 以下哪种蔬菜不能冷藏？（ ）

A. 番茄 B. 土豆 C. 牛油果 D. 以上全部

概念理解

8. 区分自然成熟的水果和催熟的水果有什么不同。

9. 列出植物的组成部分，并以不同蔬菜为例，说明各部分的特点。

10. 苹果能与其他水果一起储存吗？为什么？

11. 水果怎样用在咸味菜肴的制作中？

12. 列举无核水果与有核水果的不同，并各举例。

判断思考

13. 如果一个香蕉和一个苹果一起放在盒子里，一周后会出现什么情况？

14. 为什么像番茄和牛油果这样的水果也被归类为蔬菜？

15. 什么样的土豆最适合烤制？为什么？

烹饪计算

16. 将一个8盎司重的苹果去皮、去核，用于制作馅饼。如果皮、核等边角料重1盎司，而馅饼制作配方要求备齐32盎司的切片苹果，那么，一共需要准备多少个这样的苹果？

17. 等量的胡萝卜切成小丁只需要占用大丁的一半的储存空间。如果一个10盎司重的胡萝卜切成大丁后，可装满一杯，那么12.5盎司重的胡萝卜切成小丁后，可以装多少杯？

工作情景模拟

18. 如果你在甜点厨房工作，而用以制作水煮梨的梨刚好用完了，冷库里只剩下橙子、苹果和菠萝，请问，你会选用哪一种水果来作为最佳替代品？

19. 一道烩菜包括下列蔬菜：洋葱、茄子、西葫芦和玉米。烹饪时，你会最先放入哪一种食材？

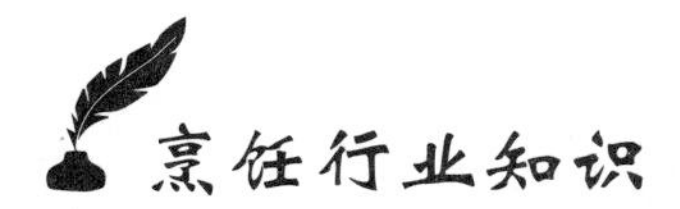

食品科学家

食品科学家和相关技术专家利用化学、物理学、工程学、微生物学、生物技术科学和其他科学知识，不断开发或改进加工、包装、储存和运送食物的方法。

食品科学家在食品服务行业中扮演着越来越重要的角色。他们负责开发新产品；研究改进食品加工技术的方法，包括与食品卫生相关的食品安全问题和预防食源性疾病的暴发；研究各种风味偏好，以便更好地满足人们的营养和饮食需求。这些科学家可以任职于食品加工行业的各个部门，也可以在政府机构、专业学校或综合性大学等从事研究和教学。

具体而言，一些食品科学家从事关于食品的基础研究，如探索新的食物来源，分析食品中的元素，寻找有害或不良添加剂的替代品（如亚硝酸盐）；部分科学家则努力研究改进传统的食品加工技术，如烘烤、焯水、罐头、干燥、蒸发和巴氏杀菌等；还有一些则致力于执行政府法规，检查食品加工区，以确保食品的卫生、安全、质量以及废物处理是否达到标准。

食品技术专家则一般从事产品开发工作，或致力于将食品科学研究的成果应用于提高食品筛选效率、保鲜、加工、包装、配送食品等。

入门要求

基础研究人员需要具有学习食品化学、分析、工程和微生物学等专业课程的理学学士学位。虽然许多进入食品科学领域的人已经具有学科背景，但越来越多的人同时获得了烹饪艺术学位，以及与食品科学和技术相关的学位。

晋升小贴士

要想作为一名管理者进入食品的研究和发展领域，你需要一个高级学位（食品科学或相关领域的硕士或博士学位，如生物学、化学或营养学）。

第 10 章　谷物、豆类和面条

学习目标 / Learning Objectives

- 何谓谷物？认识谷物的构成，正确掌握其加工、筛选和储存方式。
- 谷物的烹饪方式有哪些？
- 豆类和谷物有何区别？小扁豆属于豆类还是谷物？
- 认识豆类的构成，正确掌握其加工、筛选和储存方式。
- 常见的面食有哪些类型？你能列举出几种面食品种？
- 以意大利面为主要食材的菜肴有哪些？

10.1 大米和其他谷物

10.1.1谷类

谷物是人类农业种植的草本植物的可食用种子。谷物在几乎所有文化中都占据着主食的基础地位，提供人体所需的热量和营养物质。包括美国在内的全球几乎所有饮食结构指南，都将谷物作为健康膳食结构的基础部分。

谷物的构成

尽管不同类别的谷物之间存在一定差别，但所有刚收割的谷物都由四个基本部分构成：谷壳，麸皮，胚芽，胚乳（详见烹饪小知识《谷物的构造》）。

当然，谷类并不是淀粉含量高的唯一食物，豆类和一些其他蔬菜，例如土豆类，也都含有大量淀粉。营养学家和厨师有时把谷物和其他富含淀粉的食物一起称为“淀粉类食物”。

谷物加工

刚收获的谷物无法直接烹饪和食用，需经过一定的加工程序才能成为食品。所以，为了便于烹饪、食用、消化和储藏，谷物的外壳和麸皮会被去除。这是谷物加工的第一步。

- **被加工的谷物** 即经加工后可供食用的谷物。常见加工工艺包括切分、碾压、辗轧、研磨等，统称碾磨。这些步骤或利于食物被消化，或利于被储存，有些步骤则可以改变谷物的口感、味道和风味。选择何种加工方式取决于我们是需要精加工还是粗加工的谷物。
- **整粒谷物** 即去掉外壳的谷物，也称微加工谷物，比精加工谷物所需烹饪时间更长。
- **半成品谷物** 为了方便加工烹饪，加工过程中可以对谷物进行煮制和蒸制。这样处理过的谷物叫作半成品谷物（“半成品”意指被预烹制过）。包装前，这些谷物可以被辗轧成片状后干燥处理，或经烘焙后被碾压成更小的颗粒。
- **打磨谷物和其他精制谷物** 麸皮经常在加工中被去除，这样加工后的谷物色泽明亮，烹饪快熟。这种去掉麸皮的谷物叫作打磨谷物。胚芽也是常被去除的部分。虽然去掉胚芽意味着损失谷物内大量的植物油和维生素，但有助于延长谷物的储存时间，避免了胚芽内油脂的酸化加速谷物变质。
- **打碎谷物** 谷物可通过切分或碾压谷粒来进一步加工。被切分成较大颗粒的谷物被称为打碎谷物，质地粗糙，具有颗粒状的口感。粗磨小麦粒是微加工谷物的代表，小麦片则是半成品谷物的代表。
- **精制谷物** 这类谷物所需加工程序较多。加工步骤越多，谷物被去掉的外层也越多，因此，与未精制的谷物相比，精制谷物所含维生素、矿物质和纤维素更少，营养价值更低。
- **谷物粉末** 即加工后的谷物在金属或石质磨盘中进一步研磨成颗粒细幼的粉末。经过预烹制处理的谷物可被压制成片状。面粉就是一种典型的研磨得很细的谷物。

谷壳：坚韧的保护性外壳。不可食用。脱壳后的谷物通常称为谷粒。

胚乳：谷物中最大的组成部分，主要成分是碳水化合物或淀粉。

麸皮：第二层，含有膳食纤维，对平衡膳食起重要作用。

胚：含有谷物中大部分的油脂、维生素和矿物质。这一部分会发芽形成新的植物。

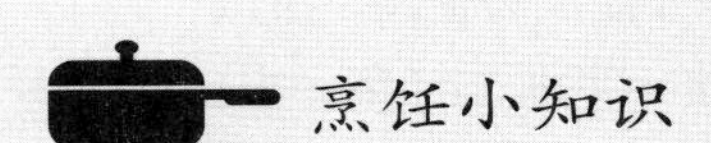

谷物的构造

谷壳是保护种子的坚硬外衣。它不可食用，所以要经过脱粒过程去掉。去除外壳后的谷物部分称为谷粒。

麸皮保护着内部的谷粒。麸皮可以保留，也可以部分去除，以便生产出完整意义上的谷粒。除了保护谷粒，麸皮还含有几种重要的维生素、矿物质和膳食纤维（不可溶），对均衡营养膳食有着重要作用。

胚乳是谷物最大的组成部分，几乎完全由碳水化合物构成，或说由淀粉构成。谷物的主要蛋白质成分、维生素B和铁元素都在胚乳中。胚乳中还含有一些纤维，主要是可溶性纤维。

胚芽含有大部分的谷物油，以及一些维生素B和少量蛋白质。这是谷物发芽形成新植物的部分。由于胚芽中的油脂易变质，去除胚芽可以延长谷粒的储存时间，但也因此会降低谷粒的营养价值。

实验活动

依照包装上的操作指导，加工整小麦粒、碾压的小麦粒和粗磨的小麦粒，并为加工工作计时。每种取样品尝，根据加工时间、口味、口感和营养价值（根据包装袋上的营养参数）评估取样结果。

10.1.2 谷物的筛选和储藏

每种谷物有自身固有的味道和口感，但谷物加工会一定程度上改变它们。谷物通常包括如下三大类：米，小麦，玉米。

米

稻类作物是世界上最重要的谷物农作物之一。稻类品种不同，生长周期就不同，产出的大米外形也不同。收割时，稻谷的外壳被收割机的辗轧器去掉，麸皮则仍被保留。保留麸皮的米称为糙米，呈棕色。糙米带微坚果风味，烹饪时间长于白米。白米是去除麸皮的大米，也称为精米。每种大米都可以被加工为糙米（含麸皮）或精米（不含麸皮）。

去掉外壳前，也可以将大米部分煮熟。一般先经热水软化处理，再作干燥加工，然后碾磨成糙米或精米。用这种方式加工的半成品米也可被称为速煮米，其口味和口感会略有变化。

以下为大米的部分常见品种：

- **长粒米** 长粒米的长度一般四或五倍于其宽度，烹饪时会膨胀，但易于分离，不沾黏。如印度香米和泰国香米。

- **中长粒米** 与长粒米相比，中长粒米更短，烹饪时更易吸水，且容易黏在一起。如卡洛斯米（一种保留胚芽的糙米）。

- **短粒米** 外观近圆形，淀粉含量高，烹饪后会迅速沾黏。如艾保利奥米（中谷粒圆稻米）和糯米。

- **野米** 野米是一种沼泽草的种子。虽然与其他稻米种类不同，但其烹饪方法大同小异。野米收获后，会浸泡使之吸水（即腌制工序），然后烘干——这一过程即可便于野米的储存，也可为野米带来烘焙风味。去除外壳后，野米的加工工序即告结束。

小麦

小麦历史悠久，在欧洲、亚洲和北美的部分地区均有种植。它于数千年前首次被培育，如今已进化繁殖出许多新的品种。像大米一样，小麦可被微加工，可被碾磨成小麦粒等，也可被精磨成面粉用于烘焙。关于小麦粉的更多内容详见第14章。

以下为部分常见的小麦加工品种：

- **小麦粒** 未经抛光和蒸制的完整麦粒。烹饪前需在冷水中浸泡一夜，以缩短烹饪时间。
- **粗磨小麦粒** 通过碾磨蒸制后的小麦粒获得。常被用于制作中东传统的图布里沙拉。
- **粗碎小麦粒** 将全小麦粒碾压制成粗碎小麦粒。
- **小麦麸皮** 小麦麸皮是小麦的种皮。

玉米

玉米是唯一一种既可以鲜食，又能干燥后食用的谷物。干玉米被加工成几种不同的形式。有些干玉米制品是将玉米粒浸泡在碱性溶液内后制成（浸泡于碱液中可助人体消化玉米中的一些重要营养物质）。有些品种的玉米粒呈白色，有些则呈黄色等。还有一种玉米在烹饪过程中会膨化，制出爆米花。

- **整玉米粒** 完整的、带有胚芽和麸皮的玉米粒。这种玉米粒可以浸泡在碱性溶液中，软化外壳，使其更易消化。
- **整干玉米粒** 去除外壳和胚芽的干燥玉米颗粒。
- **玉米面** 研磨成粉末状的玉米。在美国，玉米粒可以被磨成粗颗粒状、细颗粒状，以及粉末状。玉米面是由整干玉米粒磨成的，因此不含外壳和胚芽。

其他谷物

燕麦适合生长在因太冷而不能种植小麦、水稻和玉米的地区，或土壤贫瘠的地方。燕麦通常以多种加工形式出售。

- **燕麦仁** 去掉外壳后的燕麦全粒。
- **燕麦碎** 经研碎后，可用于热食或烘焙。
- **燕麦片** 燕麦蒸制后碾压成的薄片状，即为燕麦片，也被称作老式燕麦。快熟燕麦是小薄片状的，可减少烹饪时间。
- **即食燕麦** 经过部分煮熟、干燥后再进行碾压的燕麦。

大麦的体积是大米的两倍。售卖时一般经过抛光处理，即经多次研磨以去除其外壳和麸皮。其常见的形式有大麦仁、苏格兰大麦、大麦粉等，其中苏格兰大麦即使经过研磨，麸皮仍不能完全去除。

黑麦有完整的黑麦粒、黑麦仁、黑麦片、黑麦粉等形式出售。

藜麦是高蛋白谷物，最早产于南美洲。谷粒呈圆形，烹熟后松软膨胀，但烹饪前要在冷水中搓洗几分钟，直至水变清澈。藜麦多以完整麦粒形式出售。

谷物储藏

谷物是干货，储存期间需保持干燥，一般放置于高于地面的阴凉干燥处。如果要从包装中取出，请注意用有盖密封的容器盛放。

有些全谷物，特别是那些仍然含有部分或全部麸皮或胚芽的谷物，品质会很快下降。如果必须保存超过几个星期，则应考虑冷藏或冷冻。

10.1.3 谷物的烹饪

谷物有多种烹饪方式，每种方式对加入的水量都有不同要求。煮熟的谷物的口感取决于谷物的品种和烹饪方式。有些谷物在煮熟后很容易彼此分离，有些可能会变得粘稠，并黏结成一团。质地松软的谷物易吸水，黏性强的谷物宜用筷子进食。此外，即使是同一谷物，也会因不同烹饪方式而产生不同口感。但无论如何，谷物经充分烹煮熟透后，应易于咀嚼。

谷物的蒸煮

煮谷物是将一定量的谷物置于一大锅沸腾盐水中，不断搅动、文火熬煮，直至软化熟透。

蒸谷物需要将一定量的谷物加入相应比例的水中搅拌。这些水分以恰好足够被谷物吸收为宜。烹饪过程中需要加盖焖煮，结束后应无多余水分残留。

基础烹饪技术 谷物的蒸煮

1. 水煮沸后，根据食谱配方加入盐等调料。
2. 一次性加入谷物，并搅散。
3. 调至文火，熬煮至谷物完全熟透、变软。如果你是在煮谷物，请盖上锅盖。
4. 如果你要蒸谷物，就用漏勺沥干谷粒。可用餐叉搅散谷物，检查其是否熟透。

谷物制品的烹饪

谷物粉（如玉米粉和燕麦片等）的烹饪需将谷物粉加入沸水中搅拌熬制。整个过程离不开搅拌，才能使成品具有奶油般柔软的口感、滑顺的质地。烹饪时，谷物粉与水的比例很重要，且谷物粉需逐渐分批加入沸水中，边加边不断搅拌，以免结块。

硬质谷物制品质感偏重，容易粘锅。与此相反，流质谷物制品则不易粘锅。

稀饭和粥是熟食谷物餐的通用名称，它们几乎可以由任何类型的谷物制成。

制作焖饭

焖饭源自中东，是一种谷物菜肴，烹制时，谷物——通常是大米——需先在平底锅中以热油炒制上色，然后加热水，加盖焖熟。焖饭颗粒松散，且因上色炒制而具有坚果般风味，总体来说，其口感比蒸（煮）饭更加紧实。

基础烹饪技术 焖饭

1. 加热植物油或黄油，然后加入洋葱，不断翻炒至软化。
2. 加入谷物，一同翻炒均匀。随后加入水或汤煮沸。搅拌谷物，防止结块或粘在锅上。
3. 根据配方加入调味料，如月桂叶或百里香。加盖密封，在炉灶上用中小火或在烤箱内完成烹饪，在这过程中勿开盖搅动。
4. 检查是否烹熟。煮熟的谷物应该软嫩而不糊、烂。如果谷粒中有硬硬的白色斑点，那就意味着它尚未熟透。
5. 停止加热后，静置5分钟。开盖后用餐叉搅散米饭，使热气散发。
6. 完成调味，趁热食用。

制作意大利烩饭

意大利烩饭多用艾保利奥米制作，这是一种典型的短粒米，形状为圆形。烹制时，米粒需先炒制，然后分次加入少量汤汁，不断搅拌，煮至水分被完全吸收后，再继续添加汤汁，搅拌至米粒软烂，最终烹制出具有奶油般滑顺软糯口感的烩饭。

基础烹饪技术 意大利烩饭

1. 加热油或黄油，然后加入洋葱，翻炒至熟透软化。
2. 一次性加入米粒，翻炒均匀。随后加入1/4的液体，不断搅拌，直至水分收干。
3. 分三次加入剩余液体，焖煮过程中不断搅拌，直至水分收干。
4. 停止加热，加入黄油和配方中要求的其他配料，搅拌均匀。
5. 盛出烩饭。

谷物烹饪				
谷物品种（1杯）		水	烹饪时间	产出量
米	长粒白米	1½～1¾杯	18～20分钟	3杯
	长粒糙米	3杯	40分钟	4杯
	短粒白米	1～1½杯	20～30分钟	3杯
	短粒糙米	2½杯	35～40分钟	4杯
	野米	3杯	30～45分钟	4杯
	快熟米	2～2½杯	20～25分钟	3杯
小麦	小麦仁（浸泡一夜）	3杯	1小时	2杯
	粗磨小麦粒（焖饭）	2½杯	15～20分钟	2杯
	小麦片	2杯	20分钟	3杯
玉米	整玉米（浸泡一夜）	2½杯	2.5～3小时	3杯
	玉米碎	4杯	25分钟	3杯
	玉米面	3～3½杯	35～45分钟	3杯
燕麦	燕麦仁	2杯	45～60分钟	2杯
	燕麦片	1½杯	15～20分钟	1½杯
	即食燕麦	1½杯	5分钟	1½杯
大麦	大麦仁	2杯	35～45分钟	4杯
	苏格兰大麦	2½杯	50～60分钟	4杯
其他	藜麦	1～1½杯	10～12分钟	3½～4杯

10.1.4 谷物的成菜

谷物用途广泛。它们可以热食或冷食，可以在任何一餐中作为配菜、主菜或开胃菜食用。美国农业部规定一份谷物菜肴的用量约为½杯。

• **谷物热菜** 谷物热菜成菜后需立即出菜，尽快食用。热菜要用热盘子，以便保持其热量。五谷杂粮通过调料、调味、点缀后，会显得更有趣、更有味道。热谷物菜肴可以作为主菜、配菜或开胃菜食用。

• **凉拌谷物沙拉** 许多谷物都可以作为沙拉凉拌食用。米、大麦、小麦片等，都是可以作为沙拉食用的谷物。用以制作沙拉的谷物必须是完全煮熟、口感软嫩的。熟透的谷物与沙拉酱或其他酱料以及其他配料（如蔬菜、水果和肉类等）一起混合后，盛放在冰镇的盘子里食用。凉拌谷物沙拉通常可作配菜或开胃菜。

小测验

概念复习

1. 谷物的四个组成部分是什么？
2. 三大基本谷物分别是什么？
3. 蒸煮谷物的基础步骤是什么？
4. 为什么说谷物有多种用途？

发散思考

5. 玉米粥、玉米糊和玉米粉有什么不同？
6. 为什么全麦粒比碎麦粒的烹饪时间长？
7. 燕麦片和即食燕麦的区别在哪里？

厨房实践

分别烹煮燕麦碎、燕麦片和即食燕麦，并记录其烹饪时间。品尝成品的味道和口感，并从烹饪时间、味道和口感等方面评估结果。

烹饪小科学

研究水稻、小麦、玉米、燕麦、大麦、黑麦和藜麦的单个种子。画出并标明种子的结构，并说明每种谷物在加工过程中被去除的部分。

10.2 豆类

10.2.1 豆类的选择和储藏

豆类种子（也称豆子）一般包括皮和胚两部分，后者由胚轴、胚芽、胚根和两片子叶构成。新鲜的豆类食材，如四季豆和豌豆，在厨房里常被当作蔬菜处理。根据豆类的品种，有的只食用豆子，有的则连同豆荚一起食用。本章所介绍的，是去荚干燥后的豆子。干燥后的豆子可以长期保存，烹饪时需长时间煮至软熟，利于咀嚼和消化。

豆子可分三种。长而圆的称为长圆形豆，例如白芸豆、红腰豆、蚕豆等，花生也属于这类豆子；呈圆形的是圆形豆，如黑眼豆、鹰嘴豆和豌豆等；第三种则为扁圆形的扁豆。

高品质豆子表面光滑，大小均匀。大多数豆类在包装时都经过分级和清洗，因此包装好的豆类不应有萎缩或破碎的豆子。

以下为部分常见的豆类品种：

- **大北豆（白芸豆）** 可做汤、炖菜，可焗烧。
- **红腰豆** 色泽暗红，大小不一。
- **鹰嘴豆** 圆形，微黄，棕褐色，在中东菜肴中很受欢迎。
- **蚕豆** 扁平状，新鲜时呈绿色，干燥后呈褐色。也称胡豆。
- **黑眼豆** 圆形，米黄色带眼状黑点。
- **小扁豆** 有棕色、绿色、黄色和红色，在印度菜肴中很受欢迎。
- **黑豆** 有光泽的小豆子，有时也称龟豆，常用于加勒比和南美菜肴。
- **豌豆** 为绿色或黄色。又称田豌豆。多用于做汤。
- **红花菜豆** 白红相间花纹。多用于墨西哥菜肴。

豆类的选择

干豆子以袋装、盒装等形式包装出售。包装应完好无损，没有裂痕或破损。包装有各种重量可供选择。罐装豆子则通常已煮熟，可以即食。罐头包装应完好无损，且无隆起和泄漏的迹象。罐头规格大小不一。

豆类的储藏

干豆子购买后可存放一个月以上，如妥善储存，则可保留一年。如果储存过久，豆子可能会产生霉味，且所需泡发时间更长，烹饪时间也更久。

豆类需存放在密闭防潮的容器里，然后置于阴凉干燥的储藏区，并确保其至少离地6英寸。

干燥的豆子在处理或储存过程中如果受潮，就会长出一层毛茸茸的霉菌。霉菌无法去除，豆子就必须丢弃，因为发生霉变的豆子可能会产生一种危险的有毒物质——黄曲霉毒素。

10.2.2 豆类的烹饪前准备

干豆子需筛选和冲洗后才能烹饪，其中一部分需要长时间浸泡以软化。

筛选和清洗干豆子

烹饪前，需要筛选和漂洗豆子。这个步骤可以去除豆子里的杂质，如小石子等。已经变质受损的豆粒也可以通过这个步骤剔除。当然，霉变豆粒是万不可用的。

筛选后，将豆子放入容器中，加入可完全覆盖住豆子的冷水。在水中不断翻洗，以便去除杂质。那些漂浮在水面上的豆子或可能已受虫害，或可能干燥过度，应丢弃。

过滤后，重新加入干净的冷水，浸泡豆子。

浸泡干豆子

豆类表面有一层保护皮。在烹饪前浸泡豆类，可以使其表皮变软，从而更快熟透。大多数豆类在烹调前都需要浸泡，当然，也有些豆类无须浸泡即可煮熟，如扁豆和豌豆等。如果食谱要求浸泡豆类，可采用下列技巧。

- **快速泡发方法** 将洗好的豆子装入大锅，加入足够冷水，使其覆盖豆子约2英寸。煮沸后，将锅从火上移开，盖紧锅盖，让豆子浸泡约1小时。将豆子沥干，再冲洗一次后，即可烹饪。
- **长时间浸泡法** 将筛选后冲洗干净的豆子放入大型容器，加入足够冷水，使其覆盖豆子约3英寸。浸泡过程需冷藏。浸泡和烹饪时间可参考表格“豆类浸泡和烹饪时间”。烹饪前需重新过滤并冲洗。

干豆子可以在室温下长期保存，但一旦烹熟，则须像其他熟食一样按照卫生安全流程操作。如储存，须快速冷却。出餐时，须确保豆类食品温度在安全区域内。

豆类浸泡和烹饪时间

豆类	浸泡时间（长时间浸泡法）	烹饪时间
黑豆	4小时	1.5小时
米豆	不需浸泡	1小时
鹰嘴豆	4小时	2～2.5小时
蚕豆	12小时	3小时
白豆	4小时	1小时
腰豆（红色和白色）	4小时	1小时
扁豆	不需浸泡	30～40分钟
去皮豌豆	不需浸泡	30分钟
整粒豌豆	4小时	40分钟
红花菜豆	4小时	1～1.5小时

使用罐装豆类

豆类罐头内的豆子通常已烹熟。生产时，豆子会和液体一同装罐，以保持豆子的水分。使用罐装豆类烹饪应先用滤网将豆子冲洗干净，并浸泡于清水中，以去除其中多余的盐分。

基础烹饪技术 干小扁豆的烹饪

1. 筛选并清洗豆子后，根据需要采用长时间浸泡或快速泡发的方法浸泡干豆。
2. 将扁豆放入锅中，加入冷水，使其覆盖豆子2英寸。
3. 大火煮沸，偶尔搅动一下，以防扁豆粘在锅底。
4. 继续煮制，直到扁豆变软。撇去浮沫，提升成品菜的质感。
5. 根据配方在最后1/3的烹饪时间里加盐和酸性调味料（如番茄、醋，或柑橘类果汁等）。
6. 烹煮至扁豆熟透酥软（外皮应仍保持完整）后，滤出小扁豆，或留在汤汁里放凉备用。

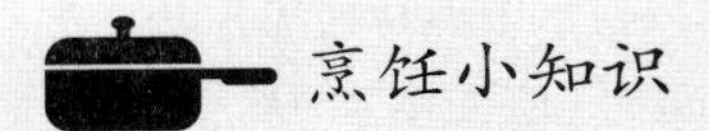

食品的脱水和泡发

食品被干燥处理后，其体积会缩小，重量会减轻，这是因为食物中的水分已被排出。这一方法有利于保存食物，但会给食用带来麻烦。因此，如果要让食物易于咀嚼，需要泡发食物，让水分重新回到食材中。

脱水（把食物中的水分抽取出来）是保存食物的传统方法，它对于谷物和豆类的保存特别有效，当然，在保存蘑菇、水果、香肠、肉类和鱼类时，这一方法也很常见。

厨师的工作也包含让干燥食物变成美味、润滑的菜肴，蒸、煮、炖等烹饪方法都可以实现这一目的。烹饪前将干燥食物浸泡于水中，即为干货的泡发过程。

脱水食物泡发时会产生三方面的改变：体积，重量，口感（由干变湿、由硬变软等）。

当脱水食物变软且易于咀嚼时，就说明烹饪熟透。有些食材还会在烹饪过程中膨胀，重量也大大增加，食用时可以感受到其口感也有了明显的改变。

计算

用量杯和秤称量1磅白豆的体积和重量，然后泡发豆子，进行烹制。请测算烹熟后的豆子的体积和重量。请计算烹制前后，豆子的体积和重量的增长比例。

10.2.3 豆类菜品制作

豆类菜肴在许多饮食文化中颇受关注，它们可作为配菜、汤、主菜或开胃菜食用，可以做热菜，也可以做凉菜。

- **豆类菜肴** 豆类食物煮好后可直接食用，也可搭配其他食材做成炖菜或汤菜。熟豆子可捣碎成泥，如鹰嘴豆泥（由鹰嘴豆烹熟后捣制而成，调味后可用于搭配面包、薯条和生蔬菜食用）。豆泥也可用来油炸。此外，煮汤时，豆子作为配料或主材均可，如哥伦比亚黑豆汤等。

- **豆类与谷物的组合** 在世界各地，将谷物和豆类结合起来的菜肴是种重要的健康饮食方式。这二者的组合作为主菜或配菜均可，例如英联邦南部的米豆饭。

与肉类相比，将豆类和谷物结合起来，不但可以使营养更丰富，所含脂肪（尤其是饱和脂肪酸）更低，还能增加膳食中蛋白质、纤维和维生素的含量，而且成本低廉。因此，豆类与谷物搭配，不仅不会增加胆固醇，反而还可以帮助身体清除胆固醇。

- **豆类沙拉** 豆类烹饪熟透后冷却，可以制成沙拉。豆类沙拉可做配菜，或作为开胃菜的一部分。豆类沙拉可以搭配酱汁食用，也可以加入香草、番茄、洋葱和其他蔬菜。豆类沙拉需用冷盘盛装。

通常加入豆类沙拉中的沙拉汁都含有醋或者柠檬汁，以使豆类的表皮口感更硬实清爽。如果想要让豆类保持细腻柔软的口感，那么在准备食用沙拉前，勿添加沙拉汁。

小测验

概念复习

1. 什么是豆类？
2. 列举3种类型的豆类，并分别进行简要描述。
3. 烹饪豆类时通常要做哪些准备工作？
4. 如何运用豆类来烹制菜肴？

发散思考

5. 在烹制豆类时，快速泡发法和长时间浸泡法的主要区别是什么？
6. 如果储存的豆类有一部分发生霉变，你觉得同一容器内的其他豆子是安全的吗？
7. 餐厅有时会将豆类沙拉储存几天，假如沙拉是保存在安全的温度下，这样做好还是不好，为什么？

厨房实践

准备一些干的豆子，分别使用快速泡发法和长时间浸泡法处理好，再和冲洗过的罐头豆子相比较，评价其风味和口感有何差别。

烹饪小科学

由于豆类价格低廉，容易储存，营养价值高，所以常被用作冬季饮食的重要组成部分。收集适合冬季食用的豆类菜肴，并对其进行描述。描述过程中必须说明该菜肴的原产地是哪个国家或者地区。如果可能，请尝试做出该菜肴。

10.3 面条

10.3.1 面食类型

“面”这个词在意大利语中多指“面团”，这个词也同样用来描述用面粉和液体制作成型的淀粉类食物。面食通常是在沸腾或微沸的水中煮熟。几乎所有菜系里都有类似的菜肴，虽然名称各不相同，但基础概念——由面粉和水制作成型的淀粉类食物——却始终如一。不同的名称只是一种用丰富的想象力来形容世界上最简单的主食之一的方式。

“面”这个词通常与意大利菜联系在一起。“通心粉”也是一个在提到面食时经常用到的词，同样也和意大利菜相关联。意大利面通常由小麦粉制作而成。

“面条”是另一个经常用来指面的词。亚洲的面通常被称为面条，法国和德国的一部分地区也采用这一说法。亚洲面条经常用大米或者豆类制作。

汤团（饺子）由松软的面团制作而成，再放入沸水中煮熟。鸡蛋面疙瘩是流行于奥地利和德国的汤团。土豆团子是一种意大利汤团。波兰饺子则是一种月牙形饺子，其馅料可以是甜的也可以是咸的，可以油炸也可以水煮。

面食的形状多种多样，主要有两种形式：新鲜面食和干面。以下为部分常见面食品种：

- **荞麦面（干）** 荞麦面由荞麦粉制成，呈褐色，在日本料理中很受欢迎。
- **扁平意大利面（干）** 扁面通常由麦粉和水制成，包括意大利细面和意大利宽面。常

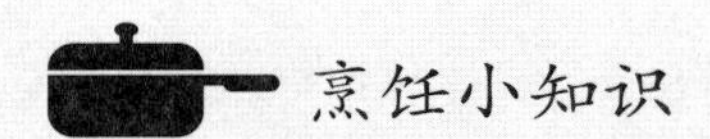

泰国的烹饪艺术

泰国美食近年来在世界各地越来越受欢迎。传统的泰国菜和调味料包括咖喱、泰国鱼露、辣椒、虾，以及一系列干货和发酵食品。大多数泰国菜都会搭配米饭或面条食用。将咖喱和辣椒的浓烈风味与米饭和面条的平淡口感形成鲜明对比，是泰国菜厨师在他们所谓的“辣、酸、咸、甜”四大风味之间取得平衡的一种方式。

大米是当地人每顿饭的主要内容，甚至人们日常的问候语也与此相关。据统计，泰国人每天要食用3/4 磅大米，几乎是美国人的40倍。泰国北部地区的人喜欢吃糯米饭，南方人则更喜欢长粒香米，如茉莉香米。米饭上桌时总是热气腾腾的，通常用带盖的编织篮或瓷碗装好。泰国厨师烹制米饭时通常不加盐，且尽量将饭煮得比较松软，以便更好地吸附酱汁等。

在家里用餐时，人们常用手将米饭做成小饭团，再蘸上著名的辣咖喱。泰国咖喱有多种颜色，分别代表着不同的辣度：青咖喱中含有最辣的青辣椒；红咖喱稍逊于青咖喱，但也辛辣非常；黄咖喱的颜色来自姜黄（一种从马来西亚或缅甸传到泰国的香料）等。马萨满（一种红咖喱）或穆斯林风味的咖喱中包含典型的中东香料，如丁香、孜然、茴香籽、肉桂和豆蔻等。多数泰式咖喱中都会加入椰奶，也有些用罗望子酱代替——一种用带柑橘风味的酸味水果制成的酱。享用咖喱时，米饭是非常重要的，它可以中和并舒缓咖喱的辛辣味。

大米还可和小麦、豆类、荞麦一起做成面条，这是泰国菜的另一个重要组成部分。在泰国，街边小贩都在卖泰式炒河粉——一种用米粉搭配豆芽、虾干、鸡蛋、鸡肉、猪肉或洋葱制成的菜肴。泰式脆炸面（炒面）也很受欢迎，是将面条用油炸后，配上甜酱制成的。

调查研究

研究泰国面条，了解在泰国菜中有哪些常用的面条，分别是用什么谷物或豆类做成的，并收集与泰国面条有关的各种风格的食谱。在上述调查的基础上，准备一份泰式面条菜品。

以直条状或鸟巢状出售。

- **米粉（干）** 这种亚洲面条用大米而非小麦制成，煮熟后颜色洁白。
- **面皮/馄饨皮（新鲜）** 由小麦粉或者米粉制成。它们被用来制作各种亚洲风味的菜肴。
- **鸡蛋面（新鲜）** 由小麦粉和鸡蛋制成，煮熟后呈扁平状。鸡蛋面的边缘有时呈卷曲状，且面条粗细不一，从细面到宽面均有。

新鲜意面

新鲜意面是由面粉和水或鸡蛋揉成的面团制成的。面团很柔软，可揉捏成各种形状，但同时它也足够有韧劲，可保持一定的形状。新鲜意面应该光滑而柔软，而非干而脆，加工好的面团可以擀成薄片，切成各种形状。煮熟后的新鲜意面口感细腻。无味的新鲜意面可以加入蔬菜、水果、香料或调味料等调味，这些额外的食材给意面带来了不同的风味和颜色。

如果你的厨房没有自己制作面团，也可以购买使用新鲜意面。市场上出售的新鲜意面通常是一大张或是条状的，比如意大利宽面或窄面。很多亚洲风格的面，比如乌冬面和捞面等，也都有新鲜产品出售。面皮是另一种在亚洲菜肴里经常用到的面，由小麦或米粉制成，市面上出售的面皮形状多样，方形、圆形和长方形均有。

为防止面皮或面条粘连，通常会在新鲜意面或者面条上撒上玉米淀粉。新鲜意面可用包装袋装好后，放在冰箱中冷藏或冷冻。

干意面

干意面也是由面粉和水或鸡蛋揉制成面团，但与新鲜意面不同的是，干意面的面团通常较硬，无法用手造型，所以大多数干意面都是机器制作的。这些意面制作机可以做出和新鲜意面一样扁平的带状面皮。面团也可以被挤压出特殊形状（通过意面制作机上的一个开口），比如弯管通心粉、意大利细面条或通心粉等，然后将成型的意面烘干直至变硬、变脆。干意面色泽均匀，无需弯曲就能干净利落地折断。

意大利面通常是用粗麦粉（硬质小麦制成的淡黄色面粉）制成的。硬质小麦蛋白质含量高，制作出的面团极具弹性，煮熟后的意面也很筋道、有嚼劲。

用其他谷物磨成的面粉——包括大米、鹰嘴豆、荞麦、藜麦和小米，都可以制作出具有独特风味和口感的干意面。如果你需要为无麦或无麸质饮食（指完全不含小麦或麸质成分的食物）的人烹饪，那么上述面食就很重要了。和新鲜意面一样，干意面也可以用不同配料来调味，使其拥有特别的颜色和风味。

干意面出售时，包装规格大小不一，从1磅每盒到散装均有。无论是原装储存，还是另行用密封且防潮的容器盛装，干意面的储存区域都应阴凉而干燥，慎勿受潮。切记不要把干意面放置在地板上，以防虫子进入。

以下为各种形状的干意大利面：

- **弯管通心粉** 非常受欢迎，可用于烘烤和沙拉制作。

- **贝壳面** 有各种规格，小的可用于汤的装饰和沙拉的制作，大的可用于填馅和烘烤。
- **波纹管状通心粉** 表面有波纹，通常搭配浓郁的酱汁进行烘烤。
- **斜管通心粉** 表面有波纹或无波纹，斜口处造型类似鹅毛笔笔尖，中空部分与表面波纹可吸附汁液较充足的酱汁。
- **袖筒通心粉** 长而宽，表面有波纹，呈管状。常填入馅料，搭配酱汁烘烤。
- **菠菜螺旋面** 用菠菜制作的干面条，呈绿色，螺旋状。弯曲的形状使其更易挂汁及沾附面酱。
- **蝴蝶结面** 制作时，在面皮中部挤压，使其呈蝴蝶结形状。
- **千层面** 宽面，多层，每层均填入馅料与酱汁烤制。
- **猫耳朵面** 小圆片形状，适合搭配浓郁的酱汁。
- **长面** 圆而细长，有粗细不一的多种规格出售。
- **天使意面** 犹如天使的发丝一样纤细的意大利面，其形状类似长面，但较细。

10.3.2 烹制面食

烹制面食首先要制作面团，然后制作成意面，并在上桌之前将其煮熟。使用市面上出售的成品面食，可以节省制作新鲜面团、擀面、做面的精力和时间。

新鲜面团

新鲜面团的制作较简单：准备好面粉和鸡蛋，将其与油或水混合后，揉制成紧实的团状。完成面团制作后需先静置一段时间，再进行用压面机或擀面杖擀面的工序。

基础烹饪技术 鲜鸡蛋面

1. 将面粉和盐在盆中混合，在中部留出一个凹洞。
2. 往凹洞中加入液体（通常是蛋、水混合）。如需要用油，可将油和液体一同加入。
3. 和面，直至形成松散的面团。和面过程应尽可能迅速，并随时根据粘稠度的需要加入适量的面粉和水。
4. 将面团放置于操作台上，继续揉面，直至面团光滑、劲道。
5. 将揉好的面整型成团，如果面团过大，需要分切以便于压面机操作。
6. 盖好面团，在室温下醒面至少1小时后，擀成薄片，手工或用压面机切成需要的形状。
7. 煮面。也可放入冰箱冷藏，最长可保存2天。

煮意大利面

煮面可以使面条变软，便于食用。新鲜意面入锅时已经很湿润，可以很快煮熟。

相较于新鲜意面，干意面通常需要更长的时间来料理，所以你需要提前准备好意面，使用前在水中再加热。要想保留意面以备日后食用，可用冷水冲洗或浸泡，待其冷却后，彻底沥干，并加入少许油搅拌混合，然后将意面移至容器中，盖上盖子，冷藏，直到你准备使用时再加热。

传统的干意面烹饪后，通常很有嚼劲，既不会太软也不会太硬。

基础烹饪技术 煮意大利面

1. 将水烧开，加入盐。每磅面条至少要用1加仑的水，每加仑水加入1盎司盐（2汤匙）。
2. 在水中加入意面，搅拌开，直到面条软化。新鲜意面或填馅意面需在微沸的水中煮，干意面需在沸水中煮。
3. 煮面条，过程中搅拌一下，直到煮熟为止。如需立即食用，则面条应煮到完全软化。如果是烘烤备用的意面，或需在酱汁中继续煨制的意面，不可煮得过熟。
4. 用滤网沥干后，搭配酱汁直接出菜食用，或拌入油，或冷却储存。

10.3.3 意面成菜

意大利面是一种非常受欢迎的食物。它可以热食，作为开胃菜、主菜或作为配菜。它也可以冷食，加入沙拉中凉拌。它还可以添加到其他菜肴中，如汤。

加入酱汁

将意面和酱汁结合，大概是最常见的意面食用方式。不同形状的意面会根据习惯与不同类型的酱汁搭配。长且薄的意面，例如意大利细面和扁面，通常搭配番茄酱或奶油酱这类口感柔滑的薄酱，这些酱汁可以紧紧地沾附在意面上。通过挤压形成的块状通心粉如贝壳状或管状通心粉常搭配厚重的浓酱。表面有褶皱或脊状的通心粉，如螺旋面，也用浓酱搭配。

在加入酱汁之前，先要把煮熟的面食中的水分充分沥干，避免因额外的水分存留稀释酱汁，使得酱汁因太稀薄而无法粘附在意面上。

将煮熟并沥干的意面与酱汁混合，有以下两种方法：

- 直接将意面放进酱汁中，然后将它们拌匀。这种方法，通常必须在高温状态下的炒锅中完成，它能保证意面在食用时仍然保持着足够的温度。
- 把酱汁浇在加热过的意面上。这种方法，通常必须确保意面、酱汁、碗（或盘）都已加热，以避免意面过快冷却。

带馅的意面菜肴

意面可以填入各种食物，包括奶酪、肉类、海鲜和蔬菜等。干意面的馅料是在煮熟后填塞的，而新鲜意面通常在烹饪前填塞馅料。要在干意面中添加馅料，首先要把意面煮熟，但为便于填塞馅料，应注意控制其熟度。沥干意面，放凉——这样可以便于处理意面而不至于烫伤自己——然后用勺子或长管把馅填入意面中。

意大利小方饺和肚脐饺是大家所熟知的两种由新鲜面食制成的意式馅料面食。在意大利语中，前者意为“包裹”，即在两张面皮间分层充填馅料，然后切成方形、圆形或矩形。后者则意为“扭曲”，是将面皮切成圆形或正方形状，填充馅料，然后将面皮折叠和扭曲，得到特定的小麻花状，即为肚脐饺。

其他菜系中也有填馅面食的传统。例如馄饨，一种传统的中国面食，就是使用新鲜面皮填馅制作而成。它通常用作开胃小食或滚汤食用。

做意大利饺子需要使用的新鲜面皮可自己制作，也可购买市面上包装好的新鲜面皮。意大利饺子做好后，入锅，慢慢煮至面皮变软即可食用。食用时需注意，避免馅料烫口。

意大利饺子可搭配酱汁食用，或放入汤中作为装饰配菜，也可裹上酱料烘烤后再食用。

烤千层面是一种多层面食。制作时，需要把酱料、面皮和馅料逐层放入油碟中，可以在外层添加一点配料，如碎干酪或面包屑等，然后放入烤箱烘烤至千层面完全熟透。烤制完成后，所有的配料，包括酱汁和馅料，都应该处于高温状态中。如果顶层有配料，则以烤制至呈金黄色为宜。

制作一个简单的烤意面，比如起司意面，只需把意面、酱汁和其他馅料混合在一起，拌匀后烤制即可。但要注意，意面在煮制时勿熟透，应留待烘烤过程完成烹饪。

小测验

概念复习

1. 新鲜意面和干意面的区别是什么？
2. 新鲜意面和干面的烹饪方法有什么区别？
3. 把煮好沥干的意面和酱汁结合的两种方式是什么？

发散思考

4. 在餐厅中使用新鲜意面和干意面，其优缺点有哪些？
5. 哪类酱汁最适合与蝴蝶结意面搭配食用？
6. 将意面加入酱汁中烩制和直接将酱汁浇在意面上，各有何优缺点？

厨房实践

准备新鲜的意大利宽面和等量的干意大利宽面，比较它们的烹饪时间。品尝它们之间的不同。

烹饪小科学

调查意大利面的起源和历史，讲述你的结论。描述当代的意大利面菜肴和最古老的意大利面菜肴。

复习与测验

内容回顾（选择最佳答案）

1. 谷物种子去皮后叫作（ ）。

A. 胚　B. 谷粒　C. 胚芽　D. 胚乳

2. 以下哪一个不属于豆类？（ ）

A. 小扁豆　B. 鹰嘴豆　C. 燕麦　D. 花豆

3. 意大利面通常用（ ）制作。

A. 大麦粉　B. 大米粉　C. 硬质粗小麦粉　D. 玉米粉

4. 圆形谷物是（ ）。

A. 圆形的　B. 去掉胚芽的　C. 被煮过的　D. 浸泡过青柠溶液的

5. 用长时间浸泡的方法泡黑豆，所需时间为（ ）。

A. 12小时　B. 4小时　C. 1小时　D. 1/2小时

6. 粗玉米碎是由（ ）制作的。

A. 小麦　B. 大米　C. 燕麦　D. 玉米

7. 小麦碎是用（ ）制成的。

A. 青柠溶液浸泡的玉米　B.预先煮过的米

C.蒸熟的小麦粒碾压　D.谷物片

概念理解

8. “含淀粉”是指什么意思？

9. 豆类和谷物的区别是什么？

10. 什么是新鲜意面？

11. 什么是谷物粒？

12. 小扁豆属于豆类还是谷物类？

13. 谷粒和精加工谷粒，哪一种经过了更多加工处理程序？

14. 谷物在清洗前为什么要进行筛选？

判断思考

15. 煮制谷物和蒸制谷物的区别是什么？

16. 你准备用干意面制作带馅料的菜肴并烘烤，那么，在填塞馅料前，需将干意面煮熟到什么程度？请说明原因。

厨房实践

17. 如果你经营意大利餐厅，你会选择哪种方式将酱汁加入意面中？请说明原因。

18. 如果客人询问起有关中东烩饭和意大利烩饭的区别，你会怎么样回答？（提示：客人想知道的不仅是它们在制作工艺上差异，还希望了解其风味和口感的不同。）

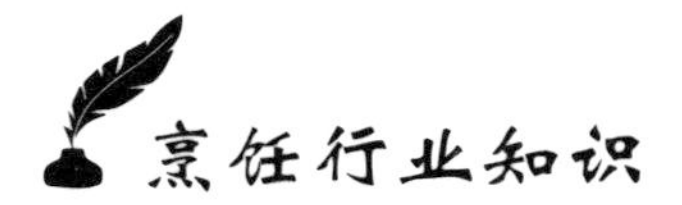

面包和糕点制作师

特色面包师 特色面包师用自己掌握的食品知识、烘焙技术，以及对营养和风味的探索来创新菜单和产品，满足消费者的健康和营养需求，同时保持高标准的质量和创造力。虽然成为以无过敏、无麸质、无糖、无乳糖或低钠烘焙为专业的特色面包师的途径与其他面包师相似，但通常还需拥有在特殊饮食烘焙课上学习的经历，或是在有营养需求的厨房或面包店的工作经验，才能满足那些有腹腔疾病、糖尿病、心脏病或严重过敏疾患的消费者的需求。

特色面包师可以在多种环境中工作，如批发或零售面包店、酒店、食品制造商、餐厅以及公共机构、学校餐饮服务等。

助理面包师 助理面包师负责根据食谱测量和混合原料，安全地操作烘焙设备，并在此过程中严格遵循所有健康和卫生准则。

面包师 面包师专事生产各种各样的面包。他们中有些在专门经营手工面包的商店或店铺工作，有些则为大型零售业服务。面包师不仅要混合、塑形和烘烤各种发酵面包，还要负责为客户开发不同种类的产品，如无酵母或无麸质面包。

入门要求

许多专业面包师都会进入烹饪学校学习，并获得烘焙和糕点的相关学位。这一时期的正规教育通常包括为专业化奠定了一些重要基础的课程：食品安全和卫生、餐饮业的商业和管理、营养学、烹饪科学以及风味和质地的开发原则等。当然，你还可以发现，也有一些人是通过在职培训和学徒生涯获得所需技能的。

晋升小贴士

获得美国烹饪联合会（ACF）和美国烘焙零售商协会（RBA）等组织颁发的证书可以促进你的职业发展。这些团体已经建立并完善了各种标准，可以评估你的知识和技能。而取得健康或营养相关领域的学位，包括食品或烹饪科学，是另一条提升你的事业、实现成为专业面包师目标的途径。

另一种促进烘焙事业发展的有效方法，是加入能帮助你建立关系网络的组织和团体。

一部分人以拥有和经营特色烘焙食品批发或零售店作为自己的最终目标。通过参加课程或研讨会，学习了解更多关于商业实践和管理方面的知识，有助于创办自己的面包店。

第 11 章　高汤、酱汁和汤菜

学习目标 / Learning Objectives

- 制作高汤的基本食材原料有哪些?
- 认识高汤的 5 种基本类型。
- 高汤应如何进行加工准备? 储存高汤应注意些什么?
- 请列举制作酱汁的基本食材原料，并了解酱汁共分为几类。
- 认识西餐汤菜的基本类型，并掌握汤菜的翻热保温和上菜方式。
- 汤菜中有哪些常用配菜?

11.1 高汤

11.1.1 高汤的基本原料

高汤是一种味道鲜美的汁液，主要用于制作汤菜、酱汁、烩菜和焖菜。高汤的质量对用这种高汤制成的汤菜和酱汁的质量有着重要影响。事实上，在传统的法国菜烹饪中，高汤是非常重要的，它们被称为“烹饪的基础”。

高汤是由以下几种基本原料用小火煨制而成的：骨头、贝类和蔬菜；调味蔬菜（常额外加入香味蔬菜）；香料和香草；液体（通常是水）。

骨头、贝类和蔬菜

高汤的主要食材决定了其风味、颜色和浓度。高汤将使用以下这些主要食材之一：

- **牛骨和小牛骨** 用仍粘附着一些肉的骨头熬汤，会让高汤的味道更丰富。
- **家禽骨头** 用颈骨、翅尖、鸡脊骨或一只经过初加工的整鸡为高汤的主要食材。
- **鱼骨** 用比目鱼、鳎鱼或其他瘦白鱼的鱼骨为高汤的主要食材。
- **贝类的壳** 用龙虾、虾或小龙虾的壳为高汤的主要食材。
- **蔬菜** 使用调味蔬菜为高汤的主要食材，可得到丰富、平衡的口感。要避免使用淀粉类蔬菜（土豆或硬南瓜），以防高汤变得浑浊。还要避免使用甜菜等，以防熬汤时出现“红色血汁”。

调味蔬菜和香味蔬菜

大多数高汤的原材料当中，都包括调味蔬菜。所谓调味蔬菜，即加入高汤的各种蔬菜组合的总称。请记住，洋葱、胡萝卜和芹菜是标准的调味蔬菜组合。如果用欧防风萝卜代替胡萝卜（通常还用韭葱代替洋葱），那就称为白色调味蔬菜。一些高汤食谱往往还需要添加额外的香味蔬菜，比如蘑菇、韭葱、大蒜等。总之，不同类型的高汤会要求不同的调味蔬菜和不同的香味蔬菜组合。

香料和香草

干燥的香料，如整粒的花椒，能给高汤带来辛辣的香气。新鲜或干燥的香草，如月桂叶、百里香或欧芹茎等，也能为高汤提供香味。个别食谱会列出某种高汤所需的具体香料和香草。使用时，要记得将干香草和香料捆扎成香料袋，新鲜香草可扎成香料束。

液体

大多数高汤以冷水煮制，绝不使用热水，以防止高汤的汤汁混浊。冷水逐渐沸腾的过程，也是高汤的味道和营养被温和而均匀地提取出来的过程。

11.1.2 高汤的类型

高汤是根据它们的主要食材来进行命名的（如果是白色高汤和褐色高汤，则是依据该主要食材的制作方法）。以下是高汤的五种基本类型：

- **褐色高汤** 是用烤成深棕褐色的骨头熬制成的。使用烤过的骨头可使汤呈深褐色，带有浓厚的烤肉风味。褐色小牛骨高汤是最常见的褐色高汤类型，由烤过的小牛牛骨制成。
- **白色高汤** 是用未烤过的骨头制成的。有的厨师会先将骨头放入水中小火煮制一下，以便焯水去异味。白色高汤有时被称为中性高汤，因为它的味道柔和，不会过于浓烈。
- **鱼骨高汤** 是将鱼骨用少量的油烹调至呈半透明状时（炒出水气），再加入水、调味蔬菜、香料和香草制作而成。
- **贝类高汤** 是将贝类水产的外壳用少许油煎炒至呈深红色后，再加入水、调味蔬菜、香料和香草制作而成。
- **蔬菜高汤** 是将各种蔬菜切片后，小火煮出味，再熬制而成。

五种高汤的类型		
高汤	**特征描述**	**1加仑高汤所需的原料**
褐色高汤	带有烤肉风味，汤色呈深棕红色	8磅烤骨头（肉或家禽）；1磅调味蔬菜；4～6盎司番茄膏；1个香料袋；6夸脱冷水
白色高汤	口感柔和，高温状态时汤色几近无色	8磅未烤制骨头（肉、家禽或鱼）；1磅调味蔬菜；1个香料袋；6夸脱冷水
鱼骨高汤	带有鱼的香味，汤汁呈浅色、透明但不完全澄清	11磅鱼骨（炒香）；1磅白色调味蔬菜；1个香料束；4夸脱冷水
贝类高汤	海鲜风味，汤汁呈红色到橙红色，透明但不完全澄清	11磅甲壳（大龙虾、大虾或小龙虾）；1磅白色调味蔬菜；1个香料袋；6夸脱冷水
蔬菜高汤	汤色根据蔬菜类型不同而变化	5磅蔬菜；1磅调味蔬菜；1个香料袋；5夸脱冷水

11.1.3 高汤的加工准备和储存

就像大多数烹饪工作一样，要熬制出一份好的高汤，前提是正确地准备原料，并选择合适的设备。此外，有三个问题会成为高汤熬制是否成功的关键：煮制中锅内液体应始终处于微沸的状态；撇去汤面上的杂质和浮沫；熬制的时间应足够长，以便汤汁味道丰厚。

骨料的加工准备

购买牛肉或小牛肉的骨头，切成小段——约3英寸长最佳，这样可便于骨内的风味更充分地释放到高汤中。

白色和褐色高汤可以用其他类型的骨头熬制。用羊、鹿或猪骨熬制高汤，其时间应与小牛骨高汤同。用火鸡、野鸡或鸭骨熬制高汤，其时间则应与鸡骨高汤同。

以下加工准备步骤对确保高汤获得最佳的颜色和风味，也起着重要作用：

- 将骨头烤成棕褐色。将骨料放入热烤盘，以375℉或更高的温度烘烤骨头，直至粘附在骨头上的肉变成褐色。取出骨头，倒掉多余的脂肪，然后往烤盘中加入少许水，将积聚在烤盘中的烤肉骨原汁和原浆溶解在水中，再倒回高汤中。
- 将骨头焯水。焯烫骨头可令高汤的颜色非常白净或清透。骨头下锅，加入足量的冷水将其覆盖约3英寸。把水煮沸后，立即取出骨头沥干并冲洗干净。
- 湿炒骨头。将鱼骨用少量的油湿炒，可使鱼骨高汤的风味更加浓郁。炒制时一般使用中火，然后加入调味蔬菜，慢慢焖煮，直到它们变软并开始释放水分，粘附在骨头上的鱼肉渐呈不透明状。之后再加入液体和其他食材原料。

调味蔬菜的加工准备

根据你要熬制的高汤的类型，选择合适的调味蔬菜原料。例如标准调味蔬菜（洋葱、胡萝卜和芹菜）主要用于熬制褐色高汤，白色调味蔬菜（洋葱、韭葱、芹菜和欧防风白萝卜）剔除了胡萝卜以保持高汤汤色的乳白。

将调味蔬菜切成最适合高汤熬制时间的尺寸和形状。如熬制时间超过1小时，则调味蔬菜需切成中等或较大块状；如熬制时间不足1小时，则可切成小块状或薄片状。

香料袋或香料束的加工准备

制作香料袋，需用一小块粗棉布把各种原料包好，然后用绳子把粗棉布扎牢成袋状。制作香料束则是把各种新鲜原料收集在一起扎成束状，用绳子缠绕一两圈、扎紧。

选择合适的设备用具

熬制高汤的主要设备是汤锅。汤锅的锅底应平整，其高度应大于开口宽度，以便更好地浓缩高汤的风味。加入汤锅的液体和所有食材原料混合后，其高度应距离汤锅上沿至少3英寸。如果需熬制大量的高汤，餐馆通常会选择使用蒸汽夹层汤锅。餐馆中使用的大汤锅多为带水龙头的，便于汤从锅里流出来，而无需搅动其他食材。当然，如果你的汤锅没有这样的水龙头，就需要一个大勺来舀出锅里的汤汁。

在高汤熬制过程中，需要用撇沫器或扁勺来撇除汤面的杂质和浮沫，以保持汤汁的清澈。同样，为了保持汤汁的清澈，从汤锅中舀出汤汁时，应尽可能避免去搅动锅内的骨头。

高汤熬制完成后，需将其过滤。滤汤时，将汤舀入或倒入铺有细孔纱布的滤网或滤筛中，过滤后再倒入适当的容器中冷却备用。

鱼骨高汤加工准备

鱼骨高汤比用白肉鱼骨做成的白色鱼汤味道更浓郁。这种口味的提升应归功于在添加水之前，鱼骨和调味蔬菜就已经被炒制过的缘故。当然，熬制高汤的过程中加入的其他香味食材，如干白葡萄酒或蘑菇等，也能提升其风味。鱼骨比动物或家禽的骨头更娇嫩，因此释放味道的速度也就更快。这就意味着鱼骨高汤熬制的时间也更短——通常45分钟至1小时就足以熬制出一份鱼骨高汤。基于上述原因，熬制鱼骨高汤时，香料袋可以和冷水同时加入汤锅。

贝类高汤加工准备

龙虾、虾和小龙虾的外壳入油锅炒制后会变成深红色，这就提升了高汤的味道。调味蔬菜（通常加入番茄）也需长时间煎炒，直至其颜色变深。就像鱼骨高汤一样，贝类高汤的熬制时间约需45分钟到1小时。因此，香料袋可以和冷水一起加入汤锅中进行熬制。

蔬菜高汤加工准备

如果将蔬菜切成小块或薄片，蔬菜类高汤就可以在30～60分钟内熬制完成。这个时间足够长，可以令蔬菜的味道融入汤汁中；同时，这个时间也足够短，可以避免高汤的味道过浓或苦涩。要改变蔬菜汤的味道和颜色，有两种方式可供选择。一是将蔬菜用小火炒香出味，就像熬制鱼骨高汤时先湿炒鱼骨一样；二是如同熬制褐色高汤那样，把蔬菜烤至呈褐色。

基础烹饪技术 褐色高汤

1. 准备好骨头、调味蔬菜和番茄，将骨头、调味蔬菜和番茄烤制到呈深褐色。
2. 将烤好的食材与冷水一起放入汤锅中。往烤盘中加入少量水，烤盘中剩余的脂肪溶化后，也倒入汤锅。
3. 中火熬制，根据需要控制时间。撇除汤面上的杂质和浮沫。
4. 在熬制结束前30～45分钟，加入香料袋增加香味。
5. 将高汤过滤后，置于41℉的温度下冷藏备用。

基础烹饪技术 白色高汤

1. 准备好骨头和调味蔬菜。如需焯水，可先着手处理。
2. 将骨头、调味蔬菜和冷水一起放入汤锅，中火熬制，根据需要控制时间。
3. 撇除汤面上的杂质和浮沫。
4. 在熬制结束前30～45分钟，加入香料袋增加香味。
5. 将高汤过滤后，置于41℉的温度下冷藏备用。

使用预制好的高汤浓缩汤料

高汤浓缩汤料可以制成高度浓缩液的形式，也可以以粉末状或块状的形式出售。你可以根据制造商的说明书将这些高汤浓缩汤料兑水煮沸，用以代替高汤，或是将其添加入你自己熬制的高汤中，让原本清淡的高汤味道更浓郁。

质量好的厂家生产的高汤浓缩汤料，其基本原料与你自己熬制高汤时所使用的原料是相同的。然而，一些质量较差的高汤浓缩汤料在标签上列出的高钠成分，远远超过肉类、家禽或蔬菜。因此，要获得最佳效果，建议使用最高质量的高汤浓缩汤料。为了让这些预制好的高汤浓缩汤料呈现出最佳风味，可以在溶解了这些浓缩汤料的汤汁煮沸时，加入各种肉和蔬菜的边角余料继续小火熬制。

高汤的储存

未立即使用的高汤应于熬制完成后尽快冷却并储存。可使用冰浴冷却法或冰棒冷却。

一旦高汤冷却，就应该将其转移到储存容器中。储存时一定要添加标签，注明高汤的名称及制作日期。所有高汤都应存放在冰箱或冰柜中。

11.1.4 高汤的应用

选用正确的高汤

食谱中通常会注明应该使用的高汤类型。选择特定类型的高汤，是为了给菜品增加某些特定的风味、颜色或口感。

- 白色或象牙色的菜肴通常搭配使用白色高汤或家禽类高汤。
- 使用和食谱中所列的高汤原料相同类型的肉类或鱼类作为菜品的食材。例如，用鸡肉高汤做水煮鸡胸肉，或用鱼骨高汤烹制水煮海鱼。
- 使用褐色高汤来烹制深色的菜肴。
- 使用中性高汤来提升菜肴的质感，而非增添其风味。例如，用白色牛肉高汤来烹制蔬菜汤或煮豆子。

浓缩高汤

为了提升高汤的味道，使其浓度和质感更丰厚浓郁，可将高汤进一步加热浓缩：用小火将高汤煮沸，以蒸发其中部分液体。当高汤熬煮至原汤汁的一半时，就是一种双倍浓度高汤。如果再继续熬煮，直至其味道浓郁、呈糖浆状，则通常被称为胶冻烧汁。

基础烹饪技术 浓缩高汤

1. 使用前检查高汤的质量：往平底锅中加入高汤，煮沸。判断汤的味道、颜色和质感是否良好。如果是，则可以使用。
2. 高汤煮沸后，用小火加热熬煮。到浓稠适度后，根据需要转移至小锅中。
3. 继续小火熬煮，直到锅中高汤剩余至原汤汁的一半，即表明高汤已成为浓缩高汤。
4. 过滤浓缩高汤，然后将其冷却到41℉以下，放入冰箱冷藏备用。

小测验

概念复习

1. 用于制作高汤的四种基本原料是什么？
2. 识别五种基本类型的高汤，并分别简要描述。
3. 褐色高汤加工准备的基本步骤是什么？
4. 什么是胶冻烧汁？如何加工准备？

发散思考

5. 为什么必须将双倍浓缩高汤和胶冻烧汁冷却到41℉以下？
6. 褐色小牛骨高汤和白色牛肉高汤的加工准备有何区别？
7. 如果在蔬菜高汤中使用烤过的蔬菜，那么这个蔬菜高汤的味道、颜色和香气会产生什么变化？

厨房实践

请使用未烤过的骨头、调味蔬菜和一个香料袋制作鸡肉高汤，再用购置的高汤浓缩汤料制作鸡肉高汤。请品尝并评估这两种高汤成品。

烹饪小科学

研究五位知名厨师制作高汤的技巧，并尽可能清晰地描述每个厨师的技术有何异同，以便其他人可以在烹饪中运用你的研究成果。

11.2 酱汁

11.2.1 酱汁的基本原料

酱汁是一种用来配搭食材原料和菜品的酱料，不仅可以增加食物的风味、色泽和质感，还有点缀和美化菜品的作用。

酱汁通常由三种基本原料构成：液体原料，各种香料和调味料，增稠原料。

液体原料

酱汁中最具特色的原料是风味浓厚的液体，例如高汤。高汤的风味应与所制作菜肴的整体风味相适应，这样做出的酱汁才能与菜肴完美搭配。例如，鸡肉高汤是制作鸡肉类菜肴酱汁的最佳液体原料，贝类高汤是制作海鲜类菜肴酱汁的最佳拍档。用高汤制作的酱汁，不仅具有浓郁的风味，还会丰富酱汁的色彩，以增进美观。

在酱汁制作中，其他的液体原料，如牛奶、奶油等也可以用来代替高汤，用于一些特色酱汁的制作。它们会给酱汁带来一种细腻的奶油香味，同时使酱汁的颜色更洁白。有时也会用鸡蛋黄和黄油来代替高汤制作酱汁。另外，有些含水量多的蔬菜如番茄、蘑菇、甜椒等，也可以用来代替高汤，直接用于酱汁的制作。

各种香料和调味料

西餐的酱汁通常是香味浓郁的。这种香味不仅来源于香浓的高汤，还需要在酱汁烹制中，加入其他的增香原料，如冬葱、洋葱、韭葱和蘑菇等各种香味蔬菜。这些香味蔬菜常常在酱汁烹制中放入，以增香提味。此外，还可加入一些具有特别香味的酒液，如葡萄酒或白兰地酒，效果更佳。

同样，西餐酱汁的调味料也丰富多样，最基本的调味料是盐和胡椒粉，此外还有各种各样的新鲜香草、干制香料和芥末等，也都是常见的西餐调味料。

增稠原料

西餐的酱汁必须足够浓稠才能沾裹上食材原料以增加风味，因此在菜肴烹制中，需要加一些特制的增稠原料使酱汁浓稠沾匀。

油面酱是一种用小麦面粉和油脂制作的油面糊。其中面粉中的淀粉在受热糊化后使酱汁变得浓稠。当然，除了淀粉以外，面粉中也包含了无助于酱汁浓稠的蛋白质和其他物质，这些都需要在酱汁浓缩过程中撇去。

另外，油面酱中的油脂会增加酱汁的香味，所以我们通常推荐使用香味较浓的油脂来制作油面酱，如黄油（称为黄油面酱）。

水粉芡是用精制淀粉与冷水调匀的淀粉浆。精制淀粉通常是由淀粉含量较高的原料制作而成，如玉米、大米或土豆等，它们经过加工后去除其他杂质，只剩下淀粉物质制成玉米淀粉、大米淀粉或土豆淀粉。

通常精制淀粉也可称为纯淀粉。水粉芡通常在需要制作特别清亮透明的酱汁时使用。

蛋黄奶油芡是用鸡蛋黄和淡奶油混合调匀制成的，通常在酱汁制作即将完成时加入，轻微搅匀后即可，会给酱汁带来细腻的奶油香味、金黄的色泽和淡淡的黏稠效果。

蔬菜泥或水果泥是一种很细腻的蔬菜或水果泥，它是将香味浓郁的蔬菜或水果烹煮至软烂后，用过滤网充分过滤，或是用食物搅碎机充分搅碎后形成的蓉泥酱。这种制好的蔬菜泥或水果泥通常比较细腻润滑，同时有一定的浓稠度，适合用于特制菜肴的酱汁调味。这种用蔬菜制作的蓉泥酱有时候也被视作一种自带浓稠料的酱汁，因为它们经过充分搅碎后，已经形成了类似酱汁的浓稠适度的特性，所以这类酱汁烹制中可不必加入其他浓稠料来增稠。

在分子烹饪中，酱汁中的浓稠料种类使用更加广泛。其中的许多类型，如下面列举的三大类型，都属于素食烹饪，对无麸质烹饪也有实用价值。

- **黄原胶** 一种从发酵的蔗糖中提取的天然浓稠原料，可以使酱汁体积增大，并增强酱汁的黏性。
- **结冷胶** 一种从海藻中提取的天然浓稠原料，可以增加酱汁的弹性。

• **高温琼脂** 一种从某些类型的红藻中提取的天然浓稠原料，能迅速凝胶，是一种比较稳定的增稠剂。

11.2.2 浓稠料准备加工

酱汁的质量鉴别标准不仅在于它的风味和颜色，还要注重它的浓稠度。好的酱汁要有足够的浓稠度，以便能充分覆满食材原料本身，以达到提味增香的目的。烹饪中，如果要让酱汁达到正确的浓稠度，通常需要加入油面酱、水粉芡、蛋黄奶油芡或者其他的浓稠原料，以便增稠浓味。

油面酱

油面酱是用等量的油脂和面粉制作而成，其中面粉可以选用各种类型的面粉，如高筋粉、中筋粉、低筋粉均可，而油脂则通常选用澄清黄油。

油面酱的种类是根据颜色来进行划分的。烹制时间越长，油面酱的颜色就会越深。白色油面酱是用精炼植物油代替黄油制作而成，一般加热烹制时间短，以便得到色泽浅白的效果。暗白色或金黄色油面酱是用澄清黄油制作而成，加热烹制时间比白色油面酱长，因此得到的是金黄色的油面酱。褐色油面酱是用澄清黄油和植物油的混合油烹制而成，加热时间更长，得到的是深棕褐色的油面酱。油面酱的色泽越浅，它的增稠效果就越好；相反地，油面酱的色泽越深，它的增稠效果就越差。

油面酱通常是通过两种方式加入酱汁中的。

• **在冷的液体原料中加入热的油面酱** 先在酱汁锅中烹制好热的油面酱，然后分次加入冷的液体原料。边加边用蛋抽搅打，待液体原料和油面酱完全混匀至细滑无颗粒即可。

• **在热的液体原料中加入冷的油面酱** 先将液体原料放入酱汁锅中小火煮沸。再将油面酱分成小块放入小碗中，加入足量热的液体原料，将油面酱搅散，至油面酱与液体原料完全搅匀相融后，再一同倒入酱汁锅内煮沸的液体料中，搅匀煮稠即可。

油面酱的用量比例		
油面酱浓度	**特征描述**	**每加仑液体原料所需量**
清二流芡（或薄芡）	能够在勺子表面薄薄地沾附上一层酱汁，淋汁时呈流动状。主要用于一些汤类菜品	10～12盎司油面酱（准确用量视油面酱类型决定）
中等二流芡	能够在食材原料上紧紧地沾附一层酱汁，并能均匀地覆盖在食材原料表面，淋汁时呈缓慢的流动状。适用于大部分酱汁	12～14盎司油面酱（准确用量视油面酱类型决定）
浓稠糊芡	酱汁浓稠呈糊状，从勺子上滴下时堆积成块状，无法轻易地淋汁。主要用于将各种食材原料融合在一起定型（如可用于芝士焗通心粉的制作中）	14～16盎司油面酱（准确用量视油面酱类型决定）

基础烹饪技术 油面酱

1. 按配方比例称量油面酱制作所需的面粉和油，然后在厚底炒锅中放油烧热。
2. 放入面粉炒匀。炒制时，油面酱应该炒散，不能结块，同时不能炒得太油腻或太干。
3. 继续炒制，不停地搅动炒匀，直到油面酱达到所需要的颜色为止。
4. 立刻将油面酱用于菜肴烹调，或冷藏备用。

大厨提示

1. 在检查油面酱是否炒制到标准要求时，可尝一小口油面酱来鉴别：取一点油面酱，用嘴唇和舌尖去感觉一下，油面酱应很细滑，且无生麦粉的味道。
2. 浓稠的酱汁通常需要用小火熬煮至少45分钟，以去除生面粉的油面味和粗糙的颗粒质感。这也就是人们常说的“将面酱炒香至出味”。
3. 注意酱汁和油面酱的准确配方比例，以便得到正确浓度的酱汁。熬制时，油面酱加得越少，酱汁就越清淡；反之，油面酱加得越多，酱汁就越浓稠。

水粉芡

水粉芡液体原料浓稠化的速度比油面酱快得多。制作水粉芡汁时，通常是将精制淀粉（常用玉米淀粉或竹芋淀粉）与冷水一同搅匀，至淀粉充分溶解后即可。调好的水粉芡的浓稠度与浓奶油相类似。

使用时，将水粉芡分次加入小火煮沸的液体原料中，加完后继续小火熬煮，边搅动边煮制，直到酱汁浓稠。通常用水粉芡浓缩增稠的液体原料需小火熬煮2～3分钟，以充分煮透。

蛋黄奶油芡

制作蛋黄奶油芡，只需将鸡蛋黄和奶油放入不锈钢盆中，用蛋抽充分搅匀至细滑即可。使用时，通常是将蛋黄奶油芡放入热的液体原料中加热增稠。但在此之前，需要一个特别的工艺技巧，即“回火预热”奶油芡。如果缺乏这一步骤，那么蛋黄奶油芡在首次放入热的液体原料中浓缩增稠时，蛋黄很容易因被煮过火而变成蛋花。

“回火预热”奶油芡的技法是，先将一小勺热的液体原料分次倒入蛋黄奶油芡中搅匀，当足量的液体原料加入后，蛋黄奶油芡的温度升高至与酱汁锅内的液体原料温度接近，这时就可以将它倒入热的液体原料中，继续小火熬煮，轻轻搅动，直至蛋黄奶油芡形成浓稠适度的酱汁。注意整个过程中，勿用大火煮沸，否则蛋黄还是容易被煮过火。

11.2.3 酱汁的种类

基础酱汁

西餐酱汁有数百种不同的类型，但专业大厨所编写的经典烹饪食谱中，通常把西餐酱汁概括为五大基础类型（也可以称为母酱汁或主酱汁）：褐色酱汁、白汁酱汁、白色浓汁酱汁、番茄酱汁和荷兰酱汁。

褐色酱汁多呈深棕褐色，通常用于红肉类菜肴，可分为西班牙酱汁、烧汁和小牛肉浓缩汁三种类型。西班牙酱汁是一种将褐色小牛肉高汤加油面酱增稠后制成的褐色类酱汁。烧汁是将等量的西班牙酱汁和褐色小牛肉高汤一同加热，用小火浓缩，至酱汁香味浓郁、浓稠沾勺，足以沾附食材原料的程度即成。小牛肉浓缩汁是将褐色高汤加各种香味蔬菜和香料一同加热，用小火浓缩制成。有时也加入烤香的牛骨和牛肉以提升风味。小牛肉浓缩汁一般采用水粉芡勾芡的方式进行浓缩增稠。

白汁酱汁是一种用牛奶和白色油面酱制成的白色酱汁。制作时也可以加入洋葱、丁香和香叶以增香。白汁酱汁通常用于面食、蔬菜、小牛肉、鱼类海鲜和家禽菜肴。

白色浓汁酱汁是一种用高汤（鸡肉高汤、鱼高汤或贝类高汤等均可）加金黄色油面酱制作的白色类酱汁。制作中所使用的高汤将决定酱汁的用途范围：鸡肉高汤制成的是鸡肉类白色浓汁酱汁；鱼高汤制成的是鱼类白色浓汁酱汁；依此类推。通常这类酱汁主要用于鱼类海鲜、贝类、小牛肉和家禽菜肴等。

基础烹饪技术 白色浓汁酱汁

1. 将温热液体原料放入酱汁锅中，并根据菜品需要加入适当的香味蔬菜或调味料煮热。
2. 将油面酱和液体原料混匀后，用蛋抽充分搅匀至无颗粒。
3. 上火煮至汤面微沸，转小火熬煮约45分钟。
4. 将酱汁过滤后，再次倒入酱汁锅内小火煮沸。
5. 根据菜品需要，最后加入所需的调味料即成。

传统的**番茄酱汁**属于西餐母酱汁类型，制作时采用法式烹调法，要加入高汤和油面酱增稠。但是这种类型的番茄酱汁多年前就已不再流行，意大利式的番茄酱汁制法取而代之，制作时不再加入高汤和油面酱。特别是现在，很多大厨往往使用各种类型的经过刮榨的特色番茄，制作出了很多各具特色、风味独特的番茄酱汁。番茄酱汁被广泛应用于面食菜品，以及红肉类、家禽和鱼类海鲜菜肴。

基础烹饪技术 意式番茄酱汁

1. 准备加工。将香味蔬菜和主料预制加工备用。
2. 将香味蔬菜炒香，然后加入主料炒匀，倒入液体原料（根据菜品需要）。
3. 小火煮至蔬菜软烂，再加入其他的香料或调味料定味。
4. 去除香料束、香料袋或香叶后，用食品搅碎机将蔬菜打碎成细滑的酱汁。
5. 再次上火煮沸，并根据菜品需要加入其他调味料，定味即成。

荷兰酱汁是用融化的黄油或者澄清黄油加微煮过的蛋黄一起搅打制作而成的，制作中会加入柠檬汁和酒醋以调和风味。荷兰酱汁实质上是一种热的乳化酱汁。根据第7章的介绍，所谓乳化，是指将两种普通状态下不易混合相融的物质通过搅拌作用，使其中一方的物质均匀地悬浮于混合液中的方法。

荷兰酱汁制作时有一定难度。如果制作时温度过高，蛋黄会凝固熟化，造成蛋液变成絮状沉淀物质，酱汁中出现小块或丝状物质。如果小块物质还不多，酱汁仍可拯救：立刻熄火，加入冷水搅匀至酱汁看上去变得较细滑，再次置于温火上，加入黄油搅拌。如果酱汁中已含有很多块状物质，就需将酱汁过滤后再次加入新鲜的蛋黄搅匀，继续制作荷兰酱汁。

荷兰酱汁通常应用于蛋类和蔬菜菜品中，也可以用于风味比较清淡的食材原料，如家禽和鱼类海鲜等。

基础烹饪技术 **荷兰酱汁**

1. 将蛋黄和液体原料倒入不锈钢盆内，调匀，放至接近微沸的热水中水浴加热，边加热边用蛋抽搅打，直到蛋黄液开始变热和浓稠。
2. 分次加入热的澄清黄油，一边水浴加热，一边同时搅拌。
3. 酱汁开始变稠发硬后，加入少量的热水稀释。
4. 当黄油全部加完后，加入柠檬汁、盐和胡椒粉调味。
5. 将酱汁过滤后保温存放即成。

衍生酱汁

基础酱汁是衍生酱汁的基础和根基，是衍生酱汁的主要调味料，在基础酱汁中加入其他的调味料或者辅料，可以产生特别的风味、色泽和质感。有时候，厨师们也习惯把衍生酱汁称为小酱汁或复合酱汁。一些经典的衍生酱汁已列表介绍。

变化酱汁

如今很多大厨都设计发明了各种各样的特色酱汁，这些酱汁大多并不来自基础酱汁，通常被称为变化酱汁。它们或需趁热上菜，或直接冷盘食用。

- **复合黄油酱** 由软化后的黄油加香草碎、冬葱碎、生姜碎、柠檬皮碎和各种香料混合制成。复合黄油酱可用于焗烤肉类菜肴，使用时将其切片放在肉扒上焗烤即可。复合黄油酱还可加入热气腾腾的熟意大利面或蔬菜中拌匀，黄油在高温下融化，从而为菜肴提味增香。

- **蔬菜酱** 一种浓稠的蔬菜泥酱汁，通常由各种蔬菜或水果制作而成。为了丰富或突出菜肴的风味，蔬菜酱和蔬菜泥在使用前，还可以加入一点奶油。

- **原味肉汁** 与西餐基础酱汁近似，通常是指肉类原料菜肴在锅中烤制或煎炒时留下来的原汁。通常会将这些原汁加上高汤或肉汤、浓稠料（例如油面酱或水粉芡等），以便使原味肉汁浓缩增稠。

经典衍生酱汁			
类型	名称	加工准备	适用范围
褐色酱汁的衍生酱汁	红酒酱汁	将红酒与葱末、胡椒碎、百里香、香叶等一同放入酱汁锅，小火熬煮至将干时，放入褐色酱汁煮出味，过滤后调味备用	烤红肉类菜肴（也可以用于鱼类水产菜肴）
	蘑菇酱汁	将蘑菇片用黄油炒软，加入褐色酱汁，转小火熬煮入味，调味备用	牛肉、小牛肉和家禽菜肴
	罗伯特酱汁	将洋葱碎用黄油炒香，加入白葡萄酒煮干，加入褐色酱汁，转小火熬煮入味，最后放入少许糖和芥末酱调味备用	烤猪肉类菜肴
白汁酱汁的衍生酱汁	车打酱汁	在白汁酱汁中加入刮细的车打芝士粉，小火加热至芝士刚好融化即成	面食类、蔬菜类菜肴
	龙虾酱汁	在白汁酱汁中加入奶油熬煮后，加入切好的龙虾肉，用牛角椒粉调味即成	龙虾、鱼类海鲜菜肴
	毛恩内酱汁	在白汁酱汁中加入格鲁耶尔芝士粉和帕尔玛芝士粉，小火加热至芝士融化，上菜前加黄油搅化即成	小牛肉、家禽和蔬菜类菜肴
白色浓汁酱汁的衍生酱汁	蘑菇奶油酱汁	将蘑菇片用黄油炒软，加白色浓汁酱汁和奶油煮稠，小火浓缩后过滤即成	家禽和鱼类海鲜菜肴
	曙光酱汁	将白色浓汁酱汁加浓缩番茄膏小火熬煮浓缩后即成	蛋、白肉类和家禽菜肴
	鲜虾酱汁	将白色浓汁酱汁加奶油小火熬煮浓缩，上菜前加入煮熟的大虾和黄油，搅匀即成	鱼类海鲜、蛋类菜肴
番茄酱汁的衍生酱汁	伏特加酱汁	在番茄酱汁中加入伏特加酒，用小火熬煮浓缩，最后加奶油和帕尔玛芝士粉调味即成	意大利面菜肴（如直管面、斜管面等）
	番茄鳀鱼酱汁	将洋葱碎、大蒜碎和银鱼柳炒香（还可以加入橄榄碎、红椒碎和水瓜柳碎），加入番茄酱汁，用小火熬煮出味即成	意大利面菜肴（如细条通心粉、斜管面、意大利扁面条等）
	香辣番茄酱酱汁	在番茄酱汁中加入大量的红辣椒小丁，小火熬煮出味即成	意大利面菜肴（如直管面、斜管面等）
荷兰酱汁的衍生酱汁	班尼士酱汁	将龙蒿酒醋、龙蒿香草碎、冬葱碎和胡椒碎用小火煮至汁干见底，加水调匀，过滤后加入鸡蛋黄搅匀，再加澄清黄油制成酱汁	烤肉类菜肴
	慕斯林酱汁	在荷兰酱汁中加入打发的浓奶油搅匀即成	水煮鱼类、水煮芦笋等
	皇家焗烤酱汁	在荷兰酱汁中加入等量的白色浓汁酱汁和打发的浓奶油即成。若用于焗烤类菜肴，可将该酱汁覆盖在菜肴表面，送入焗炉中焗烤成棕红色即可	低温煮白肉类或鱼类菜肴

- **萨尔萨番茄洋葱辣酱** 一种用各种蔬菜调料制成的冷酱汁，主要原料为番茄、洋葱、红椒和干辣椒等，多以青柠檬汁、盐和胡椒粉调味。萨尔萨番茄洋葱辣酱常用于炸薯条或其他蔬菜菜肴的蘸酱，也可以作为菜肴的淋酱或调料使用。萨尔萨酱被广泛应用于各种食材原料上，包括肉类、蛋类、蔬菜、谷物类和蔬菜类等。

• **调味酱或酸辣酱** 一种风味非常浓厚的酱汁，常用于肉类、家禽或海鲜鱼类菜肴。这种酱汁往往由水果或蔬菜制成，或是上述两者混合制成。酱汁中通常还加入了各种甜、酸调料加工调味，如酒醋和白糖等。此外还会用到各种生、熟食材原料。调味酱和酸辣酱的风味变化很多，如以甜味为主的甜酸酱、以辣味为重的酸辣酱，以及其他各种复合口味等。

• **特制酱汁** 还有其他大量的酱汁，包括烧烤酱汁、苹果酱汁、咯嗲酱汁、塔塔酱汁等，都被归入特制酱汁一类中。这些酱汁在不少西餐菜肴烹制中被作为调料使用，当然也可以作为菜肴的蘸酱使用。

11.2.4 酱汁的预制加工和储存

酱汁的预制加工需要厨师付出极大的耐心，制作时时刻关注每个细节。此外，在酱汁加工制作的整个流程中，如何正确规范地储藏多余的酱汁以便日后使用，也是非常关键的。

• **酱汁预制加工设备** 在酱汁制作中，选用正确的加工设备是非常重要的。

首先，需选择适合的酱汁锅，即要求其内部空间较大，便于制作时搅拌酱汁，撇去浮沫。

其次，检查酱汁锅的底部，确保锅底平整。如果酱汁锅的底部凹凸不平，则容易造成加热时热量分布不均匀，酱汁被意外烧焦或煮糊。

在制作白汁酱汁时，要避免使用铝制酱汁锅，因为酱汁易因铝的特性而变色。铝锅还会与酱汁中的酸性食材原料（如番茄、柠檬等）发生反应，产生不利于健康的有害物质。

需过滤的酱汁，应使用酱汁滤筛操作。对酱汁成品的效果要求越细腻光滑，所使用的酱汁滤筛就应该越精细。可在酱汁滤筛中再加入一张细孔纱布，这样过滤出的酱汁效果最佳。

制作蓉酱类酱汁的设备选择，通常需要根据酱汁的分量和成品所需的口感和质感来把握。厨房中常用的手动不锈钢蔬菜捣泥器可以制作出均匀但是略带粗粒的蔬菜蓉泥酱，使用专业的厨用多功能食品处理机或者电动搅碎机，则可以制作出完美细腻的蔬菜蓉泥酱。

• **酱汁的储存** 酱汁做好后，可以立刻上菜食用。上菜时，为保持酱汁的热度，需将酱汁放入保温汤罐中保温备用。酱汁中如含有鸡蛋等原料，保存中注意只需要保温而勿使温度过高，否则鸡蛋容易被继续加热烹制，导致酱汁中出现块状凝结物，影响风味和口感。

尽管带有鸡蛋的酱汁不宜保存，但其他大部分酱汁还是能保存数日的。要储存这些做好的酱汁，只需将其冷却后放入金属容器中，隔冰水冷藏即可。请记住，在食物冷却过程中不断搅拌，有助于它尽快地降温冷却，冷却速度越快，则保存得越好越安全。

11.2.5 酱汁的上菜原则

酱汁具有提升菜肴风味，增添质感和滋润度，丰富色彩，增加光泽度的作用。当菜肴搭配了适合的酱汁后，可以使菜肴风味更加浓郁，或是提升菜肴的整体风味。以下是关于酱汁的部分上菜原则：

- **保证正确的温度** 西餐中，热酱汁上菜时通常需要保持180℉的温度。酱汁冷却后会失去很多主要特色，会变得更浓稠，风味也不如热的时候浓郁。

- **掌握储藏过的基础酱汁的正确加热法** 将储藏过的基础酱汁倒入厚底酱汁锅内，小火加热，不断搅动直至浓稠的固体酱汁逐渐软化，然后升温继续加热煮沸后，转小火继续熬煮约3分钟即可。

- **正确地保存酱汁** 用油面酱或水粉芡浓缩增稠的酱汁在放入蒸汽保温柜中保温时，酱汁表面会产生一层干的油膜，影响酱汁细腻的质感和风味。为避免产生这种油膜，可在酱汁表面淋上一层薄薄的澄清黄油，或者将酱汁放入储存罐密封保存。使用时，如已产生油膜，需将其撇除。温热的乳化酱汁和用蛋黄奶油芡汁增稠的热酱汁保温时，只需将其放入温热水中水浴保温，保持温热的状态即可，切不可温度过高，以免酱汁凝结起块。

- **正确地对酱汁调味** 在对储藏过的酱汁进行加热后，一定要再次品尝，以检查口味有无变化。盐和胡椒粉是西餐中最常见的食物调味选择，但也要注意，还需根据菜单中菜肴的风味特色等继续选用其他适合的调味料，如柠檬汁、葡萄酒或新鲜香草等。

小测验

概念复习

1. 西餐酱汁制作中，有哪三种常用的浓稠料？请详细描述。
2. 请描述西餐油面酱的制作工艺流程。
3. 西餐的五大基础酱汁是哪些？
4. 哪种类型的西餐酱汁不宜储存？

发散思考

5. **预测** 在制作班尼士酱汁时，若温度过高，会出现什么情况？
6. **信息分析** 以白汁酱汁为基础酱汁，并在制作过程中运用了格鲁耶尔芝士粉和帕尔玛芝士粉的，是哪种衍生酱汁？
7. **比较** 请比较西班牙酱汁和小牛肉浓缩汁之间的区别。

厨房实践

8. 制作三份不同的白汁酱汁，每份所使用的金黄色油面酱分别为10、12、16盎司，请评价每份产品的增稠效果，并判断其中哪一种的浓稠度最好。

烹饪小科学

9. 制作1加仑鸡肉白色浓汁酱汁需要12盎司油面酱，请问若要调制4加仑酱汁，需要多少盎司的油面酱？
10. 白汁酱汁通常要求浓度适中，呈二流芡状，一般1加仑白汁酱汁需要使用12盎司油面酱。但如果需要调出浓稠糊芡的白汁酱汁，需要多少油面酱？

11.3 汤菜

11.3.1 西餐汤菜的基本类型

汤菜是盛装在汤碗中，用汤勺进食的液体菜肴。汤菜一般在正餐开始时第一个上菜，可以给客人留下良好的第一印象。汤菜的加工准备和上菜可以帮助你掌握更多的西餐基础烹饪技能，以及调味、配菜和上菜服务的技巧。

汤菜是厨房中有效利用边角料的菜肴方式，可帮助降低厨房中食材原料的成本消耗。大多数餐厅的菜单中都至少拥有可供客人任选其中一种食用的两种汤菜类型：清汤和浓汤。

清汤

清汤是风味浓厚，香味四溢的液体汤菜，其汤汁应清澈透明。熬汤时加入的各种用于增香的香味食材原料，烹制后会被过滤取出，上菜时不需要一同盛菜装盘。此外，那些淀粉质较丰富的食材原料一般不会用于清汤制作中，否则会导致汤汁浑浊，产生沉淀。清汤有两种基本类型：肉汤和特制清汤。

肉汤是一种汤汁清澈，风味清淡的汤菜。通常是将各种肉类、蔬菜、香料和水一同混合放入锅中用小火熬制而成，其成品色、香、味俱全。熬制肉汤时，厨师的制作越精细，则汤汁的清澈度越好。尽管有时有的肉汤中可能会带有些风味油脂，但总体来说，这类肉汤的成品表面要求几乎没有任何油脂，以保持清亮的质感。肉汤是烹饪中常用的食材原料，可用以制作其他类型的汤菜，但相对而言，高汤的应用更为广泛。人们熟知的市场上销售的脱水干制块状浓汤宝，即为肉汤的简易商业应用形式。

特制清汤是一种完全无油脂的高级清汤，是更加精细的清汤形式。制作时，往上好的肉汤或高汤中加入各种原料（称为特制清汤料）后，边熬煮，边搅匀。清汤料可增加肉汤的风味和色泽，提升清汤的品质，但顾名思义，清汤料最重要的应用目的是清除吸附肉汤或高汤中的各种颗粒杂质，以最终获得完美的清汤。

无论是肉汤还是特制清汤，均可按其自身的特点来上菜呈现。汤中可加入一些简单的配料，如香草、熟肉丁或熟意面等。若制作时换用各种不同的香味辅料，包括使用一些独特的食材原料做配料，就可以把一道简单肉汤或特制清汤制作成风味独特的特色汤菜。

特色汤菜通常是指与特定国家、地区或民族等有关的汤菜，例如馄饨汤、酸辣汤和贡丸汤等。

浓汤

浓汤属于增稠过的清汤。在浓汤中，汤汁是浓汤的重要组成部分，但不是唯一重要的元素。浓汤中还有重要的风味食材原料，它们或完整保留在汤中，或搅碎成蓉汤。

蔬菜浓汤是指用肉汤和大量蔬菜（通常还包括肉类、意面类和其他原料）一同制作而成的汤。如果你准备制作的是肉汤，那么这些烹制调味后的蔬菜会先被过滤出来，以便制作清汤；如果需要制作的是蔬菜浓汤，则恰好相反，需将这些烹调后的蔬菜留在汤中。另外加入清汤中的淀粉类蔬菜（例如大米、大麦、土豆或意面等）有轻微的增稠作用，这样制作出来的汤汁稍显浑浊，许多特色汤菜都属于这一类型。来自意大利的蔬菜通心粉汤、来自俄罗斯或波兰的罗宋汤、来自美国曼哈顿的蛤蜊海鲜浓汤等，均属于蔬菜浓汤。

奶油浓汤看上去很浓稠，其口感如天鹅绒般细腻顺滑，通常是往清汤或高汤中加入调味料制成。制作中可能会需要加一点浓稠料，例如油面酱、竹芋粉或玉米淀粉等，以便使汤汁的口感更均匀、细滑。有些浓汤的食材本身就具备增稠特性，例如土豆浓汤和一些水果浓汤等。奶油浓汤通常带有如同浓奶油一般稳定的浓稠度，且汤汁不透明。冷的奶油浓汤包括传统的法国维希式土豆奶油汤（用土豆和韭葱制成的冷的奶油浓汤），水果浓汤（如苹果浓汤和草莓浓汤等）。新英格兰蛤蜊奶油周打汤也是一种独具特色的奶油浓汤。

蓉汤是指将淀粉类食材（豆类、干豆类、土豆或其他淀粉类蔬菜）与其他蔬菜、肉类或芳香剂等，一同放入肉汤或其他液体中小火熬煮，直到所有食材原料软烂到可以轻松搅碎后制成。整个汤菜会被充分搅碎成细腻顺滑得如同奶油浓汤一般的蓉酱（如青豆浓汤），但也有的汤菜会有意留下一些颗粒状的质感（如黑豆浓汤）。

虾酱浓汤是一种专门加入了奶油的贝类水产蓉酱汤。虾酱浓汤的色泽和风味来源于龙虾、大虾或小龙虾（一种类似龙虾的淡水河鲜）的外壳。它们的甲壳被加热烹煮成鲜红色后，连同汤汁一起被搅碎成蓉酱，过滤后，再加入奶油熬制。同样，往番茄、南瓜等蔬菜中加入奶油，则可熬制成蔬菜版“虾酱浓汤”。

11.3.2 汤菜制作准备

你可以花几个月或几年的时间只做汤，而且还不用担心食谱重复。汤菜的特点是有大量种类各异的食材可以作为原料，使用时可以或单一，或组合。但是，制作汤菜需要掌握一些基本的技巧，这些技巧与制作高汤和酱汁时所需的技巧相类似：如原料的选择，精心慢火熬煮，撇去浮沫和浮油，搅碎成蓉酱，加淀粉或浓稠料增稠等。

挑选做汤的设备和用具

平底厚汤锅是制作大多数汤菜的基本设备，此外还需其他一些烹调设备：应选用木制长勺或金属汤勺来搅动汤汁，以免汤底焦糊；应选用细孔筛或带有细孔纱布的滤网，以便过滤汤菜；应选用手动食物搅磨器、食品搅碎机或多功能食物料理机，以便将汤菜搅碎成蓉酱；等等。

制作肉汤

不论是肉汤还是特制清汤，制作清汤的目的都是为了得到清澈的汤汁。选择风味浓郁的食材原料是制成上好清汤的基础。制作时，需小火加热，以保持汤面微沸，帮助食材原料中的风味物质更充分地融入汤中。同时要注意细心地撇除汤汁表面的杂质，以免汤汁浑浊。

基础烹饪技术 **肉汤制作**

1. 按次序在汤锅中放入：主要食材原料，没过材料的冷水，以及其他辅料。
2. 将锅中冷水煮沸后，转小火保持微沸，撇去汤面的浮沫和浮油。
3. 不时地尝试一下汤的风味，加调味料调味。
4. 放入香味原料增香：在汤汁烹调结束前30～45分钟加入香料束或者香料袋。
5. 过滤肉汤。

制作特制清汤

特制清汤与肉汤的不同之处在于使用了清汤料来使肉汤更加清澈。清汤料的选择，通常是根据该特制清汤最后成菜的风味和颜色来决定的。

搅细的牛肉碎、鸡肉碎或鱼肉碎，加入两个蛋清搅匀，再加上切细或搅碎的蔬菜碎、香草，以及一点酸味调料（番茄、柠檬汁或葡萄酒等是典型的酸味调料），这样加工制作好的混合料即被称为清汤料。将清汤料倒入肉汤或高汤中，小火熬制即成。

基础烹饪技术 **特制清汤制作**

1. 准备清汤制作的食材原料，并全部放入盆中搅拌均匀。确保食材原料均保持低温。
2. 往盆中加入冷的高汤或肉汤，调匀后，一同放入汤锅。
3. 小火加热至微沸，边加热边搅动，避免清汤原料沉入锅底，导致粘锅或焦糊。
4. 当清汤料开始在汤面上聚拢时，停止搅动清汤。
5. 当清汤料在汤面上稳定后，可在其中轻轻撇开一个小孔。
6. 降低火力。小火加热时产生的小气泡会通过小孔传到汤面上。
7. 熬制过程中可不时舀起锅中的清汤轻轻淋在清汤料上，以保持湿润和色泽。
8. 按照清汤制作类型所推荐的时间，继续小火熬制。
9. 用汤勺将熬制好的清汤舀出（可把清汤料轻轻从小孔中部往外推开形成较大的口子，从口子中舀取汤汁），倒入铺有细孔纱布的滤筛中过滤。
10. 将清汤表面的浮沫用汤勺撇去，或者用厨用吸水纸吸干净即成。

制作浓汤

下面为西式浓汤（包括奶油浓汤、蓉泥浓汤和海鲜虾酱浓汤等）的常见做法。

和清汤制作通常需要把所有食材原料同时放入锅中加热烹制不同，浓汤制作中，食材原料的加入往往是有特定顺序的。首先是加入香味食材原料，如洋葱、大蒜或韭葱等，再根据煮制时间从长到短的顺序依次加入剩余食材原料。

基础烹饪技术 浓汤制作

1. 准备好制作浓汤的食材原料，将香味蔬菜炒香（调味蔬菜、蘑菇、洋葱、大蒜或类似的各种蔬菜等）。
2. 倒入香味汤汁。若汤菜需要的话，加入适量的油面酱。
3. 依次加入剩余的食材原料（包括香料袋或香料束）。所有食材原料均需提前炒香出味。
4. 小火熬煮，中途不断搅动以避免汤汁粘锅，并随时撇去汤面的浮沫和油脂。
5. 熬煮汤汁时，可尝味，以便根据需要加入各种调剂口味和浓稠度的调味料。
6. 继续小火熬煮，直到所有的食材原料都完全熟软且风味浓郁。
7. 取出香料袋或香料束，丢弃不用。
8. 如需制作蓉泥浓汤，则将汤料用搅碎机搅碎成蓉泥；如需制作某种特定汤菜类型，则在成品汤中相应加入该汤菜的辅料。

11.3.3 汤菜翻热与上菜方式

西餐的汤菜上菜时，需要保持恰当的温度，以保证最佳的风味、质感和色泽。如果你已经制作好多种类型的汤菜，同时又需要保存超过一天时间，那么就需要在使用时采取正确的汤菜翻热方法。

汤菜翻热

汤菜翻热应将汤倒入汤锅中，置于明火上加热煮透，而非仅通过蒸箱来进行。

翻热清汤，只需放在旺火上煮沸即可。

翻热比较稀薄的浓汤时，可将汤汁倒入汤锅中，用中火加热煮制，边加热边搅动。需要注意的是，大多数浓汤都含有淀粉类食材原料，容易粘附在锅底造成汤菜焦糊。

翻热较浓稠的浓汤（如奶油浓汤、蓉泥浓汤或虾酱浓汤等）更需细心。翻热前，可先将少许冷水或肉汤倒入汤锅中垫底，然后再倒入冷藏过的浓汤。小火加热，直到浓汤开始变软稀释、温度升高，然后加大火力继续加热，同时不断搅动，直到将浓汤煮至微沸即可。

汤菜上菜方式

汤菜上菜时，需要保持适宜的温度，这样不仅可以保证菜肴的食品安全，而且可以保持更好的风味、色泽和口感。

- **热汤上菜时应该保持热烫的温度** 为了保证食品安全，所有的汤菜上菜时都必须保持165℉的温度。可以将汤菜放入汤罐中，置于保温出菜台上，或用水浴加热保温的办法保温。为确保热汤不会逐渐变凉，需定时检查热汤的温度。
- **冷汤上菜时应该保持冰凉的温度** 冷汤上菜时，可将冷汤放入汤罐中，用冰块水浴法冷却，以保持其冰凉的温度。

- **汤菜均需加盖** 将汤罐中的汤菜加盖存放，既可避免交叉污染，也可防止汤面上产生一层影响质感的汤膜，同时使冷、热汤均各自保持其应有的温度。

11.3.4 汤菜中的配菜

多种多样的配菜可为汤菜带来新的特色。新鲜的配菜，如香草或柠檬皮等，可提升汤菜口感，带来新鲜风味。另外一些配菜，如肉丁、芝士粉或面食等，可使汤菜的内容更丰富；在热汤中加入一勺冰镇酸奶油，或在细腻的蓉泥汤表面加上一片酥脆的法式烤吐司片，则能给汤菜的口感、风味带来鲜明的对比效果，甚至苏打饼干也是汤菜的常见配菜。

以下为各类清汤菜中的常见配菜：

- **鸡汤** 配菜：鸡肉、意面、胡萝卜、西芹。
- **海鲜鱼汤** 配菜：海鲈鱼、胡萝卜、水田芹、姜。
- **牛肉清汤** 配菜：什锦蔬菜粒。
- **馄饨汤** 配菜：馄饨、面食、芫荽。
- **蔬菜汤** 配菜：生菜、黄瓜、胡萝卜、法香菜。

以下为各类浓汤菜中的常见配菜：

- **胡萝卜姜汤** 配菜：心形烤吐司片。
- **新英格兰蛤蜊周打汤** 配菜：牡蛎、苏打饼干。
- **法式蔬菜浓汤** 配菜：青酱酱汁。
- **龙虾酱汤** 配菜：龙虾、龙蒿香草。
- **奶油蘑菇汤** 配菜：蘑菇。

在汤菜制作过程中加入的食材原料，通常不被认为是配菜，而是作为汤菜的基本组成部分。所谓配菜，是指那些经过单独烹饪后加入已熬制好的汤菜中的食材原料。以下为汤菜配菜加工要点：

- 正确加工制作汤菜配菜，配菜上菜时需保持适宜的温度。所有配菜均须形状小巧，切割均匀，以便于用汤勺食用。
- 有些配菜在放入汤菜之前，不必先行保温加热，如新鲜的香草、酸奶油、芝士粉等。而其他配菜则应在加入汤菜时保持足够的热度，以免导致加入后使汤菜降温冷却。
- 把握好配菜加入汤菜中的时机。所有配菜和最后的装饰食材，都应在接近上菜时再一起放入，以保持最好的色、香、味、形、质。
- 口感酥脆的配菜需单独放在汤菜盘边，一同上菜，以提供鲜明的对比口感和风味，如苏打饼干、烤酥皮棍和类似的酥脆的烤吐司片等。

清汤菜中的配菜加工要点

肉汤和特制清汤通常有许多不同类型的配菜形式。若清汤的配菜需要加热熟处理，则需将配菜单独另行加热制熟。另外应注意，配菜有可能会使制好的肉汤和清汤浑浊，尤其是当配菜中含有较多淀粉类物质时。

浓汤菜中的配菜加工要点

浓汤中常见的配菜是烤吐司片，这是一种将吐司切片后烤香或者炸至色泽金黄、口感香脆的配菜。浓汤还有很多其他类型的配菜，如虾酱浓汤通常会配上很多熟制海鲜丁，奶油浓汤往往会配一些小块的汤菜主料（如西兰花奶油浓汤就配上煮熟的西兰花配菜等）。

小测验

概念复习

1. 学会鉴别两种基本的汤菜类型，并请描述每种类型的特征。
2. 请阐述特制清汤的制作工艺流程。
3. 翻热清汤和翻热浓汤的方法有何异同?
4. 请明确西餐汤菜中，将配菜加入汤中的注意事项。

发散思考

5. 若在制作肉汤时，加入土豆后小火熬煮，会出现什么情况?
6. 蓉泥汤和奶油浓汤有什么异同?
7. 描述五种你可以为自己最喜欢的汤菜做配菜的方法。

厨房实践

请制作三批不同的奶油土豆浓汤。前两批土豆浓汤在制作即将完成、尚未加入奶油调味时停止，然后冷藏备用。第三批土豆浓汤则按步骤加入奶油调味后，冷藏备用。

第二天，将第三批土豆浓汤翻热煮透；然后从前两批土豆浓汤中取出一批，翻热后加入奶油调味煮透；剩余最后一批土豆浓汤则在翻热前加入奶油，再加热煮透。

三批奶油浓汤完成翻热后，请品尝并评估这三批以不同方法制作的奶油土豆浓汤在风味呈现上有什么异同。

烹饪语言艺术

请仔细研究三种不同类型的周打奶油浓汤，分别描述三者的异同。

复习与测验

内容回顾（选择最佳答案）

1. 白色高汤是由哪些原料制作而成？（ ）

A. 胡萝卜　B. 未烤过的肉骨　C. 白色的大米饭　D. 以上都是

2. 白汁酱汁是一种（ ）。

A. 褐色酱汁　B. 变化酱汁　C. 基础酱汁　D. 蓉酱酱汁

3. 为了保证卫生安全，所有的热汤都必须在（ ）温度下保存。

A. 212℉　B. 100℉　C. 350℉　D.165℉

4. 在制作油面酱时，油脂和面粉的比例应该是（ ）。

A. 两份油脂和一份面粉　B. 四份油脂和一份面粉

C. 一份油脂和一份面粉　D. 三份油脂和一份面粉

5. 虾酱浓汤的颜色和风味来源于（ ）。

A. 龙虾等贝类水产的外壳　B. 甜菜根

C. 黑豆　D. 去壳的豆类

6. 蛋黄奶油芡通常是（ ）的混合物。

A. 洋葱、欧洲防风萝卜、西芹　B.油脂和面粉

C. 奶油和鸡蛋黄　D. 细淀粉和冷水

概念复习

7. 请阐述褐色牛肉高汤和白色牛肉高汤之间的区别。

8. 比较白汁酱汁和白色浓汁酱汁之间的异同。

9. 肉汤和清汤之间的区别是什么？

10. 请描述一种用油面酱制作的酱汁的完整工艺流程。

11. 请描述将蛋黄奶油芡放入热酱汁中加热增稠的工艺技巧。

判断思考

12. **认知模式** 用新鲜蔬菜制作的蔬菜高汤和用烤过的蔬菜制作的蔬菜高汤，哪种色泽会更深一些？请解释你的答案。

13. **预测** 奶油浓汤翻热后，你是否需要再次调整其调味料？请解释你的答案。

烹饪数学

14. **解决问题** 熬制1加仑褐色牛肉高汤需要8磅烤肉骨、1磅调味蔬菜、4～6盎司番茄，以及6加仑水。若需熬制2.5加仑褐色牛肉高汤，共需要多少食材原料？

15. **概念分析** 若制作0.5加仑中等浓稠度的酱汁，需使用多少油面酱？

工作岗位

16. **概念分析** 如果一位对奶制品过敏的客人点了一份配有毛恩内酱汁的菜肴，请问是否会有问题？请给出合理的答案并解释原因。

17. **推理判断** 如果某个餐厅的菜单上每天都提供一道配有班尼士酱汁的菜肴，会产生什么不便和缺点？

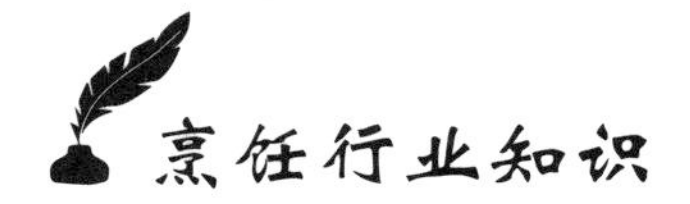

创立食品企业

生产食品的企业很多，有些是拥有多条产品线的大公司，例如沃尔夫冈–帕克公司，既生产炊具和设备，也生产和销售清汤、肉汤、披萨、冷冻菜和罐装酱料等，也有些企业规模相当小，甚至可能只是家庭作坊，仅生产一种招牌产品。这些食品企业生产的产品销往餐馆、零售店、杂货店等。

创业者经常会发现食品生意是一个不错的创业渠道：烘焙大馅饼或纸杯蛋糕的人可以从小做起，将产品推销给当地的咖啡店、小型超市或个人；餐馆偶尔会将其招牌项目包装出售，如酱料、调料或腌制食品等；食品公司可能会专门为某家餐厅定制产品；一些人可能试图创建一个品牌，提供一些相关产品；等等。他们中，有些只寻求本地市场，另一些则以全国或国际分销为目标。

创立和发展一个食品企业往往需要长时间的努力工作和完善可行的任务规划，才能让你的视野走出厨房，进入更大的世界——无论你当下的业务有多大或多小。你必须有适当的商业计划以推动公司发展，有足够的财务支持以保障公司的扩张。营销、推广、广告和媒体也是你成功的关键。此外，随着公司的发展，雇佣和培训员工也会提上你的议事日程。

入门要求

- 创立食品企业的最基本要求是拥有一个伟大的产品创意。
- 要生产和销售食品，首先必须满足适当的健康和安全标准。
- 必须根据最新的检查标准来执行。
- 需要购买保险。

晋升小贴士

- 要有一个或一群稳定的、忠诚的客户，他们会带动并扩散你的业务。
- 需要具备良好的广告和促销技巧。
- 需要包括预测、成本控制和会计在内的其他商业技能——了解如何才能赚钱和钱花到哪儿去了是很重要的。

第 12 章　鱼类和贝类水产

学习目标 / Learning Objectives

- 认识鱼类水产的基本类型。
- 学习并掌握挑选、储藏鱼类水产的方法。
- 哪种类型的 NMFS 检查对于餐饮服务机构来说是最重要的?
- 掌握鱼类水产的初加工方法；掌握鱼类水产的正确烹饪方式。
- 辨别贝类水产的基本类型，了解如何验收和储存贝类水产。
- 贝类水产有哪些烹饪技法？如何才能最大限度地保持并发挥贝类水产的独特风味?

12.1 鱼类水产

12.1.1 鱼的种类

我们所说的“鱼类”，是指数以千计不同类型的鱼。咸水鱼生活在海洋及海湾的水域中；淡水鱼生活在池塘、湖泊、河流和溪流。溯河鱼则部分时间生活在咸水里，部分时间生活在淡水中。我们分辨鱼类，往往是根据捕捞还是饲养的来进行。

养殖的鱼是在池塘或海洋中的围栏水域中饲养的，其优点是比野生鱼类（野生鱼类通常是在开放水域用渔网或鱼线捕获的）更稳定可用。一些科学家因此建议尽可能用渔场养殖来减少对野生鱼类的需求，以免使野生鱼类陷入被过度捕捞的危险中。但另一方面，人们对人工养殖鱼类可能对环境产生的影响也有一些担忧。科学家们担心，由于人工养殖鱼类的生活环境可能会造成污染、疾病和寄生虫等的产生，这就需要施用相应的药物以保证其健康，这样一来，人类就可能在食用养殖鱼类时，间接摄入这些药物。

不少鱼类供应商常常宣称自己提供的是野生捕捞鱼类，正是因为好些人总以为这代表着质量更好、更健康。但野生鱼类的数量毕竟是有限的，捕捞时必须遵守各种限制，诸如捕捞的时间、地点，以及捕捞的数量等，因此，鱼类养殖确实为消费者提供了一个解决方案。

在识别鱼类方面的挑战之一是，同一条鱼的名称往往会因地区不同而有差异。但对一位大厨来说，鱼在烹煮后的风味体现是唯一重要的。而决定应以何种方式烹调鱼的最重要因素，是看它的脂肪含量和体型。

脂肪含量

鱼的脂肪含量不多，且其脂肪与生活在陆地上的动物的脂肪不同，是每种鱼各具独特风味的决定因素。鱼体内的脂肪含量越高，风味就越浓厚：和总待在一个地方的鱼相比，不断游动的鱼脂肪更多、肉色更深。根据脂肪含量来区分的话，鱼有三种类型：

- **低脂鱼** 色浅，味道温和，质地细腻，一旦煮熟，鱼肉很容易碎烂成小块。低脂鱼往往保持相对静止的状态，习惯在海底生活和进食。例如多佛龙利鱼、大比目鱼、鲽鱼等。
- **中度脂肪鱼** 与低脂鱼相比，中度脂肪鱼的鱼肉味道更丰富，口感更浓郁，肉质也更紧实。煮熟后，中度脂肪鱼的鱼肉也易碎烂成小块。例如条纹鲈鱼、红鲷鱼、石斑鱼等。
- **多脂鱼** 大多数多脂鱼都是咸水鱼，能游很远的距离。它们的肉质色泽更深，风味更加浓厚。例如大西洋三文鱼、虹鳟鱼、蓝鳍金枪鱼等。

体型

从专业厨师的角度来看，鱼有三种基本体型。

- **（整）条形鱼** 眼睛位于头部两侧，在水中呈直立姿势游动，鱼腹向下、背朝上。鱼腹处的鱼皮常呈现灰白色，鱼背和鱼身两侧则色泽较深。如鲯鳅鱼、蓝鱼、美洲红点鲑等。

• **扁平鱼** 一对鱼眼均位于鱼头的同侧，通常贴近水底游动。扁平鱼的身体宽度大于其厚度。例如灰比目鱼、多宝鱼、大比目鱼等。

• **无骨鱼和其他鱼类** 无骨鱼的鱼骨柔软，与普通鱼骨不同。其他鱼类则包括了所有无法归属于上述种类的鱼。例如安康鱼、罗非鱼、美国鲶鱼等。

替代品种

有时会发生某种类型的鱼不易获取的情况，或是出现某种特殊鱼类因供应过剩而导致价格偏低的现象。在这种情况下，主厨们就会发现自己有必要（或至少从经济角度出发）选用一种替代鱼品种。在这方面，有一个比较好的经验法则：选用一种具有特殊脂肪含量的条形鱼来代替另一种脂肪含量类似的条形鱼。例如你可以用石斑鱼来替代条纹鲈鱼，因为这两者都是中度脂肪含量的条形鱼。当然，这种做法的后果是，成菜的风味会有所差异。这个法则同样适用于扁平鱼，但不适用于无骨鱼和其他鱼类。

建议名单

水产建议名单会提供关于水产的选择建议，这些名单的显示范围通常包含从“最佳选择”到“避免选择的鱼类”不等。例如，如果某种鱼类被过度捕捞，或者捕捞或养殖方式易对环境造成伤害，则一般会被列入“避免选择的鱼类”中。这些名单还针对汞等污染物含量较高的鱼类提供了健康警示，并建议消费者们尽量不食用以下鱼类：智利海鲈鱼、石斑鱼、罗非鱼、养殖的三文鱼、鲨鱼、鲟鱼、旗鱼和金枪鱼等。

常见的低脂扁平鱼有：

• **多佛龙利鱼** 鱼肉比比目鱼家族的其他成员更油腻和紧实。多使用烘、焗烤、水煮、煎或蒸等烹调方法。

• **柠檬比目鱼** 也称英国鳎鱼、黑背牙鲆鱼和美洲拟鲽鱼。口味清淡、微甜，肉质细嫩。多使用烤、煮或煎炒等烹调方法。

• **大比目鱼** 肉质厚实，色泽雪白，质地细腻，风味温和。大比目鱼是所有低脂鱼里肉质脂肪含量最高的鱼类。多使用烘烤、焗烤、油炸、炙烤、水煮、煎炒或蒸制等烹调方法。

• **多宝鱼** 肉质紧实，风味清淡。多使用烘、焗烤、油炸、炙烤、水煮、蒸制或煎炒等烹调方法。

• **大西洋牙鲆（夏季牙鲆鱼）** 鱼肉呈白色、片状，风味清淡，细嫩易碎。多使用烤、煮或煎炒等烹调方法。

• **灰比目鱼（美首鲽）** 口味清淡，肉质微甜，细嫩易碎。多使用烤或水煮等烹调方法。

• **龙利鱼** 鱼肉呈奶白色，细嫩易碎，带有较浓郁的风味。多使用水煮或煎炒等烹调方法。

• **石斑蝶鱼** 鱼肉呈奶白色，肉质紧实。多使用烤、水煮或煎炒等烹调方法。

常见的低脂条形鱼有：

• **大西洋鳕鱼** 肉质厚实，呈白色，味道清淡，其鱼籽、鱼腮、下巴等都是美味佳肴。

多使用低温氽煮、焙烤、面拖油煎或油炸等烹调方法，也可烟熏、腌制、盐渍或干制等。

- **黑线鳕鱼** 肉质紧实，脂肪含量低，味道清淡。通常鱼片上留有鱼皮，以区别于大西洋鳕鱼。多使用水煮、焙烤、煎炒或面拖油煎等烹调方法，也可盐渍或烟熏等。
- **阿拉斯加鳕鱼** 也称太平洋鳕鱼、鳕鱼，鱼肉灰白色，片状，味道清淡。可加工成日式风味的鱼肉酱，风味和颜色类似于贝类水产，如蟹和虾等。

常见的中脂条形鱼有：

- **细肉鱼** 也称海鳟鱼。肉质细腻、微甜。多使用水煮、焙烤、煎炒、炙烤、焗烤或蒸制等烹调方法。
- **黑鲈鱼** 也称石鲈鱼。肉质洁白紧实，味道清淡。多使用水煮、焙烤、油炸或煎炒等烹调方法，也可醋渍。通常可在客人餐桌前现场烹制展示，整条上菜。
- **条纹鲈鱼** 肉质比较粗糙，呈大片状，风味浓郁。多使用焗烤、炙烤、水煮、焙烤、油炸或煎炒等烹调方法，也可醋渍。应用极为广泛。
- **红鲷鱼** 也称美国鲷鱼。肉质紧实，多使用水煮、焙烤、煎炒、炙烤、焗烤或蒸制等烹调方法。
- **石斑鱼** 种类多，有黄鳍石斑鱼、黄口石斑鱼、黑石斑鱼和红石斑鱼等。肉质微甜，呈白色，多使用水煮、焙烤、焗烤、蒸制或油炸等烹调方法，也可以用于周打奶油汤。
- **鼓眼鱼（梭鲈鱼）** 属于低脂条形鱼。肉质紧实，风味清淡，多使用焗烤、煎炒、水煮、蒸制、焙烤或烩制等烹调方法，也可用于汤菜。
- **朱红鲷鱼** 常用于替代红鲷鱼，但体型偏小，风味也比红鲷鱼略差。多使用水煮、焙烤、煎炒、炙烤、焗烤或蒸制等烹调方法。
- **方头鱼** 肉质紧实而细嫩，多使用水煮、焙烤、焗烤、油炸，或面拖油煎等烹调方法。既可以整条制作，也可以取鱼柳烹制。

常见的多脂条形鱼有：

- **大西洋三文鱼** 肉质呈深粉红色，脂肪含量较高。多使用水煮、焙烤、焗烤、蒸制或炙烤等烹调方法，也可熏制，或用于寿司生食，还可以用于蘸酱和汤菜中。
- **银鲑鱼** 也称银大马哈鱼。与大西洋三文鱼的风味和质感类似，多使用水煮、焙烤、焗烤、蒸制或炙烤等烹调方法，也可熏制，还可以用于蘸酱和汤菜中。
- **虹鳟鱼** 鱼肉煮熟后呈灰白色。肉质紧实，风味柔和。多使用水煮、焙烤、焗烤、煎炒、炙烤或者蒸制等烹调方法，常常酿馅制作。
- **蓝鳍金枪鱼** 肉质呈暗红色至深红褐色，烹熟后有独特风味。多使用焙烤、焗烤、炙烤或煎炒等烹调方法，是制作寿司和生鱼片最受欢迎的鱼类（且一贯售价高昂）。
- **鲳参鱼** 也称卡州鲳鲹鱼。肉质细嫩易碎，脂肪含量中等，鱼肉呈米黄色，烹熟后呈白色，带有浓厚的香味。多使用水煮、焙烤、焗烤、炙烤、煎炒或蒸制等烹调方法。价格较贵。
- **大西洋马鲛鱼** 也称无鳔石首鱼。脂肪含量较高，肉质细腻，风味浓郁。多使用焙烤、焗烤、炙烤或煎炒等烹调方法，也可烟熏。

- **马加鱼** 肉质细嫩易碎。多使用焙烤、焗烤、炙烤或煎炒等烹调方法。也可用于烟熏。
- **长鳍金枪鱼** 鱼肉呈浅红色到粉红色，烹熟后则呈灰白色，风味柔和。多使用焙烤、焗烤、炙烤或煎炒等烹调方法。常被作为白金枪鱼罐装出售。
- **美洲鲥鱼** 鱼肉洁白，肉质略甜，脂肪含量较高。多使用水煮、焙烤、焗烤、炙烤或煎炒等烹调方法，也可烟熏。其鱼籽也被认为是美味佳肴。
- **红点鲑** 鱼肉呈深红色、玫瑰红色或白色，类型多样。多使用水煮、焙烤、焗烤、煎炒、炙烤或蒸制等烹调方法。常用于酿制鱼类菜肴。
- **美洲青鱼** 鱼肉色深，脂肪含量较高，肉质细腻，风味浓郁。多使用焙烤或焗烤等烹调方法。
- **溪红点鲑（斑点鳟鱼）** 肉质细腻如黄油，细嫩易碎。多使用水煮、焙烤、焗烤、煎炒、炙烤或蒸制等烹调方法。常用于酿制鱼类菜肴。
- **大鳞大马哈鱼（帝王三文鱼）** 鱼肉呈浅红色到深红色。多使用烟熏、水煮、焙烤、焗烤、蒸制或炙烤等烹调方法。还可以用于蘸酱和汤菜中。
- **鲯鳅鱼（海豚鱼、剑鱼）** 鱼肉呈粉红色到深褐色，烹熟后转为灰白色。肉质紧实，呈大片状，味微甜，质地细嫩易碎。多使用焙烤、焗烤、炙烤、面拖油煎或煎炒等烹调方法。
- **红大马哈鱼（红鲑鱼）** 鱼肉呈深红色。多使用水煮、焙烤、煎炒、炙烤、焗烤或蒸制等烹调方法。

常见的无骨鱼和其他鱼类有：

- **安康鱼** 也称鮟鱇鱼、大鳐鱼、鼷鱼、美洲鮟鱇鱼。肉质非常紧实，色泽浅白色。多使用焙烤、焗烤、炙烤、煎炒或面拖油煎等烹调方法。常常被切割成鱼柳和鱼尾分段售卖，产量低时通常直接出售。该鱼的肝脏在日本很流行。
- **鳗鱼** 脂肪含量高，肉质紧实，风味浓郁、微甜。多使用焗烤、煎炒或烩制等烹调方法。也可熏制。
- **美洲鲶鱼** 肉质紧实，风味柔和、微甜。多使用水煮、焙烤、焗烤、炙烤、蒸制、烩制、油炸或面拖油煎等烹调方法，也可熏制。常去头和去皮售卖。
- **鳀鱼** 鱼皮呈银白色，肉质柔软，风味浓郁。多使用油炸或面拖油煎等烹调方法，也可熏制或腌制。常罐装（油浸或盐渍）及干制售卖。多作为调味添加剂或配料使用。整条使用时，以每条鱼的长度不超过4英寸为佳。
- **海鲂鱼** 也称圣彼得鱼。鱼肉呈亮白色，肉质紧实，呈细腻的片状，味道鲜美。多使用水煮、炙烤或煎炒等烹调方法。
- **沙丁鱼** 鱼皮呈银白色。肉质细嫩肥厚。多使用焗烤、炙烤或整条油炸等烹调方法，也可腌制、盐渍、烟熏，或罐装制作。可整条烹制或装盘。整条制作时，每条长度以不超过7英寸为佳。
- **鳐鱼** 也称魔鬼鱼。肉质紧实，呈白色，味微甜。多使用水煮、焙烤、煎炒等烹调方法。鱼鳍（也称鱼翅膀）可取出两条鱼柳，上部鱼柳通常比底部的肉质厚实。
- **罗非鱼** 也称泥鱼。鱼肉呈浅白色到粉红色，风味很柔和。多使用水煮、焙烤、焗烤、炙烤或蒸制等烹调方法。

• **剑鱼** 肉质非常紧实致密，风味浓郁。多使用焙烤、焗烤或煎炒等烹调方法。可以去皮和去头烹制，或用鱼柳或鱼扒的形式烹调。

• **鲟鱼** 肉质紧实，脂肪含量较高，口感丰富细腻。多使用焙烤、焖烧、焗烤、炙烤或煎炒等烹调方法，也可熏制。鱼籽常被加工成鲟鱼鱼籽酱。

• **灰鲭鲨** 鱼肉呈粉红色到白色，肉质紧实，风味略甜香。多使用水煮、焙烤、炙烤、煎炒等烹调方法。

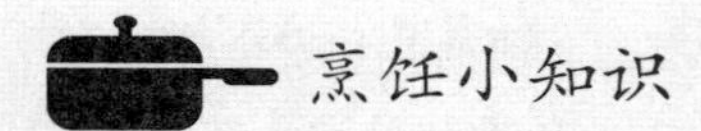

左眼鱼还是右眼鱼?

比目鱼刚孵化出来时，形状与条形鱼类似，且身体近乎透明状。它们漂浮在水流中，透明的鱼身看上去更像是鱼类自身进化的结果，以便躲避其捕食者。

只要比目鱼还依靠卵黄囊里的食物生存，它们就可以继续保持透明状的形态，这种状态会一直持续到它们开始吃真正的食物才发生变化：两只眼睛中的一只逐渐越过头盖骨向另一侧移动，直到最后两只眼睛都位于头部的同侧位置。与此同时，它们的脊椎骨和骨骼也开始移动，直到与眼睛保持一致。

有的比目鱼的一双眼睛都在鱼头的右侧（右眼比目鱼），有的则都位于鱼头的左侧（左眼比目鱼）。有眼一侧的鱼皮颜色逐渐变深并呈现出更多的颜色，通常这种颜色与海底表面的颜色相似。另一侧（无眼睛的那一面，即鱼身紧贴海底的一面）鱼皮的颜色则要浅一些。

课后研究

请通过对某种比目鱼生命周期的长期研究，如大比目鱼、多佛龙利鱼、多宝鱼或者大西洋牙鲆鱼等，撰写一份研究报告，描述该比目鱼在其生命周期中的生活环境、食物来源、天敌、体型大小、重量、寿命等，特别是它是如何被捕获的，是否被养殖，是一条左眼鱼还是右眼鱼，等等。报告中还应提供比目鱼的市场行情及市场价格等相关信息。最后，请提供一个以比目鱼为特色的食谱。

12.1.2 鱼的挑选和储存

鱼是非常容易腐败变质的，因此一捕获就须迅速加冰冷藏。鱼被送到厨房后，需仔细检查其品质。专业的厨房会要求鱼类收货时必须保留相关证书和发票作为信息备案。

鱼的审查和分级制度

在美国，鱼类和贝类都是由美国国家海洋和大气管理局（NOAA）的分支机构美国国家海洋渔业服务部（NMFS）进行检查的。NMFS负责检查市场上销售的所有鱼类，包括野生捕获的或养殖的各种鱼类，甚至包括用作动物饲料的鱼粉。

NMFS建立了鱼类评估的三套标准：

- **标准1** 鱼的质量和健康评价标准；
- **标准2** 鱼的标签标识和重量的准确性评价标准；
- **标准3** 鱼的加工设施卫生状况的评价标准。

通过标准1检验的设施，会收到美国商务部的PUFI标志，表明已根据联邦检查标准进行包装。鱼类和贝类的加工者会支付检查费用，以确保遵守HACCP准则、清洁度和安全性。

分级制度被指定为志愿参与项目的一部分。只有获得PUFI标志的鱼类和贝类才有资格进入最高等级——A级的评选。A级鱼类和贝类的品质最佳，外形漂亮、有浓郁的风味和香味。B级产品被认为品质良好，C级则意味着其品质相当不错。后两者主要用于加工或罐装产品。

被海洋毒素所污染的鱼会导致食用的人群产生疾病。这些被污染的鱼，无论看上去、闻起来还是尝起来都很正常，且烹调过程也无法完全破坏这些海洋毒素。

卫生部门有时会对海洋毒素进行检测，州和联邦监管机构会监测报告由这些毒素引起的疾病暴发，并禁止在疑似毒素来源的特定地区的进行鱼类捕捞。

相比起来，有些类型的鱼更容易携带以下特定类型的海洋毒素：

- **鲭毒素** 由于鱼体内的细菌性腐败，金枪鱼、马鲛鱼、石斑鱼、鲣鱼和鲯鳅鱼等容易导致中毒，常见症状包括皮疹、腹泻、面部潮红、出汗、头痛、呕吐等。
- **雪卡毒素** 梭鱼通常是雪卡毒素中毒的来源，尤其是那些来自加勒比海地区的梭鱼切不可食用。海鲈鱼、鲷鱼、鲻鱼和其他热带珊瑚鱼有时也与这种海洋毒素有关。常见症状包括恶心、呕吐、腹泻、痉挛、出汗、头痛和肌肉酸痛。

虽然海洋毒素的情况很严重，但我们也应认识到，在美国，每年都会吃掉不计其数的鱼类和贝类，而每年报告的海洋毒素中毒病例只有约30例，每四年仅有1人死于海产品中毒。

市场形式

在鱼类市场上，鱼的售卖有以下各种形式：

- **整鱼** 被捕获时，鱼的形态非常完整，胃和内脏等仍齐全，则被称为整鱼。胃和内脏被去除的整鱼被称为去除内脏的整鱼（或无内脏整鱼）。鱼头也被切除的鱼被称为无头和内脏的整鱼。一条装在盘中售卖的鱼，通常会去除鱼鳍，有时鱼尾和鱼头也会被去除，总之尽量加工至刚好能放入盘中，以便一条一份单独上菜。
- **横切鱼块或鱼排** 将一条去除内脏的整鱼横刀切成几段，称为横切鱼块。部分横切鱼块又被分割成单份，称为鱼排。横切鱼块至少带有一部分脊椎，且可能还有其他的鱼骨。
- **鱼柳** 去骨的鱼肉片被称为鱼柳。鱼柳上的鱼皮根据鱼的品种来决定是否保留。
- **冰冻鱼** 指将整鱼浸泡水中冰冻一段时间后，在鱼身表面形成一层冰衣。鱼柳和鱼排通常都是经处理后切成块状，再包装冰冻而成的。

• **罐装鱼** 指将鱼完全烹熟后，用罐头密封封装的形态。金枪鱼和三文鱼是两种常见的罐装鱼。

• **盐渍（腌制）鱼和烟熏鱼** 以盐渍鳕鱼为例，将鳕鱼鱼柳浸泡在盐水中盐渍，然后将其干燥即成。也可以以盐遍抹鱼身来腌制。这种鱼通常带有咸鲜的风味。熏鲑鱼则是烟熏制作而成的。

鱼的挑选

整鱼的新鲜度鉴别需要通过以下五项测试：

• **闻鱼的味道** 新鲜的鱼应该有干净、甜美的海腥味。若鱼闻起来味道不好，那就说明它没有通过所有测试中最重要的这一项。

• **检查鱼的温度** 厨房收货时，整鱼应是用冰块冰镇、保鲜包装好的；鱼柳或鱼排等鱼块的温度则不超过41℉。运送新鲜鱼的理想温度应为30℉～32℉。

• **观察鱼的外观** 仔细检查鱼的整体外观是否良好：鱼身有清晰的光泽，无切割或擦伤，鱼鳍柔韧，鳞片（如果有的话）紧紧地贴附在鱼身上。如果鱼头仍保留，应仔细看看鱼眼睛是否饱满，无收缩或干瘪的现象。

• **按压鱼身** 用手指按压鱼身时，鱼肉应能迅速回弹，而非凹陷着无法恢复原来的形状。

• **打开鱼鳃和鱼腹** 鱼鳃靠近鱼的头部，是鱼呼吸的器官。若鱼鳃的颜色开始变成褐色，且触感黏滑，则意味着鱼已不新鲜。若鱼的内脏已被取出，可以检查鱼的腹腔，如果鱼肉紧贴鱼骨，特别是紧贴脊椎，则说明鱼的新鲜度良好。

鱼一旦被切割，就会开始失去水分。在装鱼容器的底部难以避免地会残留一小部分液体，但是一定不能积留得过多过深。厨房收货时，鱼柳和鱼排等都应该包装在干净整洁的容器中。

检查鱼片或鱼排的质量时，要注意单份鱼排或鱼片，它们应该是切割整齐、大小均匀的。这些鱼肉应外表湿润，几乎无碎裂，形态完整。若鱼身表面还有鱼皮，则鱼皮也应该看起来湿润且无破损。

鱼的储藏

接收一条鱼，即意味着接受了保证其质量和卫生的责任。如何妥善储存是其中的重点。新鲜鱼的最佳储存温度是34℉～38℉。即使在最好的储存条件下，鲜鱼也只能保存几天。鲜鱼应保存在寒冷、湿润但不过于潮湿的环境中。整鱼，包括去除内脏的整鱼或装盘展示的鱼类，都需要置放在用刨冰做成的冰床上储藏。

以下为储藏整鱼的方法：

• 将一层刨冰铺在有小孔的深底托盘中或容器内（最好为不锈钢材质）。

• 将一些冰块装入鱼的腹腔，然后将鱼腹腔朝下放置在托盘内的刨冰冰床面上——这样做是因为鱼肠道和鳃部的细菌数量比背部高得多，只有确保鱼腹部和鳃部被均匀地冷藏，才可以减少污染和腐败的几率。

• 在鱼的周围铺满刨冰和冰块，填满整个托盘。

- 将托盘放入另一个大的容器中，以便排出冰块融水。
- 每天补充冰块。

以下为储藏鱼柳的方法：

- 将鱼柳放入储藏的容器内（首选不锈钢容器，食品级塑料容器也可）。
- 将容器放入盛满刨冰的深底托盘内。
- 保存过程中注意避免鱼柳和冰块直接接触，以便尽可能地保持鱼肉的风味和口感。

以下为储藏冷冻鱼的方法：

- 不要接收边缘有白霜的冷冻鱼，因为这表明由于包装不当或反复解冻和重新冻结，鱼已被冻伤。
- 在准备解冻和烹制之前，储存冷冻鱼的最佳温度是-20℉～0℉。

12.1.3 鱼的准备加工

鱼有许多不同的加工技法。大厨们往往根据鱼的不同种类来选择不同的加工技巧。

剔取鱼柳

与扁平鱼不同，剔取条形鱼的鱼柳所采用的技法比较特殊。当然，许多鱼在出售时都已经被切成鱼柳，或是被分部位切成鱼段。但从厨房管理的角度来说，大厨可能会发现，如果加工技术运用得好，那么购买整鱼并要求厨师自行分割，分档取料，就可以更好地控制成本，提高所出品鱼菜的质量。

从条形鱼的脊椎骨两侧可剔取出两条鱼柳。扁平鱼可以剔取出两条或四条鱼柳。

鱼柳的修整加工

修整加工鱼柳首先应剔除鱼腹肉上的骨刺，以及鱼肉中的细刺。鱼腹的骨刺位于鱼柳边缘最薄的地方，可以简单地用斜片刀法将其剔除。鱼肉中的细刺则隐藏在鱼柳内，只要用手指在鱼柳上从头到尾划过，即可感知并定位细刺的位置，然后用厨用尖嘴钳或小镊子拔出。拔刺时，注意应朝鱼头方向用力，以免撕裂鱼肉。

剔除鱼皮时，将鱼柳与刀的进刀切片边缘位置保持平行，刀口紧贴鱼皮，然后用力将刀从一端推到另一端，边推边切，往复推拉，直到将鱼皮完整剔下。注意过程中刀的切口边缘一定要紧贴鱼皮。

鱼卷的加工

鱼卷的加工是指在烹调前将剔下的薄鱼柳卷成筒状的加工技术。这个技法可以使鱼肉成型美观，且有助于烹制时火候均匀。加工鱼卷一般选择低脂鱼，如比目鱼或龙利鱼等，但偶尔也可以用一些中度脂肪鱼，如鳟鱼或鲑鱼等。鱼卷制作时以馅料填充。

鱼柳的切割

鱼柳切割成片，可用斜刀法或直切法。用斜刀法切出的鱼薄片称为片状，其表面积较大。用直刀法切出的鱼薄片常称为条状，有时也称指条状，通常约拇指宽。

基础烹饪技术 扁平鱼取鱼柳技法（取四条鱼柳）

1. 将扁平鱼鱼头朝下、鱼腹朝上，放在案板上。
2. 沿着鱼的中心背脊骨方向，从鱼头向鱼尾处直切一刀，划开骨肉。
3. 顺背脊骨从鱼的中间斜刀向鱼腹边缘处不断进刀片开鱼肉。保持刀锋倾斜紧贴鱼骨。
4. 剔下第一片鱼柳，皮朝下放在案板上。切除鱼柳上粘附的内脏。
5. 将鱼翻面，鱼尾朝向自己，顺背脊骨斜刀从中心向鱼腹边缘进刀，取下第二条鱼柳。
6. 将扁平鱼翻面，用同样的方法取下第三条和第四条鱼柳。注意骨不粘肉、肉不带骨。

基础烹饪技术 条形鱼取鱼柳技法

1. 将条形鱼放在案板上，保持背脊骨与菜板边缘平行，鱼头位于你的主手位处（即若你习惯使用右手，则鱼头位于你的右手位。反之亦然）。
2. 用一把锋利的剔鱼片刀从鱼头和鱼鳃处切进去，将刀斜向下切开鱼头和鱼身。刚好切到鱼的背脊骨处，不要切断头。
3. 将刀贴肉转90度，保持水平状，刀锋边缘朝向鱼尾部。
4. 将刀锋紧贴鱼的背脊骨，顺着鱼身平刀片开鱼肉。注意避免在切片过程中来回片切。
5. 取下鱼柳，鱼皮朝下置于案板上。
6. 用同样方法取下另外一条鱼柳。

12.1.4 鱼的烹调技法

鱼类的烹调原则是：脂肪含量越低，烹调方式越精细。

判断鱼的成熟度

无论是哪种鱼类，当鱼肉的中心温度达到145℉时，鱼就会被完全煮熟。在这个温度下，有些鱼肉会比生鲜状态下更紧实，有些原本半透明的生鱼肉会变得不透明，有些类型的鱼肉则碎裂开——这些碎裂的鱼片会从鱼身脱落，看起来很是湿润。

有些人可能喜欢鱼被烹调得略微生一点（特别是三文鱼和金枪鱼），但只有当顾客特别要求或是菜单上明确说明要将鱼肉烹至三成熟或五成熟时，厨师才可以这样做。

清煎

清煎适合低脂鱼，包括比目鱼、龙利鱼、大比目鱼和银鳕鱼等。但一些中度脂肪鱼（如鳟鱼、海鲈鱼和三文鱼等），以及部分脂肪密度较大的鱼（如金枪鱼、鲨鱼和剑鱼等），也可以采用清煎的方法烹制。

清煎烹制时，鱼的质地越细腻，使用的温度就应该越低。一条鱼肉易碎的多佛龙利鱼柳在煎制时所需要的热量比一片金枪鱼少得多。另外，清煎鱼肉时，需要少量的脂肪以保持鱼肉的滋润和风味，并有助于防止鱼肉粘锅和撕裂。

大多数鱼在清煎时都需先裹上面粉，以便在鱼身表面产生一层脆皮，并确保鱼放入热油中时水分不会过多飞溅。经典的清煎鱼类烹调方法被称为“磨坊主妇式煎鱼柳”或“面拖煎鱼柳”，是将鱼身裹上面粉，迅速煎制，然后配上用黄油、柠檬汁和欧芹制成的酱汁食用。

基础烹饪技术 鱼类清煎技法

1. 煎锅置于中火上，加油烧热。
2. 鱼柳裹匀面粉后，放入煎锅内的热油中，注意避免热油飞溅。
3. 煎制鱼柳，至鱼身一面呈金黄色。
4. 翻面，完成另一面的煎制。
5. 将鱼柳取出，保温备用。
6. 去除煎锅中多余的油，保留少部分热油备用。
7. 将煎锅再置于火上加热，加入黄油烧化至散发出坚果香味。
8. 再加入柠檬汁、欧芹碎，制成柠檬黄油酱汁，趁热与鱼一同上菜即成。

拍粉煎和油炸

拍粉煎是针对大多数低脂鱼和中度脂肪鱼的较好的烹调技法。拍粉煎是指将鱼表面裹上一层面糊状外衣，例如鸡蛋面糊或面包粉、燕麦片等。相对于清煎而言，拍粉煎需要更多的油脂，通常油脂用量需没至鱼身的1/3。

油炸技法是指将鱼放入足量的热油（需完全浸没鱼身）中炸制的烹调方法。鱼条或脆炸鱼棍（鱼条裹上燕麦糊后油炸制成）是常见的炸鱼菜肴。

炙烤和焗烤

炙烤这一烹调技法几乎适合所有的鱼，但用来炙烤的鱼必须先进行正确的加工准备。

中度脂肪鱼和多脂鱼，如鲭鱼、蓝鱼和鲷鱼等，通常只需要备好调味料即可。常见的方法是使用腌肉料对中度脂肪鱼和多脂鱼进行调味、加工。这些鱼的紧实肉质和纹理可很好地承受住来自烧烤扒炉的高热量。当然，烤制前，一定要在烤架和鱼身上都刷上一层油，以防鱼肉粘连烤架和撕裂。

低脂鱼也可以使用炙烤的方式，但需配备一个手提烤肉架——一种开放式烹饪架，中间插入鱼，关闭盖紧后，就可手持随意旋转炙烤，随时控制火候，确保鱼肉不会碎裂。

焗烤鱼的加工准备方式与炙烤鱼相同，不同的是，鱼在焗烤过程中，其热量是集中在鱼的上方而非下方，通常无需翻动鱼身，因此可在鱼身上涂满一层酱汁后再焗烤——这种方式被称为“面火烤”。如果先将鱼身上刷满黄油，再裹上面包屑焗烤，则称为英式焗烤。

基础烹饪技术 **鱼类焗烤技法**

1. 将黄油或植物油刷匀烤盘。若可以，在烤盘底部铺上一层香味蔬菜等辅料。
2. 将准备好的鱼调味，刷上黄油，在鱼身表面裹上一层面包屑或酱汁。
3. 送入焗炉，离焗炉热源保持几英寸的距离，不时升降烤架，直到鱼身表面的酱汁或面包屑上色，鱼烹熟即可。
4. 趁热上菜。

焙烤和烘烤

整鱼、鱼柳和鱼排等都可以在烤箱里烤制。我们常常把在烤箱里烤制整条鱼称为“烘烤”，烤制鱼片等小块鱼料称为“焙烤”，但其实二者并无明显区别。

为了保持鱼肉的滋润，烤制时往往会在鱼身表面抹一层酱汁或者脆皮外壳。还有一种技巧，是在焙烤或烘烤鱼时加入香味蔬菜，或在整鱼或鱼柳中酿入各种馅料。

蒸

这一烹调技法的关键在于鱼的烹熟度。如果蒸制过火，鱼肉就会开始变干，失去风味。亚洲菜系中有许多经典的清蒸（整）鱼的加工准备技巧，当然你也可以蒸小块的鱼，如鱼柳或鱼排等。

蒸制技术中一个特别改良的技法是要求将鱼包裹起来蒸制——通常是用烘焙烤盘纸包裹住鱼进行蒸制，里面还可以加入各种香味蔬菜和香料，然后包好、送入烤箱。纸包内蔬菜和鱼的水分会蒸发出来，将食物烹熟。这种烹饪技法被称为纸包蒸烤。

煮

鱼常使用煮的方法烹制。若将鱼放入完全覆盖住鱼肉的足量液体中进行煮制，这种方法就被称为汆煮鱼或低温深煮鱼。若只是在煎盘中放入足量液体以产生一些水汽进行煮制，称为低温浅煮鱼。

低温深煮鱼的方法特别适合煮制鱼排及体型较大的鱼的鱼柳，如三文鱼。当然，也可以整鱼煮制。煮制中，液体的温度不宜太高，液体表面只持续翻腾几个小水泡即可。低温深煮鱼的汤汁可以留作一般清汤的汤料或者作为汤菜的底汤使用。

低温浅煮鱼的方式可将鱼迅速烹熟。这种方法多用于烹制小的鱼块、鱼柳，以及酿馅后的鱼卷等。低温浅煮鱼的汤汁多用于制作搭配这道鱼菜的酱汁。

概念复习

1. 根据脂肪含量分类，鱼可以分为哪三种类型?
2. 整鱼新鲜度的五个测试方法是什么?
3. 请问如何从一条扁平鱼上剔出四条鱼柳?
4. 完全煮熟的鱼的中心安全温度是多少?

发散思考

5. 从鱼的体型出发，请问鱼有哪三种类型?
6. 解释为什么PUFI商标在评估鱼类供应商时很重要。
7. 为什么鱼的脂肪含量越低，你应该选择的烹饪方法就越精细? 请解释。

厨房实践

将一个班分为六个团队，每个团队将以不同方式烹饪相同种类、相同刀工成型的鱼片。烹饪方法分别是清煎，拍粉煎和油炸，炙烤和焗烤，焙烤和烘烤，蒸，煮。请评估每个团队的成果。

烹饪小科学

深入研究国家海洋渔业服务，然后撰写报告，指出两个最近可能影响国内海鲜产品品质的国家海洋渔业服务问题，并作简要分析。

12.2 贝类水产

12.2.1 贝类的种类

贝类是指受外壳保护的水生动物，通常有两种类型:

- **软体贝类** 那些身体柔软且无骨骼的贝类被称为软体贝类。许多软体贝类都有贝壳保护，有些软体贝类的身体内部只有少量软骨。鲍鱼、蛤蜊、牡蛎、贻贝、扇贝、章鱼和乌贼（常被称为鱿鱼）等都是软体贝类。
- **甲壳类** 此类动物的外壳通常有关节，如龙虾、螃蟹、虾、小龙虾（又称淡水小龙虾）等。

新鲜和冷冻贝类有多种形式:

- **新鲜贝类** 供应商可提供以下各种形式的新鲜贝类：活贝、去壳贝、带尾巴的贝类、尾爪、腿和爪等。
- **冷冻贝类** 供应商可以提供各种形式的冷冻贝类：去壳贝肉、带尾巴的贝类、尾爪、腿和爪等。

去壳贝类意味着贝肉已从壳体中取出。购买去壳贝类时，贝肉通常还带着原汁，被称为原汁风味。

而软体贝类如牡蛎、蛤蜊和贻贝等可能也会去壳销售。扇贝则几乎都是去壳销售的。

以下为部分常见的软体贝类品种：

- **蛤蜊** 易清洗。常用于生食刺身等酒吧菜肴中。多使用炸、蒸、煮、焙烤等烹调方法，也可用于汤菜等菜肴中。
- **贻贝** 烹饪前需去除贻贝身上粗糙的黑色触须。触须剔除后，贻贝就会死亡，故贻贝很少用于生食，而多使用蒸、煮、氽烫等烹调方法，也可用于汤菜和烩菜等菜肴中。
- **牡蛎** 易清洗。常常应用于生食刺身等酒吧菜肴中。多使用蒸、煮、氽烫等烹调方法，也可用于汤菜和烩菜等菜肴中。
- **扇贝** 易清洗。购买时通常已去壳。多使用清煎、炒制、炙烤、焙烤等烹调方法，也可用于汤菜和烩菜等菜肴中。

12.2.2 贝类的验收和储存

对于任何一家专营贝类的餐馆来说，验收和储存贝类都是至关重要的。很少有食物像贝类这样变质得如此迅速。因此，一定要从信誉良好的供应商那里购买贝类，并且购买软体贝类时一定要挑选干净清洁的（干净清洁的软体贝类通常已被放置在淡水池中排尽杂质）。此外，每一个餐饮企业都应妥善保存好所购买的鱼类和贝类的完整记录。

为了避免腐坏变质，活的软体贝类（如牡蛎或贻贝等）必须在35℉～40℉的温度下储存，切勿放在淡水中或者直接放进冰块中——这样会杀死它们。软体贝类在做成菜肴生食时，需保持鲜活的状态。如需烹调，则在烹调开始时，也必须使它们保持着鲜活的状态。

活龙虾、螃蟹、虾和小龙虾等在运输过程中应以海藻或湿纸进行包装，以便于随时观察它们是否仍维持着活动的迹象，以确定它们还活着。如果无法进行罐装货运，龙虾也可以在冷藏的状态下直接储存在集装箱或者多孔的容器锅中，直到准备好烹调。

虾是所有贝类中最受欢迎的品种。虽然有虾头的完整鲜虾偶尔可见，但最常见的还是冷冻虾（未去除虾头）或去除虾头后备用的冷冻虾。在市场上，虾是以磅为单位销售的。

新鲜的蛤蜊、贻贝和牡蛎应具备鲜甜的海腥味。购买时应挑选贝壳紧闭牢固的，然后放入袋中密封称重。轻敲贝类，如果其原本张开的外壳迅速关闭，则意味着这些贝类是鲜活的。反之，则表示这个软体贝类已经死亡，应丢弃（包括外壳已破损的贝类）。如同储存鱼片一样，新鲜贝类应置于容器中，放入冷藏箱保鲜备用。

就像鱼一样，贝类也会受到海洋毒素的侵害，如果食用了受污染的贝类，会导致中毒。以下为部分中毒症状：

- **麻痹性贝类中毒** 由一种红褐色毒素引发。这种毒素会在太平洋和新英格兰各州较冷的沿海水域形成“红潮”，影响软体贝类和甲壳类贝类。食用受此污染的贝类后，其症状一般表现较温和：首先是面部、手臂和腿部麻木或刺痛，其次是头痛，头晕，恶心，肌肉协调性变差。也有些患者描述有漂浮感。中毒严重可导致瘫痪和呼吸衰竭。

- **神经毒性贝类中毒** 由生长在墨西哥湾和大西洋南部海岸的牡蛎、蛤蜊和贻贝中偶尔积累的毒素引起的。食用受此污染的贝类后，其症状一般表现为：麻木，嘴巴刺痛，双臂和双腿缺乏协调性，胃肠不适。
- **失忆性贝类中毒** 这种毒素较为罕见，是由一种微型的红棕色植物造成的，它可以在贝类体内聚集。食用受此污染的贝类后，其症状一般表现为：胃肠不适，头晕，头痛，定向障碍和永久性短期记忆丧失。中毒严重可导致癫痫发作、瘫痪和死亡。

使用本地贝类时，请确保供应商会根据当地卫生部门提供的相关信息及时检查自己的产品，这些信息包括藻类大量繁殖、“红潮”和其他可能表明出现高浓度海洋毒素的现象的通知及处理建议。一些地方的卫生部门还会定期对其管辖范围内的海洋毒素进行检测，并根据调查结果，及时在可能产生风险的时期禁止当地的娱乐性和商业性渔业捕捞。此外，美国各州和联邦监管机构（包括疾病控制和预防中心）会监测报告海洋毒素中毒的病例，并制定必要的防控措施。

12.2.3 贝类的准备加工

冷冻贝类可以通过两种方式安全解冻，一是放在冷藏室中令其自然解冻，二是将其连同包装一起放入容器中，用流水不断冲刷，即可安全解冻。

- **龙虾** 龙虾以购买鲜活的为佳。加工准备龙虾的第一步是用煮或蒸的方法宰杀它。若打算以焗烤或焙烤的方法烹调龙虾，则可以事先将它们对半切开。

龙虾煮熟并充分冷透后，就可以取出可食用的龙虾肉，最后剩下龙虾尾和完整的龙虾螯爪，以及其他较小的部分，如关节和龙虾腿。

基础烹饪技术 鲜活龙虾的加工技法

1. 龙虾虾钳捆绑勿松，将龙虾肚腹朝下放置在案板上。
2. 将厨刀尖端插入龙虾头底部，刀向下拉，穿过外壳，把头分成两半。
3. 翻转龙虾的方向，从龙虾头底部入刀处开始，穿过外壳切割至龙虾尾。

基础烹饪技术 熟制龙虾的取肉技法

1. 一只手握住煮熟龙虾的尾部，另一只手握住其身体，双手分别朝反方向扭动将其分离。
2. 将尾部的虾肉从壳中整块取出。
3. 用厨师刀的刀背敲碎虾钳，将虾钳内的肉整块取出，取出后仍应保持着虾钳的形状。
4. 将龙虾关节切断，取出关节内的虾肉。

- **虾** 清洗虾可分为两个步骤。首先要去除虾壳，然后沿着虾剔除虾线背（实际上是虾的肠道）。剔除虾线有专门的工具，但一把水果刀也可以做到。

如果要烹制炙烤或清煎的虾类菜肴，烹饪前一定要将虾清洗干净。如果是煮制或蒸制虾类菜肴，则烹饪前后清洗虾均可。带壳煮过或蒸制过的虾比那些在烹调前就已去壳并剔除虾线的虾，口感更加滋润和饱满。剥除的虾壳可留作其他用途，如制作虾汤、虾酱或虾酱黄油汁等。

基础烹饪技术 鲜虾去壳和剔除虾线

1. 从虾腹部下方的泳足开始，将虾壳从虾身上剥除。
2. 将已经去壳的虾放在案板上，虾的弯曲外缘与持刀的手在同一侧。
3. 使用适合的鱼刀在虾背弯曲的外缘处轻轻地划一刀。
4. 用刀尖剔出虾线。

- **蛤蜊、牡蛎、贻贝和扇贝** 软体贝类如蛤蜊、牡蛎、扇贝和贻贝等通常都是去壳出售的，但仍有许多餐馆会采购带壳的蛤蜊、牡蛎和贻贝等。这些餐馆或是需要在刺身海鲜酒吧中使用生蚝等，或是有部分海鲜菜肴需要这些蛤蜊、牡蛎或贻贝等食材带壳烹调。在这种情况下，能够轻松打开蛤蜊和牡蛎等软体贝类的外壳很重要。新鲜的去壳蛤蜊和牡蛎通常用于烹饪菜肴（去壳的贻贝不太常用）。在打开这些软体贝类的外壳时，请务必保留壳内的原汁，它们能给各类汤菜、炖菜和高汤增加浓郁的风味。

在使用软体贝类前，需把外壳彻底清洗干净。蛤蜊和牡蛎易清洗，只需将它们置于水流下用硬毛刷刷净即可。那些经敲击后外壳仍保持开启的蛤蜊和牡蛎必须丢弃，因为这表明它们已死亡，不能安全食用了。另外，如果发现这些软体贝类的外壳紧闭，重量却异常沉或轻，均须仔细检查，因为这很可能是由于壳内已空或充满了泥沙。

贻贝很少用来生吃。贻贝在蒸煮或氽煮之前的清洗方法与蛤蜊和牡蛎的清洗方法相似：将贻贝放在水流下用硬毛刷擦洗，去除外壳上的沙子、砾石和泥土。但和清洗蛤蜊、牡蛎不同的是，贻贝表层长有蓬松的黑色足须，烹饪前必须扯干净。足须一旦扯掉，贻贝即告死亡，故如非准备开始烹饪贻贝，请勿清理贻贝、拔掉其足须。

基础烹饪技术 打开蛤蜊 / 牡蛎

1. 戴好金属丝网手套，握住蛤蜊 / 牡蛎。
2. 将蛤蜊 / 牡蛎放在手中或案板上，使其根部朝外，并握紧。
3. 将刀锋插入蛤蜊 / 牡蛎上下壳之间的接缝内。手指可施力辅助引导刀锋插入。
4. 轻轻转动刀片，撬开外壳。
5. 打开蛤蜊 / 牡蛎壳后，刀锋边缘沿蛤蜊 / 牡蛎壳根部滑动，将蛤蜊 / 牡蛎肉从壳中挖开。
6. 刀片置于蛤蜊 / 牡蛎肉下方，将其从底壳中取出。

12.2.4 贝类的烹饪技法

如第7章所述，牡蛎和蛤蜊通常在刺身餐吧生食上菜——通常是以去壳新鲜的状态放置于半边贝壳内。除了生食之外，烹饪贝类时也可以运用其他基本烹饪技术。

贝类的风味通常很独特，或带着些海水的咸味（虾和牡蛎），或带有微甜的风味（扇贝、螃蟹或龙虾）。这就使得贝类可以与风味浓厚的食材相搭配，包括番茄、橄榄、水瓜柳和火腿等。你可以为贝类选择与这些味道形成对比的配菜，或者可以使用风味浓厚的奶油酱汁甚至融化的黄油酱汁来配合。这种黄油酱汁通常由澄清黄油制成。制作澄清黄油时，需要将黄油融化，再将清黄油（澄清的黄油）从牛奶汁液和水中分离出来。

柠檬片是海鲜菜肴中常用的配菜装饰，可直接放入菜肴中或与贝类一起上菜，以便客人根据自己的口味挤压柠檬汁使用。

以下是几种常见的贝类烹饪技法：

- **蒸制和沸煮** 虾、龙虾、螃蟹和小龙虾常使用蒸制或沸煮的烹调方法，烹熟后可热吃也可冷食。为了增加贝类成菜时的风味，烹制贝类时，通常还可以加入各种香味蔬菜、香草和香料等。

贻贝、蛤蜊和牡蛎通常可以采用蒸制的烹调方法：将其放置入蒸笼中，置于煮沸的液体上面加热蒸制。另一种蒸制方式则是马里纳拉烹制法：将清洗干净的贝类放在锅中，连同少量美味的液体如肉汤等一同蒸制。蒸制时还常会加入其他原料，包括大蒜、洋葱、番茄、橄榄，甚至火腿丁等。蒸锅内的液体加热至微沸后，密封的锅盖会锁住锅内的水蒸气，贝类就这样被水蒸气蒸熟，直到全部开壳，壳内贝肉变得饱满，边缘也开始卷曲。

- **油炸** 蛤蜊、牡蛎、虾和鱿鱼可用面糊或面包屑裹匀，油炸至外脆里嫩。这种烹制方法为贝类菜肴的风味和质地提供了很好的对比效果。扇贝是另一种常被用来炸制成菜的贝类，外层的面糊或面包屑既可完美地留住扇贝肉的甜香和滋润的肉质，同时也可形成一层金黄色的酥脆外皮，风味独特。使用油炸这一烹调方法时，切记在将贝类浸入面糊或裹匀面包屑等之前，一定要事先调味，以使它们尽可能地入味。

- **炙烤和焗烤** 扇贝、虾和龙虾常采用炙烤和焗烤的方式来制作加工：用烧肉串签将小的贝类，如虾或扇贝等，制作成大虾串烧或扇贝串烧，放在烤肉架上炙烤。龙虾在炙烤或焗烤前通常会被切开成两半，以便烹制。

- **煎或炒** 煎虾或炒虾，煎扇贝或炒扇贝等，都是很受欢迎的。这种烹制法的要诀在于用高温快速烹饪。烹制前，虾和扇贝通常会在腌料中浸泡一段时间，以使其在烹制时上色入味。腌料中通常混合有各种香甜而风味浓厚的香料。

- **焙烤和烘烤** 龙虾也可使用焙烤烹制。鱿鱼和章鱼会先酿馅再进行焙烤。蛤蜊经常会被香味浓郁的香草黄油面包屑盖面后焙烤。贝类也经常被用于各种鱼类或家禽菜肴的酿馅加工，例如感恩节烤火鸡的肚子里，往往就填满了各种牡蛎馅。

小测验

概念复习

1. 贝类有哪两种类型？
2. 软体贝类应该在什么温度下存放？
3. 如何加工准备活龙虾？
4. 描述贝类的烹制方法。

发散思考

5. 小龙虾是什么类型的贝类？
6. 为什么一个餐饮机构必须保存购买鱼和贝类的完整记录？

厨房实践

将所有成员分为5个小组，每个小组将分别选择不同的方式烹制相同大小的虾：蒸制和沸煮，拍粉煎或油炸，炙烤和焗烤，煎制和炒制，焙烤和烘烤。评估每个小组的菜肴成品效果。

烹饪小科学

研究野生牡蛎的生命周期，并将其与养殖牡蛎的生命周期进行比较。根据你的调查结果，写一份关于牡蛎养殖的报告。

复习与测验

内容回顾（选择最佳答案）

1. 贝类是（ ）。

A. 带壳的鱼　　B. 鳐鱼和魟鱼

C. 龙虾，但不是蛤蜊、牡蛎或贻贝　　D. 蛤蜊、牡蛎和贻贝，但不是龙虾

2. 溯河鱼是一种（ ）。

A. 淡水鱼　　B. 咸水鱼

C. 农场养鱼　　D. 一种咸、淡水生活时间各半的鱼

3. 以下哪种属于低脂扁平鱼？（ ）

A.大西洋三文鱼　　B. 檬鲽鱼

C. 大西洋鳕鱼　　D. 条纹鲈鱼

4. 一条去除内脏的鱼是指（ ）。

A. 一条整鱼　　B. 一条被去除了头部、内脏、鱼鳍和尾巴的整鱼

C. 一条被去除了头部、内脏的整鱼　　D. 一条被去除了内脏的整鱼

5. 鲜活软体贝类可以在（ ）环境中储存。

A. 0℉ ~ 20℉　　B. 20℉ ~ 30℉

C. 30℉ ~ 35℉　　D. 35℉ ~ 40℉

概念复习

6. 如何将贝类去壳？

7. 哪种类型的NMFS检查对于餐饮服务机构来说是最重要的？

8. 鱼在什么温度下可以被完全煮熟？

9. 低温浅煮和低温深煮有什么区别？

10. 如何分辨储存的蛤蜊、贻贝或牡蛎是否还活着？

判断思考

11. **概念应用** 贻贝的初加工程度对贻贝的烹饪有什么影响？

12. **预测** 切片后的大比目鱼鱼柳可以用哪种类型的烹饪方法来烹制？

13. **比较** 打开蛤蜊和牡蛎的方法有什么区别？

烹饪数学

14. **概念应用** 制作20份炙烤大虾，需要使用3.5磅的超大型虾做主料。如果现在需要提供60份炙烤大虾，请问共需要多少磅超大型虾？一共有多少只？每份菜需要多少只虾？

工作实践

15. **概念应用**　为了提高效率，厨师在初加工时就提前将贻贝的足须拔除了。而通常贻贝应在客人点餐时才着手蒸制。请问厨师的处理方式是否正确？

16. **客户交流**　一位客户收到了三文鱼排，并将这个内有鱼刺的鱼排送到餐馆，请问应如何处理？

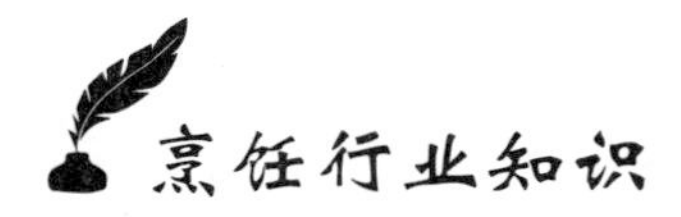

鱼类烹饪厨师

包括鱼类在内的水产一直是人类饮食的重要组成部分，生活在湖泊、池塘、溪流、河流和海洋等附近的人，可以很便利地享受到这些新鲜食物。从人类文明的早期起，人们就不断探索食品保鲜方法，如熏制或腌制三文鱼、干鳕鱼和盐腌鳕鱼等，使鱼类更易保存和运输。之后的环球航行探险家们又把盐渍鳕鱼这类菜肴带到了加勒比海群岛。但直到冰箱和冷柜出现，远离水域的人们才得以真正享受到未被熏制或盐渍的鱼。今天，运输方式的改进意味着鱼类比以往任何时候都更易获取。鱼类水产被公认为是健康食品。餐厅不仅增加了鱼的种类，而且丰富了鱼的加工方式，从经典的法式菜肴到日式寿司和生鱼片等，花样繁多。

有些餐厅的厨房会设置一个专门的工作岗位，称为鱼菜厨师。另一些则将海鲜菜肴整合到整个菜单中，并根据烹制方式将它们的准备工作分配给不同的厨师处理。除了餐馆以外，还有不少岗位是和水产相关的，比如超市通常都设有水产专柜。这些岗位的工作职责与餐馆的厨师很类似：鱼类的订购、验收、储存，呈现方式（切成鱼片或鱼排），制成即食菜肴等。

从古至今，鱼类一直是人类重要的食物来源。如今，渔民们和养殖场不仅在当地市场上出售鱼类，还在池塘、溪流和河流中放养鱼群，以供人们休闲娱乐。

对鱼的需求的显著增加，使得我们不仅必须更加重视对食用鱼类的安全的保护，同时还需保护鱼类的繁殖水域。许多厨师已成为旨在避免过度捕捞和维护可持续发展生态环境的行动的强有力支持者。

入门要求

在入门级别，学位要求类似于任何烹饪技术工作。最好接受过烹饪教育，并获得相应的证书或学位。

晋升小贴士

积极参加专业培训，参与可持续发展研讨会，学习鱼类加工技术（如熏制或冷冻等），以及获得与商业、销售和市场营销相关的学位等，将会有很大帮助。

第 13 章 肉类和家禽

学习目标 / Learning Objectives

- 了解肉类、家禽检验和分级的具体规定。
- 识别肉类的各种类型，掌握相应的切割方法。
- 认识不同品种的家禽，明确家禽的市场销售形式有哪些。
- 什么叫作家禽的分档取料?
- 接收和处理肉类时，应注意哪些问题?

13.1 肉类

13.1.1 肉品检验和分级

肉类是菜单上最昂贵、但潜在利润也最高的菜肴之一。要让肉类价值最大化，最重要的是要了解如何正确接收、储存和恰当地加工。在此之前，需要掌握肉类的检验和分级知识。

肉类检验

在美国，政府会对市场销售的所有肉类（包括野味和家禽）进行检验。事实上，在农场（牧场）、屠宰场以及屠宰后的不同时间段，都需要进行检验。大多数肉类检验是由联邦检验员完成的，各州如果有自己的肉类检验标准，则其标准必须达到甚至高于联邦标准。但无论是联邦还是各州，这些检验都是用纳税人的钱支付的。

联邦和各州检验员必须确保所检验的肉品符合下列条件：动物没有疾病；农场按照适当的安全、清洁和健康标准运作；肉品健康卫生，适合人类食用。

质量分级

与检验的强制性质不同，肉类的质量分级是自愿的。美国农业部（USDA）制定了具体的标准，用于根据肉品的质量来划分等级，并对评级员进行培训，确保全美各地的质量标准保持一致。由于质量分级是自愿进行的，所以肉类包装商——而不是纳税人——承担了肉类分级所涉及的成本，他们可以选择不聘请美国农业部的评级员来评定等级，而是根据自己的标准来进行。当然，这些标准必须达到或超过联邦标准。

某一特定畜体的等级适用于该畜体的所有切块。肉类品级评定员在评定等级时会考虑以下因素（根据被分级的肉类类型调整标准）：畜体的整体形状；脂肪与瘦肉的比例；肉与骨的比例；肉品的颜色；瘦肉中的脂肪含量（牛肉中称为大理石花纹）。

切割

经过屠宰、检查和分级之后，畜体进入切割环节。它首先被切割成易于处理的块状。不同动物类型的不同标准决定了切割的具体位置。切割畜体的方式通常有两种。

- **对半切割和四分体切割肉** 这种屠宰方式是将畜体切割成两部分，后再分别切割成四部分。对半切割是沿着畜体的脊椎骨的长度切割成两部分，四分体切割肉是按部位分布将已对半切割开的两部分再次进行切割。前面的四分体切割肉被称为前四分体切割肉，后面的则被称为后四分体切割肉。一些较大型的动物畜体，比如牛肉和猪肉，通常以这种方式切割。
- **鞍肉** 另一种切割方式是通过横切腹部将畜体分为两部分，每一部分都包括有畜体的左右两侧——这一同时包含畜体两侧部位的肉品就被称为鞍肉，其中前面部分称为前脊肉，后面部分称为后脊肉。一些较小型的动物畜体，如小牛肉，通常以这种方式切割。

下一步是将四分体切割肉或鞍肉分切成原始切割肉块（有时称为原始切割肉）。随后，这些原始切割肉会被再次分切成次级切割肉块（或称次级切割肉）。

次级切割肉块经过修整、包装后，再卖给餐馆或者肉店。这些餐厅或肉店可能会需要额外将其再分切成更小的肉块，即再制加工。但很多次级切割肉块实际上已在包装厂完成分割，小块销售，这就是零售切割肉。

大多数食品服务机构都习惯于购买盒装肉。盒装肉是指将肉分档加工（如原始切割肉、次级切割肉，或者零售切割肉）后打包装箱，准备出售给餐馆、肉店和零售店。但近几年来，由于厨师们处理肉类烹饪的方式越来越多样化，自行分切各种畜肉变得更为普遍，许多餐馆开始更多地购买整只畜体。这种做法的好处在于，除了能够使用整个畜体，它还方便厨师根据自己的菜单和顾客的喜好来切割和加工肉类。

常见的肉类切割分档	
零售切割肉类	**描述**
肉排	带骨或不带骨的肉块，通常包括质量上乘的瘦肉和脂肪；适合干式烹调法
烤肉块	用于烘烤或焖煮的较大肉块
排骨	通常包括一部分肋骨的肉块；干、湿烹调法均可使用
吉列肉排	指从腿或肋骨处切割出来的去骨肉块，稍薄，肉质细嫩；适合干式烹调法
圆柱形奖章肉扒	指从肋骨或腰部切割出来的小肉块，呈圆形或椭圆形；适合干式烹调法
榛子大的肉块	指从肋骨或腰部切割出来的小肉块，呈圆形，肉质细嫩；适合干式烹调法
肉片	薄而小；适合干式烹调法
烩肉块	0.75 ~ 1.5英寸的小块肉块，以瘦肉为主，多从次级切割肉块上分切出来；通常用于烩制
碎肉	含一部分脂肪，来自各种次级切割肉块，也指汉堡碎肉或者牛肉碎

13.1.2 肉的类型和切割方法

肉类的味道、颜色和质地会受到以下几个因素的影响：肌肉接受的运动量、动物的年龄、所用饲料类型及品种。

牛肉

用于肉牛产业的通常是年轻公牛和母牛。动物年龄越大，肉质嫩度越差。

特种牛肉有来自日本的神户牛肉和日本和牛，以及法国的利木赞牛肉等，来自美国的特种牛肉包括经过认证的安格斯牛肉、天然牛肉和有机牛肉。

牛肉是可以熟成的，其过程可使牛肉色泽更深，质地更嫩，味道更饱满浓郁。像牛排这样的无骨牛肉经真空包装后，在冷藏条件下存放数周，这个过程被称为湿式熟成。干式熟成则通常是把对半切割肉、前四分体切割肉或后脊肉等悬挂在一个温控区域。熟成牛肉价格昂贵，主要是因为产生了额外的加工成本，且水分和重量损失显著，影响了其最终产量。

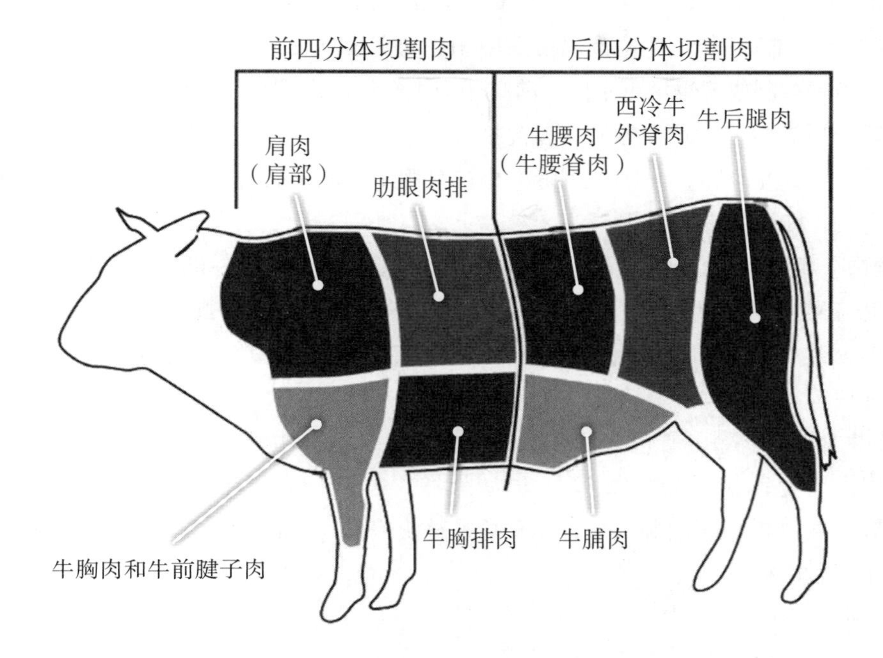

美国农业部（USDA）划定的牛肉等级有8个。按质量从高到低排列，它们分别是：极佳级，特选级，精选级，标准级，商用级，实用级，切块级和制罐级。其中前三者均选自年轻肉牛。低于精选级的牛肉通常用于加工肉类（如法兰克福香肠等），而不用于餐厅或零售业。零售业中销售最广泛的等级为特选级和精选级。

- **极佳级牛肉** 只有一小部分牛肉会被评为极佳级。这一等级的牛肉通常供应给酒店、餐馆和肉铺。极佳级牛肉肉质最柔嫩多汁，美味可口。它具有丰富的大理石花纹，可增强风味、锁住水分。极佳级牛肉和牛排以干式烹调方法（焙烤和烧烤）为最佳选择。
- **特选级牛肉** 零售商店中最受欢迎、销量最广的牛肉等级。这种牛肉非常柔嫩多汁，味道鲜美，其大理石花纹略少于极佳级牛肉。
- **精选级牛肉** 由于质量统一而稳定，精选级牛肉越来越受到消费者欢迎，因为与更高级别的牛肉相比更瘦（大理石花纹较少），但不如它们那样多汁或味道浓郁。精选级牛肉在烹饪前通常需腌制或使用湿热方法烹饪。

牛肉的前四分体切割肉包含四个原始切割肉块：牛肩肉（肩部），牛肋眼肉，牛胸肉和前腱子肉，牛胸排肉。后四分体切割肉也包含四个原始切割肉块：牛腰肉，牛西冷外脊肉，牛腩肉，牛臀部（后腿肉）。这些原始切割肉块可以单独出售，但更常见的情况是将其分解为次级切割或零售切割肉块。以下为这8种原始切割牛肉块的烹饪方法和用途：

- **肩肉（肩部）** 从牛肩部原始切割下来的肉块多采用湿热和组合烹饪方法，通常需长时间慢速烹饪。这种肉常被分切成烤肉块（带骨或无骨）或牛排出售，也可用于制作炖牛肉和牛肉碎。
- **肋眼肉排** 烘烤、炙烤、焗烤和清煎是肋眼肉排最常见的烹饪方法。肋眼肉排多为整块出售，但也可以以更小的烤肉块形式（带骨或无骨）销售，或分切成肋眼牛扒。

- **牛胸肉和牛前腱子肉** 牛胸肉通常采用焖烧的烹饪方法，也可以以粗盐腌制。腌制和熏制后的牛胸肉常被制成五香烟熏牛肉。前腱子肉则常被用以焖烧或制成烩菜。

- **牛胸排肉** 这块牛肉位于原始肋骨肉排下，带骨牛小排和（牛肋上切下的）无骨肋眼牛扒都是从牛胸排这里切割出来的。带骨牛小排常用于焖烧，而无骨肋眼牛扒则多采用干热烹制法进行烹调，如炙烤等。

- **牛腰肉（牛腰脊肉）** 牛腰部前端包含一些非常嫩的肉。这一部位的切割肉块通常以整块烤肉（用于烤或焖烧）或牛排（用于炙烤等）的方式出售。牛腰肉可以生产出各种类型的零售切割肉块，包括T骨牛排、纽约客牛排（也称条状牛排）、菲力小牛排、菲力圆牛排、菲力牛肉块等。

- **西冷牛外脊肉** 除了所包含的一部分牛柳以外，西冷牛外脊肉通常不像牛腰肉那么嫩，其尾部臀肉韧度适中。最常见的烹饪方法是烘烤、炙烤、焗烤和清煎等。

- **牛脯肉** 牛脯肉位于腰部以下，几乎总是整块售卖。牛脯肉可炙烤，但也经常焖制，有时也可以用于做馅料。

- **牛后腿肉** 最常见的牛后腿肉的烹调方式是焖烧和炖制。牛后腿肉一般分两部分：牛霖和牛后腿眼肉，都可以烤制。牛后腿肉切成的肉块常常用来做成炖牛肉或者烤肉串，底部的后腿肉则通常做成牛肉碎。

厨房里也使用原始切割肉块以外的各种切割肉，包括牛的各种器官，如肝脏及牛舌等。

牛的其他部位	
部位	**常见烹调用途**
牛肝	清煎，或制作成肝酱泥
牛肚	炖或焖烧
牛肾脏	清煎、烩或焖烧
牛舌	炖、腌制或熏制
牛尾	炖、烩或焖烧
牛大肠	用作大香肠的肠衣
牛心	炖、焖烧或烩
牛脸颊	焖烧

小牛肉

小牛肉通常取自幼牛，一般两到三个月大，肉质细腻而柔嫩，色泽呈浅粉色。这个阶段的小牛只接受母乳或配方奶粉喂养，其饮食不含草或饲料。其中牛奶喂养的小牛肉加工时不超过12周龄，人工喂养的小牛则可至4个月大。

美国农业部（USDA）划定的小牛肉等级有6个。按质量从高到低排列，它们分别是：极佳级，特选级，优质级，标准级，实用级，精选级。极佳级和特选级通常供应给餐饮业和零售店。极佳级小牛肉具有丰富的大理石花纹，肉质非常嫩滑多汁。特选级小牛肉的肉汁略少，味道略清淡，大理石花纹也略少。

小牛肉通常被切成前鞍和后鞍，但它可以分成两半，就像牛肉一样。小牛肉的原始切割肉块包括：小牛肩肉（也称为肩肉），小牛腱肉，小牛架（或肋骨），小牛胸，小牛腰，小

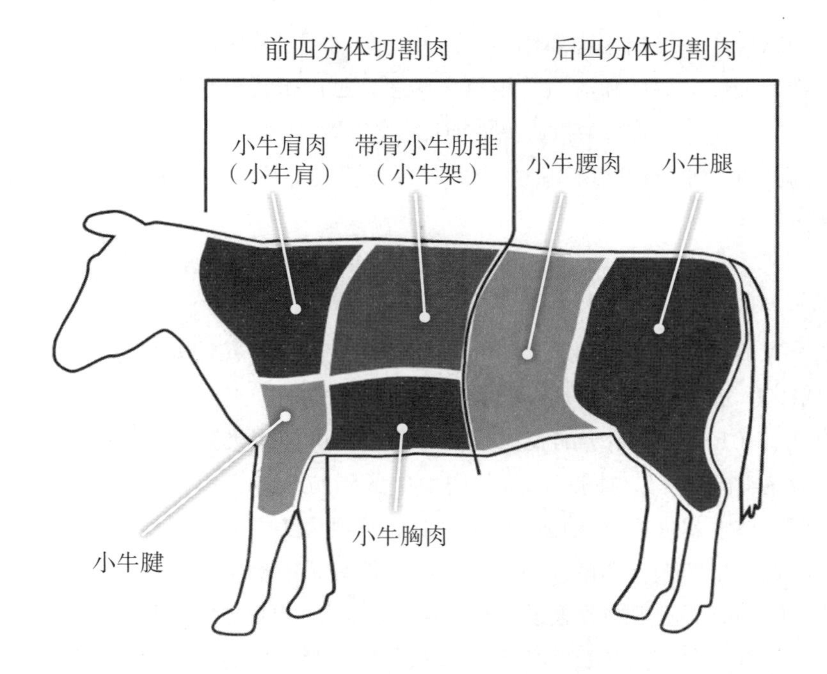

牛腿。各部位取下的小牛肉都非常珍贵，尤其是小牛胸、肝脏、小牛头和小牛脑。

以下为6种原始切割小牛肉块的烹饪方法和用途：

- **小牛肩肉（小牛肩）** 多采用湿热和组合烹饪法，如烩、炖、焖烧等，也可烤制。炖肉和碎肉等通常都是用不太理想的切割肉块制成。
- **带骨小牛肋排（小牛架）** 多采用干热烹调法烹制。可整块烤制（带骨和不带骨均可），或者也可将整个带骨小牛架分切成带骨小牛肉排来单独烹制。冠状烤小牛架是通过将整个小牛架整理成冠状后再烤制而成。
- **小牛腱** 小牛腱上的肉常常被用来焖烧。肉质丰厚的小牛腱常被用于制备意式红烩小牛腱——这是一种意大利烹饪方法，采用各种芳香蔬菜来焖烧小牛腱肉。
- **小牛胸肉** 小牛胸肉（带骨和不带骨均可）在被焖烧或慢烤之前，经常被先酿入各种馅料然后做成肉卷。

小牛的其他部位	
部位	**常见烹调用途**
小牛胰脏（胰腺或胸腺）	水煮或清煎
小牛舌	水煮、炖或焖烧，还可腌制或熏制
小牛脸颊	特别适合焖烧
小牛肝	清煎或常用于制作肉批或肉酱
小牛心	炖制或焖烧
小牛肾脏	清煎、焖烧或烩制
小牛蹄	炖（常用于制作高汤时加入以增加汤的浓厚度）

- **小牛腰肉** 小牛腰肉因肉质细嫩、质感均匀而备受青睐。从这个部位取下的切割肉块适合使用烘烤、炙烤、焗烤和清煎等干热烹调法。可以带骨整块烤制，也可以分切成带骨或无骨肉排烹制。带骨烤制的小牛扒，烹调前往往需要将其肋骨一端刮洗干净。

- **小牛腿** 小牛腿肉可以整只购买，然后分切成小块。取自顶级小牛大腿的肉质地最好，肉质更均匀。

猪肉

猪肉取自家养猪，是美国最受欢迎的肉类之一。经过好几代人培育的瘦肉猪，已经可以提供更瘦的猪肉。猪通常在12个月以下最嫩的时候被宰杀。

美国农业部（USDA）划定的猪肉等级有两个：可接受级和实用级。在可接受级中，根据产量又可分为4个等级。与同一部位的肉块中的脂肪或骨头相比，等级越高，肉的分量越多。一般来说，体型越大的动物瘦肉越多。商店只出售美国农业部划定的可接受级中的1、2级猪肉。要注意，猪肉上标明的质量等级，有可能只是肉类包装商自行制定，而非美国农业部划定等级。包装商所使用的分级系统必须清楚定义，并符合或超过农业部的标准。

就像牛肉一样，猪的畜体首先沿着脊骨被分成两半。但与其他肉类相比，它的下一步分切法略有不同：不再把肋骨和腰肉分成两部分，而是将肋骨和腰肉合并成一块长长的原始腰肉切割块。其他的原始切割肉块包括臀部、肩部、腹部和大腿。

以下为5种原始切割猪肉块的烹饪方法和用途：

- **猪梅花肉（猪肩背肉）** 这种原始切割肉块（带骨或无骨）通常具有地域性名称，例如去骨熏火腿或猪梅花肉。猪梅花肉常用来加工成一种名为塔索的特制火腿，其常见烹饪方法包括烘烤、清煎、烩制，也可用于腌肉或熏制。烟熏梅花肉也称英式培根。

- **猪肩肉** 这种原始猪肉切割块最适合于烩和焖烧，或制作猪肉碎。由于脂肪含量相对较高，猪肩肉也常用于制作香肠，或用于烘烤菜肴。猪肩肉有时被称为野餐火腿。

- **猪腰肉** 猪腰肉肉质细嫩，适用于烘烤、炙烤、焗烤、清煎和炒制等干热和快速烹饪方法。这种肉使用形式多样：整块出售用作烤肉（带骨或去骨），制成猪排（带骨或去骨），切片出售，等等。猪腰肉也可以用于腌肉或熏制。在用来作为腌肉或熏制时，在美国被称为加拿大式培根熏肉。小猪排也是腰肉的一部分。通常可以通过如焖烧或烧烤等烹调方法慢火烹煮制作。

- **猪五花肉** 培根是用猪五花肉腌制或熏制而成，多使用干热烹调法。猪排骨是从五花肉上剔下的。五花肉可整块销售，也可切割成部分销售。

- **猪腿肉（火腿）** 从猪腿上切下的有骨或无骨的肉，可作整块烤肉、肉排，也可以分切成更小块。顶级的后腿肉通常加工准备为薄薄的无骨切割肉块，用以清煎或者炒制。猪腿肉通常被烘烤，焙烤（通常表面会淋上酱汁），或水煮烹调。腱子肉可慢火炖，烩制或者焖烧，也可以熏制或腌制。火腿可以是新鲜的，腌制的，或者熏制过的，例如意大利熏火腿是干腌（用盐和其他调味料腌制而成）后烘干而成，史密斯菲尔德火腿则是干腌后熏制而成。

猪的其他部位	
部位	常见烹调用途
猪面颊	从猪面颊处取下的类似培根的易碎的肉，可用于增加风味
背部肥肉	猪后背上的肥肉，可用于肉派和肉批制作
猪颈肉	常熏制；可用于汤菜、烩菜和肉汤制作，以增加风味
猪肝	用于香肠、肉派和肉批制作
猪心	用于炖煮、焖烧或烩菜，常用于香肠、肉派和肉批的制作
猪肠衣	用于各种香肠制作
猪腰	炖煮、烩制或焖烧

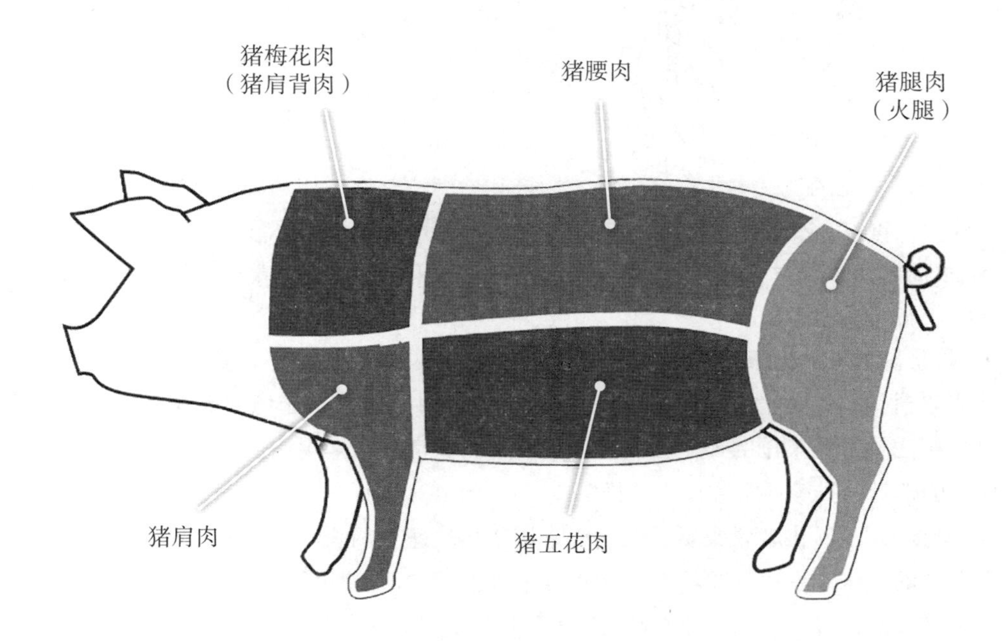

羔羊肉和羊肉

羔羊是指由年轻的、被驯养的羊所生产的嫩羊肉，其肉质往往与羔羊所吃的饲料和屠宰的年龄直接相关：由羊奶喂养的羔羊具有最细腻的色泽和风味，而以草为饲料的羔羊的风味和肉质更为独特。在美国，大多数羔羊都是以谷物饲养，在6～7个月大的时候被宰杀。16月龄以上的羊所产的肉被称为羊肉。羊肉比羔羊肉的肉质更坚韧，味道很浓郁。

餐饮行业的羊肉和零售店出售的羔羊肉都属于极佳级或特选级，极佳级羔羊肉柔嫩多汁，风味香浓。其他等级略低的羊肉（优良级、实用级、淘汰级）仅用于商业用途。

像小牛肉一样，羔羊通常被切成前鞍和后鞍或两半。羔羊肉有五种原始的羊肉切割肉块类型：羊肩肉，前腱子肉和羊胸肉，肋骨排（也称为脊骨排或羊架子），羊腰肉，羊腿肉。

以下为5种原始切割羔羊肉块的烹饪方法和用途：

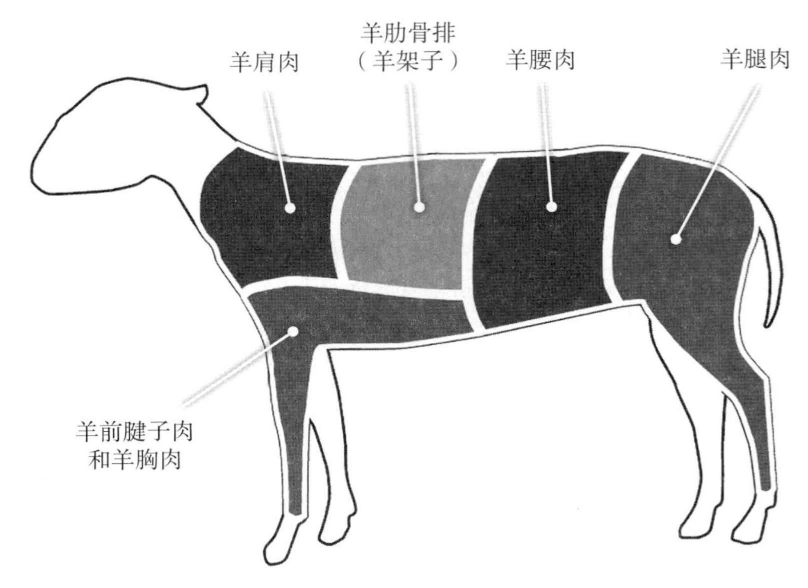

- **羊肩** 常见的烹饪方法包括炖煮、焖烧和烩制。羊肩肉切割成烤肉块和羊排，也有块状肉和碎肉出售。一些去骨的切好的羊肩肉块也可用于烘烤或炙烤。
- **羊前腱子肉和羊胸肉** 羔羊的前腱子肉通常用于焖烧或炖煮。羊胸肉则一般可以焖烧、炖煮、炙烤或焗烤。
- **羊肋骨排（羊架子）** 羊肋骨排特别适合用于烘烤，尤其是羊架子，可以做冠状烤羊架，或者带骨烘烤。肋骨排上取下的带骨羊排可以用于清煎，焗烤或炙烤。带骨羊排烹制前，可采用法式带骨羊排的加工方式制作。羊胸肉通常可以采用焖烧或烩制的方法，也可以制作成小的带骨肉排（通常称作小羊排）或者用于BBQ烧烤。
- **羊腰肉** 羊腰肉非常柔嫩，最适合采用干热快速烹调法（如清煎、炙烤或焗烤等）以便达到最佳的风味和质感。羊腰肉（带骨或无骨）通常可以整块用来烘烤。英式带骨羊腰排也可以带骨成型，即以一根羊骨或者两根羊骨加工成带骨羊腰排。
- **羊腿肉** 羊腿肉上的一些肉块足够鲜嫩，可直接用干热烹饪法烹制，另外一些肉块（外脊、臀尖、腿肉和腿眼肉）则多用烘烤或焖烧。臀尖肉也可以用于加工羊排。羊腱子肉和羊脚跟通常使用焖烧、烩制或炖煮等烹调方法。羊腿肉也可以加工成蝴蝶型（顺着羊腿骨中缝进刀，将腿肉分割向两边打开），然后炙烤、酿馅或焖烧烹制。

羔羊的其他部位	
部位	**常见烹调用途**
羊舌	常用来烟熏烹制，也可炖煮
羊肝	常用来制作肉派和肉酱，也可清煎
羊心	炖煮、焖烧或烩制
羊腰	炖煮、焖烧或烩制
羊肠衣	常用来制作香肠

野味

野味是野生哺乳动物和鸟类肉类的总称。需注意的是，在许多国家，捕猎、宰杀和食用受保护的野生动物都是违法的。在美国，餐馆里出售的野味，一般都是商业化饲养的食用肉。大多数大型野味动物产出的肉都是深红色的，非常瘦，其味道、颜色和质地与其年龄、食用方法和季节有直接关系。

烹饪红肉的一般规则通常也适用于鹿肉和其他大型野味：

- 从腰部和肋骨等运动量较小的部位切下的肉，可以采用任何方法烹制，但以干热烹调法为多，如炙烤或烘焙等。
- 运动量较多的部位的肉类，如鹿腿（一只鹿的后腿，包括腿部和腰背部）、小腿和肩部等肉块，用湿热烹调法或混合烹调法烹制，效果最佳。这些肉块也可用于制作肉派和肉批。

13.1.3 接收和处理肉类

肉类很易腐烂。因此，收到肉类物品的第一时间，就应在包装之间插入温度计以检测其温度（注意不得损坏其包装），并检查以下问题：肉类的温度应低于41℉；曾被高温影响过的肉类会干燥或变色；包装是否干净、完整；检查送货车储存区域内的温度。

在温度适当、具备各种最佳条件的情况下，肉类可保存数日。肉类也可以冷冻，以延长储存时间。为了使肉类保持适当的冷藏状态，并防止交叉污染，请遵循以下准则：

- 在低于41℉的冷藏条件下包装和储存肉类。
- 尽可能将肉放在一个单独的容器中，或放在冷藏室的一个独立空间里。
- 未煮熟的肉应置于托盘，放入最底层的架子，以防止血水滴在其他食物或地板上。
- 不同种类的肉类要分开存放。例如，牛肉不应与猪肉直接接触。
- 如果真空包装的肉类的外包装未被刺穿或撕裂，可直接存放在包装内。
- 如果肉类已经从包装中取出，应用透气纸（如屠夫纸）重新包装后储存。
- 保质期较短的肉类（如未腌制的猪肉产品），应尽快烹制。

13.1.4 肉类的初加工准备

肉类必须在食用前做好准备工作。有些步骤是在烹制之前完成的，有些步骤则是在肉类烹制之后，给客人上菜之前进行。

修整成型

厨师常常会提到肉的纹理，即肉类中纤维的生长方向。有些肉类加工技术要求将肉类整齐地横切，即需要切断纤维，将肉块切成横纹片状。其他一些加工技术则要求顺着肉块的纹理分切，即刀切的方向应与纤维的生长方向相同，将肉块切成竖纹条状。

有些肉块实际上是由几组不同的肌肉组成的，这些肌肉通过肌间薄膜连接在一起。厨师将这些连接肌肉的膜称为接缝。沿着接缝线切割，有助于将大块的肉分切成小块。

许多肉块都含脂肪，烹饪前一般应将其切除。那些可见的或表面的脂肪通常会被切除，如在使用清煎和其他快速烹调方法时。但有时也需要留下一层薄薄的脂肪，以便为烧烤提供天然的增色剂，特别是在长时间的慢火烹饪方式中（如烘烤或焖烧）。

银膜是包裹在某些肉类上的一层坚韧的薄膜。“银膜”之名，来源于其颜色富有光泽且泛银光。银膜受热后可能会收缩，并导致肉的纤维弯曲及传递的热量不均匀。因此，在烹饪之前，应将银膜及所有软骨或肌腱（将肌肉固定在骨头上的坚韧的结缔组织）切除。当然，在修整肉类和家禽时，务必小心谨慎，以确保不会误切可食用的肉。

切割和捶打肉排

肉排可能来自腰肉、里脊肉或其他任何足够嫩的肉类，如臀尖肉等。根据餐厅的主题或菜单风格，不同类型的餐厅对同样一款肉排的称呼和命名可能不同。较常见的称呼如扇贝型肉排，常用于意大利餐馆；又如切片肉排，常用于法国餐厅。

为了确保肉排的整个表面厚度均匀，以便于快速清煎或炒制成熟，肉排通常会被捶打均匀。制作肉排时，需挑选重量适中的肉锤，并采用合适的力度捶打肉排。例如，比起猪肉肉排，捶打小牛肉肉排需要更精细地轻轻捶打，绝不能过重。

基础烹饪技术 肉排制作

1. 仔细修整肉块，去除所有可见的脂肪、肌腱、软骨和银膜。
2. 切割成厚度和重量（1～4盎司不等）相同的肉块。
3. 将肉包裹在两层保鲜膜之间。
4. 捶打肉排，直至肉排表面均匀、厚度一致，但要注意慎勿撕裂或过度拉伸肉排。
5. 将捶打好的肉排平铺在铺有烤盘纸的烤盘上进行烹制。也可冷藏，直到准备烹饪。

肉类烩制或绞肉加工准备

制作烩肉类菜肴和肉碎类菜肴所使用的肉块通常比其他肉的肉质更硬、更肥，制作之前最好先将肉块加工成小丁或小块状，并切除肉块表面的脂肪和大块的肥肉。接着沿肉块筋膜的接缝处进刀，将肉切开，去除银膜、肌腱和软骨。再把肉块切成相对均匀的肉块。如果想让烩肉菜肴的肉质更嫩，切肉时最好横纹处理。若是为了准备绞肉，则应确保肉块足够小，以便其可以轻松滑过绞肉机的进料管。

绞肉

绞肉需要严格注意安全的食品处理方法。为获得最佳效果，请遵守以下程序：

- 清洁绞肉机，并正确组装。确保刀片与模具齐平。在这个位置，刀片可以整齐地切割食物，而不是将其撕裂或拉碎。
- 将所有与肉直接接触的绞肉机部件放入冰箱冷藏或在冰浴中冷却。
- 绞肉碎应置于冰盆里，以确保其在整个绞磨过程中一直保持着安全的温度。
- 不要强行将肉块塞入进料管。如果肉块大小合适，就能很顺畅地通过进料管。
- 要确保刀片锋利。这样才能将肉块绞切得干净利落，而不至于撕裂或磨成肉泥。
- 除了非常精致的肉之外（例如某些类型的内脏），绞肉均需选择开口较大的模具。这样绞制的碎肉会显得很粗糙，瘦肉和脂肪各自清晰可辨。
- 继续绞磨，并逐渐更换较小的模具，直到碎肉的程度与预期一致。随着瘦肉和脂肪的混合，肉的粗糙外观开始变得细腻均匀。

捆扎烤肉

将烤肉以特定的安全绳结捆扎起来，这是最简单、最常见的肉制品加工方式之一。它能确保烤肉时火候均匀，烘烤后保持成型。

小测验

概念复习

1. 什么是原始切割肉块？
2. 牛肉的8个原始切割肉块是什么？
3. 肉类应该储存在什么温度下？
4. 怎么制作肉排？

发散思考

5. 哪类动物没有原始肋骨切割肉块？
6. 对于肉类包装商、肉铺、餐馆和食客来说，指定原始切割肉块有什么优势？
7. 比较两种不同动物中相似原料的相应烹饪方法（例如，比较牛肉和小牛肉、猪腰肉和羔羊腰肉的烹饪方法），看看其各有何特点。

厨房实践

将全体成员分成四个小组，每个小组都将制作不同肉类的馅饼，可提供的调味料只有盐和胡椒。将肉饼炙烤或清煎至安全温度（不同肉类的安全温度会有所差异）。评估各种肉类馅饼成品之间的差异。

烹饪小科学

研究疯牛病，撰写一份关于该病的报告，了解其病因及其对人类的影响。讨论如何防止疯牛病进入食物链。

13.2 家禽

13.2.1 检验和分级

家禽是指供人食用的家养禽类。家禽必须经过强制性卫生检查，这与肉类的检验过程类似。美国农业部将家禽分为A、B、C三个等级，餐厅和零售店购买的是A级家禽。

在加工过程中，生鲜家禽必须保持在40℉或以下。有些加工技术可能要求将家禽冷冻至26℉，以冻结家禽的表层，但不会将家禽全部冻透。以26℉～40℉的温度加工包装好的家禽称为新鲜家禽；以1℉～25℉的温度包装好的家禽一般会被标记为冰鲜、冰冷，或干冰冷冻；冷冻至0℉或以下的家禽必须被贴上冷冻或已冻结的标签。

13.2.2 家禽的种类

家禽中最常见的是鸡，此外还包括火鸡、鸭、鹅和一些农场饲养的野禽，如野鸡或鹌鹑。

不飞鸟类家族（即平胸鸟类，包括鸵鸟、鸸鹋和美洲鸵鸟等鸟类）如今越来越受欢迎。其肉质呈浓烈的红色，多瘦肉，脂肪含量低。这些肉多以肉排、里脊肉、圆形肉扒、烤肉和碎肉等形式销售，其中最嫩的肉一般来自大腿，也有前胸肉。

家禽的市场销售形式

家禽以各种形式出售。整只出售的家禽一般已经过清洗，去掉了头和脚。你可能会在其空腔内发现一个小袋子，即所谓的内脏袋，其中包括肝脏、胃（或肫）、心脏和颈部。

以下是家禽的其他市场销售形式：整只鸡分切成单独块状（通常分切为鸡胸、鸡小腿、鸡大腿和鸡背，也可以分切为半只鸡或1/4只鸡）；胸肉（整个胸肉或半个胸肉，带皮肤和骨骼或无骨，可不带骨不带皮）；全腿（通常带骨和带皮销售）；大腿（带骨或无骨出售，带皮或不带皮出售）；小腿（带骨出售，带皮或不带皮）；翅膀（通常是带骨和带皮销售）；家禽碎肉；加工家禽（制成肉饼、香肠或培根等加工产品）。

选择优质家禽

家禽应该有丰满的胸肉和肉质丰厚的大腿，其皮肤应完好无损，无破损或穿刺。家禽必须从信誉良好的供应商处购买，为了达到最佳质量，冷藏期间温度应保持低于40℉。在将家禽放入冰箱之前，先将其放入滴水盘中，以免污染下方存放的食物。

13.2.3 家禽的加工准备和上菜服务

家禽是所有菜单中最受欢迎的产品之一。基本的家禽加工制作技术几乎可以应用于所有类型的家禽，不仅是鸡肉，还有乳鸽、鸭子或火鸡。但在实际运用中，还需根据情况做一些调整，例如小型禽类需要更精细、更精确的切割和更小的刀具。较大型或年龄较大的禽类要求更重的刀具和更大的压力以切开坚韧的关节。

- **家禽的捆扎成型** 烹饪家禽的最重要技能之一是将整只家禽捆绑在一起。捆扎家禽的主要目的是使其形状平滑、紧凑，以便它能被均匀地烹饪并保持水分。家禽捆扎成型有几种方法，有些需要使用特殊的捆扎针，有些只需要一些绳子。

- **家禽的分档取料** 烹调前或烹调后，可将家禽切成两半、1/4或1/8禽肉件，这一过程被称为“分档取料”。把整只禽肉剖分成两半时，需切开胸肉。胸肉的两部分被一些软骨和一块称为龙骨的骨骼连接在一起——所谓“龙骨”，是因为它的形状就像船底部的龙骨框架。

对于用以烧烤的小型禽肉（如康沃尔赛鸽和肉鸡）来说，切成两半是一项特别重要的技术。这些禽肉的体型较小，可以在表皮上色或烧焦之前就烹饪成熟。一般来说，半份禽肉件就足够一位客人食用了。大型家禽则可以进一步分解为1/4或1/8大小的禽肉件。如果把禽肉件带骨烹调，这些骨头就会提供一定的保护，防止禽肉烧焦和过度收缩变形。禽肉中单独取出的翅尖和脊骨可用于制作禽肉高汤。

基础烹饪技术 鸡的分档取料

1. 用刀沿着鸡架两边切割，去除脊柱骨架，将鸡胸骨从鸡肉中取出。
2. 顺着鸡胸肉的正中将鸡切分成两半。
3. 在鸡大腿和鸡胸肉交接处进刀，划穿鸡皮，将它们从鸡胸和鸡翅上切分开。
4. 如需要，可在关节处将鸡小腿和大腿、鸡翅和鸡胸分别切开，否则，请保持禽肉件的四大块完整成型。

- **无皮无骨的禽肉件加工** 这种加工方法同样可以应用于野鸡、鹧鸪、火鸡或鸭等。如果一个翅膀关节仍然保留在鸡胸肉上，则往往被称为法式鸡胸。

基础烹饪技术 鸡胸肉去骨

1. 鸡胸骨朝上放好，用左手稳住，右手持刀沿着鸡胸骨切开。
2. 用细致的方式进刀，从肋骨上取下胸肉。
3. 用刀尖沿着骨头剔下禽肉。
4. 如果需要的话，取下的无骨鸡胸肉可以捶打后做成鸡排。

- **确定禽肉成熟度** 正确烹调家禽是很重要的。客人和厨师一样，都很清楚食源性疾病的存在，也很关注这些疾病。完全煮熟家禽是确保为客人提供安全食品的重要方法。完全煮熟的家禽，其汁液应该是透明的，没有粉红色的血渍。完全烤熟的家禽，也可以很轻松地取下它的腿。这一方法，同样可以用来确定水煮整鸡的熟度。在一些餐厅，对于某些种类的禽肉，如鸭胸肉，客人可能会要求特定的熟度。

当然，最好的测试工具莫过于温度计。要测试禽肉的中心温度，宜挑选其切口最厚的地方，或是与禽体相连接的大腿附近部位。

- **干热烹饪法** 烤全鸡，烤鸡大件，炙烤鸡肉或BBQ烧烤鸡肉，以及炸鸡等，都是常见的通过干热烹饪方法制成的鸡肉菜肴。除了少数几种家禽外，其他家禽都适用这些烹饪方法。超市里出售的大多数家禽都是肉质细嫩、风味适宜的，非常适合干热烹饪法。

烤整只禽肉时，如火鸡，鸡，鸭子或鹅，有时很难保证既让大腿和小腿处的深色肉完全烤熟，又不至于使白色瘦肉部分烤制过熟，因此，如果要烹制分切好的禽肉件，应先烹制颜色较深的腿肉部分，再烹制白色肉块，以便最后两种肉类能同时完成烹制，成菜火候一致。

- **湿热烹饪法** 包括蒸、煮、炖、烩、焖等在内的任何湿热或组合烹饪法都可用于烹制家禽。清蒸和水煮通常用于烹制瘦而细嫩的家禽食材。浅水煮主要适用于烹制家禽的胸肉，因为经过氽煮的汤汁可作为菜肴酱汁的基础食材使用，食用时可增加胸肉的水分和风味。

- **家禽菜肴** 家禽也许是当今餐厅最受欢迎的菜单选项。客人喜欢吃家禽不仅是因为它的味道好，还因为它对健康的好处——家禽肉类的饱和脂肪和胆固醇含量比大多数红肉低。总之，家禽肉类是一种用途广泛的食物，与大多数烹饪技术都能很好地搭配，烹制出全球各地各种口味的菜式佳品。

概念复习

1. 家禽在加工过程中需冷却到什么温度？

2. 检测烹饪后的禽肉的中心温度，应挑选什么部位？

发散思考

3. 根据常用整鸡的大小和烹饪技术的特点，比较最小型和最大型的整鸡在烹饪方法上有什么不同。

4. 为什么一家餐馆更愿意购买整鸡，自行分档取料？

5. 你认为鸵鸟肉烹饪后，其肉质是更像火鸡，还是更像牛肉？为什么？

厨房实践

将全体成员分成四个小组，每个小组都用无皮、无骨的鸡胸肉制作一道简单的菜肴，并与其他小组分享其制作方法。请评估这些菜肴在特色上的差异，重点关注鸡肉在菜肴中所扮演的角色和所起到的作用。

烹饪小科学

研究三种被用作食材的鸡的历史，并撰写一份关于这三种鸡的报告，包括其起源和繁殖时间等，同时评价这些禽肉的分量、口感、颜色和质地。

复习与测验

内容回顾（选择最佳答案）

1. 在美国，肉的质量分级是（ ）。

A. 美国农业部要求的　　B. 在州级层面要求的

C. 由地方政府要求的　　D. 自愿的

2. 牛肉的前面部分叫作（ ）。

A. 前脊肉　　B. 前四分体切割肉块

C. 后脊肉　　D. 后四分体切割肉块

3. 以下哪一项不是猪肉的原始切割肉块？（ ）

A. 梅花肉　　B. 肩肉

C. 西冷肉　　D. 五花肉

4. 应在低于下述哪种温度下接收肉类？（ ）

A. 49℉　　B. 41℉

C. 32℉　　D. 26℉

5. 生鲜家禽在加工过程中必须冷却到什么温度？（ ）

A. 49℉或以下　　B. 40℉或以下

C. 32℉或以下　　D. 26℉或以下

6. 为了达到最佳品质，家禽应储存在哪种温度下？（ ）

A. 49℉　　B. 40℉

C. 32℉　　D. 26℉

理解概念

7. 什么是原始切割肉块？什么是次级切割肉块？

8. 什么等级的牛肉在零售商店里卖得最好？

9. 为什么肉排需要用肉锤捶打？

判断思考

10. **概念应用** 要制作一道10人份的烩小羊肉菜肴，需要40盎司的小羊肉。由于你在修整切割小羊肩肉时造成了15%的浪费，若需要做50人份的烩小羊肉菜肴，最后共需多少羊肩肉？

工作情景模拟

11. **概念应用** 主厨要求你制作清煎猪排。你应该怎么做？

12. **应用交流** 一位顾客点了一份一成熟的鸭胸肉菜肴。根据经验，这意味着鸭胸肉成菜后其内部中心温度无法控制在一个安全的食品温度范围中。你应该怎么做？

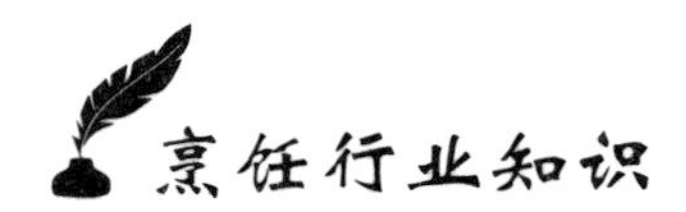

宴会经理

许多经营场所，包括酒店、赌场、餐厅、会议中心和文娱中心等，都依赖会议、接待和各种特殊活动（如婚礼、成人礼和招待会等）来创造大部分收入，而宴会经理对这部分业务运作的成败至关重要。

宴会协调员 负责协调所举办活动的各方面工作，包括日程安排，人员配备，购置桌椅、亚麻桌布和玻璃器皿等服务项目。在一家大型酒店，经常出现同一天，甚至是同一时间举行好几场大型活动的情况，这时宴会协调员的工作就显得尤为关键。

宴会经理 负责制定菜单，以便满足客人的要求。这项工作通常是与宴会或餐饮厨师一起完成的。菜单的制定必须慎重，既要让顾客感受到物有所值，又能让企业的利润最大化。如果预先掌握就餐人数、就餐时间以及准确日期，宴会经理就必须组织计划出惊人的工作细则，才能更快地计算出较确切的利润率。他们往往是完美主义者，能完美地完成工作。

此外，举办宴会、接待等活动所需岗位还包括以下类别：

宴会经理助理 在宴会协调员或宴会经理的指导下处理各种任务，如组织和监督宴会设施的设置，职能管理，或与主办人协调。

宴会酒水经理 处理活动中有关酒水服务的各方面工作。他们可能负责协调大型会议期间的“饮料休息时间”，或者组织提供全方位的酒吧服务，以及监督在用餐过程中提供的所有饮料供应服务。他们必须采购好适当数量的饮料，确保所有的服务项目都能正常进行，并培训和监督调酒师和其他服务员的工作。

宴会服务员 负责为客人提供所有的食物和饮料。他们的基本工作包括整理桌椅、自助餐台和托盘架等。根据宴会的类型，在某些情况下，还提供开胃小吃和饮料的托盘服务。他们有时还需负责确保自助餐台上始终摆满食物，甚至为客人提供自助餐的坐席服务，即将食物用餐盘端至餐桌上，送到客人手中。

总而言之，宴会等活动需要大量的高效服务，同时要求注重细节。

入门要求

宴会服务员很少需要特殊培训，往往是在工作中接受培训。其技能主要包括搬运重物的能力，人际交往能力和清洁能力。

晋升小贴士

宴会经理和宴会经理助理需要在烹饪艺术和酒店管理方面至少有两年制的专科学历，许多人在工商管理和管理方面拥有四年的本科学历。他们一般都拥有两年或两年以上的宴会管理经验，而且许多人已经完成了经理人培训计划（MIT）。

第3篇

专业烘焙

第 14 章 发酵面包、面包卷和甜点

学习目标 / Learning Objectives

- 了解烘焙原料，以及不同原料在烘焙中较常适用的品种。
- 认识常见烘焙设备，并掌握其相应的使用方法。
- 烘焙配方中常常出现的烘焙百分比，对成品的制作有何意义？
- 什么是发酵面团？它有几种基本类型？
- 什么是层压面团？它是如何获得酥脆的结构的？
- 制成发酵面团、醒发成型后，还需要进行哪些步骤，才能完成面包、甜点等成品的烘焙？
- 如何评估烘焙成品的产品质量？烘焙后的面包成品如果带有酒味，通常是什么原因造成的？

14.1 烘焙简介

14.1.1 烘焙原料

尽管在某些方面有相似之处，但烹饪和烘焙（或甜点制作）本质上是不同的。烹调产品例如一款汤，一道炖菜，甚至一个炒菜，很可能会因为细节准备的不同而带来不一样的结果，但焙烤产品却不一样，大多数在烘烤、冷藏或冷冻前的所有步骤均需严格按照配方的描述来进行。因为一旦将面糊舀入锅里，再想调整盐或糖的分量或改变其口感，就已太晚了。

两者的另外一个重要区别是，大多数烘焙食品的制作需更精确的操作程序，如蛋糕需冷却和上糖霜，奶油冻和布丁需在冰箱中冷藏并凝固，酵母面包需充足的时间来发酵，等等。

应该以系统化的方式对待烘焙工作。开始烘焙之前，需确定所用的仪器设备，并按配方称量好所有原料。还应仔细阅读配方，因为你可能需要将干性原料筛在一起，融化和冷却一些原料，或是打开设备将一些材料稍微加热到室温。总之，一切都需要提前计划好，这样的话，你的冷冻甜点在你想食用时就已经完全冰镇好了，你的面团在你的馅料准备好时就已经擀制完成了，而蛋糕在你开始上糖霜和装饰之前也已经冷却完毕了。

烘焙产品和甜点的最终质地、风味、颜色取决于各种原料的特性，优秀的烘焙师必须了解每种原料应如何使用才能达到最好的效果。

面粉

对烘焙师来说，也许没有哪种原料是比面粉更重要的。每一种面粉中蛋白质和淀粉的含量决定了该面粉在配方中应该发挥什么样的作用。

小麦面粉是烘焙店中最常使用的面粉类型。它含有适量的某些特殊类型的蛋白质，例如谷蛋白和醇溶蛋白，它们构成了发酵面团的骨架结构。往小麦粉中加入适量水，然后揉面（可手工揉面，或使用和面机）。揉面的过程中产生了面筋，这种具有黏性的长网络状结构物能将酵母产生的二氧化碳保留在面团中——这就是酵母面团可以胀发的原理。

面粉中含有淀粉物质，它们在受热或吸水之后会糊化。不同的面粉含有不同类型的淀粉物质，这是不同的面粉在烹饪或烘焙时会产生不一样效果的原因所在。例如，玉米淀粉布丁比起普通布丁，其外观和口感都完全不一样。

因为不同类型的面粉中蛋白质和淀粉存在这些差异，所以选择面粉很重要，必须严格根据配方来选择。以下是烘焙配方中较常见的几种小麦面粉：

- **通用面粉** 烘焙店中使用最为广泛的小麦面粉类型，是高蛋白含量和低蛋白含量小麦面粉各一半的混合物。
- **面包粉** 因为含有更多的蛋白质，面包粉比通用面粉更硬，韧性更强，常见于大部分发酵型面包的配方中。
- **蛋糕粉** 由于蛋白质含量更低，蛋糕粉比通用面粉和面包粉都更软一些。适用于绝大多数蛋糕及很多饼干、松饼的配方中，可以为成品带来嚼劲稍低，但更柔软松脆的口感。

- **全麦面粉和石磨面粉**　全麦面粉经过碾磨，保留了一些完整的麸皮，而石磨面粉是用石磨轮研磨而成，通常是小批量生产。比起普通面粉，两种面粉保留的油分更多，更具风味。

要保存已经开封的面粉，需要将面粉转移到密封容器或者可密封的塑料口袋来防止水分、灰尘、虫鼠的侵害。

未开封的白面粉在干燥、阴凉的环境中可储存2年之久。但一旦开封，就应在8个月之内用完。其他类型的标准研磨面粉（如土豆粉、米粉、黑麦粉、燕麦粉和玉米粉）也应储藏在干燥、阴凉处，开封后应在2～3个月内使用。如储存在冰箱中，则储藏期可延长至6个月。

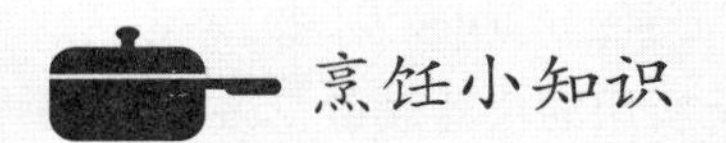

小麦的类型

在美国，小麦种植两季。冬小麦在秋天种植，春季或夏季收获。它占美国小麦种植量的70%～80%。春小麦则春天播种，夏末或秋初收获。

通常情况下，白色小麦比红色小麦的颜色更浅，味道更温和、甘甜。受土壤或气候等环境因素的影响，小麦的蛋白质含量有所不同。例如，干旱会导致小麦的蛋白质含量增高，因此用该小麦生产的面粉与相同品种却没有经历过干旱的小麦面粉表现完全不同。

尽管美国种植的小麦品种多样，但大致可分为下表所示的6种：

小麦类型	蛋白质含量	美国的种植区域	用途
硬质红色春小麦	最高	蒙大拿州、达科塔州、明尼苏达州	面包
春小麦	高	北达科他州	意大利面
硬质红色冬小麦	中到高	大平原、密西西比河和落基山脉之间的区域	面包、面包卷、通用面粉
硬质白色冬小麦	同上	最早在西北太平洋地区，后在大平原地区	面包、面包卷、干小麦、玉米圆饼、亚洲面条
软质红色冬小麦	低到中	密西西比河以东	蛋糕、甜点、大饼、薄脆
软质白色冬小麦	低	主要在西北太平洋地区	蛋糕、薄脆、饼干、甜点、快速发酵面包、松饼

鸡蛋

鸡蛋不仅为烘焙食品提供蛋白质、脂肪和水分，也带来特殊的结构和质地。随着打蛋、搅拌和加热的过程，鸡蛋的蛋白质链开始变化重组，形成了一个网状结构，锁住水分或空气，带来各式各样的变化——从蛋白饼这种柔软的泡沫结构，到乳蛋饼这样薄薄的蛋奶糊。配方里的其他成分，包括搅拌和烹调含蛋量高的烘焙食物的方式，都会使成品风味发生变化。

在某些情况下，鸡蛋替代品（粉末状或液态物）可以取代新鲜鸡蛋。使用这些替代品的时候，你会发现烘焙食品的风味、色泽、质地都有所不同。密封状态下的鸡蛋替代品可以冷藏10天，但一旦开封，则应在3天内用完。

以下是烘焙店日常使用鸡蛋的几种方式：

- 当鸡蛋直接在明火上加热搅拌（如制作蛋奶糊）时，搅拌可防止蛋白质凝固过度形成网状结构，确保制作出的成品口感光滑、细腻。
- 蛋奶糊在烤箱中烘烤时，混合物在烹调过程中不会被搅拌，这就使得蛋白质网状结构得以形成，成品能够保持固态状。
- 搅拌鸡蛋时，会吸附足量空气形成泡沫状结构，使舒芙蕾及类似成品具有松软质感。
- 在面团中加入鸡蛋，可以为面团提供水分，使面团充分黏合在一起。鸡蛋还能为面团提供额外的蛋白质，使烘烤后的成品更坚实、更干燥。烘烤蛋糕和松饼时，鸡蛋中的水分蒸发，可帮助成品获得松软的效果。
- 在面团中添加蛋黄的成分，可为成品提供金黄色外表，如海绵蛋糕、面包和香草酱。
- 焙烤之前在面包和甜点的表面刷上蛋液（鸡蛋和水或牛奶的混合物），可使成品表面更具有光泽。只含蛋清的蛋液可使成品色泽发亮，而刷全蛋液则可使成品呈现出金黄色。

鸡蛋是一种用途广泛的食材，但也是沙门氏菌等病原体的潜在来源。在烹调、冷却和储存时控制好温度，是确保鸡蛋卫生的重要方法：带壳生鸡蛋应在33℉～38℉下冷藏保存；蛋制品烹调时温度应达到160℉以杀死病原体、防止疾病产生；原料中含有鸡蛋的面团应快速冷却，以防止其在危险温区（41℉～135℉）放置过长时间。

发酵剂

发酵剂通过增加空气或其他气体来使得面团或面糊膨胀。烘焙师常用的用来胀发面包、蛋糕和饼干的发酵剂有3种基本类型：有机发酵剂、化学发酵剂和物理发酵剂。

- **有机发酵剂** 酵母（一种微小的单细胞生物）是一种有机发酵剂，必须具有活性才能发挥作用。和其他有机生物一样，酵母在适宜的环境下才能生存。条件合适时，酵母细胞会生长繁殖，释放出二氧化碳和酒精。面团中加入酵母及面团暴露在烤箱的高温下时，二氧化碳会增加面团的体积，使面包获得海绵状的质地结构，赋予其松软的口感。在生长和复制过程中，酵母需要湿度、温度和培养基质。酵母菌在60℉～90℉时生长最为迅速。温度过低会导致酵母生长速度减缓，但如果焙烤温度达到130℉～140℉，酵母便会彻底失去活性。
- **化学发酵剂** 泡打粉是典型的化学发酵剂，一旦接触到水分和高温，会迅速发生反应，使烘焙食品发酵。当我们说一款烘焙食品已被“发酵”，是指由于气体的加入而使得面糊体积膨胀。小苏打与泡打粉相类似，但需搭配酸性成分。这些发酵剂与面糊中的液体成分混合后，会发生化学反应，释放气体，形成气泡。面糊在焙烤过程中形成稳定结构，这些气泡会给成品带来松软而有弹性的质感，但如果小苏打和泡打粉未被正确地混合到面糊中，气泡可能会过大，导致成品质地粗糙，出现明显的大气洞。一般配方中的化学发酵剂都需和面粉及其他干性原料一块过筛，以消除结块的现象，确保它们混合均匀。

- **物理发酵剂** 蒸汽和空气都属于物理发酵剂。黄油、鸡蛋或其他液体中的水分在面糊中受热后转化为蒸汽。蒸汽会比水分占用更多空间。加热时，空气膨胀，使得面糊发酵。搅拌黄油或打发蛋白时，空气融入面糊中，使得烤箱中的烘焙产品呈现多气孔结构，直到面糊干燥、形成相对坚硬的质地。这种多气孔质地赋予烘焙产品松软的口感及海绵状的结构。

脂肪

脂肪是大多数烘焙食品成功的关键，有助于促进烘焙食品的风味、质地和新鲜口感。

- **风味** 一些脂肪例如黄油、猪油和坚果油，为焙烤食品提供了特殊风味。其他类型的脂肪如植物油、人造黄油和酥油，则恰是因为缺乏风味而被选择，它们可以凸显出其他成分的风味物质。面糊或面团中的脂肪还能促进面皮或边缘焦化，为烘焙食品提供了额外的风味。
- **质地** 脂肪决定了烘焙食品的质地。根据在烘焙食品中所使用脂肪的类型，以及它在面糊或面团中的作用方式，产品最终的质地结构可能从光滑片状到脆性不等。配方中脂肪含量越高，面糊或面团就越柔软。软质面糊或面团制成的烘焙产品在焙烤过程中有延展的趋势——面糊的延展方式是很重要的，例如在制作大小合适的饼干时。脂肪也会让烘焙食品在口感上产生对比，往往成品外缘变得酥脆的时候，中心内部的烘焙程度才刚好。
- **新鲜度** 脂肪通过锁住水分来延长烘焙食品的寿命，因此烘焙食品保鲜时间更长。

脂肪可分为两种基本类型：固体脂肪，在室温下性状稳定；液体脂肪，在室温下呈液态状。固体脂肪可添加到面团或面糊中加工。融化后的固体脂肪（如黄油或酥油）可用以替代配方中的液体油。食用油则属于纯液体脂肪。

面糊或面团的混合方法往往决定了脂肪使用的形式，例如有些蛋糕和面包的配方需要使用液态油、融化后的黄油或酥油等，另外一些配方则要求使用室温下的黄油或酥油，也有一些配方要求固体脂肪在添加到其他配料之前必须是坚硬的，甚至是冻结的。

<table>
<tr><th colspan="4">脂肪的类型及用途</th></tr>
<tr><th colspan="2">脂肪类型</th><th>说明</th><th>风味和用途</th></tr>
<tr><td rowspan="4">固体脂肪</td><td>黄油</td><td>由淡奶油制成</td><td>适用于饼干和甜点，增强风味，获得片状结构</td></tr>
<tr><td>猪油</td><td>由精制猪油制成</td><td>具有独特风味，用于酥点制作，在派面团中的使用量和酥油或黄油相当。适宜于制作咸味点心</td></tr>
<tr><td>酥油</td><td>由植物油经过室温下氢化处理制成</td><td>使用方法如黄油或猪油，缺乏风味，但增强了特别的片状结构</td></tr>
<tr><td>人造黄油</td><td>生产过程同上</td><td>用作黄油替代物，缺乏风味</td></tr>
<tr><td rowspan="3">液体脂肪</td><td>中性油</td><td>菜籽油、玉米、红花油</td><td>无味</td></tr>
<tr><td>植物油</td><td>中性油的混合物</td><td>无味</td></tr>
<tr><td>坚果或种子油</td><td>坚果油（核桃、花生、芝麻、杏仁）</td><td>独特风味</td></tr>
</table>

甜味剂

烘焙店中会用到各种甜味剂。不同的甜味剂在混合和烘烤时的表现不同，因此使用配方中的指定类型很重要。以下是几种常用甜味剂：

- **砂糖** 由甘蔗或甜菜精炼而成，精制砂糖即常用的普通白糖。
- **超细砂糖** 外形更细碎，溶解速度更快，被称为超细糖（也称烘焙用糖和细白砂糖）。
- **细砂糖** 由白糖磨成细粉，色白，容易溶解的粉末状物质。也常称为糖粉。
- **红糖** 将浓稠的黑糖蜜与白糖结合起来，可制成味道鲜美、湿润的浅色或深色红糖。
- **糖蜜** 炼糖时的副产品，是一种浓稠、甜美、棕黑色的糖浆，有独特的微苦味。
- **蜂蜜** 其颜色从很浅到几乎和糖蜜一样深，通常通过蜜蜂采集花蜜的花朵来识别。
- **枫糖浆** 由糖枫树的树汁熬制而成，根据颜色、醇厚度和风味来分级，等级B比等级A口感更浓郁，更适用于烘焙。
- **玉米糖浆** 由玉米淀粉制成，是一种浓稠的甜糖浆，有浅色和深色两种，深色糖浆可为烘焙食品添加焦糖风味、加深色泽。

甜味剂赋予烘焙食品的不仅是甜味和风味，还有质感，在某些情况下帮助烘焙食品膨化。甜味剂能吸收水分，使烘焙食品比那些糖含量少或无添加糖的成品风味更持久、柔软。由于焦糖化作用，甜味剂受热后会使成品变成深棕色，增加了诱人的色泽，提升了风味。

糖则易与其他成分发生化学反应。当它与液体相结合，会提高液体的沸点。煮鸡蛋时添加糖，鸡蛋就不容易煮过头。在热糖中加入液体会导致糖液飞溅或起泡。为了避免烫伤自己，添加液体前，应先将锅离火，添加时戴上隔热手套保护双手，并将脸扭开。这是因为即使混合液体不飞溅，蒸汽也有可能造成灼伤。

酸

柑橘和其他果汁、葡萄酒、醋、酸奶和脱脂乳是烘焙食品中常用的酸性物质。酸会改变蛋白质的结构，也就是俗称的蛋白质变性。酸性物质添加到蛋白质中后，受食物中所含蛋白质种类的影响，组成蛋白质的肽键或收紧或放松。通过改变配方中酸的数量和类型，可以制作出不同口感的烘焙食品。例如，在奶油芝士挞馅中加入柠檬汁，可以破坏奶油芝士的质地，使其变得更轻盈、更易涂抹。

酒精发酵酵母细胞可释放酒精和酸，使面包产生良好的风味和质地。酒精可释放面筋蛋白链，令其自由延展，并使面团醒发。在用小苏打发酵的面糊中也会加入酸性成分，以启动发酵作用。

盐

盐是一种强大的增味剂和调味料，即使是针对甜点也不例外。少量的调味盐不会根本性地改变成品风味，但它能平衡其他味道，使它们更加鲜明。

对于烘焙来说，会与其他成分发生反应的盐是很重要的。盐可以控制酵母的活性，防止它发酵过度，从而确保成品的良好口感。如果不控制酵母的活性，面包可能一开始会迅速膨化，然后又瘪下去。

增稠剂

面包店经常使用增稠剂来提高液体混合物的粘稠度。以下是一些最常用的增稠剂：

- **玉米淀粉和竹芋粉** 与冷液体混合后，玉米淀粉和竹芋粉可作为增稠剂添加到熬制布丁或派馅等菜肴中（大多数配方中，可用等量的竹芋粉代替玉米淀粉）。保持期8个月。
- **明胶** 明胶是从动物的骨骼、皮肤和结缔组织中提炼出来的一种蛋白质，可用作增稠和稳定泡沫或液体的胶凝剂。明胶以颗粒状或粉末状，罐装或独立包装的形式广泛存在（1包约等于2.25茶匙，重0.25盎司）。明胶粉甜点的原材料中，除了明胶外，还含有调味剂和甜味剂——明胶粉虽然无味，但仍是配方中无可取代的原料。
- **果胶** 类似明胶的增稠剂。果胶是一种天然的物质，在某些水果，特别是苹果和柑橘类水果中含量很高。与明胶不同的是，果胶通常不需要冷冻就能达到完全的增稠潜力，因此非常适合用于制作水果蜜饯和糖果。但要注意，与明胶不同，果胶需同时与液体和适量的酸混合才能正常增稠。
- **木薯粉** 由木薯根（一种淀粉类热带植物块茎）制成。由于木薯粉本身没有任何味道，又能给水果带来透明的光泽，故常被用来给水果派馅料增稠和制作布丁。
- **其他增稠剂** 分子美食学（见第11章）引入了可代替明胶、果胶和木薯粉的多种增稠剂，如黄原胶、盖伦胶和琼脂等。它们具有不同的属性和用途，但通常被用作明胶的素食替代品。

14.1.2 烘焙设备

烘焙过程中所使用设备的质量对烘焙成品的质量效果有明显的影响。

测量工具

天平、温度计、量杯和量勺是在烘焙中进行精确测量的必要工具。你可以在第3章中查看各种类型的测量工具及其正确使用方法。除了这些工具，面包师和糕点师还会使用一些其他测量工具：

- **直尺或卷尺** 可将擀制面团调整到适当的厚度和尺寸。需要确定烤盘或模具的尺寸时，它们也很有用。
- **计时器** 可以在你烘烤的过程中记录时间。经典的刻度盘式定时器以倒计时方式来工作，有些数字计时器可允许你选择是倒计时还是往前设定。还有一些计时器允许你跟踪多达四个不同项目的烘烤时间，这是当你在做多个批次或多种烘焙食品时非常有用的一个功能。多数数字计时器都配有绳或夹，以便你在需要离开厨房时随身携带。

操作台面

烘焙店中常见的操作台面有两种：想让制作好的物品保持温热，可以使用木质台面；想让物品冷却，可使用大理石台面。

木质台面非常适合揉制面包面团。木质台面的质地能抓住面团，使其更易拉伸。与大理石、金属甚至塑料材质的台面相比，它的温度也相对较高。

大理石则是一种冰凉、光滑且没有纹理的石头，对于制作巧克力、软糖或焦糖等物品很有用，当你不需要拉伸面团并希望在工作过程中保持物品凉爽，它尤其适合。大理石台面非常适用于擀制精致的糕点面团和饼干面团，操作更便利，且可减少它们发热和变软的可能。

切分工具

烘焙师和糕点师使用的刀具跟西餐厨房里的刀具相似，其中包含一系列基础款刀具。如锯齿刀，可以在切分面包和蛋糕时避免其碎裂。以下是一些烘焙店中常见的工具：

- 案板刮刀 配有木制或塑料柄的长方形钢片，通常为6英寸宽。钢片边缘稍钝，但因薄而可切开面团。在搅拌面糊，刮净粘附在碗壁上的蛋糕糊，协助把小面团移到烤盘上等方面，案板刮刀都是非常实用的。此外，案板刮刀还可以用来对操作台面作简单的清洁工作，铲掉粘在案板上的面团等。
- **糕点搅拌器** 手柄上连接着一圈弧形的金属线，一般用于制作糕点面团时混合脂肪与面粉。如果你没有这个搅拌器，也可以用两把案板刮刀代替，将脂肪切成小块混入面粉中。
- **饼干和曲奇饼切刀** 由薄金属片或模制塑料构成，有锋锐的边缘，可以干净利落地切开点心或饼干面团。切刀的基本尺寸3英寸，其边缘可能是直的，也可能是扇形的。市售饼干切刀有各种各样的形状和大小；通常用以擀制或切分饼干的则为3英寸直径圆滚刀。

面包烘焙设备

烘焙师会使用一些特殊的面包烘焙设备，如烘焙石等。烘焙石是指那些用来衬垫烤箱架的无釉陶瓷片。这些石头或瓷片通过均匀地转移烤箱的热量来帮助面包和披萨形成脆皮。烘焙石需要和烤箱一起预热，以获得最好的焙烤效果。

机械设备

烘焙店通常都配备有搅拌机、食品加工机、搅拌机和其他一些大型设备，它们能让烘焙工作变得更简单、高效。

- **醒发箱** 一个能将面团胀发的特殊盒子。一般有恒温器来控制热量，并能产生蒸汽。
- **面团压片机** 用以将揉制面团轧制成薄片。一些面团压片机可将面团滚揉成饼，切出甜甜圈或羊角面包的形状。
- **面团分割机** 面团分割机将面团分割成相等的小份，以便它们可以被做成卷状成品。
- **静置机** 通过减缓发酵来控制发酵速度的冷藏柜，常常被面包师称为静置机。

烤盘和模具

烤盘的表面会对烘焙过程产生影响。深色烤盘能烤出酥脆色深的表皮，而那些表皮闪亮或色泽较浅的成品则多使用淡色烤盘。正确选用烤盘，可使烘焙效果更佳，避免粘连或撕裂。

烘焙时，面包师一般会将硅油纸铺在烤盘上。硅油纸是含耐油脂涂层、不粘的耐热纸，纸的一面有硅胶层，可帮助烘焙食品顺利地展开，并容易从纸上脱落。它有卷装的，也有预切的，可以作为烤盘衬垫使用。面包师有时也使用一个特殊的硅胶制成的衬垫，称作硅胶垫，可重复使用，且可承受的温度高达600℉。硅胶垫有多种尺寸出售，给烤盘提供了不粘层，并为糖果制作提供了一个耐热的表面。

烤盘和模具由相同材料制成，尺寸多样。以下是一些较常见的烤盘和模具：

- **面包长盘** 用来制作简单的蛋糕和快速发酵面包的长方形烤盘。迷你长烤盘可用于制作小型糕点。这种面包长盘可以是金属、玻璃和陶瓷材质的，不粘涂层则或有或无。

- **派盘** 派盘是由铝、玻璃或陶制成的有倾斜边缘的盘。派盘两侧可能高达3英寸，烤盘越深，需要的馅料越多。最常见的是大小9英寸、高1.5英寸的派盘。如果你喜欢用玻璃派盘，则使用时烤箱温度需降低约25℉，烘烤时间减少5～10分钟。这是因为玻璃导热率高，如果继续沿用配方中提供的温度和烘烤时间，烘烤物的边缘和底部就会快速焦化。

- **挞盘** 采用镀锡钢或陶瓷制成，通常可脱底。挞盘可以是圆形、方形或扇形的。有些挞盘具有不粘涂层。小挞盘的尺寸一般适合制作单一的小型糕点。

- **蛋糕烤盘** 由镀锡钢、铝、玻璃或硅胶制成，有些有不粘涂层。常见尺寸为6～18英寸不等。

- **弹簧扣脱底模** 由带弹簧扣的圆环夹在一个可移动的基底上制成。弹簧扣脱底模多用于烘焙奶酪蛋糕这类精致的蛋糕，否则一般烤盘很难脱模。

- **管状烤盘** 典型的金属制成的薄盘（不粘涂层或有或无），尺寸多样，外侧面可能为凹槽型、模具型或直立型，其中心位置有一根金属管，可直接加热面糊的中心部位，或均匀地焙烤重油面糊而不会使蛋糕表面过焦。隧道盘（也称为天使蛋糕盘或端盘）非常适合需快速焙烤的面糊。

- **舒芙蕾杯和蛋奶杯** 舒芙蕾杯、蛋奶杯和布丁模具是由耐热的陶瓷、玻璃、土陶制成的，其侧面直而光滑，高度一般与其宽度相同。舒芙蕾杯有各种尺寸，从2盎司到2夸脱不等。蛋奶杯有直边或斜边的，也有各种尺寸。迷你蛋奶杯含盖。布丁模具的侧面可能是光滑的或有花纹的，以便在布丁脱模后有特殊的外观。

糕点工具

糕点师使用特殊的工具来处理糕点，如以下几种：

- **擀面杖** 擀面杖可将面团擀制成薄片。滚珠轴承擀面杖内有一根钢棒穿过擀面杖两端，固定在手柄上。杆的两端有滚珠轴承，使擀面杖易于滚动。擀面杖可由木头、大理石、金属或合成材料制成。直线型擀面杖为圆棒状，通常长16英寸，且没有手柄。锥形擀面杖适合于将面团卷成圆形。大理石擀面杖能够保持凉爽的温度，这对于派点烘焙师或甜点师来说都非常有帮助。特制擀面杖的杖身上一般有凹槽或纹路，以便擀面时形成花纹。

- **糕点刷** 用于刷蛋液，适用于奶油平底锅和玛芬模，一般由柔软而有弹性的尼龙、硅胶或未漂白的猪毛鬃制成。与绘画或油漆用刷不同，糕点刷的手柄上没有蓄水槽，所以每次使用后很容易彻底清洁。如果食品干结在刷子上，可将刷子放入水中稍微浸泡，但应避免浸泡时间过长。刷子洗干净后应立即晾干。1～1.5英寸宽的刷子适用于大多数情况。用于糕点制作的刷子不应同时用于涂抹烧烤酱、卤汁和其他咸味配料。

- **糕点轮刀** 安装在手柄上的圆形刀片称为糕点轮刀。在糕点面团上滚动刀片，即可完成一次干净利落的切割。刀片可以是直线形的，也可以有贝壳形装饰边。你也可以用锋利的水果刀或剪刀来切割糕点。

- **裱花袋和裱花嘴** 裱花袋是一个有两个开口的锥形袋。较小、较尖的一端可连接裱花嘴，为成品制作装饰性造型。较大的开口可添加面团、馅料或鲜奶油。挤压裱花袋，原料通过裱花嘴挤出，用以填馅，制作精致的饼干，或是装饰蛋糕和甜点。圆形或星形的裱花嘴是最通用的，也有可制作叶子、花朵和其他形状的特殊造型的裱花嘴。裱花袋的材质通常为尼龙或塑料。有些裱花袋为一次性用品，有些则可重复利用。

- **金属刮刀和调色刀** 烘焙店常使用带长手柄、顶端为圆钝形的金属刮刀和调色刀。其长手柄通常稍倾斜，便于从烤箱中取出烘焙食品。二者多用于填馅、抹糖霜、装饰蛋糕和糕点，及在烘焙前将面糊或面团均匀抹平。有些调色刀还有锯齿状边缘，可将蛋糕切成多层。

- **蛋糕梳** 三角形或长方形的金属或塑料制品，边缘有锯齿，用于为糖霜蛋糕制作装饰性边缘，或对巧克力涂层进行造型。蛋糕梳的齿纹和大小各不相同，可形成不同的齿纹效果。

- **转盘** 虽然不是必需品，但转盘的使用能让蛋糕的装饰变得更容易，使用者可以轻松地单手转动蛋糕，另一只手则自由地使用调色刀或蛋糕梳。

14.1.3 配方

面包师和糕点厨师往往将食谱称为配方。配方会严格规范厨房工作中应如何称量原料，如何在合适的温度下保存，等等，可见准确性在烘焙的各个方面的重要性。为了成功制作出成品，原料必须正确地准备，以正确的顺序混合，并使用正确的技术。

烘焙百分比

烘焙配方中常以烘焙百分比作为原料的一种定量方式。用烘焙百分比撰写的配方可以让烘焙量明确每种成分跟面粉总量之比（配方中的面粉含量通常被设定为100%）。

举例来说，如果你的配方要求有2磅面粉、1磅糖，则面粉烘焙百分比是100%，糖为50%。如果配方要求2磅面粉、3磅糖，则面粉烘焙百分比仍为100%，但糖应为150%。了解了原料之间的百分比关系，可以方便烘焙师准确地增加或减少配方中某些原料的用量。

干性原料

面粉、砂糖或糖粉、小苏打、泡打粉、可可粉以及类似的粉状原料，通常被称为干性原料。这些原料可能需要一起过筛，有时需要筛两三遍，以去除结块并混入更多空气。过筛还可以使盐和化学发酵剂等原料均匀地分布在整个烘焙制品中。

湿性原料

牛奶、水、鸡蛋、油、融化的黄油、蜂蜜和香草精等，都是湿性原料的代表。使用前，一定要仔细检查配方，因为液体原料添加入干性原料中的方式各不相同：有时需合并后一次性添加，有时按顺序逐一添加，或分次、分类添加（如按湿性—干性—湿性原料等的顺序）。

概念复习

1. 常用发酵剂有哪三种？
2. 烘焙店中最常用的五种类型的烘焙烤盘和模具分别是什么？
3. 什么是烘焙百分比？

发散思考

4. 派盘和挞盘的区别是什么？
5. 烘焙时，什么时候应使用无味黄油？
6. 哪种操作台面更适合制作巧克力、软糖或焦糖？

厨房实践

将全体成员分成四个小组，每个小组分别选用一个未设定烘焙百分比的配方，同时分享其他组的配方。各组将这四个相同配方分别换算成烘焙百分比，比较结果的差异。

烹饪小科学

研究枫糖的生产历史和工艺，讨论各等级枫糖的制作方法。

14.2 发酵面团

14.2.1 发酵面团的基本类型

发酵面团是烘焙的空白画布。你可以把它做成原味的，也可以加入不同的原料，制作出面包、蛋糕等各种产品。只要掌握了发酵面团的基本技术，你就可以天马行空地发挥出最大创造力。

低油脂面团

低油脂面团（也称为硬面团）是发酵面团的最基本类型，组成成分只有面粉、酵母、盐和水。香料、香草、干果和水果可能会被加入，但糖和脂肪则很少。

披萨饼坯、硬面包卷、意大利式面包和细长的法国长棍面包，都具有有嚼劲的质地和坚硬的面皮，是典型的低油脂面团产品。全麦面包、裸麦面包、粗麦面包和酸酵母面包是低油脂面团的变种，这类面包中所使用的粗面粉使其质地更为紧密。

低油脂面团很难处理，因为其中很少或根本不含脂肪。面包店有时会使用化学发酵面团调节剂（如二氧化氯）来生产一个更稳定的面团，增加面包体积，并防止发酵的损失。

披萨饼坯是由低油脂面团拉伸或擀制成薄面层后制成的，有几种成型方式，比如简单地拉伸面团的边缘，或者用擀面杖擀制。最有趣的方法是将面团置于拳头上，不断旋转着抛向空中，然后再接住、上抛……每重复一次这个动作，面团就会被延展得更宽、更长一些。

高油脂面团

通常用于制作三明治的长面包的软切片，是用高油脂面团（也称为中性面团）制成的。它是加了脂肪和糖的面团，二者的含量约为6%～9%。长面包的形状来自烘烤面包时使用的有盖面包盘。你也可以用高油脂面团制作软面包卷，将其塑造成领结或三叶草球状。脂肪和糖有助于软面团在焙烤时获得松软的质地，并使之形成软质表皮。

增强型面团

低油脂面团中添加入黄油、油、糖、鸡蛋或奶制品，就形成了增强型面团，其脂肪和糖含量高达25%，使面团甜蜜和营养丰富。这些成分的添加改变了面团的质地，使其变得更柔软、更难以处理，同时也会降低酵母的活性，使得面团发酵时间增加。添加成分还能使面皮变软，色泽金黄。鸡蛋的比例很重要，太多会导致面团过于粘稠。成品应具有蛋糕的口感。

增强型面团可以制作出一系列广受欢迎的酵母面包、蛋糕和面包卷：

• **肉桂面包** 将糖和肉桂涂抹到甜面团上，擀制之后切片再进行烘烤，即肉桂面包（有时添加葡萄干）。上桌前淋上糖霜，保持热乎乎的温度——这些舒适的口感已成为美国标准。

• **热十字面包** 十字面包的顶部有一个用糖裹着黄油点缀而成的十字符。这种酵母甜面包起源于英格兰，传统上在耶稣受难日食用，也是复活节期间最受欢迎的早餐食品。

• **复活节彩蛋面包** 一种辫子面包，是用鸡蛋塞进辫状面包中烘烤而成的。鸡蛋通常被染成复活节彩蛋的色彩。

• **死亡面包** 墨西哥亡灵节上不可或缺的祭品。这是一种甜面包，用橘子皮、橘子汁和茴香籽调味，传统上在亡灵节前后烤制食用。面包上常装饰以骨形面碎。

• **布里欧修面包** 一种著名的法国面包，由大量鸡蛋和黄油制成，外皮金黄酥脆，内部极其柔软。它也可以做成圆形面包或面包卷。布里欧修面团也常被用作包裹奶酪、香肠和其他食物的面皮。

• **白面包** 犹太人传统的节日面包，常在安息日和假期食用。但实际上，在任何场合下这款面包都是一种治愈系食物。这种用大量鸡蛋制成的面包通常编织成辫状，甜味足，口感如海绵般松软透气。

• **史多伦面包** 德国传统的圣诞节面包，史多伦是一种甜美的长条形发酵面包，内有干果填馅，顶端用糖霜和樱桃装饰。

• **德式咖啡蛋糕** 另外一种起源于德国的广受欢迎的蛋糕，通常使用酵母作为发酵剂，甜味足，内填水果、坚果和奶酪等馅料。这款传遍欧洲和美国的蛋糕虽然以“咖啡”为名，但其实并无咖啡成分。常作为早餐食品、下午茶点或甜点。

• **果仁甜面包** 一种填满了蜜饯水果、坚果和葡萄干的轻质发酵蛋糕，通常使用凹槽环形模具烘烤。果仁甜面包是奥地利传统面包，波兰、德国和法国阿尔萨斯等地也流行。

14.2.2 直接发酵法

以最简单和最常见的方式混合酵母面团，称为直接发酵法。在这种方法中，面团的所有材料必须同时混合，之后酵母会迅速发酵。混合材料时用手或搅拌机均可。过程中须注意以下细节：准确称量原料成分，酵母加水活化，面筋形成，面筋扩展，集中发酵，面团折叠。

• **准确称量原料成分** 测量原料最准确的方法是称量法。精确的测量很重要，因为各种原料会产生交互作用。测量不准确容易破坏原料的平衡，影响成品的效果。例如，酵母的量必须准确，才能使面团顺利胀发。

• **酵母加水活化** 酵母是一种有机发酵剂，这意味着它具有活性，只是在被加水湿润之前处于休眠状态中。浸泡过程可激活酵母的活性。一旦与液体混合，酵母细胞就开始工作。

• **面筋形成** 混合原料的第一阶段称为面筋形成阶段。将搅拌机设置为低速状态，使酵母和水混合均匀。如果需使用油，则应先加入油，后添加干性原料。如果需使用起酥油，则应在最后添加。在所有原料混合完毕后，将搅拌机的速度提高到中速，直至面筋形成。

• **面筋扩展** 面筋是面粉中的蛋白质之一。揉面会促使面筋的网状结构不断延展扩大，这期间形成的面筋弹性链在面筋扩展阶段是很重要的，因为它能使面团锁住发酵产生的大量二氧化碳气体而不至于破坏面团。这些气体可帮助醒发面团。

揉制后的面团应该富有光泽和弹性。为了测试面筋的强度，确定它是否正常胀发，你可以捏下一块面团，把它尽量扯平。它应该是有弹性的，不会撕裂；如果你进一步把它扯成薄片，对着光源，它应该具有足够的透光性。这就是所谓的面筋窗口测试。

• **集中发酵** 水合酵母中的有机物质在有水分和食物来源且温度合适的情况下，会衍生出二氧化碳和酒精等副产品。这个过程称之为发酵，它会使面团的体积胀发到原来的两三倍大。发酵不充分，面包会“长不大”、硬实，发酵过度则面包有酵母味，口感偏酸。

发酵过程中，面团表面应抹上油，以免变干。容器表面也应该刷上油，避免面团粘连其上。应用保鲜膜或干净的湿布盖住面团，然后静置于温暖的区域，直至其完全醒发。

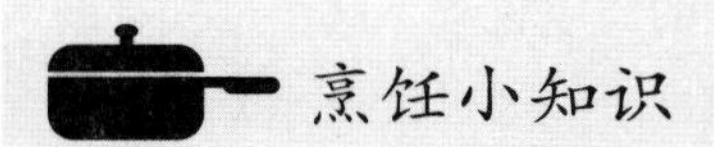

烹饪小知识

240因素

空气的温度可以使得冰冻饮料回温。膝盖在地毯上摩擦会让人产生灼烧感。同样，面团周围的空气的温度，以及搅拌面团时产生的摩擦力，也会影响面团的温度。

用以制作面团的原材料的温度对面团的温度有直接影响。例如，如果你把一把室温下的覆盆子丢进一杯冰镇柠檬水中，柠檬水就会升温。同样，如果你将冷鸡蛋搅入面团中，也会影响所需的面团温度（或简称DDT）。酵母面团的DDT一般为80℉。

搅拌面团的速度越快，由搅拌器产生的摩擦力越大，面团温度就越高。这个热量和室温及一些材料的温度，都是很难控制的，但你可以控制所使用的水的温度。

有一个完全基于控制面团用水的温度的简单的三步科学公式（也被称为240因素）：

1. 将所需的面团温度乘以3（记住：DDT=80℉）。

$$80 \times 3 = 240℉$$

2. 将面粉的当前温度、室内温度和摩擦力（平均摩擦力=30℉）相加。

面粉=50℉，房间=68℉，摩擦=30℉

$$50 + 68 + 30 = 148℉$$

3. 以第1步的乘积减去第2步的和，答案即为理想的水温。

$$240 - 148 = 92℉$$

也就是说，理想的水温应为92℉。

课后练习

基于你的厨房的温度和面粉的温度，计算用于制作面包的面团中的水的温度。

基础烹饪技术 直接发酵法

1. 精确称量原料。
2. 酵母加水活化。酵母与水混合后提高活性。
3. 面筋形成阶段。所有其他原料一次性倒入搅拌缸，以低速搅拌。
4. 面筋扩展阶段。将搅拌机提高到中速搅拌，直到面筋扩展形成网状结构。将面团揉至光滑成团。如果捏下一个小面团，可以拉扯扩展而不被扯裂，证明面筋已经成型。
5. 集中发酵。面团的体积通过酵母发酵可以增至两三倍大。
6. 折叠面团。不断折叠面团以释放二氧化碳。

- **面团折叠** 发酵完成后，将面团放置在均匀撒上面粉的工作台上进行折叠。面团不断折叠，每次折叠都应轻轻推压几次，以便释放出发酵过程中产生的二氧化碳。这个过程有助于酵母菌分布均匀。此外，折叠还有助于创造一个统一的整体温度——通过折叠，面团内外热量互相交换，最终达到均匀。随后将面团分成大小一致的面片，进行烘烤。

基础烹饪技术 披萨面团

1. 将酵母加水活化，加入面粉和盐以低速搅拌，直到面团均匀湿润。这是面筋扩展阶段。
2. 在撒有面粉的工作台上以手工混合揉制面团，或以中速在搅拌机中搅拌面团，直到面团变得光滑且摸起来有弹性。
3. 用一小块面团进行面筋筋力测试。
4. 将面团转移至刷油的碗中，面团表面也略刷油，然后用湿毛巾或盖子盖好。
5. 集中发酵面团，直到面团体积扩大一倍，用手轻轻摁压面团不会迅速回弹。
6. 折叠好面团，静置，待整型成披萨面坯。

14.2.3 直接发酵改良法

区别于一次性将所有原料投入并混合的直接发酵法，直接发酵改良法逐步加入原料。此方法可使脂肪和糖混合得更为均匀，尤其对于增强型面团非常有用。

增强型面团的直接发酵改良法

增强型酵母面团适宜使用直接发酵改良法。只需一个简单的改良：以牛奶代替水用于低油脂面团中。这样一来，一旦面团发酵，就可能比常规的低油脂面团更柔软，更具黏性。

即使在集中发酵期间，增强型面团也需要保持冷却，这样多余的黄油就会留在面团中，而不是融化并从面团中分离出来。这就需要原料以一个特定的顺序来混合：

1. 将酵母水化，加入面粉中。
2. 加入液体原料（牛奶、奶油、鸡蛋、油或融化的黄油）和甜味剂（蜂蜜、糖或枫糖浆）。
3. 搅拌、混合上述原料，直到面粉均匀湿润。
4. 逐步添加额外的黄油（根据配方要求室温状态或加热软化），继续搅拌至均匀混合。
5. 继续搅拌、混合并揉搓面团，直至其正常胀发。

发泡法

将液体总量的1/3 ~ 1/2与酵母和面粉混合，可制成一个结构松散的面团——海绵状面团。海绵状面团的体积胀发一倍时，其余的成分可陆续添加进来，混合发酵成新的面团。用发泡法制作的面包，味道更丰富，更有层次，口感也更好。

预发酵面团

也被称作酵头面团，与海绵状面团相类似。将部分或全部酵母与水混合，添加入一些面粉，即可制成酵头面团。酵头面团可以预先发酵一段特定时长，并在最后原材料全部混合前添加到面团中。酵头面团增加了发酵时间，同时也增加面团中面筋的强度，可以提升面团风味的深度和丰富性，并延长面包的保质期。

如果你想制作一个配方中并未指定的酵头面团，记得从配方所确定的面粉、水和酵母的总量中减去用来制作酵头面团的面粉、水和酵母的重量。

以下几种常见的酵头面团各具不同的风味，适用于不同的面包：

- **波兰酵头** 将等量的面粉和水（按重量计）与一些酵母结合起来，就可以制成波兰酵头面团。酵母的实际用量根据发酵时间的长短而不同。酵母用量少，发酵时间就长，发酵过程也较缓慢。波兰酵头是在室温下发酵，直到体积翻倍后便开始变小（约3～15小时）。在混合搅拌过程中，将波兰酵头面团加入到其他原料中。
- **比加酵头** 制作比加酵头面团（一种意大利酵头面团）的过程跟波兰酵头面团的制作过程相似，但比加酵头因其含水量低而更硬实。比加酵头面团一般需使用配方所要求的酵母用量的1/3～1/2。和波兰酵头一样，比加酵头应在室温下发酵3～15小时。在将比加酵头添加入其余面团之前，需添加配方所需的额外水分，以使面团松弛软化。
- **酸酵头** 由野生酵母发酵而成，味道香浓而微酸。酸酵头面团和大多数其他酵头面团相比，其优势在于能将酵母活性保持得更久，有时甚至长达数百年。
- **法式老面酸酵头** 法语中称其为“旧面团”，意指其来自上一批处理的面团，被保留下来与面粉、酵母、液体成分一起添加入新批次的面团中。如果将老面团密封，可以冷藏48小时，冰冻则可储存3个月。

层压面团

脂肪可用来增加酵母面团的风味。将脂肪擀制或折叠进面团，可增加成品的松软感。黄油酵母点心，如经典的丹麦面包和牛角面包，通过折叠面团成多层包油薄片以获得羽毛般的酥脆片状。在卷入脂肪并折叠的过程中形成的面团层，被称为卷入式酵母面团，也称层状酵母面团，因为它是由面团和脂肪交替分层而成（在显微镜下看起来，像多层的胶合板）。

脂肪在烤箱中会产生蒸汽，使薄薄的面团层膨化，产生轻盈感。将面团擀成长方形，层与层之间铺上冷冻黄油，然后像折叠信纸那样折三折。重复这个过程。由于增加了擀面和折叠的操作过程，所以无须像普通酵母面团那样揉面。但要注意，层压过度会导致酵母面团破坏成品结构，使其变得粗糙且缺乏嚼劲。

最后将擀好的面团放入冰箱冷藏，再次冷却油脂。这种面团在冰箱里可以保存好几天。

酵母面包配料

酵母面包配料是独立于面团的结构，同时保持着一些独特味道。有些配料在面团发酵膨胀之前已添加入面团，例如黑橄榄、蔓越莓、蓝莓和巧克力碎等。其他一些配料则是在面团完全发酵后加入的，例如填馅羊角面包，面团是围绕着配料进行擀制或折叠的。

配料可以增加面包的酥脆口感和风味，但也增加了额外的重量。这就导致酵母需求量增加。因此，明确配方中面粉与配料的精确用量是非常重要的。

概念复习

1. 发酵面团的基础类型有哪些？
2. 直接发酵法的基本操作步骤是什么？
3. 什么是预发酵面团？

发散思考

4. 高油脂面团和增强型面团中都含有而低油脂面团没有的是什么？
5. 为什么低油脂面团的成品不像增强型面团的成品那样呈现金黄色？
6. 直接发酵改良法和直接发酵法有什么不同？

厨房实践

将全体成员分成两个小组，其中一组准备一个使用干酵母的面包配方，另一组也选用相同配方，除改用速溶酵母粉外，其他配料品种和数量都完全一致。请比较两种成品的差异。

烹饪小科学

用活性干酵母代替速溶酵母时，其比例 为2/3：1，即2/3茶匙活性干酵母=1茶匙速溶酵母。如果一个配方要求使用3茶匙活性干酵母，你会用多少速溶酵母来代替它？

14.3 面包、面包卷和甜点

14.3.1 面团的分割和预整型

大规模烘焙时，为了使成品大小均匀，必须将面团等分。面团切分好后，还要进行预整型，静置使其松弛。

切分和称量

将面团切分成大小均一的面片，对质量控制来说很重要。对每块面团进行称量，用刮板调整（添加或切除）面团大小。在进行这些操作的同时，面团也在发酵，所以你的操作越早结束越好。相对于尚未切分的面团来说，切分的面团越小，发酵就越快。

只要使用正确的工具，操作就很容易进行。面包师一般会使用刮刀来精确地切分面团，拉扯或撕裂面团只会削弱面筋的弹性。

预整型

面团切分并称量好之后，用手在撒满面粉的操作台上将这些小面团进行预整型——轻轻将其整型为紧实的圆形。预整型的目的是让面团接近最终形状。预整型时，应用刮板来移动面团球，尽可能少直接接触它。

静置醒发成型

面团搓圆后，盖好，让面团静置，直到你可以拉扯面团而不至于撕裂它，通常这个过程需要约20分钟。这就是静置醒发成型。通过短暂的静置让面筋松弛扩展，使面团更易成型。

静置醒发成型可以直接在操作台进行，或在覆盖了保鲜膜或湿棉布的碗（也称为静置盒）内进行。静置醒发成型期间，面团会形成一层外皮，锁住过程中释出的二氧化碳气体。

14.3.2 面包、面包卷和其他甜点的整型

面包、面包卷和糕点的形状就像一个人的签名一样独特。从黑麦面包的椭圆形，到法式面包的长棍子状，仅凭外形，往往就可以区分它们究竟是什么品种。

面包可以经由不同的烤盘来成型，比如面包盘，也可以根据手工来决定，比如披萨。另一个重要方面是，特定的形状与特定的面团品质是相辅相成的。例如，编织白面包面团可以使富含鸡蛋的面团在烘烤时不至于散开。有些形状看起来很复杂，但一旦你掌握了基本技巧，你就将享受完善它们的感觉。

开始醒发成型时，只需要很少或根本无需在操作台面上抹撒面粉。因为你想让面团成型，而太多面粉则会导致面团溜滑。尽量无间断操作，因为在你的操作过程中，发酵是一直在继续的。如果你使用的是预整型的面团，则应按照预整型时候的步骤顺序来完成最后的成型。

- **扁面包** 世界各地很多国家的菜系中都有各自的扁面包类型。这种面包的形状使它适合成为其他食品的载体，就像我们使用切片面包做三明治一样。例如，在一些非洲国家，如埃塞俄比亚，传统上用一种叫加英吉拉的面包来替代餐具盛装食物，并作为餐食的一部分。

扁面包可以是脆的、软的、饱满的，或是像薄饼一样扁平。皮塔面包、佛卡夏面包、披萨等都是扁面包的典型例子。“披萨”在意大利语中，意即“派”。仔细想想，披萨只是一个覆盖着番茄酱、马苏里拉奶酪或其他配料的扁面包，它可以是圆形或长方形的，可以是厚的或薄的，可以是脆的或有嚼劲的。当然也要注意，如果披萨上的馅料太多，会使饼皮变重，影响其正常烘烤。

- **法棍面包** 法国棍式面包是一种狭长形面包，外皮酥脆，呈金黄色，遍布孔洞，口感轻盈而有嚼劲。法棍面包狭窄的圆柱形状为面包提供了最大限度的脆皮结构。

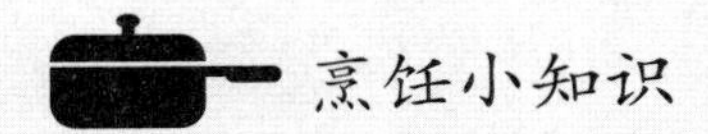

中东的烹饪艺术

中东包括除阿富汗外的西亚大部分地区，非洲的埃及，地处于俄罗斯边界的外高加索地区，以及伊朗、伊拉克、以色列、沙特阿拉伯、埃及、叙利亚、土耳其和也门等国。正是在这里，小麦最早被种植，发酵和发酵面包的技术也最早在这里被人类所掌握。如今，面包在中东美食中已占有非常重要的地位。

中东地区的典型面包是皮塔面包，一种略发酵的圆形或长方形的扁平面包。皮塔面包通常是在高温下烘烤的，烤制时面团会膨胀起来，直到自烤箱中取出时才收缩变瘪，但仍然会在面包内留下一个犹如口袋的小空间。面包被切开时，这个“口袋”就会露出来，可往其中填塞馅料。

在巴勒斯坦和以色列的烹饪中，几乎所有的食物都可以塞入皮塔的“口袋”里食用。而在土耳其，皮塔面包被称为“皮德”，是没有“口袋”的，肉或其他食物被放在皮塔面包的上面。在中东的其他地区，人们习惯于从盘子中取食物，皮塔面包通常是用来舀盛这些食物的——在某些文化中，以皮塔面包舀盛食物的动作只能由右手来完成，因为左手是用来保持身体卫生的，被认为是不洁净的。

烤肉串是搭配皮塔饼食用的最常见食材之一。在美国，烤肉串通常是指肉串在烤串上。但在中东地区的烹饪中，烤肉串则指的是放在盘、碗中或与皮塔饼一起食用的烧、烤、炖甚至是磨碎的肉（传统上为羊肉）。这里的烤肉串类型多样。如土耳其旋转烤肉，它利用十余种调料对牛、羊、鸡等肉类进行浸泡腌制后，放入旋转式烤肉机加热烤熟，然后从烤肉柱上一片片削下，佐以沙拉、配料装入皮塔面饼中食用。烤肉条则是最具伊朗特色的烧烤菜肴，它是将牛羊肉剁碎，加入各种香料，捏成肉条进行烧烤的。

鹰嘴豆在中东地区的烹饪中扮演着重要角色。较常见的食用方法是将煮熟的鹰嘴豆制成泥，混合着芝麻酱、柠檬汁、大蒜和橄榄油，与皮塔面包搭配食用。也可以做成油炸的鹰嘴豆球或饼，配上沙拉和芝麻酱，放入皮塔面包里一起食用。

中东菜系中常见的香草和香料包括欧芹、薄荷、孜然、姜黄、丁香、香精和苏木（一种灌木或小树的红色小果实，经过干燥和研磨，能为沙拉和肉类提供一种浓郁刺激的柠檬味）。

实验

将全体成员分成3个小组。第1组找出一个皮塔面包的配方，并制作相应成品；第2组找出一个烤肉串的配方，并制作相应成品；第3组找出一个以鹰嘴豆为食材的配方，并制作相应成品。需注意的是，第2组和第3组将使用第1组制作出的皮塔饼来完成他们的菜肴制作。请评估每个小组的成品。

基础烹饪技术 法棍面包

1. 将面团切分为大小合适的小块后，搓圆，并静置整型。
2. 将小圆面团压制成矩形面块。提起面块的两端，利用其自身的重量来使其伸展开。
3. 将拉伸好的面片卷制成长圆筒形，将接缝压紧，以获得最佳的成品效果。
4. 将整型好的面团转移到烤盘中，或是撒好面粉的棉布上。
5. 醒发直到面团的体积胀发到原来的两倍大小。
6. 轻轻在面团表面划切，然后用水轻刷表面，或是用水做喷雾，使面团表面湿润。
7. 将面团烘烤至形成一个酥脆的表皮，敲击面包时可发出中空的声音。
8. 将面包放在冷却架上冷却后再切片或食用。

- **自由式面包** 自由式面包不是用模具或烤盘压制而成的，而是依靠手工制作成椭圆形、圆形或其他形状来成型。将面团按压成小圆饼，将其边缘折叠到中心后捏在一起。然后手按压面团边缘，使其旋转成一个圆环形，最终形成一个光滑的圆球。
- **长烤盘饼** 一种将面团按压到模具或长烤盘内而制成的面包。制作时，首先将面团揉成一个宽的长方形，然后将右边的面团折过中间位置，左边的面团则稍重叠其上。再把面团的上边卷下来，用大拇指把它推开。如此来回，直到面团卷制成比长烤盘稍长的长方形。最后将面团放进烤盘，两端分别塞入。
- **辫子面包** 辫子面包通常由增强型面团制成，多使用三根细长的“面团绳”（也可以使用四根），通过交叉编织来帮助面包形成其特殊造型。面团必须足够强韧，以保持其形状，而且“面团绳”也须大小一致（可将面团分成三份，然后将其像法棍面包一样进行造型），才能编织出外表均匀的辫子面包。

编织时，从外部“面团绳”开始，将其中一根外绳与中绳交叉，这样一来，原来的外绳变成了中心绳，而原来的中心绳而成了外绳。对另外一根原来的外绳重复同样的动作。依此类推，直到“面团绳”用尽。最后将“面团绳”的尾部捏合在一起，向下朝中心卷制。

- **面包卷和甜点** 制作面包卷和甜点的第一步是切分和称量，然后将面团搓圆。最后，你可以使用任何一种面包成型技术来创造出自由形状，或以模具或烤盘成型，甚至使用编织技术形成辫子面包造型。除了所有这些成型技巧，一些甜点还可以进行卷制或切片。

造型独特的甜点，可以令自助早餐、下午茶或咖啡时间变得特别起来。甜点的整型虽然比较耗费人力，但结果是值得期待的。此外，独特的形状也有助于消费者区分不同类型的甜点。

14.3.3 面包、面包卷和其他甜点的烘焙

制作好发酵面团产品、烘焙成品之前，需要做大量的准备工作。当你制成面团并发酵成型后，在烘焙之前，你也仍然有一系列的步骤需要完成。理解这些最终步骤的目的以及烘焙时烤箱中可能会发生什么，可以帮助你更好地控制结果。

最后醒发

面团发酵成型后，还可以在烤箱中再一次醒发。这是烘烤前的最后一次醒发。在这个阶段，面团可以醒发至最终成品的3/4大小。面团将在烤箱中完成所有的体积胀发过程。

刷蛋液

面团烘烤之前，有时会刷上一层蛋液或黄油，来获得一层闪亮的外皮。刷蛋液不但能使成品的表皮在焙烤后色泽更深，蛋液的黏性还能像胶水一样将罂粟籽或芝麻等颗粒粘附在成品表面。

有些面包在焙烤前要喷洒水分，或在焙烤时添加蒸汽，以便让成品的表皮变得酥脆。当面包用这种方法焙烤时，可不刷蛋液。

划痕

有时候会削掉面团顶部来释放焙烤过程中产生的多余蒸汽。这叫作划痕，作用是在于让面包在烘焙过程中按照划痕的纹路膨胀，这样才能保持造型。锋利的薄刀片是最好的划痕工具，其切口深度应为0.25 ~ 0.5英寸。

烘烤阶段

一旦面团被放入烤箱，一系列的连锁反应就开始发生。烘烤弹性和面皮形成是其中最重要的反应。烘烤过程的最后一步是确定成熟度。

- **烘烤弹性** 面团在烤箱中的膨胀，被称作烘烤弹性。发酵使得面筋组织薄膜包覆着的二氧化碳释放到面团当中，并随着加热而膨胀起来。伴随着气泡的膨胀，面筋薄膜也随之延展，面包的体积也因而增大。
- **面皮形成** 当面团的外表面干燥时，面皮开始形成。一旦面皮形成，面团就不再膨胀。蒸汽烤箱和喷水有时被用来保持面团表面的湿润，并延迟面皮的形成时间，从而使面团可以充分胀发。烘烤过程中的这种湿度也能创造更好的面皮褐变。
- **成熟度测定** 金黄色的外表和良好的风味都是成熟度的指标。另一个指标是敲击面包时发出的中空的声音。一般来说，应该把配方中建议的焙烤时间作为一个指导原则和实际指标来评估成熟度。

冷却和切片

烘焙结束后，应立即将面包、面包卷和甜点从烤盘中取出。热面包在冷却前会继续烘烤，直到多余的水分被完全蒸发，故切片前应先将面包放在散热架上冷却。切片时宜选用锯齿刀，动作轻柔，厚薄均匀。

14.3.4 品质评价

最后，烘焙结束后就是评估产品质量的时候。评估就像侦探工作一样，你需要寻找线索来帮助你了解发生了什么。通过评估产品的外观和质地发生变化的前后关系，可以帮助你提高技术。

- **外观** 金黄色的外皮是表明烘焙程度较好的第一个标志。当然，一些特殊的面粉，例如黑麦和燕麦，会影响成品的颜色。排除这一因素，如果成品色泽苍白，表明它的烘烤温度过低，或是烘烤压根没有完成。刷过蛋液的面团比起未刷蛋液的面团来说，外皮更柔软，色泽更金黄。

- **面包芯** 酵母面包应该具有相当的弹性，但容易食用。产品中使用的鸡蛋、脂肪和牛奶越多，面包芯就越软嫩。面团发酵的次数越多，面包芯就会越细腻、越均匀。

- **风味** 如果成品散发出浓烈的酒精味，则表明酵母可能使用过多或焙烤前的醒发时间不足。酒精味浓，味道平淡，则表明盐的用量不够。

概念复习

1. 静置醒发成型的目的是什么？
2. 为什么面包、面包卷和甜点的整型很重要？
3. 什么是醒发？
4. 什么使得发酵面包带有酒精的味道？

发散思考

5. 如果不称量，会对烘焙产品的制作产生什么样的影响？
6. 改变面包、面包卷和甜点的传统造型是个好主意吗？解释你的答案。
7. 如果披萨面团很湿润且未完全胀发，可能是什么原因造成的？

厨房实践

将所有成员分成3个小组，每组各做1个面包卷。烘焙前，第1组在面团上刷上全蛋液，第2组则刷纯蛋白液，第3组不刷蛋液。请对烘焙后的面包卷进行比较分析。

烹饪小科学

虽然使用方式不同，但扁面包在许多国家的饮食中都有出现。研究至少两种扁面包的食用方法，并说明其产地及该地常见的其他食物。

复习与测验

内容回顾（选择最佳答案）

1. 低油脂面团和增强型面团的区别是（　）。

A. 质地　　B. 色泽　　C. 甜味　　D. 以上所有

2. 以下哪个词可以形容层压面团？（　）

A. 分层式　　B. 圆形　　C. 层压板式　　D. 平行

3. 称重原料被称作为（　）。

A. 测量　　B. 均分　　C. 方法　　D. 称量

4. 在直接发酵改良法中（　）。

A. 所有成分一起混合　　B. 不用酵母

C. 所有成分逐步加入　　D. 最后加入溶解酵母和面粉

5. 在烘焙中，海绵结构是（　）。

A. 用一半的酵母和所有的液体原料制成的

B. 一种浓稠的酵母混合物

C. 一种甜面卷

D. 一种甜点面团

6. 酵头开始发酵是在（　）。

A. 在酵母添加之前　　B. 在烤箱预热时

C. 最后混合之前　　D. 在酵母拆封之前

7. 面团配料是（　）。

A. 面包的装饰性设计　　B. 面团的装饰

C. 面团结构的一部分　　D. 独立于面团之外的成分

概念理解

8. 为什么增强型面团的成品比低油脂面团的成品口感更松软？

9. 层压面团是什么？它是如何获得酥脆的结构的？

10. 面筋视窗测试表明了什么？

11. 静置发酵成型和静置发酵有什么区别？

12. 焙烤过程中表皮形成的时候会发生什么？

判断思考

13. 直接发酵法和直接发酵改良法有什么区别？

14. 烘焙后的面包成品带有酒味，是什么原因造成的？

厨房计算

15. 如果花2小时来为48个法棍成型，则每半个小时需操作几个？在此基础上，计算每个法棍的成型时间。

16. 你要准备66名客人的早餐，需要制作的馅料共6种，预计每个人食用3个迷你丹麦面包。请计算一下，每种口味的面包各需制作多少个？

工作情景模拟

17. 你针对家中老人的口味，制作出添加了更多全谷物（例如裸麦或燕麦）的面包，以满足他们的偏好。请问，配方中其他成分应如何调整，才能使成品效果最好？为什么？

18. 高中生每天在食堂用餐，都很担心摄入脂肪过多，易长胖。你为此特意制作了低脂芝士和新鲜蔬菜的披萨。请对这款披萨的制作过程作一个简单描述。

糕点师和面包师

糕点师和面包师的工作对象包括所有在烤箱中烹饪的食品，如面包、蛋糕、饼干和其他糕点。他们经常开发自己的食谱，尝试用配方来改变烘焙食品的味道。

最成功的糕点师或面包师往往擅长将他们遵循书面或口头指示的能力，对细节的关注，基本的数学和测量技能与蓬勃的创造力和激情相结合。此外，他们还需要手眼协调能力、手工灵活性和艺术天赋来完成装饰蛋糕和其他糕点的工作。

他们的工作地点很多，包括餐厅、咖啡店、零售店和专业面包店。该领域的专业人员经常在清晨或深夜工作，以便为商店或企业的营业提供产品。

面包师助理负责根据食谱称量和混合原料，安全操作烘焙设备，并遵循所有健康和卫生准则。

面包师制作的面包种类繁多。他们不仅要混合、塑造和烘焙各种酵母发酵而成的面包，还要负责为客户开发无酵母或无麸质面包的特殊配方。

入门要求

很多糕点师和面包师都会去烹饪学校学习，并获得烘焙和面点专业的副学士学位。这段时间的正规教育通常包括大量的专业课程和相应的作业，包括食品安全和卫生、餐饮业的商业和管理、营养学、烹饪科学、风味和质地发展的原则等，为其专业化能力的形成奠定了重要基础。当然，你可能也会发现，也有一些人是通过在职培训和学徒制获得烘焙技能的。

晋升小贴士

美国烹饪联合会（ACF）和美国零售面包师协会（RBA）等组织颁发的证书可以促进你的职业发展。这些组织已经建立了各种标准来评估你的知识和技能。加入这些组织和相关团体，可以帮助你建立一个人际网，是推进你在烘焙和糕点领域事业发展的有效途径。

健康或营养相关领域的学位是另一个推进你的职业生涯发展，实现成为专业烘焙师这一目标的途径。

第 15 章　快速发酵面包

学习目标 / Learning Objectives

- 制作快速发酵面包和玛芬的基本材料有哪些?
- 为什么说快速发酵面包比传统酵母发酵面包的发酵速度更快?
- 水井法和乳化法有什么区别? 为什么前者比后面更常使用?
- 制作饼干和烤饼时常用的揉面法是指什么? 揉面法如何有助于面团松软?
- 为什么制作饼干和烤饼所用的脂肪 / 油脂通常都要冷藏?
- 用揉面团法制作饼干，与用乳化法制作松饼和快速发酵面包，两者之间有什么区别?

15.1 玛芬和快速发酵面包

15.1.1 基本原料

快速发酵面包是一种快速制作的面包，其发酵快速，是因为使用小苏打或泡打粉进行发酵，而非酵母。各种原料混合完成后就可以直接烘焙，无需等待发酵成熟。这种面包一般采用深底烤盘焙烤。玛芬（松饼）也可采用这种制作方式，但需放在单独的玛芬杯中烘烤。

快速发酵面包和玛芬可甜可咸。它们既可在简陋的咖啡店售卖，又能出现于高档餐厅中。如果将快速发酵面包用保鲜膜裹紧，可以在冰箱里保存一周以上时间。新鲜出炉、还带有烤箱余温的玛芬品质最佳。冷冻的面包和玛芬再重新加热时，应用铝箔纸包裹好。

快速发酵面包和玛芬的基本材料如下：

- **面粉** 通用面粉是玛芬和快速发酵面包的标准用粉。其他类型的面粉，如全麦粉、燕麦粉、粗面粉、糕点面粉或玉米粉可以完全或部分替代通用面粉。
- **糖** 白糖、红糖、蜂蜜和糖蜜是典型的甜味剂。
- **脂肪** 脂肪提供水分和嫩度，可以使用液态油也可以使用黄油。
- **液态原料** 牛奶、脱脂乳和水都是用来给玛芬和快速发酵面包提供水分的。
- **鸡蛋** 鸡蛋应于室温使用，这样更容易拌入面糊中。注意鸡蛋从冰箱里取出来后必须于两个小时内使用。鸡蛋可以使用全蛋、蛋黄部分或蛋白部分。
- **盐** 盐是调味品，不应该被忽视。
- **膨松剂** 小苏打和泡打粉可以用来做松饼和快速发酵面包。它们都是化学膨松剂，能产生使面糊膨胀的二氧化碳。泡打粉在6个月的保质期过后会逐渐失活，所以使用前应测试其活力。用1杯温水溶解2茶匙的泡打粉，效果较好。

15.1.2 混合和焙烤的方法

混合搅拌松饼和快速发酵面包的基本方法有两种：一是较简单常用的水井法，二是乳化法。液态脂肪如融化的黄油或油一般用水井法，固体脂肪如软质黄油或起酥油则适用乳化法。

正如第14章中所讲述的那样，面筋是一种弹性蛋白，面粉与液体结合之后就会产生面筋。面筋有助于将所有成分粘合在一起。然而，就像面糊混合搅拌过度后变得只有弹性而无法胀发一样，如果面筋形成过多，最终只能得到硬结且奇形怪状的面包，或是空气孔洞错落的松饼。

水井法

水井法中，先将液体原料在一个碗里混合，干性原料则过筛在另一个碗中。接下来，在干燥原料中挖一个小洞，将液体原料倒入这个洞里，慢慢混合均匀，直至干性成分完全润湿。如果面糊看起来粗糙结块，可以多搅拌一会，但一定要避免过度搅拌。

乳化法

乳化法中，通常用桨型搅拌头将糖和脂肪强力混合，以融入空气。将砂糖打入脂肪中，可使面糊中充满微小的气泡，这些气泡在烘烤时膨胀，最后赋予产品轻盈的口感。和使用水井法制作的成品相比，使用乳化法制得的松饼和快速发酵面包质地更细腻。

然后将鸡蛋打入，一次一个。鸡蛋必须与室温同，否则会导致黄油变硬，降低奶油的口感。

最后一步，将全部干性原料一起过筛，与液体成分交替添加入混合物中。

烤盘准备和填料

烘焙前，烤盘和玛芬杯需要刷油，黄油或植物油均可，以便促进玛芬和快速发酵面包的褐变，并使其更容易脱模。应使用量勺以确保制作的玛芬大小均匀。生面糊只需要填满玛芬杯一半的位置，因为面糊烘烤之后体积会翻倍，且形成特定形状的顶端。如果面糊填入过多，会导致焙烤时面糊从两侧溢出而顶部过平。

烘焙

快速发酵面包和玛芬应烘焙至边缘开始收缩，轻轻按压顶端能够立刻回弹，用牙签插进成品内，提起来时牙签应能仍保持洁净。一般来说，应将烤盘放置在散热架上冷却后再脱模。但玛芬则应在烘焙完成之后立即脱模，因为水蒸气会导致底部潮湿，影响成品品质。

15.1.3 装饰品与配料

快速发酵面包和玛芬可以很容易地通过添加简单的配料和馅料来增强口感。

配料

各种各样的配料可以添加到快速发酵面包和玛芬中，将基本的配方转化为特殊的美食。这些配料也被称为“搅拌料”，其味道可咸可甜。蔬菜、新鲜水果、坚果、全谷物、肉类、奶酪和巧克力等，都是很受欢迎的配料。配料应根据所制作产品的大小按比例切碎。如果它们太大，可能会影响面糊的粘合能力。出于同样的原因，配料的数量也应有所限制，每杯面粉最多可添加一杯辅料。辅料混合均匀即可，以免搅拌过度。配料使用之前，应尽可能切碎或切丝。在与面糊混合完成后应立即烘烤，这样发酵剂仍处于活跃状态。

糖浆

糖浆是一种将糖溶于水制成的液体，凝固后会变得光滑而有光泽。糖浆中可添加其他成分来提升风味，如柠檬汁和香精。

糖粉或超细砂糖常用来制作糖浆。除了增加甜度，糖浆还起到密封顶部以防止烘焙食品表面干裂的功用。糖浆是用烘焙专用刷刷上去的。

面包碎装饰和长面包

面包碎装饰由脂肪、糖和面粉混合制成。长面包是以面包碎装饰为主，辅以香料和坚果。这些成分平衡后，就产生了一款酥脆的快速发酵面包和玛芬顶端装饰物。

基础烹饪技术 乳化法制作蓝莓玛芬

1. 将泡打粉和面粉一块过筛，然后将黄油、糖和盐放入搅拌缸，用桨型搅拌头乳化均匀。
2. 打入鸡蛋，一次一个，以低速搅拌。每次注意刮下搅拌缸壁的残留物。
3. 将牛奶分次加入干性原料中，每次加入1/3的量。
4. 停止搅拌，用刮刀将蓝莓拌入。
5. 将面糊均匀注入玛芬杯中，以400℉的温度焙烤20分钟，直到上色。
6. 将玛芬脱模，在温热状态下食用。

小测验

概念复习

1. 为什么快速发酵面包比传统酵母发酵面包的发酵速度更快?
2. 水井法和乳化法有什么区别?
3. 玛芬和快速发酵面包有什么配料?

发散思考

4. 如果要制作一款质地松软的玛芬，应选用水井法还是乳化法来混合原料?
5. 紧急情况下，能否用泡打粉替代小苏打，或是用小苏打替代泡打粉? 是否需要相应改变配方?
6. 用水井法混合原料制作出来的玛芬膨发不够，质地厚重，奇形怪状且充满了气孔，请问是什么原因导致的?

厨房实践

将所有成员分成两个小组，用同样的配方制作玛芬。第一组使用水井法混合原料，第二组则使用乳化法。请比较两种玛芬的质地和风味。

烹饪小科学

通过把一个面包烤盘装满3/4的水可计算出它能容纳的面糊体积。然后测量一个能做12个松饼的松饼盘中单个松饼的体积，方法是往松饼盘中注入1/2满的水。

1. 计算一下，如果要装满松饼盘，需要多少松饼面糊。
2. 一个面包烤盘的面糊能装满多少个松饼盘?

15.2 饼干和烤饼

15.2.1 饼干、烤饼和苏打面包

饼干、烤饼和苏打面包都是薄片面包，由面粉和固体脂肪混合而成的面团制成。

饼干

饼干是一种含糖量较少或不含糖的小型快速发酵面包。虽然不同地方的饼干有不同的特色，但总的说来，饼干主要可以分三种类型：

- **擀制和切分型饼干** 饼干面团通过手工击打或擀制，然后切分成特定的形状。
- **滴落型饼干** 饼干面团含有更多液体成分，故可用汤匙舀起滴注在烘焙用不粘垫上。
- **击打型饼干** 南方的传统饼干，需要将面团捶打很长时间来获得坚硬的质感。在一些古老的配方中，面团常被放置在木桩上，用擀面杖、木槌或其他重物长时间捶打。

烤饼

烤饼是一种甜味的、饼干状的独立快速发酵面包。饼干不加糖，而烤饼通常加糖，且可在面团中加入水果或坚果等。奶油烤饼属于浓稠型烤饼，制作时往往用淡奶油取代配方中的部分水。

苏格兰传统点心烤饼面团可以是楔形、菱形、方形和圆形的，一般由燕麦制成，跟法式薄饼一样在烤盘上烤制。它们以命运之石（Scone）来命名——这里曾是苏格兰国王加冕处。

苏打面包

苏打面包的名字来源于用来使面团发酵的小苏打粉。制作时还会在混合物中加入一种酸性成分，如酪乳。

苏打面包的面团与饼干和烤饼的面团相似，在烘烤前将面层切开，做成带有X标记的圆形面包。有些版本的苏打面包是甜的，可以添加葡萄干或提子干，并用胡荽籽调味。其他版本的苏打面包则不加糖，不添加任何含脂肪的成分，如鸡蛋或黄油。

基础烹饪技术 揉制面团

1. 将干性原料在碗内混合后过筛。
2. 用手指将冷藏的黄油或其他油脂揉入干性原料中，直到混合物看起来像粗燕麦片。
3. 在干性原料中间挖一个小洞，然后将搅拌后的液态原料倒入。
4. 快速混合干湿原料，然后摁压揉制，直至形成一个完整的面团。
5. 在撒上面粉的操作台面上把面团揉成球状，轻轻拍打，或者擀制到合适的厚度。如果需制作饼干，则饼干面团一般约1/2英寸厚。

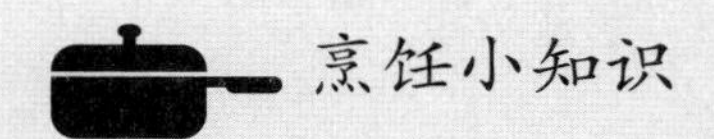

墨西哥的烹饪艺术

墨西哥不仅仅是墨西哥玉米卷和墨西哥卷饼的故乡，其对世界美食最重要的贡献是巧克力、香草、玉米、番茄、辣椒、甘薯、牛油果和火鸡。它的国土面积为76万平方英里，被划分为32个州，其中许多州都有自己独特的烹饪风格。

大多数美国人对墨西哥玉米卷、墨西哥卷饼、玉米粉蒸肉、油炸玉米饼等各种各样的快餐食品都很熟悉，包括一种特殊的慢烤肉类的方法，即巴可拉（在美国也被称作烧烤）。它采用坑烤法，一种借鉴自加勒比土著的烹饪方法。烹制时，通常用肥厚的龙舌兰叶子包裹着新鲜羊肉（无须任何酱汁或腌料），埋在一个由树枝与石头做成的烤坑中，以文火慢烤。当肉被煮熟并从骨头上脱落后，再蘸取各种酱汁食用。

墨西哥菜中最常见的调味酱大概要数莎莎酱。这是一种用番茄、柠檬汁、辣椒、洋葱、芫荽和其他配料制成的生酱料。另一种著名酱汁摩尔酱则由坚果、辣椒、巧克力和香料经过复杂工序调制而成，吃起来略带苦涩的巧克力味道，因此也常被称为巧克力酱——虽然其中巧克力的成分很少。它通常搭配鸡肉或火鸡肉等肉食一起食用，被称为墨西哥国菜。

研究

就摩尔酱的种类写一份报告。报告中需结合来源、成分和用途等，详细描述其不同之处。然后制作一份摩尔酱，并为它搭配好合适的肉食。你的报告中也应详述烹饪过程及你对食物的评价。

揉面法

饼干、烤饼和苏打面包都是用揉面法制作的。揉面法不是将黄油或其他脂肪与面粉简单混合成面糊，而是先将脂肪切成块状，然后均匀揉入面粉中。在与面粉结合前，脂肪必须冷藏。这一过程会增加成品的酥脆，因为它阻止了脂肪完全融入面粉中。

15.2.2 混合和焙烤的方法

焙烤的技巧可以戏剧性地改变饼干或烤饼，所以了解温度、基本成型和刷蛋液对于成品品质的影响是非常重要的。

温度

在揉面法中，油脂的冷冻极为重要，因为低温可以防止黄油或其他脂肪与面粉过多地混合。冷冻脂肪在两层面团之间形成了一个临时屏障，有助于最终产品的松软。脂肪层通常可以保持完好无损，直到面团完全定型。

焙烤过程中，冷冻脂肪会融化，随着面团中的水分转化为蒸汽，两者共同促使面层分离，使其形成酥脆的薄层结构。

饼干和烤饼成型后，将其放入冰箱冷藏半小时以上，可以让脂肪再次凝固，使烘焙成品的口感更好。烤箱中的高温与使用冷藏脂肪制作面团一样重要。高温有助于产生蒸汽，形成面皮层间的空洞结构，使得成品饼干或烤饼更为酥脆。

基本成型

饼干面团很柔软，这要求操作台面、面团和切刀上面都要撒上足够的面粉。但是，小心不要加太多面粉，也勿过度揉制面团，因为这会使饼干变得重而厚实，而不是轻盈酥松。

擀制面团时，动作宜长而平稳，在到达面团边缘之前提起擀面杖，以免面团边缘变得太薄。直线擀制边缘效果较好。

面团必须用锋利的工具（如饼干切割机或切刀）切割。用杯子或其他有钝边的工具切割，会使面团边缘挤压在一起，影响其正常的膨胀。切分饼干时，要尽量避免浪费。再次擀制切分后剩余的面团，会增强面团的柔韧性。

有时候也可根据情况添加一个可选步骤，如将面团像信笺一样折叠成1/3大小，或像书一样的1/4大小。这是一种层压方法（类似于第14章所述的层压酵母面团），其结果是获得多层结构的面团。层压使得在烘烤过程中产生的蒸汽更容易停留在面团中，并促进面团的酥脆。

面团成型后，可以刷上蛋液，为烘焙食品增加光泽和颜色，使其更具吸引力。

15.2.3 饼干和烤饼的供应

饼干和烤饼都是很受欢迎的早餐甜点，但也可以在有特定关联的场合食用。此外，饼干通常在餐后作为饭后甜点食用，烤饼则可以搭配咖啡和茶任意食用。

下午茶

下午茶的习俗给人们提供了放松身心、享受简单生活乐趣的机会。下午茶配上烤饼、小三明治和蛋糕，有助于增加能量，提神醒脑。在过去十年中，下午茶的普及带动了不少新业务的蓬勃发展。下午茶店遍布全国各地，一般搭配黄油、果酱或浓稠的奶油食用的烤饼也相当受欢迎。

酥饼

饼干是一种叫作酥饼的甜点的基础。将新鲜水果及其部分汁液用勺子填满两块饼干之间，再在上面涂上一层鲜奶油，就成了酥饼。软质水果，如草莓，是最适合做酥饼的。

小测验

概念复习

1. 什么是制作饼干和烤饼的揉面法？

2. 如何制作层压饼干？

3. 酥饼是如何制作的？

发散思考

4. 你从菜单上点了“酥脆的酪乳饼干”，但结果服务员端上来的却是又硬又扁的面饼。请问可能出了什么问题？

5. 两名求职者被要求制作饼干。为什么采用层压工艺的那个人最终被录用？

6. 你切好的饼干的边缘没有正常膨胀。试分析，可能是什么地方出了问题？

厨房实践

将所有成员分成两组，根据相同的食谱制作饼干。其中一组将把面团擀一次，并制作非层叠的卷切饼干，另一组则制作层叠的卷切饼干。请评估两组的结果。

烹饪小科学

你计划为24人提供下午茶，每位客人将得到2份烤饼。你手中的面团可供制成8个圆形烤饼，然后再分切成扇形。根据这一情况：

1. 每个圆形烤饼必须分切成多少个扇形饼？

2. 下午茶即将结束时，又有8位客人加入。为了满足供应，你只能烤制更小的烤饼。现在，每个圆形烤饼必须分切成多少个扇形饼？

复习与测验

内容回顾（选择最佳答案）

1. 快速发酵面包是指（ ）。

A. 没有酵母的　B. 快速制作的　C. 用化学药剂制成的　D. 以上所有

2. 在乳化法中，需使用以下哪些成分？（ ）

A. 鸡蛋和面粉　B. 黄油和面粉　C. 黄油和糖　D. 奶油和鸡蛋

3. 在乳化法中（ ）。

A. 使用桨型搅拌头

B. 面团的边缘给予特殊处理

C. 液态成分和干性成分分别混合，然后合并

D. 所有成分同时混合在一起

4. 使用乳化法的目的是为了（ ）。

A. 省时间　B. 产生气泡　C. 少用牛奶　D. 以上都不是

5. 通常烤面包需（ ）。

A. 冷切　B. 黄油、果酱和浓稠的奶油

C. 枫糖浆　D. 橄榄酱

6. 饼干应在以下哪种温度中烘烤？（ ）

A. 低温　B. 高温　C. 温度适中　D. 高低的组合

概念理解

7. 小苏打和泡打粉有何区别？

8. 为什么水井法比乳化法更常使用？

9. 揉面法如何有助于面团松软？

10. 饼干和烤饼有什么不一样？

11. 为什么制作饼干和烤饼所用的脂肪 / 油脂必须冷藏？

判断思考

12. 为什么在快速发酵面包的制作中，可以用泡打粉代替小苏打，却不能用小苏打来取代泡打粉？

13. 用揉面团法制作饼干，与用乳化法制作松饼和快速发酵面包，两者之间有什么区别？

厨房计算

14. 如果根据配方，制作一个快速发酵面包需要6杯面糊，而制作一个松饼需要1/4杯面糊，那么用以制作快速发酵面包的面糊可以用来生产多少个松饼？

15. 你要为7：30的早餐会提供热饼干。制作饼干，通常所需要的准备时间和烘烤时间各20分钟。请问你现在在厨房中需要做什么？

工作情景模拟

16. 你经营的面包店附近的小镇上，开了两家茶叶店，客流量很大。你可以利用这一情况做些什么，来提升面包店的营业额吗？

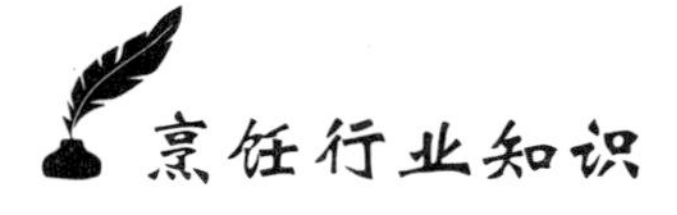

酒店经理

拥有并经营一家小型客栈或民宿是很多餐饮行业人士的目标，但我们在这里讨论的职业选择并不针对那些想要经营个人企业的人。酒店、汽车旅馆、度假村、游轮和汽车营地等经常雇用经理人，以确保客人住宿的所有方面都得到适当的规划和执行。

酒店经理 酒店和汽车旅馆可能是大型连锁企业的一部分。这些大型企业通常可以为其雇用的酒店和住宿业专业人员提供良好的职业发展道路。你可能会从前台开始你的职业生涯，这意味着你必须负责处理客人的预订，迎接并为客人做好登记，同时处理好客人在住宿期间出现的任何问题。你还将处理客人的账单，并在他们离开时为其办理好退房手续。只要工作努力、表现出色，你很可能将从这个岗位上晋升到管理职位。身为一名经理，你可能需负责该单位（或在某些情况下，一个地区内）的财务状况。你的任务可能还包括制定促销和广告策略，并与厨房协调，为酒店提供的餐厅和客房服务制作好菜单。

老板／经营者 旅馆和民宿的规模一般比酒店小，通常由个人拥有和经营。民宿一般有3~6个房间，旅馆可能有6~20个房间。许多人喜欢旅馆和民宿的原因是它们可以提供更多个人体验。在这些机构中，早餐是客人在住宿期间所能享受的服务中的重要部分。餐厅通常很小，可能只对住宿的客人开放，但较大的企业也可能对公众开放。一家民宿的老板／经营者很可能是一个万能的角色，他们会在厨房里做饭和烘烤，会在餐厅服务，同时还管理客房（清洁处理床单、室内装饰等）。

入门要求

在能接触到住宿业的不同场所工作，可以帮助你积累更多的相关经验。

晋升小贴士

虽然对学位或学习领域没有绝对的要求，但如果你有酒店管理方面的学位，无论是副学士还是学士学位，晋升和增加收入的机会就更大。对于那些计划经营自己的生意的人来说，在商业管理和创业方面的额外学习是有帮助的。

第16章 甜点

学习目标 / Learning Objectives

- 认识并鉴别烘焙中常用的巧克力类型，并掌握其相应的使用方法。
- 什么是巧克力的回火？需注意哪几个方面的问题？
- 什么是蛋奶冻？有哪些基本类型？
- 什么是甘纳许？应如何制作？
- 影响冷冻甜点硬度的两个主要因素是什么？
- 蛋糕和饼干的四种基础成分是什么？制作时，有哪几种主要的搅拌方法？
- 用于制作派和蛋挞的是哪些类型的面团？
- 制作泡芙基础面团有哪几个步骤？

16.1 巧克力

16.1.1 辨别不同类型的巧克力

巧克力有3个基本类型：黑巧克力（微苦巧克力或半甜巧克力）、牛奶巧克力和白巧克力。但是，在焙烤行业，有7种根据上述3种基本款演化而来的巧克力品种广泛应用。

纯巧克力

巧克力的实际制作过程从可可果实的去壳开始，形成我们所知的可可豆颗粒，然后碾磨形成粘稠的巧克力膏。这种稠膏我们称其为纯巧克力、巧克力液或烘焙用巧克力。纯巧克力本身非常苦，在烘焙配方中主要起增强风味的作用。

可可粉

纯巧克力通过压榨去除可可脂（源自可可豆的一种奶油色的脂类物质），获得干燥的可可粉。可可粉通常用于烘焙的准备过程当中，绝大多数在荷兰加工，又称碱性可可粉，一般在碾磨前去除其酸性成分。这种制作方法使可可粉口感更温和，酸味变弱，颜色更深。

微苦巧克力或半甜巧克力

在巧克力浆中加入可可脂、糖、香草和其他调味料，可生产出微苦巧克力和半甜巧克力（这两者通常被称为黑巧克力）。因为没有固定的标准，所以各自的含糖量也不尽相同。微苦巧克力的含糖量低于半甜巧克力，前者的纯巧克力浆含量不能低于35%，而后者的纯巧克力浆含量则为15%～30%。

巧克力片或小块巧克力

用于制作巧克力片的是一种特殊的混合巧克力。一般来说，巧克力片的可可脂含量低于其他品种的巧克力，所以烘焙时可以很好地保持其原有的形状。

牛奶巧克力

在瑞士，雀巢公司通过研制出一种奶粉并将其添加到黑巧克力中，开发出了牛奶巧克力这一品种。如今，牛奶巧克力必须含有至少12%的奶粉和10%的巧克力原浆。牛奶巧克力比黑巧克力要甜一些，广泛应用于糖果的制作。

白巧克力

虽然不是真正意义上的巧克力，但白巧克力是由可可脂、糖、奶粉和调味料制成的。由于不含有巧克力原浆，它通常非常甜。

代可可脂巧克力或巧克力糖衣

由植脂替代可可脂而制成的巧克力称为代可可脂巧克力或巧克力糖衣。由于使用了其他更便宜的植脂，巧克力的制作成本降低。代可可脂巧克力使用时对温度没有特殊要求，所以做蘸酱或者淋酱时都很便利。

16.1.2 巧克力的使用

黑巧克力、牛奶巧克力和白巧克力可以以不同的形式存在。最常见的形式是巧克力棒或者巧克力块，小则几盎司重，大则超过几磅。为了方便起见，很多巧克力公司将其制成巧克力糖球或者巧克力金币的形式来售卖。这样会使得成本比巧克力棒略高，但更便于称重和融化。

将巧克力添加到风味甜点和糕点中，既可以完全融化入点心中去，例如巧克力蛋糕，也可以使其保持原有的质地，例如巧克力片饼干，或是既完全融入又保持原有质地，例如含有巧克力片的巧克力冰淇淋。

巧克力的融化

小片巧克力的融化速度会快一些，可减少巧克力被烧焦或过热的机会。融化巧克力时，可直接使用包装内的巧克力币或巧克力圆球，而无须再把它们切成小块。但条状或块状的巧克力则应切分成均匀的小块。切分时可使用切刀。要注意，黑巧克力非常坚硬，很难切碎。

将小块巧克力放在一个洁净、干燥的碗中。不管巧克力处理到哪个阶段，都应杜绝让巧克力与水或蒸汽接触，因为水分会和可可中的淀粉发生糊化反应，从而导致巧克力变得非常浓稠。有时候，甚至只需一滴水，就可能毁掉一磅的巧克力。

将一碗切碎的巧克力放入装了水的锅中，进行加热。加热过程中要不断搅拌巧克力，以加快融化速度，并防止巧克力变得过热。牛奶和白巧克力中的牛奶固体沸点很低，须特别注意勿令其过热。最安全的做法是将锅中的水煮沸后立即关火，然后将装满牛奶和白巧克力的碗留在锅中，以便利用余热将巧克力完全融化。另外，也可用微波炉来融化巧克力：将巧克力放在干净、干燥的微波炉专用碗中，短时间加热，使其中80%的巧克力融化，然后持续搅拌，利用余热将其融化。这种方法对小批量的巧克力很有效，但在大规模生产中不实用。

巧克力的回火

回火是使巧克力完美结晶的过程。当巧克力需单独使用时，就得对其进行回火。回火可令巧克力看起来更有光泽，因为它可以防止可可脂从巧克力中分离出来，造成白色的漩涡或斑点。回火也可使巧克力更坚硬，更有弹性。回火还能使巧克力在冷却时收缩，熔点变高。尽管巧克力的回火需要一定的技巧和经验，但其操作步骤还是挺简单的，不难掌握。

巧克力的回火涉及三个重要因素：

- **时间** 回火过程中没有捷径可走，如果操之过急，巧克力就不能完美结晶。

- **温度** 回火包含恰当的加热和恰当的冷却两个过程，以保证巧克力完美结晶。
- **搅拌** 回火过程需要不停地搅拌或移动巧克力。

回火首先需要称出预计需要的巧克力总量（巧克力棒需先切碎成小块），接着将巧克力融化并加热到特定温度：牛奶和白巧克力为110℉，而黑巧克力则为120℉。最后，将巧克力冷却到特定温度：牛奶和白巧克力的合适温度是83℉，而黑巧克力的合适温度是85℉。

巧克力的回火方法主要有两种。其一被称为种子法。将称量出的巧克力的3/4，用水浴或微波炉融化到指定温度，然后将剩下的1/4巧克力添加到碗里混合，不停搅拌，直到最终冷却到指定温度为止。其二则是专业厨师们较常使用的桌面法。即将已融化2/3的热巧克力浆倒至大理石台面上，然后用刮刀或刮板将巧克力摊平，再快速刮到一起，反复操作。待其冷却到

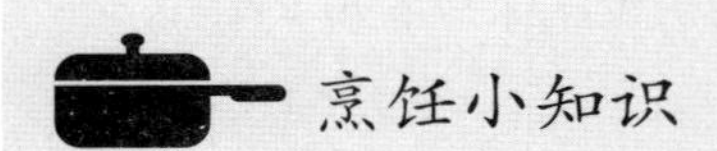

巧克力从哪里来?

巧克力是从哪里来的？它是由一般生长于热带雨林地区的可可树的种子制成的。成熟的可可豆荚的大小跟小菠萝相近，里面包含约50粒种子，这就是我们通常所称的可可豆。

世界上约80%的可可豆来自生长在非洲、名为福拉斯特洛的可可树。另外一种在巧克力制作商看来更名贵和稀有的克里奥罗可可树，主要生长在墨西哥以及中南美洲地区，印度尼西亚也有部分分布。克里奥罗可可豆是古玛雅人首先使用的，比其他可可豆的苦味略淡，香味更浓。还有一种来自特立尼达的特立尼达可可豆，是上述两种可可豆的综合体。

可可豆采收后，接下来的制作步骤就是发酵。将可可豆堆放在一起，让其静置几天进行发酵。这是一个自然发酵的过程，它能产生热量，同时为可可豆带来特殊风味。

发酵完成的可可豆要进行干制。将其摊在日光下数天或数周，以降低其水分含量。这使得它们可以长时间储存而不变质。

可可豆将在烤箱中烘烤，以进一步获得独特的风味物质。这个过程跟咖啡豆的烘焙一样。烘焙是非常关键的一个步骤：烘焙程度太轻，则不能获得浓郁的风味；烘焙程度太过，则可可豆会焦化、苦涩。不同地区的可可豆具有不同的品质和风味，所以巧克力制作商通常会将可可豆混合起来，制作出与众不同的混合口味。

烘焙并冷却后的可可豆会被敲碎，以便帮助分离可可豆的硬壳。去壳后，留下了可可豆核，或者是可可碎粒。这些类似于粗磨咖啡的可可碎粒，是制造商用来研磨、混合和压模以制成我们称为巧克力的原材料。

研究

调查研究可可树的种植方式，重点关注这些种植方法如何影响当地环境。

足够浓稠、但依然呈液态时，再将其撮回碗里大力搅拌，直到最终冷却至指定温度为止。这个过程，就是所谓的巧克力的“回火”。

无论此前使用的是种子法还是桌面法，接下来的步骤都一样：测试巧克力回火的效果。最简单的方法就是用一个勺子蘸取巧克力。回火效果好的巧克力应该在3～5分钟内变得坚硬或凝固，且凝固后表面光滑，无漩涡、条纹或斑点。一旦测试成功，巧克力就可以开始下一步利用了。

如果巧克力回火效果不佳（指巧克力没有正常凝固或表面出现漩涡、条纹或斑点），可以再次加热巧克力。如果你使用的是种子法，可以再添加更多的巧克力碎；如果你使用的是桌面法，可以在大理石台面上继续用刮刀和刮板刮铲1/3～1/2的巧克力，以重新塑形。巧克力重新倒回碗里后，可再次检测其回火的效果。

如果需要用黑巧克力浸渍、涂抹时，请将回火后的黑巧克力的温度保持在90℉左右，牛奶和白巧克力则保持在86℉左右。

巧克力的储存

如果保存得当，巧克力可以储存一年之久。储存巧克力应避免以下4种情况：

- **热** 巧克力应该储藏在阴凉处。受热不但会导致巧克力融化，还可能使得可可脂分离。储存巧克力的理想温度是55℉。
- **水分** 水分会导致巧克力融化后变得非常粘稠。虽然巧克力通常用纸包装，更理想的却是密封在塑料袋或者密闭容器里，以防止空气中的水分与巧克力接触。
- **异味** 巧克力当中的可可脂成分很容易吸附异味。如果存放在会释放强烈气味的物品附近，巧克力就很容易吸附这些异味，影响其口感。
- **光线** 应避免将巧克力存放在明亮的光线下。光线会使可可脂分解，导致其酸败变质。保存巧克力的容器盖也应该是避光的。

16.1.3 甘纳许的制作

甘纳许是一种非常古老的手工巧克力制作工艺，即用巧克力和淡奶油制成的一种乳状物，通常被用作糖果和蛋糕的馅料，也可以用作蛋糕和甜点的表面装饰。在加入巧克力之前，先将奶油加热至沸腾。巧克力和奶油的比例根据甘纳许的使用方式而变化：如果想要比较坚硬厚实的甘纳许，就需使用更多的巧克力；如果想要比较清淡松软的甘纳许，就可添加更多的奶油。在制作甘纳许时，要牢记它是一种乳液。如果混合物分层或乳液分离，最终的产品将不会有理想的奶油般光滑的口感。

甘纳许可以用多种方式来调味。可以往制作甘纳许的奶油中添加香草、肉桂、茶或香草等。果香味甘纳许的制作可以通过用浓缩果浆替代部分奶油来实现，也可以加入水果浓缩汁和酒精。但是，如果在奶油中加入的液体不止几滴，你就要考虑减少奶油的用量，这样才能保持巧克力与液体的适当比例来制作甘纳许。

当2/3的热奶油和巧克力初步混合后，会形成乳状液。混合物的表现应该完全光滑有弹性，无巧克力块残留。一旦最初的混合物形成，就需要逐次、少量添加奶油，并不断搅拌它来保持乳状液体的状态。

甘纳许可以直接使用，也可以冷却增稠之后再使用。举例来讲，如果用甘纳许做表面装饰，应该加热以其保持液体状态。做松露巧克力时，就是另外一回事了——甘纳许需冷藏过夜，以获得浓稠的口感。

如果你想使甘纳许增稠，可让它在室温下冷却并不时搅拌，以确保其冷却且凝固后质地均匀。如果是要打发已加入空气的清淡的甘纳许，可以先将甘纳许冷却到室温，偶尔搅拌一下，然后在打发前将甘纳许放进冰箱冷藏一夜。

甘纳许的类型及其用途		
类型	巧克力：奶油	用途
重度甘纳许	2：1	用于松露巧克力的表面装饰
中度甘纳许	1：1	用于糖果填馅、蛋糕馅料、酱汁
清淡甘纳许	1：2	用于蛋糕甜点馅料

小测验

概念复习

1. 烘焙中常使用的巧克力有哪七种类型？
2. 什么是巧克力的回火？
3. 什么是甘纳许？

发散思考

4. 如果你使用黑巧克力作为巧克力饼干的蘸酱，会出现什么问题？
5. 如果巧克力储存过程中出现融化且非常粘稠，说明它在存放过程中出现什么问题？

厨房实践

将所有成员分成四组，每个小组制作一个重甘纳许。第一组使用奶油，第二组使用牛奶，第三组使用水，第四组使用橙汁。比较四种甘纳许的质地和风味。

烹饪小科学

调查研究巧克力是怎么从一种只供应给皇家和社会精英的食品而演变为人人可以品尝到的大众食品？

16.2 蛋奶冻、慕斯和冷冻甜点

16.2.1 蛋奶冻

蛋奶冻是一种用鸡蛋增稠的液体。当蛋奶冻被煮制时，鸡蛋中的蛋白质会结合在一起，使液体更加浓稠。一般来说，所使用的液体是一种乳制品——牛奶、奶油或两者的组合。制作蛋奶冻时，必须非常小心，既要将鸡蛋煮熟，直至蛋白质互相结合，也要避免煮得过熟。

蛋奶冻有三种基本类型：烘焙型蛋奶冻；搅拌型蛋奶冻；煮制型蛋奶冻。

烘焙型蛋奶冻

这是最常见的蛋奶冻类型。其代表有芝士蛋糕、南瓜派、焦糖布丁和法式烤布蕾等。

烘焙型蛋奶冻是由液体混合物、鸡蛋和调味品混合制作而成的。这种液体混合物可以是乳制品也可以是非乳制品，例如南瓜泥。调味品（如糖、香草、香料、巧克力、草药或水果）一般和鸡蛋同时添加入液体混合物中，也可以先于鸡蛋加入，或是在鸡蛋搅拌均匀后再加入。

根据配方将热牛奶添加到蛋液中。如果一次性将所有热牛奶都倒入，蛋液会很快被煮熟，因此一次最好只添加1/3热牛奶，并不断搅拌，既提高温度，又不至于将蛋液煮熟。随后再将剩下的牛奶添加到蛋液混合物中去。这就是所谓的温控，即缓慢提高蛋液的温度，避免煮熟。

基础烹饪技术 烘焙型蛋奶冻

1. 预热烤箱至350℉，将一半的糖加入牛奶中，用中火或大火加热。
2. 将剩下的糖和鸡蛋在碗中混合。
3. 将1/3的热牛奶倒入糖和鸡蛋的混合液中，不断搅打。
4. 加入剩余的牛奶，用细孔滤网过滤混合物。
5. 将蛋奶冻倒入耐热容器中，并放置在烤盘中。
6. 在烤盘中注入热水形成热水浴，将烤盘放置入烤箱。
7. 烘烤成型。成型的蛋奶冻呈固态，且在移动时会轻轻抖动。
8. 将容器从热水中取出，转移至薄底盘上，冷藏。

搅拌型蛋奶冻

搅拌型蛋奶冻所含成分几乎和烘焙型蛋奶冻相同，两者的区别只在于制作方式不一样：搅拌型蛋奶冻不是在烤箱中烘焙，而是在明火上低温加热。控制煮制过程及其最高温度至关重要。

对于烘焙型蛋奶冻来说，温度的控制主要是通过保持烤箱低温运转和在水浴中煮制蛋奶冻来实现。而搅拌型蛋奶冻则需要在加热时不断搅拌，一旦火候到了，应立即停止加热。在熬煮过程中，浓度会发生变化，液体渐渐变得粘稠。当蛋奶冻能在汤匙背后挂糊时，即可以停止煮制。离火之后应将煮制好的蛋奶冻立即放入冰水浴中冷却。

英式香草蛋奶冻是一种经典的搅拌型蛋奶冻，可用作冰淇淋和慕斯的基础成分，也可以单独用作甜品酱，淋在蛋糕或水果表面。

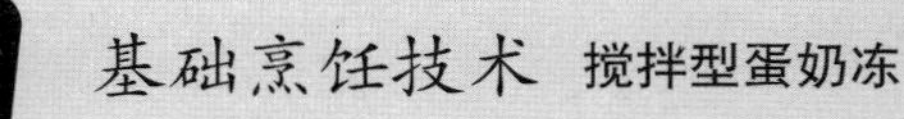

搅拌型蛋奶冻

1. 将一半的糖加入牛奶中，用中火或者是大火加热。
2. 将剩下的糖和鸡蛋在碗中混合。
3. 将1/3的热牛奶倒入糖和鸡蛋的混合液中，不断搅打。
4. 加入剩余的牛奶。
5. 用小火或者中火加热平底锅，并用木勺不断搅拌。
6. 测试蛋奶冻的浓度。如果可以在木勺背面挂糊，证明蛋奶冻已经成型。
7. 迅速离火，用细孔滤网过滤。
8. 将蛋奶冻放在冰水浴中，并不时搅拌，使其快速均匀地冷却，然后放入冰箱冷藏。

煮制型蛋奶冻

煮制型蛋奶冻和烘焙型、搅拌型蛋奶冻的成分也是基本一致的，但它还另含有一种淀粉。当面粉或玉米淀粉等增稠剂被添加到蛋奶冻中时，它被称作糕点奶油。通过加入淀粉，使得这种蛋奶冻比其他类型都要浓稠，沸点也更高。事实上，加入淀粉后，需要将蛋奶冻煮沸并持续一分钟，以消除淀粉活性，去除生淀粉味儿。煮制型蛋奶冻主要应用于奶油派馅料的制作。

基础烹饪技术 **煮制型蛋奶冻**

1. 将一半的糖加入牛奶中，用中火或者是大火加热。
2. 将剩下的糖与玉米淀粉、鸡蛋在碗中混合。
3. 将1/3的热牛奶倒入糖和鸡蛋的混合液中，不断搅打。
4. 加入剩余的牛奶，继续搅拌。
5. 加热该混合物，不停搅拌至沸腾。
6. 保持煮沸状态1分钟，并且持续搅拌。
7. 将蛋奶冻倒入浅底锅中。
8. 蛋奶冻表面用保鲜膜覆盖，放入冰箱冷藏。

蛋奶冻				
蛋奶冻类型	**基础成分**	**增稠剂**	**煮制方法**	**用途**
烘焙型	牛奶 / 糖 / 鸡蛋	鸡蛋	水浴加热	布蕾酱 / 焦糖酱 / 蛋奶冻派
搅拌型	牛奶 / 糖 / 鸡蛋	鸡蛋	文火煮制	英式酱 / 冰淇淋基质
煮制型	牛奶 / 糖 / 鸡蛋 / 玉米淀粉	鸡蛋 / 玉米淀粉	明火煮制	甜点酱 / 奶油派馅料 / 舒芙蕾

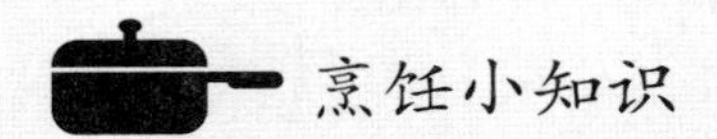

韩国的烹饪艺术

韩国是一个亚洲国家，位于一个从中国大陆向日本伸出的半岛上。虽然韩国菜与中国和日本都有一定的渊源，但它仍有着独特的烹饪风格。

最知名的韩国料理大概要数泡菜，常被用作炖菜、汤和米饭的配料，由各种调味料与发酵蔬菜制成。蔬菜通常包括大白菜，也有萝卜、葱和黄瓜。调味料则可能包括辣椒、姜、大蒜、发酵鱼或虾酱。韩国人通常将泡菜作为配菜来吃，并认为没有泡菜的饭菜是不完整的。

韩国的主菜通常都有配菜或小菜。2～11个小菜中，最受欢迎的当然是泡菜，且一餐中可以有几种不同的泡菜。其他种类的小菜还包括蒸、炒或腌制的蔬菜，季节性汤汁炖牛肉，咸煎薄饼，蒸鸡蛋，辣酱炒小章鱼等。这些分量很小的小菜被放在桌子中间，供用餐者分享，并根据需要随时补充。一顿饭越正式，小菜的数量就越多。

拌饭是韩国特色菜。它的意思是“混合饭”，其实是在一碗热饭上铺满炒好的蔬菜和辣椒酱，且通常还会在蔬菜上打上一个生鸡蛋或放一片牛肉。如果你想增加拌饭的辣度，还可以额外多放些辣椒酱。

另一道韩国招牌菜是烤牛肉。牛肉在烤制前会先切片并腌制，烤熟后，再配上生菜叶和浓稠的辣椒酱或大蒜酱卷食。

研究

研究泡菜的种类和健康益处。找到泡菜的来源，并把它作为你研究的一部分。如果你能找到原料，可以考虑制作一种泡菜。

16.2.2 慕斯

慕斯是在巧克力或果泥等调味基料中混入空气而制成的。慕斯（MOUSE）一词来源于法语，意思是“松软的”。往食物中加入空气，指的是使食品充分地暴露在空气当中。增氧化使得慕斯的口感变得非常轻盈、细腻。

慕斯可以单独成为一道甜品，也可以用作蛋糕或其他甜点的馅料。慕斯只是充气甜品中的一款，其他类型的充气甜品包含大多数类型的冷冻甜点，例如冰淇淋和果汁冰糕。

慕斯和其他充气甜品由四种基本成分组成：调味基料、鸡蛋泡沫、明胶和搅打好的奶油。通过改变这些成分的种类和添加量，可以获得不同风味和浓度的慕斯。

- **调味基料** 调味基料赋予慕斯和其他充气甜品以特殊风味。如水果慕斯以果泥为调味基料。巧克力慕斯则使用融化的巧克力（有时候是可可粉）为调味基料。搅拌好的蛋奶冻也可以作为慕斯的调味基料。蛋奶冻又可以使用果泥、巧克力、香料或坚果来调味。

- **鸡蛋泡沫** 慕斯利用鸡蛋泡沫来形成酥松的气泡结构。蛋白或蛋黄均可制作。鸡蛋泡沫应加热到140℉，以保证食品安全。蛋黄泡沫可制作萨芭雍（意大利有名的甜点，由搅打后的蛋黄泡沫混合砂糖制成）。蛋白泡沫则可制作蛋白饼（蛋白泡沫和砂糖搅打后制成）。由于与蛋黄泡沫相比，蛋白泡沫中更易混入空气，所以蛋白泡沫制作的慕斯比用蛋黄泡沫制作的要轻一些。有些配方，例如巧克力慕斯，则既使用了蛋黄泡沫，又使用了蛋白泡沫。

- **明胶** 绝大多数配方需要使用明胶来稳定慕斯，以保持形状。明胶添加到慕斯中之前，应先浸泡在冷水中，完全融化。一般在添加鸡蛋泡沫之前，将其添加到调味基料中。

- **搅打后的淡奶油** 作为制作慕斯的最后一步，搅打好的淡奶油要加入慕斯中。奶油应该打发到软泡阶段，并轻轻地融入，避免因搅拌过度而导致奶油油水分离。

以下是四种不同类型的常见充气甜点：

- **水果慕斯** 将明胶、香料与果泥混合，然后再加入鸡蛋泡沫和鲜奶油制作而成。

- **巧克力慕斯** 将鸡蛋泡沫和搅打好的淡奶油加入融化后的巧克力中制作而成。它最显著的特点就是不使用明胶，因为巧克力中的可可脂起到了稳定剂的作用。

- **舒芙蕾** 将鸡蛋泡沫加入蛋奶酱中，舒芙蕾在烘焙时就会显著胀发。舒芙蕾可以是甜味的（巧克力、橙子、柠檬和覆盆子是最常见的口味），也可以是咸味的（通常添加芝士）。舒芙蕾出炉后很快就会塌陷，所以出炉后最好立即食用。

- **巴伐利亚蛋奶冻** 除了没有任何的鸡蛋泡沫，跟慕斯一样，巴伐利亚蛋奶冻由搅拌好的蛋奶冻（香草味）、果泥或两者的结合物制成。明胶加入到调味基料中后，再小心地慢慢加入搅打后的奶油。巴伐利亚蛋奶冻的制作方法比慕斯更简单，但更浓稠，也更不透气。

16.2.3 冷冻甜点

冷冻甜品包括的种类繁多，它们与慕斯类似，通过混入空气而获得特殊的口感。这种口感也跟用在甜点中的各种成分息息相关。以下是五种最常见的冷冻甜点：

- **花岗岩甜点** 花岗岩甜点由风味性水样基底构成，在刚刚开始冻结时不断搅拌基底，然后将冷冻的基底刮造刨冰的模样。它含有很大的冰晶体，可以是果味的也可以是糖浆风味的。

- **果汁冰糕** 由风味性冷冻基底和空气在冰淇淋机中混合而成，拥有果味的基底而无蛋乳成分。基底开始冻结时，空气被凝结在内部结构当中，形成光滑的奶油质地。花岗岩甜点和果汁冰糕通常在多道菜之间食用，以使味觉清爽。当然，它们也可以作为装饰甜点的组成部分。

- **冰冻果子露** 作为果汁冰糕的一个演化品种，冰冻果子露的制作方法与之相似，但在其中加入了蛋白糖，以进一步增氧。

- **冰淇淋** 冰淇淋是由一个含气的乳制品基底在冰淇淋机中制作而成。因为基底中含有乳制品，冰淇淋比花岗岩甜点、果汁冰糕、冰冻果子露都要更厚重和浓稠一些。冰淇淋可以用英式香草蛋奶冻或甜牛奶和淡奶油制成。除了用勺子或甜筒盛装外，它还可以夹在饼干之间，或被塑造成蛋糕或其他形状。奶昔和冰淇淋苏打水是它的其他食用形式。

- **冻奶糊和冰冻舒芙蕾** 冰冻的慕斯被称作冻奶糊或者是冰冻舒芙蕾。两者都依靠对鸡蛋泡沫和淡奶油进行搅打来充气。

冷冻甜点的质地——硬度、柔韧度、光滑性和黏性——非常重要。其中，硬度主要受两个因素的影响：

含糖量大概是影响冷冻甜点硬度的诸因素中最重要的。糖分可以降低水的凝固点。配方中的糖分用量越多，冷冻甜点会越柔软，凝固点可低至32℉。例如，如果你做了一个果汁冰糕，其成品又硬又脆，你可以把它融化，增加糖分，然后在冰淇淋机里重新加工。另一方面，如果冰糕太软，你也可以将其融化，增加果泥的量（或者干脆加水），然后放入冰淇淋机里再加工。增加的果泥或水可以稀释原有的糖分，让冰糕在较高的温度下冷冻。

含气量是另外一个影响冷冻甜点硬度的因素。含气量越大，甜点的口感越轻柔。冰淇淋制作机运转速度越快，其产品的含气量也越低。相同配方的花岗岩甜点，如果是手工搅打的，通常口感都会比用冰淇淋机加工的成品更密实、更粗糙。

基础烹饪技术 冰冻舒芙蕾

1. 首先用一个纸筒环绕做成一个蛋糕杯。
2. 将淡奶油搅打至非常柔软膨松的状态。
3. 将水和糖在酱锅里混合均匀，将边缘的砂糖结晶体清洗干净。煮沸糖液。
4. 将蛋白放在一个干净的碗内打发。
5. 当糖液的温度达到240℉时，熄火，将打好的蛋白倒入、混合。
6. 搅打蛋白和糖液的混合物，直至其降低至室温，形成蛋白糊。
7. 将果泥添加入蛋白糊中。将搅打好的淡奶油添加入蛋白糊中。
8. 将蛋白糊填充进入准备好的蛋糕杯。
9. 冷冻过夜。
10. 去除蛋糕杯，表面用糖粉装饰，即可出品。

小测验

概念复习

1. 蛋奶冻有哪三种类型？
2. 慕斯的四种基本成分是什么？
3. 影响冷冻甜点硬度的两个主要因素是什么？

发散思考

4. 制作蛋奶冻的时候，控制蛋液温度的目的是什么？
5. 萨芭雍和蛋白饼有什么区别？

6. 花岗岩甜点和果汁冰糕的区别是什么?

7. 果汁冰淇淋和冷冻果子露的区别是什么?

厨房实践

将所有成员分成三个小组，根据同一份配方制作蛋奶冻。第一组只使用蛋黄泡沫，第二组只使用蛋白泡沫，第三组使用全蛋泡沫，每组用蛋量一致。请比较三种蛋奶冻的质地和风味。

烹饪小科学

调查早期手工冰淇淋从业者的制作方法，研究他们怎么确定液体温度已冷却至可以制作冰淇淋的程度，以及他们是如何充气的。将这些问题与现代家庭电器化制作冰淇淋的过程进行比较。

16.3 饼干和蛋糕

16.3.1 饼干和蛋糕的基本成分

饼干和蛋糕的特征在一定程度上取决于它们的用料。每一种用料都会对成品的风味和口感有所贡献。饼干和蛋糕通常会用到以下四种基本用料:

- **面粉** 面粉中的面筋赋予饼干以网状结构，同时也提升了饼干的风味和营养价值。蛋糕配方中一般使用的是蛋糕粉，其蛋白质含量相对较低，可避免面筋在蛋糕中胀发过度，导致蛋糕质地坚硬。
- **鸡蛋** 鸡蛋主要帮助形成网状结构和提供水分。
- **糖** 糖是主要的调味剂，焙烤时可发生焦糖化反应，还有助于饼干在焙烤时胀发。
- **油脂** 油脂可以适当地增加水分，使得成品的质感更轻柔，口感更好。

以下成分也经常出现在饼干和蛋糕中:

- **酵母** 饼干和蛋糕中使用的化学发酵剂包含烘焙用小苏打和泡打粉。
- **调味剂** 饼干和蛋糕中可使用的调味剂几乎是无限的。萃取物是一种在不改变配方的情况下调味的简单方法，如柑橘皮可以为成品添加柠檬或橙子的风味。你也可以使用坚果、香料、巧克力片和水果等作为调味品。
- **装饰品** 装饰品除了使得饼干和蛋糕更具吸引力以外，也能增加其风味，改善其质地。可以在焙烤之前将其添加到饼干面团或面糊中，也可以在烘烤完成之后作为表面装饰物点缀。装饰品包含巧克力碎、坚果、糖果、干果、橘皮、糖霜、巧克力酱或是回火的巧克力。

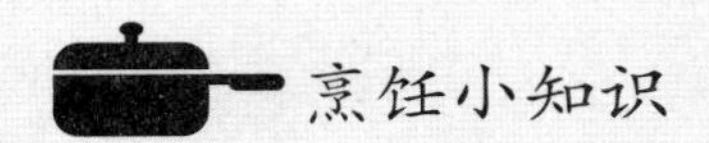

朱莉娅·查尔德

关心烹饪和饮食的人可能都知道朱莉娅·查尔德。她与两位法国作者合作撰写了《掌握法国烹饪艺术》一书，这本书将法国烹饪艺术引入美国主流社会。在那之后，她又在1963年推出了一档电视节目《法国厨师》（The French Chef），很快就大获成功。直到20世纪90年代，她仍致力于发表烹饪类文章，并在各种节目中教授烹饪。

如果不是因为近1.88米的身高，人们可能根本不会知道朱莉娅·查尔德是谁，她也可能永远不会掌握法国烹饪或在烹饪类电视节目中担任嘉宾。

朱莉娅·查尔德出生于1912年。第二次世界大战开始时，她已近三十岁。她很想加入女子陆战队或美国海军陆战队的志愿服务，但都因身高太高而被拒。后来，她加入了刚成立的美国情报机构战略服务办公室（OSS，中情局的前身）。由于她的受教育经历、经验和智慧，她很快承担起作为一名绝密研究员的责任，被派往锡兰（即斯里兰卡），并在那里遇到了保罗·查尔德——她后来的丈夫。

保罗·查尔德曾在巴黎生活过，婚后，夫妇俩被派往巴黎，法国美食从此向朱莉娅打开了大门。她想为保罗做法国菜，但无从着手。为此，她进入著名的法国烹饪学校——蓝带（Le Cordon Bleu）学习。不久，她就开始教那些在巴黎的美国妇女如何烹饪法国食物。之后，她又加入了一个女性烹饪俱乐部，在那里她遇到了两位法国女性——西蒙·贝克和路易塞特·贝托勒，她们当时正在撰写一本教美国女性如何烹饪法国食物的书，巧的是，她们也正在寻找一位美国人，以帮助她们完成这本书，使它更能吸引美国人。接下来发生的一切，就都是历史了。

研究

组成一个小组，并从《掌握法国烹饪艺术》一书中选择一款食谱，将其与另一本食谱中的同一道菜的食谱相比较，并分别按这两个食谱烹饪出菜肴。讨论菜肴和食谱中的差异，并说明你更喜欢哪道菜。请解释原因。

16.3.2 饼干的种类

饼干有3种主要类型：滴落型饼干，条状型饼干和擀制型饼干。

滴落型饼干

最常见的饼干类型是滴落型饼干。它是由质地偏硬的面团或面糊经过薄底烤盘塑形而成。首先铲一勺面团，将其滴落在薄底烤盘上，然后烘烤使其成型。这种类型的饼干，其配方中的脂肪含量都较高。脂肪在烘烤过程中融化，使饼干最终成型。滴落型饼干的口感是酥脆还是有嚼劲，取决于其成分和烘焙时间。最常见的滴落型饼干是巧克力饼干和燕麦饼干。

下面是滴落型饼干的三种特殊类型：冷藏型饼干、挤注型饼干和模板型饼干。

- **冷藏型饼干** 圆柱形面团通过冰箱冷藏后，再切片烘烤，即为冷藏型饼干。这种类型的饼干是批量生产的理想选择。如果圆柱形面团切片后的重量和直径一致，厚薄也一致，那就能确保每片饼干都大小一致，烘焙均匀。冷冻的饼干面团应该迅速切片，并放在薄底烤盘上。如果包装得当，冷冻饼干面团可以在冰箱里保存2～3个月。
- **挤注型饼干** 这种饼干是通过裱花袋将软质面团挤注而成，不同裱花嘴可以塑造不同花纹及形状。裱花嘴的大小需根据面团的浓度来选择。整齐划一的标准挤注对于做好这个饼干是至关重要的。瑞士饼干、手指饼干和马卡龙都是挤注型饼干的代表。
- **模板型饼干** 精致的威化饼干是用面糊制成的，面糊可以铺得很薄，烘烤时不会变形。可以将面糊倒入烤盘中，利用模型来获取特殊形状，当然也可以不用模型，徒手在烤盘中勾勒面糊的形状。这种类型的饼干，其成分各不相同，但配方中通常含有高比例的糖和鸡蛋，面粉用量则很小。模板型饼干烘烤迅速，从烤箱中取出之后，还可以趁热继续卷制、弯曲、缠绕在其他物体上，形成不同形状。法式薄脆是一种较流行的模板型饼干，经常被用作可食用容器或是冷冻甜点、慕斯、蛋奶冻的绝佳搭配。

条状型饼干

条状型饼干是由软质面糊制成的，在焙烤前铺入烤盘中。焙烤之后，条状型饼干被切分成单个饼干。有些品种，例如柠檬条，会根据所含成分不同而分层。尽管条状型饼干一般情况下保持期较短，但却很受欢迎，因为它们可以根据喜好分装成不同的尺寸和形状。

二次烘焙的饼干是一种特殊类型的条状型饼干。饼干面团被制作成大圆木形状，然后进行焙烤。烘烤完成后，将饼干切成片，再进行第二次烘烤，以获取非常酥脆的口感。由于脂肪含量低，这种类型的饼干保质期通常很长。意大利饼干是最常见的二次烘焙饼干，口感非常酥脆，通常蘸上巧克力酱食用，风味更佳。

擀制型饼干

擀制型饼干是将硬质面团擀制平整后，用饼干切割器切分成各式各样的形状焙烤而成。你也可以用锋利的刀尖自由创作。这种类型的饼干因为形状各异而非常亮眼，装饰可能性也很多样。然而，它们也是最具挑战性的饼干类型之一，因为在焙烤过程中饼干的形状很难完全保持不变。这种类型的饼干通常口感酥脆，有些很有嚼劲，有些则较柔软。

压制型饼干是擀制型饼干的一个变化品种，由硬抽面团手工造型而成。面团的成型方式可以是盖章、摁压，也可挤注到模具中。制作这种类型的饼干，面团一定要非常耐高温，以防止焙烤过程中变形。很多压制型饼干都有国际通用的模具，有各种形状和大小，通常用木头制成。面包店和甜品店常在特殊的节假日售卖这些传统品种。

16.3.3 饼干的制作

除非配方中另有说明，饼干的大部分原料在混合前应于室温下（70℉～75℉）保存。冷藏的原料（例如黄油、鸡蛋和牛奶）在添加之前应先恢复到室温，因为搅拌过程中，冷藏原料容易导致面团油水分离，面团内部成分的浓度就很难保持一致。

精确地称量原料是良好焙烤效果的保证。秤可以提供最精确的称量结果。

准备饼干烤盘

烘烤均匀、大小一致的曲奇饼干需要使用特定烤盘。大多数烘焙师在混合面团之前都会准备好烤盘。

- **选择烤盘** 扁平的、标准大小的薄底烤盘适合大多数饼干的制作。脂肪含量高的饼干很容易褐变，所以烘烤时一般采用两层薄底烤盘堆积的方法，称为双盘装。双层烤盘提供了一个很好的绝缘体，使得烤盘底部可以缓慢升温。准备制作条状饼干时，请按照配方要求选用特殊大小的烤盘。因为只有烤盘的面积合适，饼干才能均匀受热，最终达到所需的厚度。
- **准备烤盘** 烤盘中一般垫有硅油纸或者是烘焙用硅胶垫。烘焙用硅胶垫是用来焙烤饼干的理想材料，既提供不粘层，又能承受高达500℉的烤箱温度，还可以重复使用，经济实惠。尤其是模板型饼干，在烘焙用硅胶垫上焙烤，效果最佳。至于条状型饼干，最好使用硅油纸，纸延伸到烤盘的两侧像两个把手一样，这样当冷却后，整个条状型饼干可以完好地取下来。如果配方要求给烤盘刷油，可以使用烘焙用油脂喷雾器轻轻地往烤盘表面喷洒，或用干净的纸巾给烤盘轻轻刷上油。
- **烤盘的温度控制** 切勿将做好的饼干面团放置在热烤盘或是烘烤之后的烤盘上。未进入烤箱之前，烤盘的温度应与室温持平。如果烤盘是热的，饼干面团在焙烤前就会开始融化，这会导致面团过度扩展，形状破坏。

混合饼干面团的两种方式

饼干最终成品的质地、形状和结构主要取决于面团混合的方式。以下是两种常见的饼干面团混合方法：乳化法、发泡法。

- **乳化法** 很多饼干都是用乳化法制作的。如第15章中所讲述的那样，乳化意味着将所有成分混合在一起，直到它们变得光滑均匀。与那些需要较长的乳化时间以便加入空气的烘焙产品不同（如某些种类的蛋糕），饼干的乳化时间很短，以避免加入过多的空气（乳化时间长会导致发酵程度增加，从而使饼干变得像蛋糕一样轻盈而有空气）。

乳化时间短，可以防止饼干在烘烤过程中过于扩展摊开。如果面团太热以至于糊化、不成型，焙烤的时候就会黏在一块儿。但如果面团在进入烤箱前一直保持凉爽的温度，饼干就会以适当的速度扩展。要避免搅拌过度，否则会导致面筋扩展，从而使得饼干在烘焙过程中反而不能很好地扩展。饼干中含有的油脂成分在焙烤过程中能够帮助整个饼干面团很好地扩张膨胀。

基础烹饪技术 饼干的乳化法

1. 将糖和黄油放置到搅拌缸中。
2. 使用桨型搅拌头以中速搅拌，将所有的成分乳化均匀至完全光滑。
3. 逐次添加鸡蛋，每次添加前都应充分搅打均匀。
4. 需要的时候可以用长柄刮刀将搅拌缸边缘的物料刮下，使其充分搅拌。
5. 将干性物料一次性加入，以低速搅拌至完全混合。
6. 添加装饰料，搅拌至所有物料充分结合，但要注意不要搅拌过度。

- **发泡法** 可用于制作多种饼干，包括杏仁饼、马卡龙和玛德琳等。发泡法就是将鸡蛋和糖搅打至浓稠状且质地绵软。用它制作的饼干面粉用量较少，口感比乳化法制作的更具弹性。

基础烹饪技术 饼干的发泡法

1. 将糖和鸡蛋放入搅拌缸。
2. 采用打蛋器式搅拌头高速搅拌，直到混合物变得浓稠。
3. 加入干性物料以低速搅拌至完全混合。
4. 加入黄油，以低速搅拌至完全混合。
5. 需要的时候可以用长柄刮刀将搅拌缸边缘的物料刮下，使其充分搅拌。
6. 添加装饰料，搅拌至所有物料充分结合，但要注意不要搅拌过度。

饼干的成型

不同类型的饼干，其成型的技术也不尽相同。除了条状型饼干外，饼干的分量、形状和放在烤盘上的方式将决定它们的烘烤效果。

- **滴落型饼干** 使用合适大小的勺子来均分饼干面团，将其放置在烤盘垫上并使其平整。在保证配方一定的情况下，将每个小山包一样的生面团弄平，使其扩展均匀，且每个之间应保留1～2英寸的距离，以保证焙烤时有足够的空间使面团扩展。同时，要多均分几排小面团，以确保烤盘空间得到最大化利用。

- **冷藏型饼干** 将面团冷藏10分钟后，分割成容易处理的大小，放置在独立的烘焙用纸上，在尾部留2～3英寸的空隙，然后卷制包裹好，尾部的硅油纸收拢裹紧，使整个面团形成一个完整的圆条状。一旦有一边扁平化了，只需轻轻滚动便可使其复原。然后将其冷藏直至其变硬。

大多数冷冻面团在冷冻状态下可直接切分。切片的厚薄程度决定了烘烤之后的成品。薄片质地酥脆，厚片则更柔软一些。将切分好的面片均匀地摆放在烤盘中，注意个体间保留2～3英寸的间隙以使其有足够的空间扩展膨胀。冷藏型饼干面团可以在冰箱中保藏超过一个星期。如果想要获得更长的储存时间，可以适当地包装，贴好标签后冷冻起来。

- **挤注型饼干** 将面团装入裱花袋，选择合适的裱花嘴。当裱花袋内的面团已装满

1/3 ~ 1/2时，旋转拧紧裱花袋口密封，并挤压裱花袋排出空气。将裱花袋旋紧的部分牢牢地固定在一只手中，另一只手辅助裱花嘴操作。挤压时需注意技巧，保持均衡用力，以使饼干面糊被均匀地、大小一致地挤注到薄烤盘上。

挤注不同形状的饼干，需要采用不一样的角度：挤注星形、漩涡形饼干时，裱花袋应保持垂直；挤注直线形饼干时，裱花袋应保持一定的倾斜角度。每挤注一个饼干，用力都应大小一致，轻轻地下推，然后迅速地抬起裱花嘴。如果裱花嘴抬起的时间过迟，就会在饼干面糊上部形成一个凸起的小“尾巴”，烘烤时容易变焦。为了保持一定的间距，我们可以选取一个标准行作为模板。你可以在烘焙用纸的背面标注不同类型的图案来制作模板，饼干面糊则挤注到烘焙用纸的正面，以免被墨迹污染。

- **模板型饼干** 将模板放在薄烤盘中的硅胶垫上，然后往模板中央舀入一勺冷冻面糊，用小型铲刀抹平，直至整个模板都被面糊填满。这样可以使饼干烤得均匀。小心地将模板取出，刮掉多余的面糊。如果你喜欢徒手造型，可将面糊舀入薄烤盘中，用小型铲刀来自由造型。模板型饼干适用于小量生产，因为必须趁热进行包装或成型。
- **条状型饼干** 选择合适尺寸的烤盘，用橡皮刮刀将面糊铲制均匀，刮刀需保持几乎与烤盘表面平行的角度。刮平后的面糊，整体厚度应保持一致，如果这一步没有做好，导致面糊中部更厚，则稍薄的边缘和角落在焙烤时容易变干。
- **两次烘焙的饼干** 将面团放置在准备好的薄烤盘上，并将其制作成圆木状，用沾满面粉的手将边缘平整化。将整个面团烤制到表面变成金黄色，从烤箱中取出冷却10 ~ 15分钟。离炉的时候面团内部还是软的，并未完全成熟。如果配方中有特殊要求，也可以直接调低烤箱温度来冷却面团。用一个比较宽的铲刀将面团转移到干净的工作台面上，用锯齿刀将其沿对角线均匀分切为需要的薄片，放回烤盘，每片切面朝下，间距1/2英寸，均匀地排成一排。将烤盘重新放回烤箱，烤制到合适的松脆度即可。
- **图案型饼干** 擀制饼干面团时，一定要用冷面团。轧制之前准备好烤盘，这样就可以直接将饼干面团转移到烤盘上。将面团分成易于处理的大小。一次只取一份，剩余面团要用保鲜膜裹紧并冷藏。擀面时，如果面团柔软细腻不易操作，可把它放在两张硅油纸之间，方便擀面。如果擀制过程中面团过热，可以先放回冰箱继续冷藏降温。在切分这类型饼干面团的时候，下刀要快速有力，不然如果轻轻扭转切刀，饼干会立即变形。图案型饼干面片之间

基础烹饪技术 图案型饼干的制作

1. 在面团和操作台面的表面撒上生面粉，注意不要过量。
2. 将面团放置在操作台面上。
3. 从中间往边缘擀制面团，擀制成1/8 ~ 1/4英寸厚。注意常翻面以保证面团厚薄一致。
4. 切割面团或是利用饼干切割器来切分。将切刀边缘撒上生粉以防止跟饼干面团粘黏。为了最大限度地利用面团，每切割一个饼干紧挨着切割下一个。
5. 转移饼干面片到预先准备好的薄烤盘上，排成固定的行列，间距均匀。

可以不保留间距，因为它们在焙烤过程中几乎没有什么延展性。在制作不同大小和造型的饼干时，尽量选择大小一致的一块儿烘烤，以保证同等烘烤温度下效果更一致。

- **压制型饼干** 如果面团太软，无法保持形状，应将其重新冷冻至可以进行操作为止。手工将面团搓成大小一致的圆球状，放置在薄烤盘中，均匀地排成行。通常一个烤盘可以放置几行，间距2～3英寸。如果制作印戳型饼干，可以将面团调整好方向，用印戳工具逐一快速摁压面团。如果用模具来制作饼干，需先用锋利的小刀将面团切分成独立的小份，然后将其塞进成型模具，用擀面杖擀制几次，使得面团完全填满整个模具。快速干净地脱模后，压制型饼干就清晰地印上了模具的图案。

饼干的烘焙

饼干需经适当烘焙，才能获得想要的形状、大小、风味和质地。在将面团放入烤箱之前，要考虑以下几个因素：

- **烤箱温度** 烤饼干之前，应将烤箱预热至合适的温度，这样才能确保饼干烘焙的速度合适，且能够扩展到理想的大小，达到预期的质地、风味和颜色。烤箱一般需预热15分钟。
- **烤盘位置** 一般来讲，如果一次只烤一盘饼干，则将烤盘放置在烤箱的最中间，以便均匀地上色和烘烤。如果一次烘烤多层烤盘，则每两个烤盘之间至少应保持2英寸的间距，以确保热量循环均匀。
- **烘焙** 烘烤时间进行到一半时，应旋转烤盘，即原来朝内的那一面现在朝外，以便饼干的上色和焙烤可以更为均匀。当有多层烤盘同时进行烘烤时，不仅要调换烤盘的方向，还要调换烤盘的上下位置。这是因为相比于其他焙烤产品来说，饼干个头更小，含糖量又高，很容易烤焦。因此，在规定的烘烤时间达到之前要不断观察焙烤的情况。
- **检查焙烤熟度** 因为大多数饼干在转移到散热架之前都会继续停留在热烤盘中几分钟，所以哪怕已离开烤箱，它们还是会持续烘焙。考虑到这种情况，你可以选择在饼干烤制到尚未完全熟透前就将其取出烤箱。对大多数饼干来说，判断是否烘焙成熟的标准，是看它的底部和边缘是否已变成金黄色。应仔细研究不同配方中对于烘焙成熟的不同判断标准。
- **饼干的冷却** 饼干的冷却方法因配方而异。一般来说，你应该在烘烤结束后尽快把饼干从烤盘上移出，以防止其变焦。当然有些饼干因为太软很难迅速地转移，这种情况下可以直接在烤盘中冷却直到它凝结到可以移动时，再转移至散热架。模板型饼干一出炉时就应立刻进行造型。

成品饼干

成品饼干可以参与各式各样的食品服务。从又大又厚实的滴落型饼干到巧妙的装饰型饼干，饼干是许多宴会、招待会、宴会、自助餐和餐后甜点的重要组成部分。许多饼干一冷却就可以上桌了，但条状型饼干则需要切割，模板型饼干有时需要成型。你也可以为饼干撒上糖霜或抹上糖衣，或者制作夹心饼干。

- **条状型饼干的切割** 条状型饼干完全冷却后，将整个条状型饼干连同烤盘纸一起从烤盘中取出，放在干净的操作台面上。如果是上了糖衣或糖霜的饼干，切分前最好再冷冻一会儿，以稳固表面的糖霜或糖衣。切分时宜使用小而锋利的切刀，动作宜干净快速，每切分一次都应擦干净刀刃以便进行下一次切割。

- **饼干上糖衣或撒糖霜** 饼干焙烤后上糖衣或糖霜的方式有很多种。为了避免浪费，可将饼干紧挨着排放在散热架上，置于烤盘中。可以采用挤注的形式，将糖衣或糖霜均匀地铺在饼干表面以获得理想的外形，也可以随意地喷洒糖霜或糖衣到饼干表面。还有一种技术是采用小铲刀将糖霜或甘纳许涂抹到饼干表面，或直接将饼干蘸到融化的巧克力或热甘纳许中来获得糖衣的效果——蘸酱时，让多余的巧克力酱和甘纳许沥干到碗里，然后将底部多余的蘸酱刮掉，将上完糖衣的饼干放置在散热架上直到定型。

- **模板型饼干的造型** 将热饼干覆盖在不同类型的模具上，可获得不同的造型，实现模板型饼干的造型。例如，要做一个容器饼干，你可以将饼干罩在倒置的杯子上来成型。模板型饼干造型的前提是，饼干必须是温热的，且足够柔软，才能完成造型而不至于碎裂。

- **夹心饼干** 往两片饼干中添加一层馅料或冰淇淋，即可制成夹心饼干。用以制作夹心饼干的饼干必须大小厚薄都完全一致，馅料要足够多，以便两片饼干能够粘结紧密。两片饼干合在一块儿时，馅料常会外溢，应用小型铲刀将馅料抹平。

饼干的食用和储藏

饼干是餐后甜点的重要组成部分，一般搭配热饮和冰牛奶食用，但也可以和冷冻甜点、慕斯和蛋奶冻搭配。饼干酥脆的口感与甜点中绵软的奶油形成了鲜明对比。

作为多种物质的结合体，例如冰淇淋、热巧克力酱、打发后的奶油以及松饼，餐后甜点给予了厨师们巨大的发挥空间来设计制作独具风格的甜点。尽管风味迥异，质地和温度要求也不一致，但餐后甜点的这些成分都是相辅相成的。冰淇淋、巧克力酱、打发后的奶油和松饼，这些听起来不过是制作一个圣代的普通成分，但如果将之完美地组合，就可以创造出一款独一无二的甜点。

保存饼干的最关键步骤是一定要将饼干先放在散热架上彻底冷却。因为饼干含糖量高，糖分很容易吸湿，如果没有放在密闭容器中，在室温下饼干很快就会回潮或黏在一块儿。

为了防止压碎，每层饼干最好都用烘焙用纸分隔开。预制的条状饼干需要独立包装。大多数饼干在冷冻条件下可以保存2～3个月。饼干应该用冷冻塑料袋或密封盒包装好。把饼干放进冷冻室之前，记得在包装外面贴上标签，注明生产日期。

16.3.4 蛋糕的制作

在搅拌开始之前，按比例适当地准备好制作蛋糕所需要的全部配料，是非常重要的。

准备烤盘

大多数蛋糕师在搅拌蛋糕面糊之前都会先准备好蛋糕烤盘。蛋糕可以在各式各样的烤盘中焙烤，包括面包盘、管状盘、圆盘、方形盘，以及使用新材料如硅胶和特殊纸制模具的平底锅。

对大多数类型的蛋糕来讲，烤盘的准备至关重要，因为如果没有烤盘，你将很难在不破坏蛋糕体的情况下将其从烤盘中完整取出。

大多数蛋糕烤盘都要事先涂油和撒粉。将黄油或起酥油用刷子轻轻刷在烤盘表面，要确保整个烤盘都涂抹均匀。涂油之后在烤盘表面撒上少量面粉，轻轻摇动烤盘以使面粉均匀分布。如果是蛋糕专用烤盘，也可直接使用烘焙用纸。

搅拌方法

对任意一款蛋糕的制作来说，将所有干性原料过筛都是很重要的，且可以帮助它们更好地结合。更重要的是，过筛可以清除面粉中的硬块。

不同的搅拌方法对成品的质地和密度有很大影响。你所选取的搅拌方法也可能影响到配方中的特殊原料成分。蛋糕制作中常见的三种搅拌方法为：乳化法、热发泡法和冷发泡法。

- **乳化法** 是制作蛋糕面糊最简单的方法之一，与制作饼干面糊的乳化法类似。乳化法制作的蛋糕比其他蛋糕质地更密，个体更松软。通过乳化，空气被混入油脂中，形成了烘焙之后均匀的孔状结构。在烘烤过程中，滞留的空气会轻微膨胀，有助于蛋糕膨发。

在乳化法中，可以先将糖和脂肪（黄油）一起搅拌至松软发泡。乳化好糖油混合物之后，一点一点酌量加入鸡蛋，以防止油水分离，破坏乳化效果。

鸡蛋从冰箱拿出来后不能立即使用，因为这样会导致糖油乳化物降温，延长乳化时间。一旦加入鸡蛋，就应该加入面粉然后继续搅拌均匀。不要过度搅拌面糊。

- **热发泡法** 海绵蛋糕是典型的用热发泡法制作的蛋糕，其轻柔、棉花一样的口感归功于在添加其他物料前，先将空气混入了鸡蛋中。因为鸡蛋能够锁住大量的空气，故用热发泡

基础烹饪技术 热发泡法

1. 准备烤盘，预热烤箱。
2. 干性原料过筛，将鸡蛋和糖搅拌混合均匀。
3. 将蛋糖混合物放置在水浴烤盘中，一边加热一边搅拌蛋糖混合物。
4. 当混合物温度达到110℉即停止加热。
5. 用搅拌机高速搅拌混合物5分钟，然后再以中速搅拌10～15分钟。
6. 分次少量加入干性原料，并且仔细混合均匀。
7. 先在一小部分面糊中混入油脂，然后将混合物倒回剩下的面糊中混合。
8. 将面糊放入烤盘，然后送入烤箱。
9. 烤完后将蛋糕从烤盘中取出，并放置在散热架上冷却。

法制作的蛋糕比其他方法制作的蛋糕密度小得多。

搅拌糖和鸡蛋的混合物可以加速糖的溶解，破坏鸡蛋中蛋白质的稳定结构，能使混合物中混入更多的空气，在焙烤的时候充气更充分。当温热的糖和鸡蛋混合物在搅拌器中高速搅拌时，它的体积最大可以膨胀至原来的4倍，颜色变得很浅，质地却更紧实。这就是鸡蛋泡沫对于热发泡法非常重要的原因所在。

当鸡蛋泡沫膨发到最大体积时，将搅拌器调至中速继续搅拌15分钟。这个步骤称为稳定化。经过最初的高速搅打，泡沫中的空气以或大或小的气泡形式存在。在稳定化的这一步，持续搅打可以让大气泡变小。这就为效果更好的成品质地提供了可能。

鸡蛋混合物质地稳定之后，可手动加入干性原料，添加时宜分次少量，且需小心，以免破坏泡沫结构。最后再轻轻倒入少量液态油，这是因为液态油会加速泡沫的分解，故应最后加入。

- **冷发泡法** 天使蛋糕是典型的采用冷发泡法制作的蛋糕，其面糊是以蛋白饼干的面糊为基础的。蛋白面糊中混入了大量空气，使得整个面糊结构松软、轻柔。天使蛋糕一般偏甜，这是因为高含糖量可以帮助稳定蛋白面糊的结构。

制作天使蛋糕面糊的方法与制作蛋白饼干面糊类似，先搅打蛋白，然后慢慢加入一部分糖。当面糊搅打至完全膨松阶段，再加入蛋糕粉和剩余的糖。区分天使蛋糕和其他蛋糕的一个关键步骤，是烤盘无需刷油，因为这种面糊必须粘附在烤盘上来冷却，否则容易损坏。将面糊全部倒入烤盘中，用小刀或刮板去除其中的大气泡。焙烤之后，冷却时需倒置整个烤盘，以免蛋糕塌陷。

蛋糕的焙烤

无论采用何种搅拌方式，蛋糕制作的最后一步都是烘焙。所有蛋糕都是精致易碎的混合物，因为搅拌过程中混入了空气。如果搅拌完成后没有及时烘烤，那么在面糊凝固之前，空气就很容易逸出，这会使得蛋糕烤出来非常不平整。

开始制作蛋糕之前，一定要将烤箱预热到所需的温度。大多数蛋糕的烘烤温度控制在350℉～400℉，当然薄片状蛋糕有时需选择稍微高一点的烘焙温度。烘焙过程中应避免中途打开烤箱门，因为冷热空气带来的温差会导致蛋糕塌陷。

辨别蛋糕的烘焙熟度有多种方式。第一个也是最简单的方式就是观察蛋糕表面是否出现特有的金黄色。因为大多数蛋糕配方含糖量较高，它们会在焙烤过程中发生焦糖化反应而变色。第二个方式是，蛋糕烤好后，观察它是否跟烤盘底部分离，形成一个小沟壑（天使蛋糕例外）。如果这两种方法都不太明显，还可以用手指轻摁蛋糕顶部，应该会立即出现一个小凹槽。如果凹槽没有立即回弹，则应继续焙烤。最后的一种测试方法，是用叉子或削皮刀戳进蛋糕中央，提起来后，如果表面仍是干净的，无蛋糕糊粘附，则说明蛋糕已烤好。

蛋糕一旦烤好，就应该脱模。可将烤盘倒置于散热架上，如果烤盘事先已均匀刷油，烤好的蛋糕就可以很容易脱离烤盘。蛋糕继续留在烤盘中冷却的话，很可能会因水蒸气的作用而导致底部潮湿，并黏在一起。如果出现这种情况，可用削皮刀轻轻划开烤盘边缘，取出蛋糕。蛋糕完全冷却后，就可以填馅或进行装饰，然后食用。当然，蛋糕也可以包装起来冷藏备用。

16.3.5 蛋糕的填馅、装饰和出品

几乎所有类型的蛋糕都可以制作成夹心蛋糕。蛋糕烤好冷却后，可根据需要水平切分成薄片。馅料通常均匀地涂抹或挤注在两层蛋糕薄片之间。接下来就需要给蛋糕上糖衣了。蛋糕上完糖衣，即意味着蛋糕已完成装饰，可以立刻食用。

蛋糕的填馅

如果有必要，可以用长锯齿刀将蛋糕切成片，并尽量使每片切片厚薄均匀。如果是海绵蛋糕，还可以在蛋糕切片上刷上风味糖浆。糖浆是等量的糖和水的混合物，通过煮沸的方式获得的结晶。在蛋糕切片上刷糖浆，既能增加蛋糕的水分，又能提升其风味。然后将馅料（如果酱、奶油、巧克力酱、慕斯或其他馅料）均匀地铺到蛋糕切片上，每一片蛋糕切片都重复这些步骤（最顶层的切片除外）。这样，蛋糕成品就制作好了，可以包装冷藏或是冷冻备用。

果子奶油蛋糕是源自中欧的典型的分层蛋糕。这种蛋糕通常不使用面粉或含量极少，多用坚果粉、糖、鸡蛋和调味品来替代。果子奶油蛋糕多以黄油酱、慕斯、果酱和新鲜水果作为馅料。最著名的一款果子奶油蛋糕是奥地利萨赫蛋糕，传统上由巧克力海绵蛋糕打底，每层蛋糕中间以杏仁果脯填馅，用巧克力糖霜做整体淋面处理。

德国的林茨果酱蛋糕是另外一种很有名的分层蛋糕，主要以面粉、黄油、蛋黄、柠檬皮、肉桂和坚果碎（一般是榛子）为原料。这款蛋糕的显著特征是面团上覆盖了覆盆子或红醋栗果酱，果酱外面是点心格子造型。

糖霜

蛋糕上的糖霜有四方面的功用：其一，可提高蛋糕的吸引力；其二，可锁住蛋糕的水分，不让蛋糕干裂；其三，可给蛋糕增加额外的味道和不同的口感；其四，如果将糖霜作为蛋糕薄片之间的填馅来使用，可获得出人意料的风味和质地。

黄油酱是糖霜的一种类型，它是黄油混入空气搅拌均匀以后再跟糖混合而成的浓缩物。黄油酱既可以作为蛋糕的表面装饰物，又可以作为蛋糕和甜点的馅料使用。黄油酱非常浓稠，每次使用只需少量即可。如果储存得当，大多数黄油酱的保质期都很长。如果你用的是提前做好并冷藏的黄油酱，在使用前需加热，然后重新搅拌，否则其质地会变得坚硬浓稠，无法使用。

最常见的黄油酱有美式、意大利式、法式和德式几种类型。

- **美式黄油酱** 这是最容易制作的黄油酱类型。它是乳化后的黄油和糖粉的混合物，比其他类型的黄油酱都要浓稠，一般用于传统的分层蛋糕或是黄油蛋糕。
- **意大利式黄油酱** 将打发好的黄油添加到蛋白饼干面糊中制作而成。意式黄油酱颜色洁白，所以很适合用于婚礼蛋糕的制作。
- **法式黄油酱** 由蛋黄搅拌而成。蛋黄打发之后加入糖粉搅匀，再加入打发后的黄油。因为主要原料为蛋黄，故法式黄油酱呈黄色。通常还会在其中添加咖啡或巧克力调味。不管做馅料还是表面装饰，使用了法式黄油酱的蛋糕都应该及时冷藏。
- **德式黄油酱** 以鲜奶油为基础制成。鲜奶油完全冷却后，加入打发后的黄油。德式黄油酱非常浓稠，是蛋糕馅料的很好选择。由于德式黄油酱含有乳制品，故保质期较短，一旦制作完成，就应在几天内尽快使用完。不管做馅料还是表面装饰，使用了德式黄油酱的蛋糕都应该及时冷藏。

你可以采用多种方式来提升黄油酱的风味。最简单的方法是在黄油酱制作完成时加入调味剂或风味萃取物。例如，你可以添加融化的巧克力制成巧克力黄油酱——因为黄油酱含有大量的糖，黑巧克力是提高整体风味的更好选择。果酒、果泥和果汁等也都可以作为调味剂加入到黄油酱中，但是要注意酌量添加，以免因添加过多而造成混合物油水分离。

蛋糕也可以上釉面。蛋糕用的釉面一般是由黄油、糖粉和牛奶（或淡奶油）制成。调味剂、果汁可以添加到釉面料中，以提升其风味。釉面可以通过喷雾的形式或用甜点刷刷上蛋糕表面。在上釉面之前，先用叉子在蛋糕表面扎一些小孔，以便釉面料能够均匀地渗入蛋糕内部。可以趁釉面未干透时，撒上一些干果或其他装饰物。

出品 / 装饰

上糖衣之后，可以根据不同的视觉效果进行表面装饰。装饰既可以很简单，例如以蛋糕梳梳理蛋糕的边缘来获得纹路效果，也可精致一点儿，例如可以挤注各种复杂交错的图形。

顶端装饰包含每一层蛋糕切片的顶部装饰。你也可以用一个大型的设计来做顶部装饰，比如写上“生日快乐”等。通常来讲，装饰物的大小要和蛋糕大小相匹配，装饰物过大，可能会把蛋糕压塌，或是使得整个成品看起来头重脚轻。

基础烹饪技术 给蛋糕上糖衣

1. 等待蛋糕完全冷却。
2. 清除蛋糕表面的碎屑残渣，将蛋糕转移到旋转台上。
3. 用抹刀先在表面抹上一层薄薄的糖衣（可称为粗浆层，以防止下一次上糖衣时出现碎屑等糙面）。
4. 再刷上一层厚的糖衣来完成整个上糖衣过程，并尽量涂抹光滑均匀。
5. 完成蛋糕成品设计。

小测验

概念复习

1. 蛋糕和饼干的四种基础成分是什么？
2. 饼干有哪三种主要类型？
3. 饼干有哪两种主要搅拌方法？
4. 蛋糕有哪三种主要搅拌方法？
5. 黄油酱有哪四种主要类型？

发散思考

6. 乳化对于饼干原料来说有什么重要性？
7. 为什么填馅之前要在海绵蛋糕表面刷糖浆？

厨房实践

将所有成员分成两个小组，第1组从头开始制作滴落型饼干，第2组制作相同品种的饼干，但采用预调制面团。比较两种饼干的质地、风味和色泽。

烹饪小科学

很多国家都有自己传统的婚礼蛋糕。调查法国、英国和美国的传统婚礼蛋糕样式，比较其不同。

16.4 派、蛋挞、酥点和水果甜点

16.4.1 派和蛋挞的面团

饼皮是派和蛋挞的主要组成部分，对成品的质地有很大影响。派和蛋挞都是将水果、坚果和奶油馅料塞进饼皮制成的。派一般放在派盘中制作。蛋挞盘模具可以是边缘平整也可以是有锯齿状凹槽的。

可用以制作派和蛋挞的面团有3种：酥皮派面团、饼干面团和脆皮面团，主要是根据所含成分和制作方式来区分。

酥皮派面团

这种面团通常用于制作派，由面粉、水和黄油（或起酥油）制成。黄油切成小丁，在添加水之前先加入到干性材料中，用手工揉制的方法使黄油渗入整个面团中。这种方法也称之为揉制法。焙烤面团时，油脂受热融化，形成一定的空隙，使面团获得酥脆的结构。为了调味，还可以添加少许盐，有时也可以添加少量的糖。酥皮派面团烘烤之后颜色会变淡变白。

饼干面团

也被称作油酥面团或蛋挞面团，是由面粉、糖、黄油和鸡蛋用乳化法制成的糖油类型面团。面团依靠脂肪的完全融合来获得独特的质地结构。这类型面团通常用于蛋挞的制作。鸡蛋的添加使得烘烤之后的成品呈现出金黄的色泽。

脆皮面团

这种面团富含脂肪和糖，由面粉、糖、黄油和鸡蛋制成。脆皮面团易碎，处理时需非常精细，一般可以通过揉面法或乳化法来制取。如果用揉面法，你最好将黄油完全混匀到干性原料中去，以免添加液态原料之前还有黄油块残留。

基础烹饪技术 揉制法制作派面团

1. 将所有干性原料过筛。
2. 将黄油冷冻至完全变硬，然后切分成1/2英寸大小的方块。
3. 将黄油和干性原料放入搅拌缸搅拌。
4. 手工揉制面团，尽量将黄油均匀揉制入面团中。
5. 将黄油碎片揉制到比豌豆颗粒还小，然后倒入液态原料，注意不要过热以免油脂融化。
6. 小心揉搓液态原料、干性原料和油脂，直到所有原料混合均匀成团。
7. 用保鲜膜将面团包裹起来，冷冻几小时后方可使用。

16.4.2 派和蛋挞的制作

面团制作完成后，就可以制作派和蛋挞了，这个过程包含做馅料、擀制面团、填馅料，有时还包含派和蛋挞的顶部装饰。

做馅料

用于制作派和蛋挞的馅料主要有四种：鲜水果馅、熟水果馅、奶油馅和蛋奶酱馅。

- **鲜水果馅** 由生鲜水果切碎后跟糖、其他调味料、面粉或玉米淀粉混合而成。水果和其他配料搅拌在一起，然后放入未焙烤的派皮中。烘烤过程中，水果会释放出汁液，润湿干性原料（面粉或淀粉），从而获得浓稠的质感。这是最简单的方法之一，多用于苹果派、桃子派、浆果派等的制作。鲜水果派必须在馅料做好后立即使用和烘烤，否则水果会开始分解。
- **熟水果馅** 水果切分，加入糖和调味品后用明火煮制，即可做成熟水果馅。根据需要可添加玉米淀粉浆使果汁增稠。熟水果馅料冷却后，放入未焙烤的派皮中。这种方法一般用于苹果派、樱桃派和蓝莓派中，其优点在于，馅料可在填馅和焙烤之前提前准备好，冷藏数日。

- **奶油馅** 由煮熟的蛋奶酱制成，冷却后再填入预先烘烤好的派皮中。传统的奶油馅派有波士顿奶油派和柠檬蛋白派，还有巧克力、椰子和香蕉奶油派等。因为馅料必须在冷却后立刻填入事先焙烤好的派皮中，所以这种派不能提前做好并冷藏待烤。
- **蛋奶酱馅** 鸡蛋、奶油的液体混合物。生蛋奶酱馅注入派皮之后一定要烤至彻底凝固。派皮可以是生的，也可以是预烤好的，主要取决于蛋奶酱馅彻底凝固所需的时间。核桃派、南瓜派和乳蛋饼是典型的蛋奶酱馅成品。蛋奶酱馅可以在焙烤前几天就准备好，但不宜提前太长时间，因为原料中含有生鸡蛋，很容易腐败变质。

擀制面团

不管你使用的是哪种面团，制作派和蛋挞前，面团都需要充分静置和冷却。虽然有些蛋挞皮是直接将面团均匀地摁压进蛋挞盘成型，但更多情况下，蛋挞皮需要先擀制，然后放置进蛋挞盘中。

擀制派皮时，一般会往操作台面或擀面杖上撒上一些面粉，以防止面团粘黏。面团应擀制到约1/8英寸厚，直径则应比派盘稍大一点的程度，这样面团才能充分平铺至派盘的边角位置。

在放入派盘之前，需用软毛刷轻轻刷去面团上多余的生粉。将面团对折两次，轻放入派盘中，让将面团铺展开，直至它完全覆盖派盘表面，然后用刮刀或通过摁压的方式将边缘处多余的面团切除或夹断。

派皮一般都有装饰性边缘，即俗称的纹路。这种纹路使得派看起来更诱人。如果是双层皮的馅饼，它还有助于把底部和顶部的饼皮紧密结合在一起。你可以用手指轻轻挤压面团或使用特殊工具来获得边缘的纹路。

盲烤派皮

派皮可以先填馅后烘烤，也可以先烘烤后填馅。预先烤好的派皮也称为盲烤派皮。这种派皮很适用于馅料不需要烘烤的类型。哪怕需要烘烤，这种派皮也能帮助节省一定的时间。

要盲烤派皮，需先将派皮整齐地排列在烘焙用纸上，并用重物压住。重物可以是干豆子、生米，或是金属或陶瓷质地的派盘。添加重物是为了避免烘烤时因底部受热而变形。

填馅

将派皮放在烤盘中，即可往里填馅。馅料堆积后，常会导致派的中部高出派皮边缘。但无论填塞的水果馅料是生还是熟，烘焙时都会出现收缩的现象。

顶部装饰

派和蛋挞可以有多种顶部装饰的方法，既可以在焙烤前进行，也可以在烘烤后完成。顶部装饰物包含顶层派皮、格子架、面包屑、新鲜水果、蛋白霜和搅打好的奶油。

- **顶层派皮** 烘烤前，擀制一张大薄片面团，覆盖在已填好馅的派皮顶部，即为顶层派皮。在这之前，需先用水刷一下底部派皮的边缘。顶层派皮可刷上蛋液以使成品色泽光亮。注意，顶部派皮应预切一些小缝隙，以便烤制过程中让馅料中的水分以水蒸气的形式逸出。

- **格子架** 格子架的做法跟传统面团基本一致，区别仅在于将擀制完成的面团切分成条状。条状面团呈十字状交叉置于派顶部，形成棋子格。烘烤前往棋子格上刷蛋液，以使成品色泽光亮。格子架可为成品增加有趣的视觉效果，还可使部分馅料可展露在消费者眼前。
- **脆皮或面包屑** 是面粉、糖、坚果、燕麦和其他干性原料混合黄油制成的颗粒或碎屑，可做成脆皮或面包屑。烤制之前，将这些颗粒或碎屑直接撒在派皮表面或是馅料上，直到完全覆盖后再进行焙烤，可为成品增添风味和有趣的口感。
- **新鲜水果** 新鲜水果可以提升成品的附加值。派和蛋挞完成烘焙并冷却后，将新鲜水果切片覆盖其上，作为表面装饰。
- **蛋白霜和搅打好的奶油** 奶油派通常用蛋白霜或是搅打好的淡奶油来做表面装饰。要制作一个用蛋白霜覆盖奶油馅的派或蛋挞，需先准备好派或蛋挞。做一个蛋白酥皮，铺在上面，覆盖住馅料。然后将蛋白霜放入高温烤箱烤制，使其呈浅棕色。将搅打好的甜奶油挤注在冷却后的派皮上面，完成成品装饰。

16.4.3 其他类型面团制成的甜点

另外三种常用于制作甜点的面团为：泡芙基础面团、油酥面团和千层饼坯。

泡芙基础面团

泡芙基础面团是被西点师和焙烤师广泛使用的一种多功能的面团或面糊，可制作甜或咸味点心。用泡芙基础面团制作的最出名的甜点就是闪电泡芙和奶油泡芙了。闪电泡芙是一种填满了馅料的长条状甜点，顶部用多用奶油和糖霜装饰。

泡芙基础面团是由基础性原料例如液态原料、油脂、面粉和鸡蛋制成的。液态原料包含水、牛奶或是两者的混合物。几乎任意一种形态的油脂都可以使用，但是你需要考虑所使用油脂的风味。例如，用该面团制作咸味点心时，猪油或培根碎是更适合的选择，但却不适用于制作甜点。面粉主要是为成品提供结构，在烘焙过程中可以锁住水蒸气，促使面团膨胀形成内部空心的结构。鸡蛋则既能增加风味，又能提供水分。

泡芙基础面团通常以挤注的方式使用，然后送入烤箱；当然也可油炸，如甜甜圈。这种面团很适宜制作一些风味食品，例如餐前开胃小点心，因为其配方中几乎不含糖分。

制作好泡芙基础面团之后，将面糊挤入装有大孔圆形裱花嘴的裱花袋中，在铺有烘焙用纸的烤盘上挤注出想要的形状。可以在表面刷上蛋液，以便令成品的色泽更光亮。将面团在预热好的烤箱中焙烤至呈金黄色。在这过程中，面团中的液体成分转化为水蒸气，使得面团油、水分离，内部形成中空结构——这就是可以填馅的地方。

泡芙烤好，冷却之后，就可以填馅了。如果做甜味泡芙，通常会选用奶油为基础的馅料。这是最传统的馅料。当然也可以使用慕斯甚至冰淇淋作为馅料。最干净的填充馅料的方法，是在泡芙底部钻一个小孔，然后从小孔将馅料挤注进去。另外也可以将泡芙直接切分成两部分，然后再挤注填馅。泡芙最终成型还需要做表面装饰，例如在顶部淋上焦糖酱或巧克力酱，或者简单地在上面撒上糖粉。

基础烹饪技术 泡芙基础面团

1. 称量所有原料，将液态原料放进酱汁盘中。
2. 将黄油切分成小颗粒，加入液体原料中。
3. 中火转大火，加热混合物。煮沸之后迅速离火。
4. 加入面粉，然后搅拌均匀。一边搅拌一边煮制混合物约30秒。
5. 将混合物在搅拌缸中搅拌混匀1分钟，然后静置冷却。
6. 分次少量加入鸡蛋，确保混合均匀后再加入下一次。
7. 鸡蛋充分混匀后，面团即制作完成。可根据想要的形状挤注面团。

油酥面团

油酥面团是中东和希腊菜系中常使用的一种无酵面团，由面粉、水和少量油脂制成。它通常被擀制成纸一样的薄片，使用时可卷制、可折叠。如果是做多层的点心，则各层之间需用糕点刷轻轻刷上融化的黄油，以确保焙烤过程中面层之间不会粘黏。焙烤时，面层中的水蒸气会逸出，黄油中的水分则被保留，使得油酥面团膨胀，形成多层片状的酥皮。油酥面团的制作非常费力。你也可以选择直接购买商业制作的油酥面坯。

希腊蜜糖果仁千层酥就是一款典型的辅以坚果碎、蜂蜜和糖浆的千层酥饼。

千层饼坯

千层饼坯某种程度上和油酥面团相似，由面粉、水和融化的黄油构成。这种面团擀制之后要包裹上一层固体黄油，然后再折叠，再擀制，这样重复3~4次。要制作多层的酥皮，需要将面团和黄油静置冷却到足够坚硬。在折叠、擀制的过程间隙，可以将面团继续冷藏以保证黄油不变软。通过这样的方法，可以制作出很多层的面团（通常超过100层，有时甚至多达500层，主要取决于折叠的次数）。

跟油酥面团一样，焙烤时，层与层之间的黄油会使得面团分离，同时水分的蒸发给面团内部带来空气气囊的结构，使得整个面团迅速膨胀。因为制作千层饼坯也是非常费力的，所以也可以直接采购工业化生产的冷冻千层饼坯来使用。千层饼坯制作的点心中，包括著名的蝴蝶酥和象耳朵。制作时，先将面团擀开，然后从两端分别向中间卷制，在中部对折。卷制好的面团被切分成1/4英寸厚的薄片，再抹上糖衣焙烤。当然，也可以往千层饼坯中加入咸味或是甜味的馅料，来形成不同口味。因为焙烤之后千层饼坯很容易胀发形成特定的形状，故也可以用来作为甜咸味酱料的基底或是收纳容器。

16.4.4 水果甜点

水果广泛地用于派、蛋糕、饼干和其他甜点中，也可以制成甜的、美味的水果酱来搭配这些甜点。最简单的水果酱是由浆果泥、糖和水构成的。如果浆果有籽，在加入糖和水之前应先过滤。为了获得复合风味，你可以用柠檬汁取代配方中的部分水分。如果想要更浓稠的果味糖酱，可以在水果酱里加入玉米淀粉浆，加热至粘稠。成品果酱中还可以加入完整的浆果或是其他水果粒，以获得额外的口感。

水果可以像甜点一样焙烤。例如，苹果去核后，可和坚果、红糖、肉桂及黄油一起焙烤；软质水果如西梅、梨子和桃子则通常切分之后烘烤，有时会加入一点黄油、糖和橙汁。

水果也可以炒制并浇在冰淇淋、煎饼、华夫饼、法式吐司、饼干或蛋糕表面。香蕉福斯特，是一款有名的奥尔良甜点，用黄油炒制的香蕉、黑糖、肉桂和香蕉汁混合而成，再辅以朗姆酒，在火焰中燃烧，然后用勺子浇在香草冰淇淋表面。

另外一种做水果甜点的方法是将水果剁成果泥。很多硬质水果如苹果、杏、李子等都可制成果泥，但最常用的仍数桃子和梨子。桃或梨在剁成果泥前，需先削皮去核。红葡萄酒一般作为打浆的介质，再添加香味物质如肉桂、丁香、香草豆等一同打浆，直至完全变为果泥。

概念复习

1. 用于制作派和蛋挞的是哪三种类型的面团？
2. 派的馅料有哪四种类型？
3. 制作泡芙基础面团有哪几个步骤？

发散思考

4. 派和蛋挞有何区别？
5. 奶油馅和蛋奶酱馅的区别是什么？
6. 如果以巧克力蛋糕为原料，怎么才能做出一款令人难忘的甜品？

厨房实践

将所有成员分成3个小组，每组分别制作一款派：派皮各不相同，但馅料一样。第1组使用油酥面团，第2组为饼干面团，第3组则为脆皮面团。请仔细比较3种派的质地和风味。

烹饪小科学

与不同甜点师傅讨论他们制作油酥面团的方法，然后比较为获得酥脆效果所使用的不同方法的优劣。

复习与测验

内容回顾（选择最佳答案）

1. 巧克力由可可脂、糖、奶粉构成，并以（ ）为调味剂。

A. 黑巧克力　B. 半甜巧克力　C. 奶油巧克力　D. 糖衣巧克力

2. 煮制蛋奶酱馅是（ ）。

A. 通过鸡蛋增稠　B. 通过淀粉增稠　C. 用明火煮制　D. 以上都是

3. 如果烘焙过程中饼干面团扩展过快，是因为（ ）。

A. 乳化时间过长　B. 酵母添加过多　C. 温度过低　D. 黄油添加过多

4. 海绵蛋糕是用（ ）制作的例子。

A. 乳化法　B. 天使乳化法　C. 乳沫法　D. 层压法

5. 基础泡芙面团获得其特殊结构是依靠（ ）。

A. 鸡蛋　B. 黄油　C. 面粉　D. 淡奶油

6. 燕麦饼干属于（ ）。

A. 切片型饼干　B. 挤注型饼干　C. 滴落型饼干　D. 长条型饼干

概念理解

7. 甘纳许是什么？

8. 萨芭雍是什么？

9. 用乳化法制作的饼干是哪种类型？

10. 天使蛋糕的基础是什么？

11. 根据对派皮的比较，可看出奶油派和其他类型的派有什么区别？

12. 泡芙基础面团做成的甜点中，最有名的是哪一种？

判断思考

13. 从成品的风味来看，白巧克力制作的甘纳许和牛奶巧克力制作的成品相比，哪种更强？请说明你的理由。

14. 搅拌型和焙烤型蛋奶酱馅的区别是什么？

15. 条状型饼干和二次烘焙饼干有什么异同？

厨房计算

16. 制作6磅清淡甘纳许需要用多少淡奶油？

工作情景模拟

17. 顾客指定要一种派饼，它由1夸脱糖蜜、2杯白糖、8个全蛋和4个蛋黄制成。你需要制作哪种馅料与之搭配？

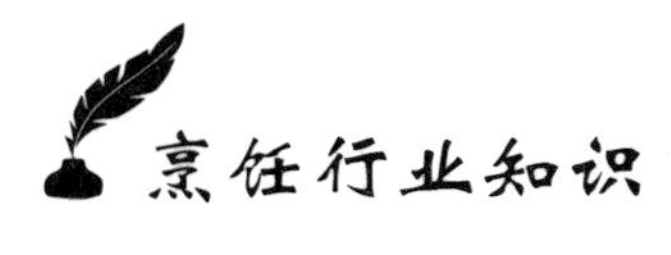

糕点师

高级餐厅的糕点师（糕点行政总厨）对餐厅的成功起着至关重要的作用。和他们的同行——管理厨房的行政总厨一样，糕点师也要负责厨房中糕点部分的运作。根据经营的规模，糕点师可能负责监督整个糕点制作团队的工作，该团队中的每个人都担任特定的角色或练习特定的技能。

糕点师的主要工作内容为：制定甜点菜单，开发新产品，管理成本，监督采购，制作甜点。一般来说，他们要积极参与选择和维护专用糕点设备，编写食谱，并培训员工。糕点师可能为餐厅、连锁店或大型公司工作，这些公司生产的甜品将销售给其他餐厅，或通过零售店直接卖给消费者。

糖果与巧克力制作师生产的糖果种类繁多。有些人在专门经营手工巧克力或糖果的商店工作，有些人则为生产巧克力和糖果的大企业工作。

甜点装饰师负责制作展示品和特殊类型蛋糕，尤其是婚礼蛋糕。这涉及高度的艺术性和技巧性。特殊类型蛋糕的受欢迎程度在不断提高，使得厨师们的技术成为他们职业生涯中的宝贵财富。

入门要求

许多糕点师都会到烹饪学校学习，并获得烘焙和糕点制作方面的副学士学位。这段时间的正规教育通常包括大量的专业课程及相应的作业，如：食品安全和卫生，餐饮业的商业和管理，营养学，烹饪科学，以及风味和质地发展的原则，等等，为其专业化能力的形成奠定了重要基础。当然，你可能也会发现，也有一些人是通过在职培训和学徒制获得相关技能的。

晋升小贴士

美国烹饪联合会（ACF）和美国零售面包师协会（RBA）等组织颁发的证书可以促进你的职业发展。这些团体建立了各种标准来评估你的知识和技能。

一些糕点师通过学习食品科学的课程或攻读学位，增加了相关的实用知识。讲习班和研讨会是他们获得有价值的培训和教育的另一种方式。

另一个可助推进烘焙和糕点事业的有效方法，是加入可以帮助你建立人际网络的组织和团体。

对一些人来说，拥有和经营一家零售店或较大的批发业务可能是最终目标。通过参加课程或研讨会，学习更多关于商业实践和管理的知识是有帮助的。

第4篇

厨房管理

第 17 章 食品安全管理

学习目标 / Learning Objectives

- 充分了解食品安全的重要性，养成良好卫生习惯。
- 污染食物并造成食源性疾病的潜在危害有哪些?
- 了解并掌握餐厨垃圾的处理与回收细则。
- 了解并严格执行食品加工流程中的安全操作制度。
- 餐厅在接收食材时，应注意哪些方面的问题?
- 正确储存食材有何重要意义? 掌握各类食材的储存温度。
- 什么是 HACCP 系统? 具体步骤是什么?

17.1 食品卫生处理

17.1.1 食品安全的重要性

食品安全和食品保障是两个虽有不同但却密切相关的概念。

食品安全包括为防止可能导致人们生病的食物污染而需要的活动、标准和步骤。

食品保障是指为人们能够规律地摄入足够的食物以维持健康提供保障。也就是说，不管是个人、团体还是民族都要有足够的经济来源来为家庭或团体里的每个人提供有营养的食物。食品保障也指在营养、卫生、安全饮用水这些方面有足够的知识来保持健康，或是指保障餐馆里的食物安全，预防故意污染。有很多不同的程序和方法可以帮助我们保障设施的安全卫生，比如通过一些特殊程序来订购并接收储存在封闭仓库的食物，用摄像头、视频来监控接收、储备和准备区域，使用库存控制系统，以及严格遵守餐馆内对盗窃、受伤和意外事件的相关规定。

安全食品是指人们摄入后不会生病或受伤害的食物。不安全食品或被危险物污染过的食品，会引发疾病或导致人体受到伤害。食品污染可能是生物性的，也可能来源于环境。细菌、病毒等生物体的出现就是生物性污染的一个例子。环境污染可能是无意的，例如绷带不慎落入容器或食物里；也可能是有意的，例如恐怖分子组织将致命的病毒散播到食品加工厂。

由于食用被污染食物引起的疾病叫作食源性疾病。进入饭店的顾客都认为食物是安全的，他们通常不会想到食品安全问题。但是，一旦某个餐厅提供了不卫生的食物导致顾客生病，后果可能不堪设想——餐厅的收益和名誉都会大受影响。

如果顾客能够证明他们是因为吃了餐厅里的不卫生食物而致病，他们就可以起诉餐馆。事情一旦公开，餐厅就会饱受负面新闻报道的冲击。如果餐厅被查实出售不卫生食物，那么它所面临的将不只是赔偿金，罚款等也会接踵而至。餐厅会被烙印上“食物不卫生”的标签，客人也很难再光顾这里。最后，餐厅不得不关门停业。

因此，各餐饮服务从业者，装修精美的高档餐厅或自助餐厅也好，路边的小饭店也罢，无论从消费者还是自己的角度出发，都有责任提供卫生安全的食品。在最大限度地保障客人所摄入食物的安全与卫生的过程中，厨师们起到了关键性的作用：他们需要确保食材来源的可信赖性，确保整个食物处理过程的安全、卫生，没有感染任何可能致病的物质。

可见了解专业厨房食材的来源是很重要的。这一点在整体食品安全策略中至关重要，只要做到了这点，一旦有问题出现，就能迅速地溯其根源。因此保证食品供应的安全不容忽视。我们都知道食材来源很容易受到生物恐怖袭击。这使得我们对食物，特别是进口食物来源的掌控变得更为重要。要做到这一点，购买当地食品是比较直接有效的解决之道。

一切食物都包含着各种各样的有机体。有些有机体是有益的，比如奶酪和酸奶在制作过程中一定会产生某些菌类。有的有机体则是食物腐败的罪魁祸首，比如食物由于放置太久或温度不适宜而发霉。还有些有机体会致病。消灭或减少这些致病有机体或病原体的含量是所有专业餐饮服务工作者的责任。

含有致病有机体的食物可能看起来、闻起来甚至吃起来都没有问题，腐坏的食物则不然，它不但令人缺乏食欲，还可能会影响到周边食物的安全，所以及时将腐坏食物从食物储存区域清理出来并在烹饪前丢掉是很重要的。

一些病原体能导致某种食物传染疾病，即食源性传染病。也就是说，顾客因摄入某种含有病原体的食物而患病，这种病原体会在肠道内存留下来，并持续繁殖，最终导致食源性传染病的发生。食物中毒就是由于食用了食物当中病原体所产生的毒素（也叫毒物）造成的结果。毒素的出现也许是细菌活动或化学污染所致，也可能是食物自己产生。食物自己产生毒素的例子如土豆发芽变青，其发芽部位即含有一种叫茄碱的毒素；还有毒蘑菇，如死亡帽（death cap，一种剧毒的担子类真菌）所含的毒素。不容忽视的是，足够分量的酒精也是能导致严重疾病甚至致死的毒药。毒素介质型感染，则是指一个人食用了含有害细菌的食物，这个细菌会在肠道存留，并分泌毒素，使人生病。

要注意三种可能污染食物、引起食物传染疾病的潜在危害：生物性危害、物理性危害和化学性危害。

生物性危害

食物内部或食物表面存在的能使人生病的生物体被称为生物性危害。生物性危害有以下四种基本的类型：细菌、病毒、寄生虫和真菌（包括霉菌）。

细菌是单细胞生物体，它能存活在食物或水中，也能存在于我们的皮肤和衣服表面上。当然，不是所有的细菌都会引发疾病。如果食物中的细菌数量很少，致病的可能性也较小。但是，由于细菌能快速生长，食物在短时间内被大量细菌所污染的危险就大大增加了，而被污染食物中大量存在的细菌才是最终导致我们生病的原因。

病毒能入侵活体细胞，包括食物中的活体细胞。活体细胞被称为该病毒的宿主，以供病毒再生复制。一旦病毒入侵成功，就会诱使该细胞产生更多病毒，然后不断重复这个过程。

寄生虫是多细胞生物体，比细菌和病毒都大得多，有些甚至大到不用显微镜就能看见。与细菌类似，它们能够自我繁殖；与病毒类似，它们需要宿主提供居所和营养。寄生虫包括蛔虫、绦虫和多种昆虫。如果食用了含寄生虫的食物，其卵子或幼虫会存留在人们体内，不断生长和繁殖，直到人们生病。

真菌可以是单细胞也可以是多细胞生物体。食物中的真菌包括霉菌和酵母等，如果善加利用，可用以生产奶酪和面包一类食品，但有毒的霉菌则会污染食物。随着真菌的生长与繁殖而产生的副产品中包括多种毒素，既易引发食物传染疾病，也能造成食物中毒。

物理性危害

如果我们在食物中发现头发、食物包装、绷带、金属或玻璃等异物，就意味着我们可能会遭遇物理性危害。物理性危害是指食品中掺杂有外来物，它们通常能在食用过程中被看到或是被察觉到，是造成牙齿豁缺或口腔割伤等伤害的原因。

化学性危害

洗洁精、喷雾杀虫剂、食品添加剂和肥料等，都是可能造成化学性危害的物质。如果这些产品中的任何一种未被合理使用，都将造成食物污染。食用化学污染食物可能引发荨麻疹、唇舌肿胀、呼吸困难，以及呕吐、腹泻、痉挛等症状，这些症状一般都能被立即察觉。

还有一种化学性危害与有毒金属相关，如汞和镉等。如果这些有毒金属在我们的食物和饮用水中被发现，那说明它们是由于工厂污染而导致的。

食品安全和卫生认证

食品安全的课程，例如美国国家餐馆协会下属教育基金会提供的“安全供餐要领”（ServSafe Essentials）课程，会教授有关食物安全处理的实践方法。这些方法包括以下内容：

- 在安全温度范围内接收并储存食物的正确步骤。
- 以安全的方式储存食物，避免让食物处在适宜滋生病菌的温度中。
- 保证操作台表面以及工具的清洁和卫生，以防病菌沾染到食物。
- 正确处理食物，通过清洗和烹饪来消灭或去除病菌。
- 将食物在合适时间内烹调至安全的温度。

取得食品安全领域的认证资格，是烹饪学习的重要一环。可以去参加“安全供餐要领”的课程，以便获得所需要的训练。有些情况下，通过作为烹饪教育组成部分的安全与卫生课程的考核，也可以获得“安全供餐要领”课程认证。证书通常在五年内有效，但是各个州的要求不尽相同。如果想了解特定州的更多要求，可以联系当地的餐饮协会。

FAT TOM

一旦条件合适，病原体就会迅速滋生。生长时间决定了这些病原体能否增长到一定数量从而致病。

病原体的生长和繁殖需要特定的环境条件。一些食物为这些致病有机体提供了适宜生长的环境，一旦它们遭受污染，病原体就能从中轻易滋生。这些食物被称为潜在有害食品。了解了病原体的滋生需要什么条件，我们就可以采取一些办法保证食品的卫生、安全。“FAT TOM”分别代表了病原体生长所需的各项条件：食物、酸度、温度；时间、氧气、水分。

FAT TOM

Food（食物）

Acidity（酸度）

Temperature（温度）

Time（时间）

Oxygen（氧气）

Moisture（水分）

食物：病原体的生长和繁殖需要食源。主要包括面包、煮熟的谷物、麦片、淀粉类蔬菜和水果等食物中所含的糖类和碳水化合物，以及肉类、乳制品和鸡蛋等食物中富含的蛋白质。

酸度：食物的酸度也影响到它受污染的可能性。高酸性食物（如醋和柠檬汁）和碱性食物（如小苏打）都不适合病原体的生长，这也是腌制等贮藏食物的方法能有效避免食物受到污染的原因所在。

温度：病原体还喜欢温暖的环境，因此它们对“宿主”也有温度的要求。虽然对于大多数病原体的生长来说，最完美的温度莫过于接近于人体体温的98.6℉，但其实它们在41℉～135℉之间都能生长——因此这一温度区间被称为危险温度区间。当然，不同地区和国家对危险温度区间范围的界定有细微差别，从业者应当遵守所在地区或国家的实际标准。

时间：时间也是重要的因素。病原体与食物接触的时间越长，增长和繁殖得越多。时间与食源性污染之间的关系大致是这样的：细菌会在细胞足够大时一分为二裂变繁殖，此后二分为四，四分为八……如此不断继续。仅仅10小时内，一个单体细菌就能增长到上百亿个。

氧气：某些特定的病原体种类对氧气有特殊需求，需要它来保持活性。当然，也有一些不需要，甚至没有氧气也能生存。

水分：水分也是一项条件。如果以范围0～1.0来描述水分活度，以衡量食物中水分的多少，那么水的水分活度为1.0，潜在有害食品的水分活度则需为0.85，甚至更高。通常那些能轻松咀嚼的柔软食物往往含有足够的水分，可以促进病原体的生长，干燥食物（如干面制品或干豆）显然就不属于潜在有害食品。

不同群体的人食用了受到致病有机物污染的食物后所受危害不同。一个免疫系统强健的人在食用不卫生食物后可能并不会生病，但其他群体，特别是孩子、老人、病人，则更容易受到感染。这是因为孩子的免疫系统尚未成熟，老人的免疫系统十分脆弱，而病人的免疫系统此前已经受到冲击，因此这三类人尤其难以抵抗不卫生食品带来的伤害。

污染源

食物可能通过两种方式变得不卫生：直接污染和交叉污染。直接污染是指能诱发疾病的物质直接进入食物。例如，食物可能被喷洒过杀虫剂，或经由空气传播的有毒物质在种植或加工过程中附着在食物上，或病原体藏身于食物生长的土壤中，等等。这类受到直接污染的食物被运输到餐厅或杂货店后，一旦引发了食物传染疾病，就会追溯到其源头的生产者或加工者，同时食物可能被召回。非直接污染指的是食物经由与其他东西的接触而产生危害。这类污染被称为交叉污染。原本安全卫生的食物在被处理、烹饪或贮藏过程中，如果接触到了生物、物理或化学污染，就会发生交叉污染。

交叉污染最常见的原因是厨师使用不干净的手、设施或烹调用具将生的食物制成熟食或即食食品，从而使病原体转移到食物上去。例如，如果在切了生的鸡肉后，未经清洗消毒就在同一块案板上切生菜或番茄一类的即食食品，那么生鸡肉上的细菌就会转移到这些即食食品上，产生交叉感染。

避免交叉污染

所有从事烹饪行业的人都应该认识到交叉污染的危害，并且采取必要的措施加以预防：

处理新食材时，必须将案板、刀具等工具和器皿进行清洗、消毒。一些餐厅指定用不同的颜色来区分案板，要求一种颜色的案板只能供一种类型的食材使用。

处理食品时，必须穿戴厨房专用手套，如被弄脏或破损，应立即更换。

储存食物时，要确保生的食材不会接触到或沾到煮好的食物，应将其分开存放。分层存放时，生食材不可直接置于熟食上方——可将生食材放到容器内，以防汁水滴落到熟食中。

品尝食物时，须严格遵循安全卫生步骤，万勿用同一把品尝匙反复接触不同食物。

总之，对自己、工作台和整套工作设施保持严格的清洁要求，是避免交叉污染的关键。

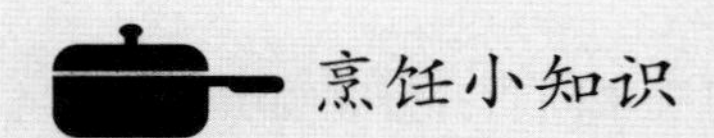

化学性危害：鱼类中的汞

工业污染致使汞被释放到空气中，最终落入土壤，在溪流和海洋中积聚增长。它与水中的细菌发生化学反应后，转变为甲基汞。这类汞为剧毒物质，能破坏人类的大脑和神经系统，引发学习障碍或婴幼儿的发育问题。几乎所有的鱼类和贝类动物体内都含有微量甲基汞，年龄越大、体形越大的鱼类，体内的甲基汞含量越多，这是因为化学物有更长时间在它们体内沉积。当然，甲基汞的含量也会因为鱼类、贝类种类的不同而有所区别。

美国先后有40个州曾向居民发布公告，警告居民们谨慎购买、食用某些鱼类，因为它们存在甲基汞的危害。政府调研报告显示，美国约有8%的育龄女性体内的含汞量处于不安全边缘。这也意味着每年有超过30万名婴儿处于危险边缘。

美国食品药品监督管理局（FDA）和环境保护局（EPA）针对幼儿、哺乳期妈妈、孕妇和备孕女性提出了以下建议：不要食用鲨鱼、剑鱼、青花鱼（或称鲭鱼）和方头鱼（又名马头鱼），因为它们含有大量的汞；每周至少食用340克（约日常两餐）汞含量低的鱼和贝类，例如小的海鱼、虾、罐装淡金枪鱼、鲑鱼、鳕鱼和鲶鱼。注意：和罐装淡金枪鱼相比，长鳍（白）金枪鱼的汞含量更高；可以查询当地公告，以确定在当地湖泊、河流及沿海地区所捕获鱼类的安全性。

课后练习

查询九种不同种类的鱼体内汞浓度的平均值，以ppm为单位（用FDA提供的信息并查询市场销售的鱼类和贝类的汞浓度）。将这些数值与罐装淡金枪鱼的汞含量平均值相比较，并将不同数值用百分比加以展示。根据这些百分比，列举出3种你会避免购买的汞含量高的鱼类。

17.1.2 仪表仪容与卫生

为避免产生交叉污染，每个与食物打交道的人都应该保证自身的清洁卫生与健康。

人们会以仪表仪容来衡量一个人的卫生与清洁，所以我们要确保头发、双手的干净整洁，要常常修剪指甲、清洁牙齿。许多餐厅都会制定关于员工仪表仪容的规范或标准，尤其是头发长度、胡须、身体上的穿孔和文身、带商标或颜色的背心、鞋子的类别，甚至是袜子的颜色等。雇主们会要求员工所有的穿戴衣着无污点、裂口和破洞，且每天上班时，一切都是干净的。员工务必遵循这些指导，既保证自己与顾客的安全，也让自己尽可能呈现出专业的一面。

洗手

自觉洗手和勤洗手是保障食品安全的一个重要因素。每个厨房都有一个设施齐备的洗手台，备有冷热自来水、肥皂（洗手液）、指甲刷和一次性纸巾。

在碰到以下情况时应当洗手：到达或重新回到厨房时；去过洗手间后；打完喷嚏后；接触头发、脸或衣服后；饮食或吸烟后；换另一副手套之前；处理无须再烹饪的食物或即食食品（如沙拉和三明治）前；处理垃圾后；处理了脏的设备或器皿后；接触生肉、家禽、鱼肉之后；照料或接触动物后；每次变换操作项目时。

一次性手套

除了勤洗手，我们还要习惯穿戴一次性手套，以防止手与即食食品的直接接触。举例来说，如果是切用来炖汤的洋葱，就不需要戴手套，因为洋葱烹熟之后才会被端送给客人。但如果是切用来拌沙拉的洋葱，则必须要戴手套。

手套像一道屏障，防止人们手上的微生物进入食品。但手套接触到其他食物或不干净的表面时一样会受到污染，所以如果我们在佩戴手套时不确保手的洁净，那么手套也会受到污染，并进而污染到正在准备的食物。

因此，戴手套前应彻底清洗双手；手套有裂口或不干净时应立即更换；如果之前处理的是生肉、鱼、家禽或蛋类，处理完后应更换手套，再着手处理其他熟食或即食食品。记住，绝不要戴着手套去接触钱币，除非你随后立即丢弃这副手套，因为钱币是被严重污染的。

应将一次性手套视如自己的第二层肌肤，记住任何能污染人的双手的物质也能污染手套，在感觉自己应该洗手时，换上新的一次性手套。千万不要二次使用或清洗一次性手套。

仪表仪容

我们所穿的衣服是病原体的潜在来源，它能进入食物并引起食源性疾病，因此每次进入工作环境时，应穿着干净的制服。更换制服应尽可能在工作室内完成，而不是一早就在家穿好。要注意不要用围裙或挂在围裙上的毛巾来擦手、工具或其他设备。

管理好你的头发，包括胡须，以避免毛发掉到食物里。戴发网或帽子可以减少工作过程中接触头发的几率。

珠宝落入正在准备或供应的食物中也属于厨房里的一种物理危害，是交叉污染源的一种：病原体可能污染珠宝后，再经由珠宝转移到食物里，因此，在许多厨房，简洁的结婚戒指是唯一被允许佩戴的珠宝，除此之外，连手表都被视为潜在的污染源。

个人卫生

对后厨工作人员来说，保持个人卫生是非常重要的：

如果患上传染性感冒或疾病，应立即停止工作，以确保不会传染他人；

定期修剪指甲，勿涂指甲油。即使要化妆，也要尽可能化淡妆；

如果皮肤出现伤口，要用绷带包裹好，并勤换绷带，以免其成为细菌的培养皿，且工作时应戴好手套，以防绷带落入食物中。

17.1.3 清洗与消毒

专业厨房对所有可能与食物发生接触的器具及工作区域，都会进行细致清洗并消毒。这是预防交叉污染的重要方法。这项工作实际可分为3个步骤：擦洗表面、彻底冲洗和消毒。

擦洗包括打扫地板，清除来自案板、刀具、锅具等烹饪设备和器皿中的食物残渣，以及除掉厨灶的通风罩上、墙上和冰箱门上的油垢、污垢。

清洗完成后，即可进行消毒。在专业厨房里，消毒是指使用高温或化学物将物品表面的病菌降低、控制至一个安全范围，例如使用开水（不低于180℉）或化学消毒剂进行消毒。一般来说，部分烹饪用小工具和碗碟可以浸泡在开水或混合了消毒剂的水中。大块区域以及大型器械，例如切肉机，则可以通过擦拭或喷洒消毒液（由水和化学消毒剂混合制成）的方法来消毒。

除手持工具和案板外，厨房内的所有设备和器械都必须进行清洗和消毒，包括冰箱和冷柜、通风系统、垃圾箱以及垃圾回收区等，厨房内的墙壁、天花板和地板也必须定期清洗和消毒，以全面确保设施安全。总之，餐厅的各个区域都要按照所制定的清洁计划进行清洗，并且要使用经过批准的清洁剂和消毒剂。

消毒也可以手动进行，例如一些小型工具、容器、锅具等。专业厨房内的洗碗槽一般有三个隔间：第一个隔间装有开水和洗洁精，后者能帮助清洁食物残渣和油垢，便于冲洗；第二个隔间装有干净水，以冲洗污垢和残留的洗洁精；第三个隔间可以装180℉以上的开水或混合了化学消毒剂的水，为冲洗干净后的用具消毒。消完毒后，设备和餐具均须被完全自然风干，方可进行下一步的整理放置，用纸或布擦拭都可能导致交叉污染。

也有一种配备四个隔间的洗碗槽。其中第一个隔间专门用来清除餐具和厨具上残留的食物。这一隔间通常同时配有垃圾处理器。剩下的三个隔间则如上所述，分别用以清洗、冲洗和消毒。

消毒剂的使用量取决于我们所用消毒剂的品种。需要消毒的物品必须在消毒槽里放置足够长的时间，以便让消毒剂充分发挥作用。当然，使用消毒剂前，必须完整阅读并严格遵守使用说明。

洗碗机可以用于餐具和部分小工具的清洗和消毒，一般需要特殊的清洗剂。为了保证机器的正常运转，禁将杂物置入其中。

17.1.4 垃圾的处理与回收

烹饪过程中累积的垃圾不但影响美观，同时也是食品污染的潜在诱因。

垃圾处理

烹饪过程中会产生很多垃圾，如包装纸、包装袋、骨头、瓶瓶罐罐和废弃纸巾等。这些垃圾必须尽可能地收纳进容器中，以避免与我们所准备的食物产生接触。

盖上垃圾桶并确保每4小时清空一次垃圾，或是每次装满就立刻清理。垃圾桶必须冲洗干净后才能带回工作区域，并套上干净的塑料袋。

回收

垃圾处理费用高昂，因此许多餐厅会采用回收的方式，尤其是一些容器。根据所在地区的不同，可以回收多种容器：纸箱、玻璃罐或玻璃瓶、金属罐和塑料容器。回收时要注意容器上的回收标志并进行归类。

17.1.5 病虫害防治

厨房里携带病菌的有害生物不少——老鼠、苍蝇、蟑螂和蚊虫只是其中一些例子，我们统称其为虫鼠。没人喜欢看见虫鼠，因为它们往往会携带病菌，可能成为食源性传染病的来源。病菌通常藏身于虫鼠的皮肤、毛发或排泄物中。

阻止虫鼠进入厨房对保证厨房卫生极其重要。许多虫鼠繁殖能力极强，例如苍蝇，它能在短时间内由区区几只繁衍成为大范围灾难。

防止虫鼠进入厨房

防止虫鼠进入厨房必须从源头做起。由于它们能从任何漏洞或门缝、窗户缝中进入，也能通过一切豁口，包括屋顶和排水沟，因此厨房的所有门窗都必须完好无缺且保持紧闭状态，要沿着地基或屋顶将所有的缝隙严严实实地堵上。此外，还要彻底清洁所有角落和器械和设备的表面，立即擦干所有溢出物并扫净食物屑。当然，正确储存食物也有助于阻止虫鼠进入厨房——将食物盖好或放进冰箱。

千万不要把食物放到地上或接触到墙面。垃圾桶需与地面保持距离，而且必须配有密封紧实的盖子。不要让垃圾袋的高度超过垃圾桶或其他容器边缘。那些打算回收的容器，须确保已冲洗干净并盖好盖子。检查所有箱子和包装，确保其中没有虫鼠。打开食物后，其包装盒应马上丢弃，以免虫鼠藏匿于包装盒中。

虫鼠害治理

虫鼠害指的是危害人类健康的生物物种，如啮齿动物（老鼠、蚂蚁或蟑螂等物种）等。其发生往往伴随着较明确可察的迹象，就算没有亲眼见到这些虫鼠，也可较容易发现它们进入厨房的路径或踪迹——可能是被咬过的食物或包装袋，可能是它们进出厨房的洞穴……

但无孔不入的虫鼠还是可以找到入侵厨房的方法。这是个令人头痛的问题。要解决这个问题，只能借助杀虫剂。杀虫剂是危险物质，通常必须远离食物正确放置，使用时也必须遵循正确的方式，才能达到预期功效。美国不同地区、郡、州对杀虫剂的用法规定不同。

归根结底，虫鼠害治理还是要依靠这三个步骤：紧闭厨房，虫鼠就不能进入；小心处理所有的垃圾，让虫鼠找不到食物；使用杀虫剂消灭虫鼠。

小测验

概念复习

1. 什么是食源性传染疾病？
2. 清洗与消毒之间的区别是什么？
3. 为什么厨房里的垃圾是一大问题？
4. 病虫害治理的三个步骤是什么？

发散思考

5. 你认为哪种食物含有的水活性更高：西瓜还是核桃？
6. 以你对FAT TOM的了解，为什么厨师要快速冷却食物？结合FAT TOM里列出的条件来解释一下你的答案。
7. 食物的直接污染与交叉污染之间有什么不同？

厨房实践

8. 收集厨房里的食物，预测每样食物的酸碱性并预测它们的pH值，随后测出它们真实的pH值（固体食物可将其碾碎后与蒸馏水混合），进行比较。

烹饪小科学

9. 描述一次近期在餐厅暴发的食物传染疾病。描述其起因、受影响人数以及由此引发的症状。讨论餐厅怎样才能预防疾病的暴发。
10. 调查你所在州的卫生部建议餐厅如何应对食源性传染疾病的暴发，并为餐厅制定一个循序渐进的程序来应对疾病的暴发。

17.2 食品加工流程

17.2.1 食品加工流程

不论是高档餐厅、熟食店还是自助餐厅，所有贩售食品的商店都有责任为顾客提供安全的食品。在如何最大限度地保障食物的安全、健康的问题上，厨师们的作用是举足轻重的。

食品加工流程指的是从食材到达厨房直到最终呈献于顾客眼前的整个过程。在此过程中，食物遭受污染较可能发生在到达厨房与呈现给客人时。了解餐厅里食品的加工流程，不仅能帮助我们了解食品何时会遭到污染，也有帮助我们了解如何减少甚至消除这一风险。

17.2.2 食材的接收

餐厅里购买的食材，其来源必须可靠。餐厅有责任确保食材供应方（无论是公司还是个人）符合所有提供和运输安全食品的要求。供应方有责任提供优质的食材。

食品加工流程的第一步就是接收。接收食材实则也是一种责任的传递，它意味着接收方随之对这些食材承担起了相应的责任。因此，接收方必须认真检查这些食材，并确保它们没有受损。当然，不同的食材有不同的潜在问题，检查必须要有针对性地进行：

易腐烂食材，举例来说，就是那些在到达目的地餐厅前必须包装完好并保持冷却状态的食材。易腐烂食材有两种——冷藏柜存放类食材和冷冻柜存放类食材。如肉类和牛奶，即属于前者。餐厅有责任检查食品运输过程，以确保收到这类食材时它们还处于安全的温度区间内。

干货则主要是指面粉、茶叶、糖类、米和意大利面一类的食材。这类食材需要被仔细包装后运输到餐厅，且包装上不能有丝毫裂缝。

罐头绝不能有膨胀、凹陷、生锈的迹象或是发生泄露。

总之，餐厅应该拒绝接收任何不干净、包装不完整或温度不合适的食材。非食材物品，包括清洁用品、纸制品和亚麻织物等，在接收时也必须好好检查，以确保它们都有干净、完整且无裂缝和无泄露的包装。

17.2.3 食材的储存

一旦确认收到的食材是安全的，接下来就要进行正确地储存——这是食品加工流程的第二个环节。食材的储存既要快速高效地进行，又要避免交叉感染或者遭到损坏。后购食材一般要放在先购食材的后面，以确保烹饪时可以先使用先购食材。许多餐厅还习惯将收到食材的时间用防水马克笔备注在其外包装上。用这个办法更新库存，能减少食材的浪费。这种存货周转的技术被称为先进先出（FIFO）系统，无论是哪种类型的食材，都适用这一系统。

所有需要冷藏的易腐烂食材必须立即储存在冰箱里。条件允许的情况下，原料与熟食分别存放。如果没法分开放，也应始终遵循将原料置于熟食和即食食物下方的原则，以免产生交叉污染。易滴易漏的食材放入冰箱前，应先用干净卫生的容器盛装好。此外，还要用家用温度计经常检查冰箱的温度。一般来说，冰箱的温度应该保持在36℉～40℉之间，当然，有些食材的理想储存温度是普通冰箱无法满足的。

冷冻食材则需立刻储存到冷冻柜。冷冻柜的温度应保持在-10℉～0℉之间。要注意，勿将热的食物直接放到冷冻柜里，因为这会令冷冻柜的温度升高，影响其他冷冻食物的保存。

干货宜储存到干燥、洁净的阴凉处，离地至少180厘米高、离墙至少180厘米远，且远离清洁用品或化学制品。如果需要将食材从原先的容器中转移出来，要确保新容器干净卫生并且盖子紧实。干货储藏区温度应保持在50℉～70℉之间。

清洁用品与化学消毒用剂也应进行正确存放，温度宜保持在50℉～70℉之间。它们应当被置于储藏室内的独立区域——如果能有单独的房间或储藏室存放，则更为理想——以确保这些东西能被清楚地识别开来，防止被错用到食物上。此外，亚麻制品和纸制品也应该分开储存，以免被污染或弄脏。

17.2.4 安全烹饪操作

烹饪过程中要确保食材不被交叉感染，干净卫生的工作习惯和正确的冷却方法尤为重要。

食物的安全烹制

易腐烂食材取出冰箱后，1小时内必须进行加工。记住：勿将食材放在柜台上；未使用的食材要及时放回冰箱。

交叉感染可谓是食品加工过程中的一大隐患。我们必须确保自己的双手、所用的工具和食物可能接触到的所有表面都是干净卫生的，因此，处理不同的食物，应使用不同的案板或是更换不同的工作区域。

此外，要在工作区域附近备好消毒液盛放器（注意消毒液和水的正确比例），且常备大量的一次性毛巾。将一次性毛巾浸入消毒溶液中，拧干后擦拭已经清洗过的案板和刀具。常用工具（如汤匙、长柄勺、搅拌器等）在每次使用前，也应该放到装有消毒液的容器里消毒。消毒液弄脏后要及时更换，以免因污垢而影响其消毒功效的发挥。

监测食品温度

我们都知道，生的食材，尤其是肉类、鱼和家禽会携带有害微生物，因此必须作高温处理，以便杀死这些病菌。

进入烹饪流程后，应尽快将食物加热至安全温度，这一点至关重要。由于大多数食物被提供给顾客时的温度都是在温度危险区域（41℉～135℉）内，因此我们需要尽可能缩短食物处于这一温度范围的时间。

将食物烹饪至一个安全温度后，在提供给顾客前需在适当时间内保持这个温度。具体的温度变化值取决于我们所处理的食物种类。监测食品温度时，一定要确保温度计的精确。

肉类在装盘前必须完全烹熟。砂锅菜和含有包括肉类、家禽等生食材在内的食物，都必须烹饪至内部最高温度。当然，也要注意不要把剩菜和新准备的食物混合在一起。

如果使用微波炉加热食物，则要注意微波炉里的热量分布通常是不均匀的，故在加热过程中，应经常搅拌、旋转食物，以便食物均匀受热。

食物的安全冷却

造成食源性传染疾病的一大罪魁祸首就是错误的食物冷却法。一般来说，打算存放起来以备使用的熟食，必须尽快冷却到41℉以下。冷却食物有两种方法，但都需要观察温度计的读数，以确保食物已经达到必需的冷却温度：

- **一步冷却法** 使用一步冷却法时，食物需在4小时内冷却到41℉以下。
- **两步冷却法** 两步冷却法通过了美国食品药品监督管理局1999年发布的示范食品准则，全程需6个小时。其具体步骤为：第一步，让食物在2小时内冷却到70℉以下；第二步，让食物在随后的4小时内冷却到41℉以下。这种方法一般针对初始温度达140℉的食物。第一步的目的是为了让食物迅速降温，因为细菌在这个温度范围内的生长非常迅速；第二步则可以使微生物或细菌的生长处于停滞期。

人们发明冰箱是为了按设定的冷藏温度来保存食品，而不是迅速冷却食品至保存所需温度。因此，普通冰箱的冷却速度一般都比较慢，这就意味着食物在温度危险区域内停留的时间会过长。比如，如果将一个容量约为5加仑的汤锅里刚蒸熟的米饭直接放到冰箱里，它大概需要72小时甚至更长时间才能冷却到41℉以下。因此，你必须寻找其他方式来更快地冷却食物，以保证其安全。

食物的安全解冻

要安全地解冻食品，千万不要只是简单地把它放在室温中，而应该通过以下办法：

- **在冰箱里解冻** 解冻食物最好的——虽然也是最慢的——方法，就是让食物在冰箱的冷藏室里解冻。将包装好的冷冻食品放到浅盘里，再放到冷藏室的最底层——这是为了防止解冻过程中有汁液滴落到其他紧挨着的或下层的食物上，造成污染。这个过程所耗时间取决于食物的厚度和质地。
- **用流动水解冻** 将包装好的食物放到容器里，再用70℉或更低温度的水流冲刷，解冻的同时冲洗掉那些附着于食物表面的异物，当然要注意勿让水流飞溅到其他食物或表面上。用流动水解冻食物的前后，均需清洗并消毒水槽。
- **用微波炉解冻** 微波炉解冻法主要适用于急需解冻、立即烹煮的那一类食材。

无论使用以上哪一种方法，一旦解冻，食物都应尽快进入加工流程。为确保食物的质量与口感，解冻后的食物不能再次冷冻。

基础烹饪技术 食物安全冷却小贴士

液态食物

1. 冷却前，将液态食物倒入不锈钢容器内。
2. 将装满食物的容器放到加了冰块的水里，冰水的高度需与容器内液体的高度保持一致。
3. 不断搅拌液态食物。
4. 在容器下放置砖块或架子，使冰水流动。
5. 用一根溢流管来保证食物冷却过程中水在持续流动。
6. 浓缩食品可直接加冰（冷却食物的同时，还可作稀释之用）。
7. 使用降温棒。

固态和半固态食物

1. 冷却之前，将食物放到不锈钢容器内。
2. 将食物切成小块（肉类尤其如此）。
3. 将食物放在浅盘里并铺成一层。
4. 冷却后解开食物的包装。
5. 尽量翻动、搅拌食物。
6. 将装有热食的容器放到加了冰块的水中。
7. 使用急速冷冻。
8. 在冷藏前将所有已冷却的食物包装好。

17.2.5 食物的安全供应

在食品加工过程中保证食物的安全，能有效地控制大多数疾病与伤害的潜在诱因。安全地供应食物是我们能为顾客呈现出美味、诱人、健康食物的保证。

保存食物

有的食物做好后就立即提供给顾客，有的则是提前做好后放到蒸汽桌保温，或置于冰箱内冷藏一段时间才会端上桌。后者即需要先保存食物。

在这种情况下，食物保存设备的温度必须控制在能保证食品安全的正确温度内：热食保持在135℉以上（或者更高，如果你所在州、国家对此有不同规定）；凉菜保持在41℉以下。要用消过毒的即时温度计来随时监测你保存的食品温度（使用后应及时消毒）。要及时丢弃已经在温度危险区域存放超过2小时的食物（这类食物被称作“时间温度处理不当食物”）。

食品回热

错误的食品回热方法常常会成为食源性疾病的起因。预先做好的食物如果需要回热，则需要尽快度过温度危险区域，并在2小时内重新加热至少15秒和使温度达到165℉。

蒸汽桌可以确保食物温度维持在安全存放范围内（135℉或更高，取决于地方规定），但却不能将食物迅速加热至该温度范围。要想迅速将食物加热到安全的温度，可使用煤气灶、烤架或烤箱等。你也可以用微波炉来重新加热少量或体积较小的食物。总的来说，食物的表面积越大，厚度越薄，就越容易加热。

小测验

概念复习

1. 食品加工流程是指什么？
2. 食品加工流程的第一步是什么？
3. FIFO是指什么？为什么它对食物的正确储存很重要？
4. 烹制完成的备料需要冷却到什么温度以下？
5. 保存热食的温度是多少？凉菜呢？

发散思考

6. 一步冷却法和两步冷却法之间有什么不同？

7. 一些餐厅会提供时间温度处理不当食物，并辩解说丢掉只多保存了半小时的食物是很浪费的。你要如何回应？

8. 为什么“意识到生的食材，尤其是肉类、鱼和家禽会携带有害微生物”是一个有价值的想法？

厨房实践

准备两罐现成的汤，分别倒入两个锅里，并迅速加热至少15秒，使其温度达到165℉。之后将锅内的汤分别倒入两个相同的不锈钢容器内，再将容器分别放入冰水中。搅拌其中一个容器内的汤，另一个则否。每5分钟记录一次汤的温度。推算出1小时后的结果。

烹饪小科学

制作一份报告单，对5支温度计（包括即时读取电子温度计）进行比较。着重关注它们的标定精确度、特征和易用性，探讨是否有的温度计比其他款更适用于某些烹饪条件。最后列出你认为最值得推荐的一款。

17.3 HACCP系统

17.3.1 食品安全系统

食品安全体系是一套预防措施体系，它列举了食品暴露于生物、化学或物理危害中的所有可能性，以减少甚至消除这些危害带来的风险。

美国食品药品监督管理局（FDA）规定了全国适用的卫生标准。该法则会根据食品安全领域内的相关发现而定期更新。但要注意，FDA食品操作法则并非联邦法律或条款，而是一整套建议，不同地区和政府可采纳法则中的某些或者所有标准来制定自己的法律条款，也可以规定自己的标准，而且，通常来说，当地标准往往比国际标准要求得更仔细。

每一家餐饮服务机构都必须接受当地卫生部门代表的检查。这项检查被称作食品安全检查（也叫作健康检查）。餐饮服务机构接受检查的次数取决于诸多因素，如供餐次数、菜单所列食品种类和过去违反规定的次数。餐饮服务机构可以定期进行自我检查，发现并对潜在问题进行整改，以便在官方检查前做好准备。

每个餐饮服务机构都应配合检查员进行检查，并在检查过程中尽可能委派人员全程陪同。检查员会仔细检查食物和日用品，员工的仪表仪容和卫生，食物保存和供应时的温度，清洗和消毒的程序，以及供水、垃圾处理和虫鼠控制情况等。

检查完成后，餐饮服务机构会收到结果通知。如果出现违反规定的地方，卫生部门会责令餐饮服务机构予以改正，并对规定时间内未执行整改意见的餐饮服务机构处以罚款。严重违反规定并拒不执行整改意见的餐饮服务机构将面临着被关闭的危险。

17.3.2 HACCP七步骤

HACCP（危害分析和关键环节控制点）是维持食品安全的科学系统，最初是为保障宇航员的食品安全而设立的。它致力于使用系统的方法来控制大部分食源性疾病的潜在诱因，即尝试预测食品安全问题可能发生的原因及时间节点，并及时采取相应的预防措施。

目前，除了许多食品加工业者、餐厅外，美国食品药品监督管理局（FDA）和美国农业部（USDA）也使用了这一系统。尽管一个餐厅需要先进行时间和人员的前期投资，才能建立一个好的HACCP系统，但毋庸置疑，该系统建成后，能帮助他们节省大量的时间和金钱，同时改善食物供应的质量。

HACC系统包含以下七个步骤：

进行危害分析；设定关键控制点（CCPs）；设定关键限值（CLs）；建立监测程序；识别需校正的行为；设立形成记录的程序；核实系统有效性。

进行危害分析

进行危害分析这一步骤会对食品从接手到供应的整个运输过程进行检查。

我们已经知道，危害主要是通过两种方式被带入食物的：直接污染和间接污染。因此，我们必须了解运输过程中所有可能导致病菌滋生的环节，以及食物可能接触病菌或其他污染源的时间节点。

应特别留意的有潜在危害的食物包括：肉类、鱼类、家禽、牛奶、鸡蛋和生鲜农产品。

设定关键控制点

是在食品处理过程中可以预防、消除或减少危害的特定节点。引述2009年食品药监局食品操作法则定义，关键控制点是“能对危害加以控制的关键点，对预防或消除食品安全危害和将危害控制在可接受水平极为重要”。

食品运输加工流程中，食物的接收、烹制，都是关键控制点。通过对储存、烹饪和供应食物时的安全温度的调节，我们可以控制食品运输中各种关键控制点可能产生的危害。另一个方法是着重关注食物在特定温度下保存的时间长短。

设立关键限值

确保食物不会处于不安全温度下。关键限值也表明食物在不安全温度下可以保存的时间长短。这些限值由当地卫生部制定，并通常以食品药监局的食品操作法则为基础。

不同餐厅可能依据地方规定有更严格的限制，特别是针对特殊人群进行烹饪时，如老人、小孩或病患。了解这些关键限值，我们就能决定烹饪、供应或储存时怎样正确处理食物。

建立监测程序

将精确的时间和温度测量值写在记录簿里，确保餐厅留有食品加工的完整记录。这个记录也能提醒餐厅校正任何潜在的问题。

一个好的HACCP计划要能涵盖餐厅需要测量的全部数值以及测量频率，甚至指定负责测量和记录的人员。

识别需校正的行为

当测量值显示某种食物已长时间处于不适合或危险温度区间，餐厅必须立即采取相应处理措施。这被称为校正行动。

比如，当食物在不安全温度下保存过久（如在120℉下保存超过2小时），其校正行动应该是将该食物丢弃。如果食物的温度低于恰当的温度，但是还没在不安全的温度下保存太长时间，其相应的校正行动应该是将该食物加热至安全温度。

设立形成记录的程序

HACCP的文件通常由时间和温度记录、检查清单和信息表构成。其表格必须易懂、易填写，所记录的必须足够，才能帮助餐厅的各项措施达标；但若信息过量、过细，又容易导致员工无所适从。

核实系统有效性

为确保系统有效性及信息精确性，餐厅需要另一个系统来对该系统进行复核。

督导、行政总厨或外来人员可以通过测量时间和温度的方式来复核信息的准确性。如果测量结果与记录簿里的测量值不符，那就说明餐厅很可能并没有按照正确的程序进行操作。

通过复核，可能会发现餐厅的温度计不足，或温度计不能正常工作；也可能会发现表格上的信息缺乏可信度；或是发现负责记录测量值的工作人员没有正确地做好自己的工作……总之，如果餐厅没有核实系统，就不会知道HACCP系统是否正常发挥作用，也就谈不上有针对性地解决问题。

小测验

概念复习

1. 什么是食品安全系统？
2. HACCP的七个步骤是什么？

发散思考

3. 为什么菜单上食品的种类是食品安全监测次数的影响因素？
4. 对餐厅来说，HACCP食品安全系统有哪些优缺点？
5. 为什么餐厅有必要建立起一套自己的检查系统？

厨房实践

如果你的学校有自助餐厅，调查一下它的HACCP系统。询问这个系统中的每个步骤。如果可以的话，观察一位负责监测关键控制点的餐厅员工的监测过程，并询问能否看过去一周内的关键控制点记录情况。报告你的发现。

烹饪小科学

调查HACCP系统与太空计划相关的背景。描述该系统发展的原因和在太空当中是如何应用的，并了解该系统在太空中的应用与在地球上餐厅里的运用有什么关联？

复习与测验

复习概念（选择最佳答案）

1. 肉毒中毒是由（ ）引起的。

A. 细菌　B. 病毒　C. 寄生虫　D. 真菌

2.冷冻柜的温度应该保持在（ ）。

A. 36℉～41℉　B. 30℉～32℉　C. 0℉～10℉　D. -10℉～0℉

3. HACCP系统的第一步是（ ）。

A. 设定关键限值　B.建立监测程序　C. 进行危害分析　D. 决定关键控制点

4. 肝炎由（ ）引起。

A. 细菌　B. 病毒　C. 寄生虫　D. 真菌

5. 肉类和家禽的理想储存温度是（ ）。

A. 32℉～36℉　B. 30℉～34℉　C. 38℉～41℉　D. 41℉～45℉

6. 病菌是（ ）。

A. 一种消毒剂　B. 一种致病微生物

C. 一种清洁剂　D. 能造成沙门氏菌中毒的病毒

7. 三格清洗槽的第二格是用来（ ）。

A. 洗掉脏东西　B. 消毒　C. 冲洗脏东西和洗洁剂　D. 杀菌

概念理解

8. 什么是食源性疾病？污染食物并造成食源性疾病的潜在危害有哪三种？

9. 简述食品加工流程。

10. HACCP系统的七个步骤是什么？

11. 什么是FAT TOM？每个字母代表什么？

12. 温度危险区域是什么意思？危险区域的实际温度限制是多少？

13. 安全解冻食物最好但最慢的方法是什么？

发散思考

14. **比较** 直接污染和间接污染有什么不同？

15. **理论应用** pH值为8.5的食物是否为潜在危害食物？

实践操作

16. **理论应用** 一名顾客要求厨师烹饪一块五成熟的牛排。这名顾客是否受到安全隐患威胁？餐厅是否受到威胁？解释你的回答。

17. **得出结论** 校正行动（HACCP的第五步）是怎样使餐厅员工的工作更轻松的？

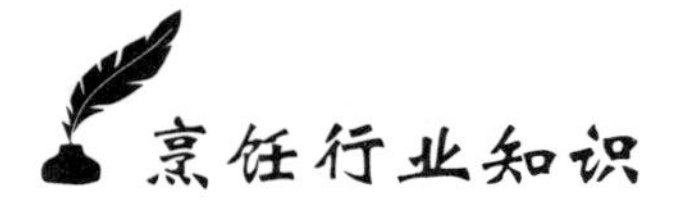

食品行业从业类别

食品加工商与制造商是餐饮行业中起到重要作用的从业者。这类工作有广泛的发展潜力。其中一部分小规模作业、较擅长于手工作业和使用传统方法的加工或制造商也称工匠。

烘焙师生产的食物包括松饼、面包和甜点。部分烘焙师的工作领域则更为专业，例如蛋糕装饰及糖果制作。大公司生产的产品大多通过全国或国际连锁店售卖。

肉商广泛活跃在从屠宰到制作加工成大量的批发和零售肉类产品的全过程中。他们或出现在大型肉类加工厂，或出现在私营屠宰场，或活动于超市中。他们或专门加工熏制和再加工的肉类，例如香肠、培根、火腿和砂锅菜等，或专门处理鱼类、贝类、家禽等。

食品加工商（也叫批量加工商）是将原粮或其他原料经过人为的处理过程，形成一种新形式的可直接食用的产品。厨房中常见的食物，如果酱、果胶、调味酱、咸菜、佐料、蜜饯、腌泡汁和调味馅料等，均为其产品。大规模的商业食品加工公司生产的盒装、罐装、冰冻和即食食品常在商店里售卖。有的加工商直接向零售或批发店提供货品，有的则专门为餐厅供货。

奶酪制造商从事奶酪、酸奶和其他奶制品的生产。在农场工作的奶酪制造商可以便捷地使用产出的牛奶，规模稍大的公司生产所需的牛奶则往往来自很多不同的农场，被统一运输至指定的加工厂进行后期加工处理。

入门要求

在进入食品加工行业前，进行在职培训和设置学徒期考察是常见且必要的。进入职业或技术培训学校，接受烹饪、烘焙或面点艺术的培训也是一种方式。部分公司可能会需要从业者提供健康证明。

晋升小贴士

为了在食品加工行业取得更高的职位，在相关领域获得学位是很有必要的。例如，在乳制品管理或食品科学领域取得学士或硕士学位，将会对提升到高级管理职位起到很重要的作用（当然，关键还是取决于公司类别和职位本身），比如工厂厂长、研究与开发部门的主管或经理等。经验、课业和在管理、科学、科技或市场上的学位都是重要的优势。

第 18 章 厨房安全管理

学习目标 / Learning Objectives

- 充分了解食品安全的重要性，养成良好卫生习惯。
- 应如何理解“厨房安全是一个持续不断的过程”这句话?
- 厨房中存在的火灾隐患主要有哪些?
- 了解各类灭火装置，并掌握相应的使用方法。
- 制定火灾应急预案对厨房安全有何意义?
- 学会使用基础的安全指导法则来防止事故和伤害。
- 识别常见事故和伤害类别，掌握急救和应急操作步骤。

18.1 用火安全

18.1.1 火灾隐患

厨房里存在很多可能引发意外火灾的隐患：明火可能点燃纸巾或布料；堆积的油脂遇高温可能起火燃烧；水可能会溅到电插座里，造成引发火灾的电火花……一场火灾的意外发生可能并不是因为有人故意纵火，而往往是由某些人的粗心而致。

纵火，与意外火灾相对，是指故意放火的行为。无论是哪种情况，最好的应对方法就是拥有有效的用火安全系统，并尽可能保证用火安全。为避免火灾的发生，我们需具备火灾隐患意识。常见的火灾隐患有天然气、明火、高温、油脂、电线和不安全的储存空间等。

天然气

厨灶、连体烤箱灶和其他加热设备通常使用天然气或丙烷气作为燃料。这种大型装置通常都有常燃火苗，会一直保持燃烧。但如果常燃火苗没被正确点燃，可能会产生危险的气体，引发火灾、爆炸或一氧化碳中毒等严重后果。因此，如未经过专门培训，请勿尝试点燃这些设备的常燃火苗。即使是那些知道如何操作的人，也需对它格外保持警惕。

一旦在厨房闻到了天然气，应按以下说明有序处理：

1. 应立即通知主管或老板。
2. 如果知道天然气的总阀在哪里，则立即将其关闭。否则应请别人帮忙。
3. 打开所有的门窗。
4. 不要使用任何电子设备。不要开关灯及使用手机。
5. 迅速离开该区域。

明火和高温

以煤气灶、柴火为例，明火会导致纸巾、食物、油脂、布料甚至是金属的燃烧。如果有足够高的温度，那即便是燃烧将尽的东西也能引燃其他物品，而金属炊具或电线也会因受高温影响而使靠近它们的易燃物起火。

厨房或餐厅里的其他一些常见物品也可能引发火灾，如火柴、蜡烛、香烟和雪茄等。那些仍在发热或高温状态的火柴如果被丢到装有纸巾的垃圾桶，可能会使垃圾桶着火。

带动电器设备运转的发动装置——如搅拌器、研磨机、冰箱和冷冻柜等——也能产生高温致火。

油脂

由油脂引发的火灾是另一种常见类型的火灾。不少厨房发生火灾的原因，往往极可能只是因为一层灰或油渍。只有确保装备设施的干净卫生，厨房才更安全。

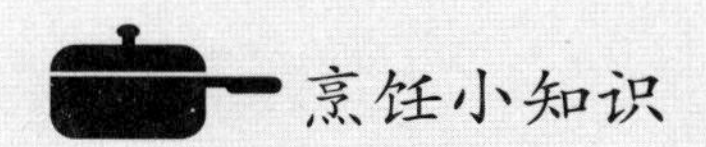

不同颜色的火焰

火焰的颜色取决于两种因素：火焰能接触到的空气量和燃烧物质的种类。

火需要氧气才能持续燃烧。接触到的氧气越少，火焰的颜色看起来就越黄。但能接触到足够氧气的蜡烛或篝火燃烧的火焰之所以呈黄色，则是因为蜡烛或木头类有细微的物质没有燃烧尽。这些物质就是碳，是蜡烛或木头燃烧后的残留物。碳燃烧时即为黄色。煤烟和烟也无非是这些未燃烧的碳物质。

如果近看蜡烛燃烧的火苗，我们会看到里面各层次火焰的颜色是不同的：灯芯处的火焰为蓝色，而离灯芯远的火焰为黄色。这是因为灯芯处火焰燃烧的温度更高，未燃烧的碳物质也就更少。

许多燃料燃烧的火焰是蓝色的，其燃烧温度一般在1700℃左右。家庭中最常见的能产生蓝色火焰的燃料就是天然气和丙烷气。这是由于空气与天然气混合的火焰温度很高，含有的未燃碳少。打火机中的燃料丁烷，燃烧时其火焰也呈蓝色。

不同化学物质燃烧会使火焰呈现出不同颜色。例如，铜和氯混合燃烧时，火焰是略带绿色的青绿色或鲜蓝色；锂燃烧时，会产生鲜红色火焰；石墨或木炭灰中的碳粉燃烧时，其颜色呈橘黄色——就像蜡烛的火焰颜色一样；等等。

实验活动

通过评估燃料在一段时间内产生的未燃碳数量，来比较不同燃料的效用。请使用以下4种燃料：蜡烛、固体酒精（常用于酒精灯）、丙烷气和天然气。分别点燃这4种燃料，并将一个平底小盘分别放在每种火焰上方10秒（确保拿住小盘的手柄或有其他恰当的隔热位置）。比较盘上留下的痕迹。在可燃碳完全燃烧的情况下，你会怎样按照燃料的效用将其排序？这对烹饪、食物供应和食物保存有什么意义？

因此，应按时清洁厨房的墙壁和工作台。烹饪设施例如连体烤箱灶、抽油烟机罩、油炸锅、烤架还有烤炉等，都必须保持干净。暖气设备、空调的每个通风口，包括抽油烟机的过滤器等，也需要保持干净卫生，防止油脂堆积，酿成火灾。

电线

餐厅里超过30%的意外火灾都是由于电线故障或不当使用电子设施与设备引起的。因此，必须小心使用电插头和插座。千万不要用扯电线的方式把插头从插座中拔出。如果电线看起来有磨损，或者插头受到损坏，应及时更换。设施的插头可以是接地的（插头有三个尖头），也可以是非接地的（插头有两个尖头）。同样，接地插座为三孔，非接地插座为两孔，使用时须一一对应。

超负荷的插座也常会引发火灾，因此，要确保没有将过多的插头集中到同一个插板上。插头和插座必须安全地接牢，不能有任何缝隙或裂口。同时，还要保证所有插座和插头的干燥。

不安全的储存区域

厨房的储存空间虽然有限，但由于存放的材料多且品类杂，故储存区域的防火设计很重要。易燃物，例如纸巾、清洁用品和亚麻制品等，存储时要远离明火或高温设施。清洁剂和漂白剂也需与易燃物品分开储存，否则二者相遇很可能引发火灾。

18.1.2 火情控制

为防火灾发生，每家餐厅都必须拥有灭火系统。火警探测器、自动喷水灭火装置、轻便的灭火器等，都是保证用火安全的必备装置。

火情探测器

火情探测器能在火灾发生时发出警报，提醒人们安全离开。常见的火警探测器有两种：烟雾探测器和感温探测器。

- **烟雾探测器** 为了检测到烟雾的存在，将烟雾探测器安装在空气流通的地方，其效果最佳。如果空气无法流动——例如走廊的尽头——烟雾探测器就不能正确地发挥效用。
- **感温探测器** 这种装置对温度突然升高有较高的灵敏度，即使没有烟雾，感温探测器也能感应到火灾的发生。

火情探测器的安装及维修应由防火安全专家负责，之后每个月都要由厨房安排专人进行维护、检查，定时更换电池（如果它们是使用电池进行工作的话）。此外，每年都要由有执照的专家为其进行保养、维修。

自动喷水式灭火装置

自动消防系统包括灭火器、喷水器和火灾高温触发警报器，通常安装在餐厅和浴室等地（但不能用于备餐区）。一旦有火情发生，无论室内有没有人，这些系统都会自动运转。

根据美国国家防火协会的要求，厨房的灭火特殊装置必须安装在连体烤箱灶、煎锅、烤架和油炸锅等设备上方的通风罩里，故也称罩式灭火系统。火灾发生时，它们能释放出可灭火的化学物质（液体状或粉末状）、二氧化碳或气体（通称惰性气体）。由于工业制造商所生产的加热系统越来越高效，餐厅也越来越多地使用加热时比动物油所需温度更高的植物油，这就迫使现代罩式灭火系统更倾向于使用高效的化学灭火法，以便立即扑灭火苗，阻止火灾。火灾过后，泡沫等化学灭火剂也可以用湿布迅速打扫干净，帮助厨房尽快恢复原样。

灭火器

灭火器是一种便携式小型灭火装备，主要针对小火。

所谓小火，即范围和高度都不超过3英尺的火。如果火势更大，则应该立即通知消防队。当火势在仅需灭火器即可扑灭的情况下，一定要使用正确种类的灭火器。

不同的灭火器用于处理不同情况的火灾。每种灭火器上，都标识有相对应的火灾种类。有的灭火器能适用于不止一种火灾种类，所以标签上所标记的适用类型也就不止一种。

根据起火范围内易燃物质的不同，火灾被分为以下五种：

灭火器和火灾分类		
火灾种类	**易燃物分类**	**所使用的灭火器种类**
A类	固体（纸张、布料、木材、塑料）	水基灭火器；泡沫型灭火器；干粉灭火器
B类	易燃和可燃液体（汽油、酒精、柴油、油性涂料和油漆）和易燃气体	泡沫型灭火器；干粉灭火器
C类	通电的电气设施（电线、插座、电路、发动机、电闸或线路）	干粉灭火器
D类	易燃金属（电闸、电线，铁或铜等金属）	干粉灭火器（粉状石墨灭火器和灭金属火灾的专用干粉灭火器）
K类	烹饪用油和油脂	泡沫型灭火器；干粉灭火器

- **水基灭火器** 用水浇灭火。只要有干净水源供给即可使用。只能用于A类火灾。
- **泡沫型灭火器** 通过冷却火温并用大量泡沫覆盖来隔绝空气与火的接触。如果这类灭火器被冻住，就不能工作。泡沫型灭火器用于A类和B类火灾。
- **干粉灭火器** 能产生使燃烧终止的化学反应。这类灭火器可以用于A、B、C三类火灾或只能用于B或C类火灾。

厨房工作人员应该知道灭火器安置在厨房的哪个位置，清楚它们所对应处理的火灾类型。必须对厨房工作人员进行必要的培训，以便让他们清楚如何安全地操作便携式灭火器，即掌握PASS系统：

PASS 系统

Pull，拉出栓

Aim，对准火苗根部（站离火苗6～8英尺）

Squeeze，扣动压把

Sweep，两边来回移动喷洒

所有便携式灭火器都需要定期检查维修。维修只能由灭火器专业服务公司进行。

18.1.3 火灾应急预案

火灾应急预案指的是专门制定用于应对突发火灾的行动预案。它要求我们将消防队和紧急救援队的电话贴在每部电话上，并也要求将每层楼的逃生路线图和紧急出口、集合地点张贴在显著位置上。

逃生路线

逃生路线，或疏散路线，可保证建筑物内的人员在遇到火警时至少有两条通道可离开。火灾紧急出口的门须标记清晰并始终保持畅通，且设置为由内向外推开，无需使用钥匙。

有两条逃生路线才能确保在遇到走廊、楼梯井或紧急出口门因为火灾烟雾而无法通过的情况下还能逃出。逃生路线和紧急出口都应该安装有一些靠电池供电的应急灯。

集合地点

集合地点，或集合处，是离建筑物有一段安全距离的预先确定地点。每个从建筑物内逃离的人都必须到集合地点集中，以便确认所有人均已离开发生火灾的建筑物。

消防演习

消防演习让我们有机会熟悉逃生路线，也让我们有机会掌握安全的逃生行为，从而在火灾真正发生时能幸存。不管你是在消防演习还是在真正的火灾中，都要谨记：

- 立即呼叫消防队。
- 保持冷静。
- 关掉所有能关掉的气阀。
- 尽快疏散人群。指引建筑物内的顾客从最佳逃生路线离开，并告知逃出后的集合地点。
- 在集合地点汇合。
- 发现有人丢失时立即通知消防员。

概念复习

1. 常见的火灾隐患有几种？
2. 使用灭火器的PASS系统具体有哪四个步骤？
3. 什么是火灾应急预案？

发散思考

4. 定期清洁对降低火灾发生的风险有何帮助？

5. 哪种灭火器最适用于起火范围内有电子设施的情况？

厨房实践

检查你学校里的厨房或餐厅区域内的火情探测器、罩式灭火系统、自动喷水装置和灭火器。判断各灭火器分别适用于哪些火灾种类，并与学校内管理火灾应急预案的工作人员进行交流。

烹饪小科学

研究常见灭火器（水基型、泡沫型和干粉型）的工作原理。为什么不同的火灾需要不同的灭火器？分别是怎样工作的？汇报你的发现。

18.2 事故和伤害

18.2.1 事故与伤害的种类

事故是任何计划外发生的意外，且会造成人身或财产的伤害和损失。事故和伤害一直是每个工作环境所关心的问题。如果能了解事故或伤害的种类，以及它们发生的原因，我们就可以采取措施避免或预防其发生。餐厅里最常见的人身伤害有以下几种：烧伤、割伤、扭伤、拉伤和跌伤。

烧伤

虽然烧伤程度轻重不一，但都需要立即治疗。根据伤情的轻重及其严重性，烧伤可分为一级、二级和三级。

烧伤的分级及其治疗方法		
级别	描述	治疗方法
一级烧伤	皮肤变红，变得敏感，可能肿胀	用凉水冲洗或用拧干的冷毛巾敷在伤口处（勿用冰块敷）
二级烧伤	伤口更深，呈水泡型，痛感更强烈。水泡一旦破裂，会更痛	按照一级烧伤的处理方式进行冷却。勿涂药膏、缠绷带，需送医治疗
三级烧伤	皮肤可能会变白、变软，或发黑、变硬、变粗糙。因神经被烧伤，故烧伤区域无知觉	用凉爽、潮湿的无菌纱布或干净的棉布敷在伤口处。勿涂药膏、敷冰块或冰水，应立即送医治疗

割伤

割伤是烹饪过程中最常见的受伤类型。刀具或其他任何物品的尖锐边缘都可能造成这种伤害，清理碎玻璃、处理纸张等等，也都有可能被割伤。割伤有以下几种不同的类型：

- **擦伤** 伤口较小，例如皮肤和其他表面粗硬的东西相摩擦，即可能造成擦伤。
- **划伤** 因外物导致皮肤上出现的裂口，例如被刀划伤。划伤也可能伤得很深。当出现深度划伤或者创口位于容易撕裂处，如额头，就需要缝合。
- **撕脱伤** 皮肤甚至是肉体的一小块被割掉，例如指尖。根据受伤严重的程度，撕脱伤可能需要立即进行医治。
- **刺伤** 由某些尖锐的物体刺穿皮肤并留下很深的洞而造成的伤口。根据伤口深度和位置的不同，刺伤也可能需要立即进行医治。

扭伤、拉伤和跌伤

扭伤和拉伤是身体部位扭动错位造成的结果。这些伤害通常是由于被绊倒或摔倒引起的。例如行走时突然踩进洞里或地面湿滑，就容易扭伤脚踝。

人在跌倒时通常会本能地尝试抓住支撑物，或挥舞手臂以阻止自己摔倒，这种情况下，手腕或肩膀很可能会被拉伤。

当然，以不恰当的姿势站在同一个地方太久（例如做伸展或俯身工作时），或不间断地重复同样的动作时，也可能会导致肌肉拉伤。最常见的拉伤类型是由于抬举重物而引起的背部拉伤。

18.2.2 预防事故和伤害

预防事故和伤害是后厨工作人员的职责。通过培养本小节所述的安全工作习惯，能确保自己更安全地工作，并借此为他人创造并维持一个安全的环境。

安全着装

在厨房工作时，正确的着装可以在某些方面保障自己的安全。因此，厨房工作人员应掌握好如何正确、安全地穿着工作服装和佩戴相应设备：

- 不要佩戴大件或悬垂的珠宝首饰。这类首饰，例如项链、耳环、手镯和戒指等，可能会不慎卡在机器里，因此，开始工作前，必须将它们取下。
- 记得戴好厨师帽。顶部中空的厨师帽能防止头发掉落到食物中。
- 更换厨师制服。要杜绝穿宽松肥大的衣服，以避免工作过程中被挂住或被机器缠住。当然，还要确保工作时手臂不外露，以防烧伤和烫伤。厨师制服还能帮助厨师随时保持清洁的外观——沾染污物时，只需把双排扣上衣解开、换边重新扣好，即可遮住污迹；传统的厨师裤则因布满犬牙花纹，也不易显脏。
- 系好围裙。厨师的围裙也能起到保持清洁作用。如果被弄脏，还可以轻松更换。
- 穿着防滑、防油渍和防热的鞋子来保护双脚。鞋子最好无系带，如有，则鞋带必须拴紧；不要穿露出脚趾的鞋子，以免刀具不慎掉落时伤到脚部，而有封闭保护的鞋子，则哪怕有重物砸落，也能一定程度地避免擦伤和磕伤；应穿低跟鞋，以防工作过程中扭伤或拉伤脚踝。

• 必要时要穿戴额外的保护装置，尤其是在操作清洁剂这类化学物时。你可能需要佩戴护目镜、面具和橡胶手套来保护自己免于接触到化学物质或者接触到从绞肉机、肉馅搅拌器中飞溅出来的东西。开装货箱或举重物时要穿戴厚革手套。

安全使用刀具或其他切削工具

• 厨房内所使用的刀具是始终保持锋利的，为了防止切到自己，必须保证手和刀具都是洁净干燥的。如果刀具掉落，切勿伸手去抓，而应及时躲避。

• 刀具应有序摆放好，并安全地储存在工作地点。不要让工作区域变得杂乱无章，那将影响工作的安全开展。

• 为了防止刀具伤害到别人，递刀给别人时应将刀平放在桌面上，刀柄朝向对方，以便对方可以从桌子上接过刀而非在半空中接住。

• 厨房拥挤时，如果不得不移动刀具，则行动时一定注意保持刀片朝下、刀身贴近自己。如果可以的话，最好将刀套上保护套。

• 要记得穿戴网状防切手套来保护自己的手，特别是需要在刀上施力之时。例如掰开牡蛎和切肉时，网状防切手套就能起到很好的保护作用。

• 使用切割食物的机器或设施（切片机、绞肉机、切菜机、磨碎器等）时，要特别提高警惕。大多数这类机器都有防护装置来保护手指或手远离刀片，只要正确使用这些防护装置，就能保证安全。清洗机动化的设施时，也要在确保没有打开开关或插上电源的情况下进行。

• 厨房里其他可能导致割伤的器具包括开罐器、开盖的金属罐头、铝线圈或塑料包上的切割器。工作时，注意不要让手靠近那些尖锐的、锯齿状的边缘。

• 碎玻璃也能割伤人。碎玻璃渣应立即用扫帚清理干净，周围的人应保持原地不动的状态，直到清理完毕。由于碎玻璃渣能轻易划破塑料垃圾袋，并在倒垃圾时使人受伤，因此很多餐厅会为此配备一个单独的容器。

预防烧伤

明火、热锅的把手、飞溅的油和化学物质等，都能造成烧伤。在厨房，预防烧伤最好的办法就是让皮肤远离高温或腐蚀性物质。

• 制服是保护自己免于烧伤的方法之一。应穿着长袖制服。如需移动或拿起热锅，要戴上防热手套或使用干毛巾来保护手。记得提醒周围的人勿接近正在冷却中的热锅或热盘。

• 如果不得不手持高温物品在厨房走动，一定要提前警告他人切勿靠近。

• 不要将灼热的锅或盘子等用具直接丢进装满冷水的水槽里。这种做法可能会导致这些用具变形甚至破裂，且对不经意间靠近水槽的人造成危险。正确的做法是，在清洗这些处于高温状态下的用具之前，耐心地等待它们自行冷却。在此之前，可以用在锅柄上缠干毛巾的方式提醒大家：锅和锅柄都是烫的。

- 揭开锅盖时冲出的蒸汽也可能造成严重的烫伤。为了避免这种情况，揭锅盖时要先打开较远的一边，这样的话，蒸汽就不会冲向操作者的面部。
- 烤箱里突然喷出的热气也足够造成面部烫伤。如果你戴着眼镜，热气会让镜片起雾，暂时阻碍视线。所以正确的方式是，先小心地小幅度打开烤箱，放置一段时间，让热气得以先行散发，然后再全部打开以查看烤箱内部。
- 往热油里加水时，油会四下飞溅。湿润的食物、冰冻的食物、面糊和其他液体食物，因为含有足够的水分，都可能导致油从平底锅或油炸锅内飞溅出来。因此，在将食物下锅之前，必须尽可能地将食物表面的水分弄干，并小心地先从离自己较近的一边将食物低放入锅。

避免滑倒和跌倒

- 走路时要看清方向，留意沿途潜在的问题。地板潮湿、地毯不平、道路破损、障碍物，甚至走路过于随意，都可能将人绊倒，因此必须保持地板和走道的干净、干燥和通畅无阻。如果有任何可能绊倒人的危害存在，记得警示他人。
- 在昏暗的环境下走动，很难看清潜在危险物，所以需要灯或手电筒等便携照明设备。要记得定期检查并更换灯泡或手电筒的电池。

清理溢出物

即使一小点油污溢出在地板上，也可能让人摔倒。因此，无论何时，无论是谁，只要看到地板上有液体，都应立即清理干净。但是，水很容易擦干，油脂却很难清理干净。遇上这种情况，可以先用拖把或吸水毛巾擦干液体，再将谷物粉之类的吸水材料覆盖在溢出物上，尤其是油脂类溢出物，然后再进行清理。

当然，在清理干净之前，我们首先要做的是立即通知周围的人，指引他们绕行，或立标志牌提醒大家。

安全地举动或移动重物

从储藏室搬动重物或庞大物品，将大锅从灶上取下，从烤箱中取出一整盘食物……只要动作不正确，都可能造成拉伤或背痛。

因此，在举重物之前，请先考虑以下几个问题：

- 你自己能否举起重物？是否需要帮助？
- 重物是否能保持平衡？
- 走动时是否会洒漏其中的物品？
- 道路是否通畅无阻？
- 到达目的地后是否有人帮忙放下重物？

如果这些问题都能有明确、肯定的答案，你就可以开始移动重物了。为了能安全地举起重物，你应该使用腿部而不是背部的力量：蹲下（不要俯身），保持背部直立，抓牢需移动的物品，用腿部发力来让自己起立站直。

安全使用梯子

储藏区内所使用的置物架，其高度一般都高于头顶。为了安全地存放或取出那些够不到的物品，梯子就成了必备品。梯子有三个基本类型：梯凳、折梯和直梯。

梯子上通常会标注着所能承受的安全重量。应当确保梯子上的各部分都状态良好，且每层梯级完好无损，其防滑梯脚也能正常发挥作用并固定住梯子。如果梯子是由金属制成的，使用时还应当避免梯子接触到与电相关的东西，如电线、发动机或插座等。

使用梯子时，应选择高于置物架自身高度的梯子，以免站到梯凳的最高一层或直梯最高的两层梯级上。梯凳和折梯均应该有支架将梯腿撑开，以确保站上梯子时它不会滑动，当然，前提是支架被固定在了正确的位置。

使用直梯时，则需要将直梯以一定角度倚靠在架子或墙上，底部应距离架子或墙面至少2~3英尺。检查梯子的固定情况，确保它不会滑动，方可使用。如果发现需要拿的东西必须倾斜身体才能够到，那么我们应从梯子上下来，调整好位置后，再行取放。切勿在梯子上倾斜身体取物。

必要时应当寻求帮助。攀登直梯时，一定要有人在下面固定住梯腿。如果我们没有办法单手移动物品，应请人帮忙传递。

梯子使用完毕后，应将其正确地存放好，以免因不正确的存放方式导致梯子倾倒，造成安全隐患。

驾驶

因工作需要而驾驶车辆，一定要遵守所有的交通安全规定，这是很重要的。我们的驾照也必须依法有效。工作单位可能会要求我们完成防御性驾驶培训计划，也可能会检查驾驶记录。

要确保我们所驾驶的车辆的安全性，如：刹车不能失灵；所有的车灯（包括转向灯和制动灯等）必须能正常工作；轮胎的胎面必须能保证在道路摩擦下不会受损；等等。如果工作单位所提供的车辆存在安全隐患，我们必须立即告知。

在潮湿、刮风、下雪、结冰和昏暗的环境下驾驶，难度极大。如果迫不得已需要在这样的环境下驾驶，我们必须提高警惕并与其他车辆保持较大的车距，以及时对其他车辆的变化作出反应并安全刹车。

驾驶过程中，要避免分散注意力。任何分散驾驶员的注意力的事情，例如更换电台频道、打电话、饮食等，都容易引发事故。

要遵守交通安全规定。始终系好安全带，并按规定的速度驾驶及根据交通标志行驶，千万不要试图从停靠的校车前穿过，以免造成事故。

18.2.3 急救和应急操作步骤

急救是我们应对突发事故中出现的伤患所做的针对性照顾和护理。对伤者的救治必须尽快进行，为此，每个厨房都应该配有被妥善保管好的急救箱，以应付各种突发事故伤害，如割伤、烧伤和扭伤等。如果餐厅有配送服务或需要使用货车提供饮食，那么这些车辆上也应该同样配有急救箱。

急救箱内，应该有绷带、药膏、镊子、剪刀等物品，以及一些药物，如阿司匹林等。箱内还应该备有急救指南，指导如何处理不同的伤害。

不管何时，只要发生事故并导致有人受伤，我们均应遵循以下指导：

- 检查事故发生现场。
- 让自己和伤者保持冷静。
- 让所有不能直接帮助伤者的人远离现场。
- 如有需要，自己或请别人呼叫医疗帮助。
- 按照急救指南进行急救。
- 陪同伤者直到医护人员到场。
- 填写事故报告。

美国红十字协会提供专门课程，教授人们关于工作场合发生事故时的正确应对、处理方法。你可以详细咨询该类课程的开放时间，也可以参加一般性急救课程以取得资格证书。

烧伤

不管何时，只要有人被烧伤，首先要做的就是远离火源。这包括脱掉浸在热水或热油中的衣服，并将伤者移动到安全位置。其次，是让受伤者保持冷静不动，以保证实施急救措施时或医护人员到来前，伤者能放下心来休息。再次，要用冷水浸泡或冷敷烧伤处。如果无法用冷水盆浸泡住烧伤部位，可用冷水打湿毛巾后覆盖住伤口。

割伤

处理割伤，首先要用肥皂和温水清洗伤口。如果伤口流血过多，可用消毒网垫盖在伤口上并轻轻按压，直到没有鲜血溢出。然后用消毒纱布或绷带包扎伤口。绷带需要勤更换，以防其成为潜在的交叉污染源。要注意，帮助被割伤者时，必须穿戴一次性手套，避免与血液直接接触。

扭伤、拉伤和骨折

处理这类伤者首先要正确对待受伤部位。一般情况下，需将伤者的受伤部位高举过其心脏位置，以利于消肿。在受伤的24小时内，可冰敷其受伤部位，具体做法为每小时冰敷同一位置约15分钟。其次，要用绷带包裹或缠绕住受伤部位，以给予支撑。当然，严重扭伤的部位需要尽可能地保持不动。另外，如果出现跌倒摔伤以致骨折的严重情况出现，伤者必须接受X光检查，这时最好将其送到急救室或医院，以便进行专业的救治。

窒息

因进食不慎而引发窒息的情况也常出现。当有东西卡住呼吸道时，伤者会出现无法说话或呼吸的症状。呼吸道阻塞操作法（即海姆立克式操作法）能帮助其尽快清除梗塞物。餐厅应在显著位置张贴公示该操作方法。

CPR

心脏复苏术（cardiopulmonary resuscitation, 简称CPR）是一项能让人恢复呼吸和心跳的技术。如果有人因为休克、溺水或受到其他伤害而停止呼吸，就需要用到CPR。该项技术以100次/分钟的频率按压患者的胸腔，以人力促进血液流通。为了在CPR技术上取得资格认证，我们需要完成相关训练，且每年进行演练。不要在没接受过正确训练的情况下尝试使用CPR或人工呼吸等施救方法。

AED

自动体外除颤器（automated external defibrillator，简称AED）是一种能让心脏恢复跳动的设备。是否正确并迅速地使用该设备决定着一位心脏病突发患者的生死。如果餐厅中配备有体外除颤器，我们需要了解它所放置的位置，并在事故发生时尽快让餐厅中接受过正确操作手法训练的员工实施救助，避免浪费时间。不要在没接受过正确训练的情况下使用AED。

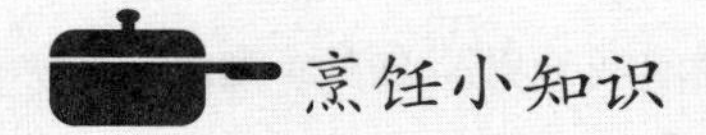

呼吸道阻塞操作法（海姆立克式操作法）

如病人神志尚清醒，可采取站位法：

1. 救护人从背后抱住其腹部，一手握拳，将拇指一侧放在病人腹部（肚脐稍上）；

2. 另一手握住握拳之手，急速冲击性地、向内上方压迫其腹部，反复有节奏、有力地进行，以形成的气流把异物冲出；

3. 病人应作配合，头部略低，嘴要张开，以便异物吐出。

如病人陷入昏迷不能站立，可采取仰卧位法：

1. 救护人两腿分开跪在病人大腿外侧地面上；

2. 双手叠放用手掌根顶住腹部（肚脐稍上），进行冲击性地、快速地、向前上方压迫；

3. 打开病人下颌，如异物已被冲出，迅速掏出清理。

过敏性休克

有些人对某些食物、药物或昆虫叮咬产生过敏反应，严重者甚至会影响其生命。常见的导致过敏的食物有鱼类、花生、贝类和木本坚果（核桃、扁桃仁等）。这种过敏反应称作过敏性休克。

过敏性休克的症状发展迅速，从食用过敏源开始到产生过敏症状，通常只需要几秒或几分钟。其症状通常为出现荨麻疹、头晕和恶心等，但最显著的症状就是喉咙肿胀且严重到阻塞其呼吸道。前者表现为声音嘶哑且变小，或发出极大的气喘声。

影响呼吸道的过敏性休克属于紧急情况，必须立即拨打报警电话（在美国为911）。同时，尝试让患者冷静下来。如果过敏反应是由于蜜蜂叮咬引起，可尝试用坚硬的东西（如手指甲和信用卡等，勿用镊子）刮掉皮肤上的刺。如果患者自备紧急过敏药物，则可帮助其服用或注射药物。但切忌让患者吞下药丸，因为这可能会导致患者窒息，使病情恶化。除此之外，还必须注意让患者平躺（勿垫高其头部），并将其足部高举至约12英寸高，以保证其呼吸道畅通。在这过程中，用毯子或外套盖住其身体，保持体温。

应急准备

我们没有办法在任何情况下都保证自身的绝对安全。自然灾害，包括洪水、地震、暴风雪、风暴和森林火灾，几乎都是不能被准确预测的。滥用武力，不管是出于什么原因，也是一个严重的安全问题。如果有人携带枪支或炸弹出现在餐厅，并意图伤害某人或抢劫餐厅，那么，生命受到威胁的就不止一个人了。

针对这些情况，在餐厅里，唯一能保护我们自己、同事和顾客的方法就是做好合理全面的安全措施。

一个国家的不同地区会潜藏着不同的自然灾害。在有些地区，暴风雪是一大危害，而其他地区则可能是飓风、龙卷风或闪电。为了应对这些状况，我们需要准备好瓶装水、毯子、手电筒和用电池的收音机，并确保所有需要使用到电池的设备都有可用的电池。

此外，我们还应针对自己最有可能遭遇到的情况进行详细而全面的了解，做好最佳安全措施。

为了保护餐厅不被人为入侵，我们要在餐厅不营业时保持门窗紧闭。必须开门或关门时，要尽量保证有人陪同。置身于停车场或昏暗的小巷中时，要打开灯光。另外，我们还要确保已经开启警报器和其他安全设备，以防范、震慑入侵者。

18.2.4 安全是一个持续不断的过程

保护我们自己和餐厅远离火灾、事故和伤害，是一项永远需要关注的工作。只有一直保持警惕，始终遵守安全规程，才能确保安全。由于安全的重要性，所有的雇主和员工都必须了解并遵循一些联邦法规。

职业安全和健康署（OSHA）

1970年，议会批准成立了职业安全和健康署（简称OSHA）。职业安全和健康署的职责就是确保员工有一个安全、健康的工作环境，并为此规范和实施了雇主应遵循的标准。该标准要求雇主公布工作地点的安全健康信息，同时也要求所有员工遵守规定，以保证工作地点的安全。

对餐厅来说，保证每个工人和顾客的安全是它的法定责任。任何不为此负责任的餐厅都将对一切事故、伤害、疾病或可能造成的死亡负法律责任。该责任涵盖了整个餐厅，包括厨房、餐厅、盥洗室、停车场和其他任何与餐厅相关的区域。

环境保护局（EPA）

环境保护局（简称EPA）同样成立于1970年，承担着比职业安全和健康署更大的职责，并且不局限于工作地点。环境保护局的职责就是通过保护我们呼吸的空气、我们饮用的水和我们生活的土壤来保护人类健康。环境保护局也同时管理着工作地点的安全，例如它会要求餐厅检测任何危害到人体健康的化学物质。

危险品及有害物标准（HCS）

化学物品，例如清洁剂、洗碗剂、消毒液或漂白剂，都是厨房里的常见物。杀虫剂、金属抛光剂，以及用于抑制发霉的材料等，也都能在厨房里找到。职业安全和健康署颁布的危险品及有害物标准（简称HCS，也叫知情权或HAZCOM）规定，雇主有告知所有员工关于工作中所存在的化学危害物的义务。该标准也要求雇主对全体员工进行安全使用所有含化学危害物的产品的相关培训。

含化学危害物的产品会刺激或侵蚀皮肤、鼻黏膜和喉咙，一旦摄入，甚至可能损害我们的消化系统。这些产生刺激的物质被称为腐蚀物。与化学物质相关的最常见的危害就是烧伤，可以是由于化学物质与未受保护的皮肤发生直接接触而造成的，也可以是由于化学物质与某物发生反应而引起的火灾。有些易燃的化学物质，只要接触到空气、潮湿的环境或其他化学物质，就会燃烧。

对我们的健康造成威胁的化学物质是那些有毒、致癌的物质。化学物质引起的健康危害包括长期和短期的伤害或疾病。短期疾病造成的后果可能相对较轻，只持续几天或几周，但长期疾病却可能持续数月、数年甚至是一辈子。由于在工作场所与化学物质接触引起的癌症可能会威胁到生命。

材料安全数据表（MSDS）

材料安全数据表（简称MSDS）展示了化学物质可能引发的具体危害。每样包含化学物质的产品都应列明材料安全数据，这些数据通常是由化学品制造商或供应商提供。每个在餐厅工作的人都必须能了解到这些信息。

材料安全数据表（MSDS）中的基本信息如下所示：

1. 产品和公司的认证信息：产品名称；公司的联系方式（包括紧急联系方式）。

2. 原料的构成 / 信息：造成物理性或化学性危害原料的化学学名和常用名。

3. 危害鉴别：紧急情况概述；急性效应；慢性暴露过度效应。

4. 急救措施：眼神接触；皮肤接触；吸入式；摄入量。

5. 消防措施：燃点；上下爆炸极限；灭火药剂。

6. 意外泄漏措施：采取措施防止意外泄漏。

7. 处理和储存：处理；储存。

8. 暴露预防措施 / 个人保护：工程控制；呼吸保护；皮肤保护；眼睛保护；慢性暴露过度效应。

9. 物理和化学性质：产品的物理信息描述，包括状貌、气味、沸点、酸碱度，和其他任何可能帮助鉴别该产品的信息。

10. 稳定危害的鉴别：稳定性；需避免的条件；不相容性。

11. 毒物学特性：被认为有毒的成分。

12. 生态信息：了解对环境的影响。

13. 垃圾处理条件：垃圾处理方法。

14. 运输信息：危险类别；交通运输部门的名字。

15. 监管信息：职业安全和健康署规定；有毒物质控制法；知情权。

危险品操作程序

危险品操作程序是有效安全操作程序的一部分，它包括几个重要的内容，能用于证明已为保证安全和健康而作了合理、全面的设置和安排。内容如下：

- 一份书面政策，陈述餐厅愿意为了工作安全而遵守职业安全和健康署的规定。
- 一份最新清单，也称为有害化学物质的库存，列出餐厅内使用或储存的每样有害化学产品，包括它们的名称、数量和储存位置。
- 一份包含了每样有害化学物质的材料安全数据表，需要放到库存里。这些表格必须存放在中心区域，使每位员工都能了解信息。
- 所有含化学物质产品的表格，包括它们的名称、危害和制造商的姓名地址。
- 每位员工都应该有一份危险品操作程序培训的书面复印件。

事故 / 疾病报告和记录

事故会造成受伤和疾病，导致员工因无法工作而损失工作时间。如果发生的事故过多，则意味着餐厅没有遵循正确的安全规定。

正确报告事故是很重要的。如果餐厅里发生的事故造成了死亡，我们必须在8小时内向OSHA提交标准的事故报告表。如果事故导致三个及以上的员工被送医治疗，我们也必须在8

小时内向OSHA报告。低于上述标准的受伤和事故则必须在6个工作日内报告。

所有餐厅都要求记录一年内在工作场所发生的事故和伤害（OSHA表格300），并将报告张贴在所有员工都能看见的地方，直到次年被新的记录表所取代。

员工补偿

员工补偿是每个地区为因工作事故造成受伤和生病的员工所提供的补偿性帮助，它弥补了员工由于不能工作所损失的钱财，以及员工所需要支付的医疗费、康复费等，如有必要，甚至还将弥补员工的再培训费。

常规安全检查

常规安全检查是对餐厅安全级别所进行的审查。一般来说，审查记录表上会为每一个审查项目预留“是”或“否”的方框。任何被标记为“否”的项目都必须尽快修正，以保护餐厅、员工和顾客的安全。

检查的四个领域如下：建筑、设施、员工技能和管理技能。

该检查会审查餐厅的内外墙壁、地板、房顶、地基、电线和管道系统的情况。停车场、储存室和外面的座位也会被审查。根据餐厅所处位置不同，审查还可能包括排涝、除雪除冰等项目，还要符合抵抗地震、龙卷风和飓风的标准。

所有设备和车辆都必须处于可正常使用的状态；家具和地毯定期保养；固定设备，包括灯光和盥洗室的固定设施，必须能安全、正确地运转；灭火器等消防设施必须正确放置。

员工也是常规安全检查的一部分。根据要求，员工必须强制接受正确的安全章程训练，并保证严格遵守相关章程。

该检查同样与雇主的危险品程序相关，包括每个人的训练程序和对事故和疾病正确的记录程序。

常规安全检查					
OK=无或存在轻微差距，S=严重，IN=需要改进，U=不满意					
#	操作方式和人员操作	OK	S	IN	U
377	生产设施、设备，和 / 或用于最大程度减少手与生食材接触所设计或提供的辅助物，正在生产或生产完的产品				
378	易滋生致病微生物的食物或生食材被保存在41℉以下或135℉以上到任何合适的温度，必须保证内部温度低于40℉或高于140℉				
379	实施了有效措施来防止生食材、垃圾和烹制完成的食品之间的交叉污染。这些措施包括限制人员在那些区域内的移动				
380	用于运输、加工、保存或储存生食材、加工中的食物、再加工食物或制成食品的设备、容器和用具被正确使用；在加工或储存食物的过程中操作正确，以防食物间发生污染				

小测验

概念复习

1. 烧伤的三种类型是什么？描述每种类型以及相应的治疗方法。
2. 举重物的正确方法是什么？
3. 呼吸道阻塞时，应如何操作？
4. 材料安全数据表（MSDS）中应包含哪些信息？

发散思考

5. 为什么员工在使用任何产品前都需要查看它的材料安全数据表？
6. 一家餐厅的事故和伤害记录簿能让你了解到什么？
7. 你认为危险品操作程序对谁而言更为重要：雇主还是员工？为什么？

厨房实践

检查厨房的危险品操作程序，以及三种常见的厨房清洁剂的材料安全数据表（如烤箱清洁剂、油脂清洁剂或地板蜡）。评估你将如何应对每种产品可能造成的紧急事故。

烹饪小科学

调查美国职业安全和健康署的历史，了解以下问题：在这个机构成立之前，美国的员工们拥有什么权利？为什么要成立这个机构？该机构的规定是怎样随时间而改变的？

用一张表格记录你的发现并展示。

复习与测验

复习概念（选择最佳答案）

1. A/B类灭火器适用于哪种易燃物？（ ）

A. 纸巾、布料、木柴和塑料　　B. 电子设施、电线和插座

C. 易燃金属　　D. 烹饪用油

2. 扑灭灶台上因油脂而引起的火灾的最佳方法是（ ）。

A. 用水喷洒　　B. 用盖子盖住火苗　　C. 朝火苗撒盐　　D. 用湿布盖住火苗

3. 在厨房内携带刀具的最佳方法是（ ）。

A. 刀刃朝外，紧贴身侧　　B. 刀刃朝上，举过头顶

C. 刀刃朝下，紧贴身侧　　D. 刀刃朝前，举过头顶

4. 致癌物会（ ）。

A. 导致癌症　　B. 刺激或侵蚀其他物品　　C. 导致烧伤　　D. 导致失明

5. 在海姆立克式操作法中，拳头应放到（ ）。

A. 伤者的喉咙下方　　B. 高于伤者的胸腔

C. 伤者的胸腔中间　　D. 伤者的肚脐上方

概念理解

6. 火灾的五种类型是什么？

7. PASS系统的四个步骤是什么？

8. 海姆立克式操作法的步骤是什么？

9. 材料安全数据表（MSDS）中包括了哪些信息？

10. 危险品程序包括哪些内容？

发散思考

11. **分析信息** 作为一名员工，你认为物料安全数据表中哪些信息最重要？

烹饪数学

12. **理论应用** 餐厅中超过30%的意外火灾都是由有故障的电线所引起的。如果某个餐厅需要15个灭火器，那么其中大约多少应为C类灭火器？

13. **分析数据** 一家大型的餐厅有317位员工，去年共有63位不同的员工在工作中受伤。请计算出受伤员工的比例。

工作进行时

14. **讨论** 如果你所工作的餐厅可以为员工免费提供安全培训课程，你会参加吗？为什么？

15. **讨论** 为什么处理健康紧急事故的能力是厨房从业人员的必备技能？

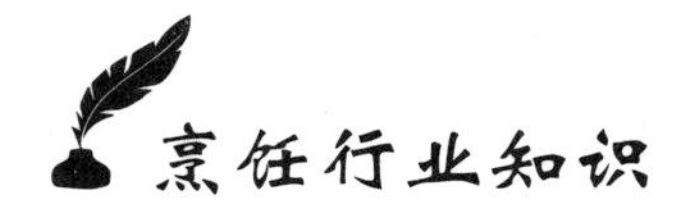

商用厨房顾问或设计师

一家餐厅、酒店或餐饮集团能取得成功有许多因素，其中，厨房的设计和功能当属最重要的因素之一。商用厨房设计师或顾问需要精通很多方面的知识：设备的选择、防火和安全规章的制定、储存空间的需求、建筑规范和区域规划等，涉及广泛的学科专业知识和领域，包括房地产、设计、诉讼、会计等，因此，他们通常会与建筑师、工程师和建筑队组成一个工作团体。

厨房设计师或顾问面对的工作可能是设计新餐厅，也可能是对旧餐厅进行改造和重新配置，情况不同，其挑战也不同。但总体来说，厨房设计师或顾问应针对多种不同的问题，例如概念发展、室内设计、发展援助、财务数据系统和房地产等，提出建议。他们的产品或应交付的作品通常是以书面报告或实际操作的形式呈现的。

入门要求

成为一位成功的商用厨房设计师或顾问并没有什么特定的模式，他可以从课堂中学习其他设计师的成功经验，也可以通过亲身实践来学习设计和建筑等方面的知识。厨房中的经验也可以让设计师获得他们原本不具备的洞察力。

晋升小贴士

在设计或建筑领域得到学位对于证明我们的专业水准和专业知识，自然是颇具说服力的。参与设计或改造商用厨房的经历也是很重要的，特别是当该设计较为成功时。顾客的推荐和赞扬是判断设计成功与否的标准，其成功经验可以收获相关奖项，得到业界认可。

针对设计软件（如autoCAD）的专业培训，提出建议、建立时间轴、制定日程和任务列表所需要的能力，会决定我们是否拥有与其他专家团队共同工作的能力，如工程师，电工、建筑师和设计师等。当然，这也意味着顾客是否能信任我们可以从相关机构获取新建或改造餐厅所需要的许可，并且保证这项工作能通过合理检查，符合所有有关健康、安全和防火的规章要求。

第 19 章 厨房设备管理

学习目标 / Learning Objectives

- 认识并掌握厨房作业流程，提高厨房工作效率。
- 食材准备包括哪些？为什么做好食材准备工作对提高作业流程的效率有重要意义？
- 分类了解厨房内的几种设备类型：冷藏设备、贮藏设备、食材准备设备、烹饪设备、盛放设备与供餐设备。
- 工作岗上的工作人员应当如何利用冷藏柜和台下柜来提高工作效率？
- 搅拌和混合的区别是什么？试给出例子。
- 复习你所学到的跟食物温度有关的安全指示，解释在使用手持设备时应怎样遵循这些安全指示。
- 掌握厨房的工作线设置，并能大致描述厨房里的贮藏设备、食材制作设备和烹调设备。

19.1 厨房作业流程

19.1.1 厨房工作岗和厨房工作线

饭店、餐馆都是服务于大众的企业，而厨房就像将原材料加工成产品的工厂，其功能是高效地将原料食材转变为既满足人的味觉，同时又富有营养的食物。

工作岗

这是厨房提高效率最重要的途径之一。工作岗是包括厨房设备和厨房工具在内的完成厨房特定任务的作业区域。厨师们通常将厨房的某个作业岗简称为作业点，例如“油煎点”“烧烤点”等，前者负责准备整个厨房所需的油炸食物，后者则要准备烧烤食材。

工作岗包括了实现该功能的必备器材，也可能会包括一个合适的工作台。每个工作岗甚至还有小型的冷藏区和冰冻区，用以保存只能放置一夜的原料，附近还可能会停有手推车，以方便厨师们将主要食材运出冷藏区或冰冻区。此外，还有至关重要的垃圾箱。

总而言之，为了达到高效工作的目的，厨房工作岗中的所有物品的放置，应遵循以下两个原则：一是应便于厨师获取，二是不论哪个工作岗，都应确保其工作人员可以不因需完成任务而离开自己的岗位。

作业部门和工作线

工作岗是厨房的众多区域之一，而各工作岗又共同组成一个更大的工作区域——作业部门。例如油煎点与烧烤点通常会设置在同一个作业部门。

一般来说，创建一个厨房作业部门时，不同的工作岗会被放置在不同的工作线上，或者根据几何学来合理安排放置厨房设备。设计工作线的目的，是为了契合厨房可用空间，并提高员工的工作效率，它决定了应如何设置设备区、烹饪区、准备区和储存区等。以下是几种常见的工作线安排：

- **直线型** 直线型工作线通常被认为是最高效的。
- **L型** L型工作线可以在有限的空间内为厨师提供最大的工作空间。
- **背靠背型** 背靠背型工作线可以使厨房的运转更为高效，但这种安排通常需要很大的空间。
- **平行型（或面对面型）** 这种安排是将两条工作线面对面设置，他们共用同一工作通道。

19.1.2 作业流程

工作线的合理布局，可以直接提高厨房的工作效率。厨房作业流程亦是如此。作业流程是指食品制作过程中食材处理人员和厨房工作人员必须共同遵循的既定程序。

为了保证顾客满意度和厨房收益率，作业流程必须保证高效。一个高效的厨房能在更少的时间内用更低的成本做出更高质量的食物，用餐者也不会等得急不可耐，这样，饭店才能接待更多的顾客。而食材成本和人力成本都是可管理的。顺畅合理的作业流程不仅能减轻工人的工作疲劳，还能降低发生意外事故、食物中毒的几率。

制定高效的厨房作业流程，要注意以下三点：规划、时间把控和沟通。

规划

在规划任何一个作业点的作业流程时，食材准备都是最重要的概念之一，也称为“备料”。

“备料”这个词来自法语，它的意思是将各类食材落实到位。也就是说，食材准备包括将所有该作业点所需要的原料食材都收集起来（使用必要的手段将其处理以作备用），并确保所在作业点有烹饪操作中所需的全部设备和工具——在高效作业过程中，没有人愿意为了准备烹饪原料或是四处寻找缺失的工具停下手中的工作。

其他作业点规划还包括：在准备宴席的前一天晚上，必须先预估第二天要服务的食客人数，或者提前了解该作业点要负责的每一样菜品，以帮助厨房连贯有序地开展工作。

时间把控

每个作业点的员工都要明确自己在给食客带来愉快用餐体验过程中所应扮演的角色。因此，定时是烹饪工艺环节中的一个重要因素。

正确的上菜时间也对食客的进餐体验有关键影响。客人会浏览各式各样的菜品，点不同的菜，而每样菜所需要的准备时间也不同。如果客人没能跟同伴同时享受到开胃菜，或主食比别人迟到，就会产生出不愉快的用餐体验。

沟通

在餐饮服务业中，各作业点之间的沟通极其重要。必要的时候，厨房应配备专门人员，负责此项工作。比如，在准备菜品的时间把控上，过早和过迟，都一样会产生问题。只有积极沟通，才能确保在规定的时间内一切准备就绪。

小测验

概念复习

1. 什么是工作站？
2. “食材准备”具体是指什么？

发散思考

3. 工作站和工作线之间有什么区别？

4. 假设在一家餐厅开始供应晚餐之前，一个工位的准备工作尚未完成，那么，在该工位工作的人需要做什么？

厨房实践

以小组为单位，大致勾画出你所熟悉的厨房。绘制时，需确定厨房的工作岗、作业部门和工作线等各项内容，并指出在这个厨房的工作流程中，可能存在的效率最高和效率最低的位置。

烹饪语言艺术

将上述厨房草图转换为比例图。转换时请注意：

- 应先测量实际工作区域和设备。
- 使用适当的比例尺图纸。

19.2 接收设备与贮藏设备

19.2.1 接收设备

我们在之前的学习中已经了解到，烹饪作业是从原材料接收区开始的。接收员负责检查和接收新买的食材、设备等各类物资。他们要确保食材数量的正确无误，检查原材料是否正确包装，温度是否适合，是否被损害和污染等。在通过上述严格检查后，这些物资才能进入厨房库存。

一家餐饮机构通常会在接收区检查新进入厨房的物资。接收区内通常有高、低两种工作台，较低者用于检查各类货物包裹，较高者则多用于文书工作。接收区还配备有盒装刀具、磅秤，和一个温度计。此外，接收区也配备有手推车，用于将新物资搬运到贮藏区。

在检查包装好的货物时，例如罐头食物或瓶装食物，接收员只能清点货物数量，检查标签。其他类型的货物则必须检查数量和质量。如检查新鲜农产品、肉类和鱼类的颜色和气味，检查大宗货物的重量，检查热加工产品和冷冻产品的温度等。

接收员通常会用红外线温度计来扫描食品的温度，以避免直接接触食品。这种红外线温度计除了能通过无形红外线辐射来迅速读取食品的表面温度外，也用于测量食物烹饪时所需的温度，有多种用途。

接收区还可能配备以下几种磅秤：案秤，台秤，地秤，吊秤，电子秤。案秤通常置于柜台，用于称量大小适中的货物。在一些餐饮企业中，台秤用于称量大宗货物，当然，也可以使用地秤来称量。二者均配有滚筒，与地面齐平安装。吊秤用于称量可悬挂的大型货物，如牛侧肉（原文a side of beef，指半头牛的肉）等。

19.2.2 冷藏和冷冻设备

我们通常把冷藏存储也称为冷冻存储。只有正确的冷藏方法才能保证食物的新鲜及安全，降低因食品损毁而导致的成本损耗。如果冷藏作业流程规划得当，还能降低人力成本。

冷藏和冷冻设备的几种类型

大型厨房通常会配备几种不同类型的冷藏和冷冻设备。大多数的食材都被储存在大型冷藏器里，只有在特定作业点需要某种食材时，才在特定时间内取出所需的足量食材。

步入式冷库：最大型的冷藏冷冻设备。通常在墙上和门上设有货架（有的也设有塑料空气帘来阻止冷气外流），并有专用的手推车和货架来搬运、放置冷藏物品。步入式冷库可以设在厨房内，也可设在厨房外，有专门的室内出入口。

大型冷柜：冷柜规格不同，大小也不一。大型冷柜通常有透明玻璃门，方便员工不打开门就可查看里面的冷藏物，既节省了寻找原料的时间，也避免了因频繁启闭柜门，令热空气注入而导致的电力损耗。有的冷柜还有直通传菜门，以方便服务生和厨房工作人员使用。

冷藏橱柜和台下冷柜：个人工作岗上的冷藏橱柜或台下冷柜（通常也叫作低货柜）用来给厨房工作人员储存少量的原料（通常只储存够用几小时或一夜的原料），以此提高厨房工作效率，减少在服务时段去大型冷柜取材料的次数。

便携式制冷车：饭店需临时使用冷藏设备或提供外送餐饮服务时，会用到便携式制冷车。

几种特殊用途的冰箱：厨房会用到几种特殊用途的冰箱。例如，当厨房准备大量制作备用食材时，通常会用到速冻冰箱来将准备好的食材迅速冷却至安全储存温度。这种方法被称为速冻技术。解冻冰箱则可安全迅速地解冻大量食材。这类冰箱会为已冷冻的食材增加少许热气（但绝不会超过41℉），以使冷空气迅速流通，短时间内使食材解冻。

冷藏和冷冻设备的清洁

我们已经明白保持餐饮设备的清洁卫生的重要性。厨房需对各类冷藏和冷冻设备进行定期的清洁卫生。一般来说，冷藏设备需每天清洁，冷冻设备的清洁频率可稍低。

在任何清洁工作开始之前，应就注意事项先咨询你所在工作岗的冷藏和冷冻设备的负责人，然后按以下步骤清洁大型冷柜、便携式制冷车、步入式冷库等：

1. 在主管的指示下关闭待清洁的冷藏和冷冻设备。
2. 转移食材，将其暂放在另外的冷藏区。
3. 用温热的肥皂水清洗设备内部。
4. 用干净的湿布擦净设备内部。
5. 用消毒液给设备内部消毒，然后用一次性纸巾擦干。
6. 打开设备，重新装入食材。
7. 每天清洗、擦净并消毒设备外部。

19.2.3 贮藏设备

贮藏设备需具备四项重要性能：牢固，耐用，易清洗，易使用。这些性能要求同样适用于储存器、货架等。

货架

面粉、干意大利面、罐装食品这类物资可以在室内常温下安全地储存在货架上，这通常被称为干货储存区。也有的货物必须储存在冷库的货架上，这被称为冷冻储存区。

储存货物必须保证便于使用。储存区可设在厨房或其他独立房间，一般会留出3～4英尺宽的走廊，以方便手推车出入。货架的尺寸不同，通常最高为6英尺，最大深度为24英寸，距地面不低于6英寸。这样的尺寸一般可以确保所有员工都能不费力地放入和拿取货物。

厨房货架一般由不锈钢、镀锌钢、铝或聚苯乙烯制成。木制货架由于难以保持清洁而较少见。某些地方的卫生部门禁止使用木制货架。

货架要结实、易清洗，故网丝、金属丝、枝条或管子制成的货架较常见。这类货架可使灰尘自动落地，使空气得到流通。货架通常应与地面保持6英寸的距离，既便于地面清洁，也可保持货物干燥并远离污垢和虫鼠。货架也用于工作区域，用来装盆、菜盘、调味料等。

储存器

储存器能用来盛装食物，并有效防止食物被污染。由于厨房里的食材可能完全未经处理保存，或仅经半处理、待烹饪完成后保存，故厨房工作人员在贮藏区、准备区和服务区之间运送这些食材时，常常需要用到储存器。

一般来说，储存器包括隔热容器、储存箱，以及各式各样的碗、平底锅和金属罐。不锈钢、玻璃和塑料材质的储存器是最容易清洁的，但在厨房中使用玻璃储存器时，也需要特别小心，否则，一旦被打碎，就很容易造成厨房物理污染。此外，隔热储存器可以保持食材的温度，当厨房需进行食材的外送操作时，即可使用这种设备；液体食物则可以放在带有水龙头的储存器里；金属箱通常用于储存已包装好的食材；塑料箱可以装米、大豆、面粉等干食材；带轮子的储存箱则便于在各工作区域间穿梭。

其他注意事项有：每次使用储存器之前，均需对其进行清洁和消毒；储存高温食材前，需将其冷却至适宜冷藏的温度；一定要用可密封带盖瓶或具可塑性的塑料来缠绕包裹储存器；要做好标签，以便于识别储存器内的物品并对所有存放的食材采用FIFO原则（即先存先用）。

清洁货架和储存器

清洁储物架和储存器应按以下常规步骤进行：

1. 转移储物架和储存器内的所有食材。
2. 用热肥皂水清洗干货储物架和储存器。

3. 用干净的湿布或清水擦净。
4. 消毒，然后用一次性纸巾擦干储物架和储存器，使其完全干燥。
5. 重新装入食材（记住遵循FIFO原则）。

概念复习

1. 请列举厨房里的食材接收人员常使用的4种秤。
2. 请列举你在厨房中可能找到的5种制冷设备。
3. 说出贮藏设备的4项重要性能。

发散思考

4. 为什么接收人员需要对所采购的食材进行称重和温度检查?
5. 为什么货物储存区的过道要有足够的宽度，以便于手推车出入?
6. 为什么有些食品必须放在步入式冷库中，而有些食品则放在台下冷柜里?

厨房实践

以小组为单位，往3种不同的容器中装满水。封闭容器并贴上标签，测试其是否有泄漏，然后在冰箱中存放两天。根据以下几方面，比较每个容器使用的难易程度:

- 往容器中盛水;
- 密封性;
- 储存与堆放;
- 冷藏后的味道。

烹饪语言艺术

研究3种不同类型的冷藏和冷冻设备后，分别进行详细描述，并指出其异同（包括价格在内）。描述时，请把重点放在你认为厨师和食品制备人员会特别关注的细节上。

19.3 食材准备设备与烹饪设备

19.3.1 食材准备设备

食材准备设备是厨房各类设备中危险系数最高的一种。在进行砍、切、研磨等操作时，一定要注意以下事项:

- **学会安全地使用设备** 向有经验的操作员请教如何使用设备，或仔细阅读生产商提供的操作说明。在未接受培训前，切勿擅自使用设备。

- **必要时使用安全装置** 要有随时使用刀片防护装置、柱塞、食材固定器等安全装置的意识。在需要的时候，注意穿戴网丝手套和护眼用具等。
- **对设备进行适时维修与清洁** 要让大型设备随时保持良好的工作状态，并于每次使用完后进行彻底的清洗和消毒。
- **清洁前一定要关闭设备和电源** 在清洁设备或拆装组合设备前，记得关闭设备、拔掉电源，并确认各类设备已隔离电源。
- **确保设备的完整性和稳定性** 使用设备前，应正确组装设备的全部零件，确保盖子拧紧。机械设备需放置在稳定的平面上，勿倾斜。
- **出现问题及时汇报** 如发生操作故障，应及时向经理汇报，提醒同事。

砍剁、切片及研磨设备

通过利用专业的切割、调配和搅拌设备，我们可以更快速地进行食材加工准备，大大提高工作效率。但如果使用方式错误和不恰当就会很危险。因此，一定要仔细阅读器材的安全使用方法说明。

厨房内用于砍剁、切片、研磨的器材及设备较多，本章我们将逐一了解。

- **食品加工机** 食品加工机里的发动机跟食品盛放碗、刀片、盖子等零部件是分开的。使用不同零部件加以组装，一台食品加工机便可切，可磨，可搅拌，可调配，可打碎食材。
- **纵切机** 纵切机底部的发动机上附有刀片，并连接着固定的盛放碗。纵切机一般用以磨碎、搅打、调配、捣碎量较多的食材。使用纵切机前，要特别注意须把铰链式的盖子关闭严实。
- **切碎机** 切碎机（也叫水牛切碎机）可放在地面或桌面使用。切碎食物的盛放碗是可旋转的。有些切碎机还附带有漏斗、输送管，以及可替换磁盘，使用不同零部件，可将食材切片或碾碎。
- **切肉机** 切肉机可将食物切割成为厚度均匀的片状，尤其适用于切割煮熟的肉类和干酪。一般的高碳不锈钢切肉机都是依托于圆形锯片来处理食材的。
- **绞肉机** 绞肉机用于搅碎各种肉类食材。餐厅有时也以专用机器或绞肉机来作为搅拌器或切碎机使用。肉类经由输送管被推入机器内，被刀片飞速绞碎后，再被挤出绞肉机。制作香肠时，可将香肠肠衣套在绞肉机的出口上，这样，绞碎的肉就可以直接被推进肠衣了。绞肉机一般配备有不同型号的刀盘，便于根据需求，将肉类食材制作成不同纹理的碎肉。

搅拌与混合设备

尽管搅拌和混合听起来颇为相似，但对厨师们来说，其用途可是大不一样的。

搅拌是指将原料搅拌均匀至各原料充分相融的过程。混合是一种将各原材料切碎至全部混合物都具有一致相合性的过程。使用搅拌器和混合器除了能将原材料加以混合或搅拌，还能在加工过程中让食材与空气充分接触。

下面这个例子可以较好地阐释什么是搅拌与混合：如果将巧克力片与曲奇面团“搅拌”

均匀，则巧克力片被完全融入面团，且其片状外观未受损坏；如果将巧克力片与曲奇面团“混合”，则巧克力片的形状会被完全改变，只能看到性状完全一致的面团（即不再有片状巧克力的曲奇面团）。

搅拌器配备有碗和搅拌工具，可用以搅拌油和面等食材。与混合器相比，搅拌器的机器运转速度较轻缓。搅拌器有的只用于搅拌面包面团，有的则可以搅拌好几种混合食材。

搅拌器的款式有两种：台面式搅拌器和独立式大型搅拌器。台面式搅拌器通常用于非经营性面包房。较大型台面搅拌器一般2英尺高，重100多磅。台面式搅拌器的型号大小在5～20夸脱之间。独立式搅拌器则常放置于地面，通常用于经营性面包房。这种大型搅拌器一般5英尺高，重达3000多磅（相当于一辆小型货车的重量），能一次性加工500多磅重的面团。

以下是两款基础的搅拌器：

- **行星式搅拌器** 此类搅拌器的搅拌碗是固定的，不会转动，搅拌工具在碗内像行星围绕太阳一样运转。这类搅拌器的搅拌碗有多种用途。行星式搅拌器通常配备有三项标准装置：搅拌桨、抽打轴，以及揉面钩，这些装置功能多样，可以将一台行星式搅拌器变成一台多用途食品加工器：既可用作切菜机，也可用作撕碎机或者切肉机。需进行大量烘焙操作的大型餐厅如果购置一台行星式搅拌器，好处颇多。

- **涡旋式搅拌器** 此类搅拌器工作时，转动的是搅拌碗而非搅拌器（搅拌器通常为螺旋形钩）。由于运转时速度较轻缓，涡旋式搅拌器常用于搅拌面包面团。法式叉涡旋式搅拌器或倾斜式搅拌器较为特殊，它配备有叉形装置，专用于制作法式面包。

混合器则内置有可旋转叶片，用于加工质地粗糙的混合食材和冷藏过的饮料。

混合器工作时会高速运转，以便将食材原料捣碎至颗粒大小相同。混合器的样式也主要有两种：

- **台面式混合器** 也叫吧台混合器。发动机位于底部，用于启动螺旋桨式叶片。顶部用以盛放食材的容器为多种材质制成（玻璃、塑料或金属制），可拆卸。速度设定装置位于发动机底部。

- **浸入式混合器** 也称手动混合器，手持式混合器，或磨碎式混合器。它是一种一头装置发动机、另一头装置叶片的长棒形机器，其优势在于可直接在蒸煮器具里混合、搅拌食材。大多数厨房都倾向于选择这种使用方便的手持式混合器。

其他食材准备设备

专业化的食材准备通常要求专业化的食材准备设备。例如，餐馆通常会用到食材烘干机来烘干食材，以便储存并留作后用，不管是从烘干区取出直接使用还是再部分湿化（即往食材中再次注入部分或者全部的水分）。使用时，将水果、蔬菜和其他食材放置在烘干机的储物架上，并保持设备内的温度适宜。一般来说，储物架处会设有一个风扇，使温暖干燥的空气流通起来，保持食材的干燥。

分子美食烹饪法也是一种专业化的食材准备方法，该烹饪法着重关注食材准备中的物理和化学变化过程。例如，将制冷液氮用于速冻食材，将二氧化碳注入食材中以生成气泡和泡沫，等等。像离心机（一种用以分离不同密度的物质的机器）这样的科学仪器通常可使用在这一类食材准备方法中。

食材准备设备的清洗

在使用切碎机、切肉机、绞肉机、磨碎机、搅拌机这些食材准备电子设备时，务必时刻谨记并遵守安全警示。例如水可导电，必须确保在使用完设备后关掉电源以防止触电；而锋利的刀片易割伤人，故在清洗锋利刀片时也需特别小心，并记得带上钢丝手套。

以下清洁操作程序不能代替操作工序说明书和主管的操作指导，仅为食材准备电子设备的安全有效清洗提供参考：

1. 关闭设备电源并拔出插头。
2. 拆卸所有盛放碗一类的附带装置时，要使用刀片防护装置。
3. 必要时可拆卸加工设备来清洁直接接触食物的部分。拆卸下来的部件需有序放置于柜台，以便下次安装。
4. 清洗锋利刀片时应避免被划伤。
5. 用沾有热肥皂水的清洁布擦拭设备底座与框架，再用干布擦拭，然后消毒。
6. 重新组装干净、干燥且已消毒完毕的各零部件。切记把刀片防护装置放回原处。
7. 为有需要的设备涂上润滑油。

19.3.2 烹饪设备

大型饭店和酒店通常需要专业的烹饪设备。

蒸锅，蒸箱，真空机

利用蒸锅和蒸箱，厨师可以高效地准备大量食材。加盖的蒸锅和蒸箱利用蒸汽加热，所能加热的范围远比单个炉灶更为广泛。

- **蒸汽夹层锅** 蒸汽夹层锅通过循环流通锅壁的蒸汽来保持热度，有独立式和桌面式两种样式。可倾斜，也可带有水龙头或锅盖。蒸汽夹层锅有不同的型号，特别适合于制作高汤、汤汁、调味酱。
- **瑞士蒸锅** 体积较大，托盘相对较浅的独立式瑞士蒸锅（也叫倾斜式平底煎锅或倾斜式煎锅）用来一次性加工大量的肉类和蔬菜。瑞士蒸锅具有多功能的特点，可用来进行多种类型的烹饪操作。
- **压力蒸箱** 在密封箱内的压力作用下，压力蒸箱里的水加热后温度可超过沸点（212℉）。压力蒸箱需由电子计时器控制烹饪时间，并在特定的时间段打开排气阀，以此来释放蒸汽压力，保证蒸箱安全打开。

• **对流式蒸箱** 对流式蒸箱内不会积聚压力。水箱内的蒸汽被输送至烹饪间，在烹饪间内被排送进食物。蒸汽不断排出，意味着排气阀门可能随时打开。所以，在打开对流式蒸箱之前，需等待所有蒸汽排净，否则操作员会有被严重烫伤的危险。

• **真空机** 真空机在完全封闭的塑料箱内的双层蒸锅里蒸煮食物，通常用于长时间烹饪。这种设备能精确地保持水温，且其水温一般比正常烹饪时的水温低很多（约140℉），以便保持食物的汁液和芳香，以及其外观上的完整。温度过高时，食物的细胞壁会被破坏，进而影响到食物的口感质地。

炉灶，烤箱，上火烧烤器，煎锅，烤架和煎板

我们所熟悉的炉灶，一般指台式灶与烤箱，且烤箱通常设置在台式灶下面。但在专业化厨房里，炉灶的标准化配置可能有所不同。例如仅台式灶就可以分为煤气灶和电气灶，且又各有多种型号，表面加热层的形式也不一。大多数烤箱则用热包围的方式来烘烤食物，相比起台式灶加热而言，这是更温和、更均匀的热源。

• **敞开式炉灶** 敞开式炉灶的特点是它可以迅速调节烹饪温度。不管是电子灶还是煤气灶，敞开式炉灶都自带控制器。煤气灶一般会配置用以将锅架在火焰上的铁架，电子灶则一般适用烧水壶和平底锅等底部平整的器具。

• **平顶灶和环形顶灶** 平顶灶（也叫作法式顶灶）是长时间、慢烹饪的理想工具。平顶灶利用结实的铁质或钢质金属板用来传递热量，这种金属板很快就能被加热。被加热后的金属板提供的热量比敞开式炉灶更温和，但缺陷在于金属板的热度无法迅速调节。蒸锅和平底锅可以直接放在平顶灶上使用。环形顶灶跟平顶灶一样，但不同的是，环形顶灶有同轴金属板和金属环，可提供更集中更直接的热源。

• **传统烤箱** 传统烤箱的热源在箱内底部，也叫作烤箱背板，热量正是通过烤箱背板被传递到烹饪区，加热放在铁架上的食物。传统烤箱可被置于灶台下方。

• **柜式烤箱** 柜式烤箱像披萨炉一样有可堆叠架子，一般为2～4层叠板，也有单层叠板。烹饪时，食物一般直接放在烧烤板而非烤架上。

• **对流烤箱** 对流烤箱内置风扇，可帮助热空气围绕食物流通，将食物均匀快速地烤熟。一些烤箱还有加湿、红外线、微波等功能性装置。

• **多功能烤箱** 多功能烤箱依靠电力或煤气工作，可进行多种烹饪操作，拥有蒸汽式、热空气对流式和高压式等多种操作模式。

• **上火烧烤器** 利用集中热源由上往下迅速烹制食物的烧烤器。有些有可调节铁架，用以调节食物放置高度，控制烹调速度。烤箱可视作用于烘烤和解冻食材的小型上火烧烤器。

• **烟熏烤箱** 烟熏烤箱用于熏制和慢烹食物，可在高温或低温条件下依靠烟来对食物进行烹制。这类烤箱一般配有铁架或铁钩，用以保证食物熏制均匀。

• **微波炉** 微波炉通过通电后所产生的微波辐射来进行烹饪、加热及迅速融解食物，但不宜用来烤制食物。这也是一些微波炉会加设对流导热功能的原因。

- **油炸锅** 油炸锅的不锈钢储油锅即为其加热板，带有自动调温器，能将食用油加热至理想温度并保持该温度。食物放入不锈钢油炸篮，浸入热油中炸熟，即可提出。
- **烤架** 烤架的辐射热源位于放置食物的架子下方。一些烤架会用木柴或木炭做燃料，但要求合适的特制通风设备。餐厅里的烤架通常用煤气或电力作热源。
- **煎板** 跟平顶灶一样，煎板的热源也在厚实的金属板下，食物直接放在金属面板上进行烹调。煎板上通常还设有放置食物的区域，以及用以收集旧油和废油的沥干盒。反煎板与常规煎板不同的是，它并不是用来加热食物，而是用来迅速冻结食物表面，既可使食物的外部保持松脆冰冻，又能保持食物内里的爽口柔滑。

器材的挑选和优化

餐厅必须谨慎选择所需器材。没有哪家餐厅愿意购买不经常使用的器材。此外，由于许多餐厅缺乏大型的厨房空间，特别是一些位于城区和景区的饭店，因此，规划厨房的设置时，必须尽可能选择具有一般用途或是多种用途的器具，以便合理利用厨房空间，实施购买预算。

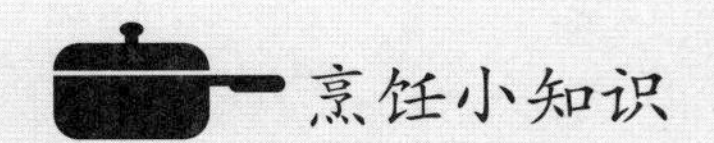

微波炉的发明

二战期间，能通过短波信号来定位目标物的雷达被广泛应用于战争中。1946年，美国雷声公司从事雷达技术开发的研究员珀西·斯潘瑟发现，当他运行磁控管时，口袋里的巧克力棒正在悄然融化。这激起了斯潘瑟的极大兴趣。他找来玉米，当袋装玉米靠近电子磁控管时，他注意到这些玉米开始爆裂。之后，斯潘瑟再将鸡蛋放到磁控管前，鸡蛋同样爆裂。

斯潘瑟和雷声继续研究微波炉。1947年，第一台微波炉问世：高6英尺，重达750磅。这些微波炉用于迅速烹调大量食物，多出现在餐厅，有轨电车和远洋客轮上。

微波炉利用微波（频率在2500兆赫左右的无线电波）来加热食物，这种无线电波能被水、油、糖吸收，然后再直接转化成分子热运动。不会吸收该频率的无线电子波的塑料、玻璃、陶瓷材质的厨具是微波烹饪的理想工具，会反射微波的金属材质的厨具则不适合。

1967年，雷声公司的分公司阿马纳引进本土雷达炉，家用微波炉在这个时候出现。其他公司也迅速加入了这个台面式微波炉市场。1971年底，这种台面式微波炉的价格开始下滑，但功能得到了升级。1975年，微波炉的销量超过了煤气灶。

课后调查

分小组研究微波炉是如何工作的。再给出假设，描述不同的食物在微波炉里是如何被烹调好的。通过实际操作验证你的假设。准备一个操作陈述来总结你的实验活动。

19.3.3 烹饪设备的清洗

蒸锅，蒸箱，真空机：

1. 关闭设备使其冷却。
2. 必要时用刮刀刮掉附在设备上的烧焦的食物。
3. 用热肥皂水清洗设备内外部并擦干。
4. 用干净的布擦亮设备外部。

敞开式炉灶：

1. 关闭炉灶使其冷却，拆离炉灶铁架，必要时拆离接油盘。
2. 用肥皂水浸泡铁架和接油盘。
3. 用肥皂水清洗炉灶的未拆卸部分，擦干。
4. 清洗、漂净、擦干铁架和接油盘。
5. 将铁架和接油盘放回原处。

平顶灶和环形顶灶：

1. 关闭炉灶使其冷却。
2. 必要时用刮刀刮掉附在设备上的烧焦的食物。
3. 用热肥皂水清洗设备并擦干。

传统式微波炉和对流式微波炉：

1. 关闭微波炉使其冷却，拔掉微波炉电源。
2. 拆离炉内铁架（置物架）和转盘。
3. 用热肥皂水清洗铁架、转盘，再漂净。
4. 擦干转盘，晾干置物架。
5. 用温肥皂水清洁微波炉内外部并擦干。
6. 用干净的布擦亮微波炉外部。

上火烧烤器：

1. 关闭烧烤器使其冷却，取出烧烤架，拆离接油盘。
2. 用刮刀或金属刷清除附在设备上的结块的食物。
3. 用热肥皂水浸湿烧烤架、接油盘。
4. 用干净的湿布清洗并擦干。
5. 用温肥皂水清洁烧烤器内外部并擦干。
6. 将接油盘和烧烤架放回原处。

油炸锅（每日清洁）：

1. 关闭油炸锅使其冷却。
2. 用热肥皂水清洗可拆卸的所有部件。
3. 用热肥皂水清洗设备表面，切勿使用清洁剂、钢质工具和其他粗糙的清洁工具来清洗不锈钢炸锅。

4. 遵照生产商的指示来过滤煎炸油，必要时更换新的煎炸油。使用频率较高时需更频繁地进行过滤。

5. 本设备需每日清洁。

油炸锅（每周清洁）：

1. 关闭油炸锅使其冷却，并将锅内煎炸油完全排至过滤器或钢质储油容器中。注意，切勿使用塑料桶或玻璃容器来盛装锅内煎炸油。

2. 用优质清洁剂或含强效清洁剂的热水来清洁容器。

3. 关闭排油阀。

4. 戴好防护手套，使用刷子来擦洗输油管上方的炸油锅外部，直至清除所有粘附的油滴和炭黑点。

5. 排干容器内所有液体，再用干净的热水反复清洗。

6. 用水醋溶液漂净。

7. 用干净的清水漂净水醋溶液。

8. 用一次性纸巾完全擦干，需特别注意排水区和加热区。

9. 本设备需每周清洁。

烤架：

1. 关闭烤架使其冷却。

2. 用钢丝刷和刮刀彻底清洁铁架，清除附在设备上的食物残渣。

3. 按生产商的指示给特定铁架涂上润滑油。

煎板：

1. 关闭煎板电源，使其冷却至室内常温。

2. 用煎板清洁石或煎板布磨光擦亮煎板表面。擦磨时需注意沿着金属板纹理的方向。

3. 按生产商的指示，在煎板表面抹上一层稀薄的油脂，以便再次使用。

4. 将煎板加热至400℉后关闭电源，冷却后再次擦拭干净。

5. 必要时需重复以上步骤。

6. 用温肥皂水清洗设备的其他未清洁部分，再漂净、擦干。

小测验

概念复习

1. 列出五种食材准备中常用的切片、砍剁、研磨设备。

2. 列出两种搅拌设备和两种混合设备。

3. 敞开式炉灶和平顶灶有什么区别？

发散思考

4. 压力式蒸箱和对流式蒸箱有什么区别?

5. 敞开式炉灶的加热速度快还是平顶灶的加热速度快?

6. 餐饮企业为什么会将某些设备一材多用?为什么要使用专业器材?

厨房实践

7. 列出你的厨房在以下操作环节中使用的设备:(1)砍、切、磨设备;(2)混合和搅拌设备;(3)蒸锅、蒸箱和真空机;(4)炉灶、微波炉、烧烤器、油炸锅、烤架和煎板。

8. 向厨房管理专员咨询使用得最多的设备和使用得最少的设备,哪项设备的功能最多?

烹饪小科学

研究一种烹饪设备,注意比较其他同类型设备的优缺点。比如:比较所有的敞开式炉灶的优缺点。

19.4 盛放设备与供餐设备

19.4.1 盛放设备

菜品被呈上餐桌时的外观、气味、温度和质地的优劣,既可能使客人心花怒放,也可能令他们大失所望。餐厅及其他餐饮企业会用专门器皿来盛装食物,确保它们在放至食客面前时一直保持着合适温度。他们也会使用一些特定设备,以便让传菜和上菜的过程更容易。

饭店必须对菜品类型、上菜方式、上菜速度等进行综合考虑,以便选择合适的手持上菜设备。比如,在快餐店,打包员只需将食物直接装入托盘或袋子里即可,打包好的食物通常被放在保温灯下保持温度或者被放在冰箱里使其冷却,这类食物并不要求特定的上菜设备。快餐只要食物质量好,服务速度快,服务态度好,就能使客人满意。

在咖啡厅、自助餐厅和宴会厅,选择盛放设备时还需考虑该设备必须同时具有能向顾客展示菜品并方便顾客选择的功能。这可使顾客对菜品的外观、种类、质地,以及选择的便利性提高满意度。自助餐厅和咖啡厅通常还会使用防喷嚏食品罩来保护食物。这层透明屏障既允许顾客看清食物,方便顾客选择合适的菜品,同时又能消除食物被喷嚏交叉污染的隐患。

餐饮企业会用盛放设备来盛装在安全温度范畴内的食物。食物的危险温度区间为41℉~135℉,因此,热食的盛装温度必须在135℉以上,凉菜的盛装温度必须在41℉以下。

- **保暖锅** 保暖锅的部件通常包括站脚、接水盘、注水盘、锅盖。保暖锅一般只用来盛放一至两种食物。大多数保暖锅用固体酒精燃料(也有其他类型的燃料)来加热接水盘。接水盘被加热后，食物和注水盘都可保持一个稳定的温度。由于保暖锅通常直接用于顾客服务上，所以一般具有装饰性。

- **电炉** 电炉用电加热食物或饮料，使其保持在适宜温度。通常用于加热咖啡和水。
- **保温柜和封闭型保温架** 保温柜和封闭型保温架有多种型号，可容纳大量盘装食物和盘子一类的容器。保温柜和封闭型保温架在运送时，通常是完全关闭并隔热的，这样才能保持柜内稳定的温度。一些专门用于盛放热食或冷食的保温柜会插上电源来保持既定温度。
- **保温灯** 另一种保持食物热度的方法是使用保温灯。将这种带有特制灯管的保温工具直接悬挂于食物放置区域上方即可。
- **蒸汽保温桌** 蒸汽保温桌桌顶厚度较深，便于食物保温。热水置于桌内顶部，并被加热。蒸汽区上的栅格能放置各类型号的盘子。热水产生的蒸汽能保持食物在上菜服务时的温度。大型的蒸 汽保温桌一般配备有自动恒温器，以便控制加热器来维持菜品的理想温度。
- **冷藏盛放和展菜设备** 冰盒或其他冷藏盛放和展菜设备用于冷却食物。自助餐厅里提供冷冻食品的区域包括沙拉吧、三明治吧和甜品吧。这类冷藏设备跟蒸汽保温桌一样，用于直接服务顾客。一些饭店将盛满冰块的容器用作冷藏设备，比如盛满冰块的碗。还有些饭店会将鱼类、海鲜类食品直接放进拢成堆的雕刻过的冰块里。
- **调理盘** 调理盘是一种不锈钢或塑料材质的容器，通常用来盛放食物。调理盘有多种型号，可以与蒸汽保温桌组合使用。不少服务设备都会依据调理盘的型号来设计，以方便其组装使用。

大号调理盘长26.75英寸，宽14.25英寸。一个蒸汽保温桌能容纳至少3～4个大号调理盘。

其他型号的调理盘均在大号调理盘的基础上确定尺寸。一个大号调理盘有6英寸深，可容纳20夸脱的食物，其他调理盘则按深度可大致分为两种：小号（2.5英寸深），中号（4英寸深）。可容纳约半夸脱食物的最小号调理盘，其面积是大号调理盘的1/9。

清洗菜品盛放设备要根据生产商的说明来进行，其中，银质锅和铜质锅需特殊清洗。

19.4.2 供餐设备

与盛放设备一样，餐厅在选择供餐设备时会考虑食物类型，服务顾客的方式，以及上菜的速度。比如快餐店的服务设备基本上以托盘为主，较少需要其他的服务设备，而在咖啡厅、自助餐厅或宴会厅，盛装食物的设备多半会放在进餐区，以方便顾客取用。

在全方位服务的饭店，大多数食物盛装设备会放在厨房。根据订单，厨房会将已完成烹饪的食物精心摆放入盘，由服务生将完成装盘的食物送至顾客的餐桌上。从根本上来说，饭店宴席的精心设计就是为了能让顾客品尝、欣赏处于最适宜温度范畴内的食物，并且能让所有的食物都精确地按厨房所期望的那样摆放。

经常用到的桌边服务设备有托盘、托盘架、托盘盖和服务车。

- **托盘** 服务生在将菜品从厨房运送至餐桌时会使用托盘，托盘上的餐盘可能是被覆盖的，也可能是没有被覆盖的。

- **托盘架** 托盘架也叫杰克架，用来放置各类即将被呈上餐桌的菜品。托盘架通常有木制和金属材质，不用时可折叠放置。有的托盘架还有放置脏盘子的托架。

- **托盘盖** 服务生在上菜时，从厨房到餐桌会有一段距离，这时候需要用托盘盖盖住食物以保持食物温度。直至食物被放上餐桌，托盘盖才会被取开。

- **服务车** 餐厅会有各种类型的服务车。一般的服务车会置于用餐区，用来放置食物，或用作现场雕刻和为食物装盘的工作台。火焰车（一种独脚小圆桌）是一种带有敞开式炉灶，用于现场制作酱料和烹调煎蛋卷的服务车；糕点车用于展示各类甜点；火炉车用于放置保暖锅来保持食物温度；沙拉车用于服务员现场制作沙拉。

清洗服务设备应根据生产商的说明来进行，其中，银质和铜质的服务设备需特殊清洗。

概念复习

1. 什么是蒸汽保温桌？

2. 列举出四种常用的桌边服务设备。

发散思考

3. 尽可能多地列举出不同尺寸的调理盘。

4. 为什么在上菜时，服务生总是尽可能地盖上保暖锅的盖子？

5. 我们都知道防喷嚏食品罩对顾客有好处，但它对食物也有好处吗？给出并解释你的答案。

厨房实践

将所有成员分成两个小组，其中一个小组扮演自助餐厅里进行上菜服务的服务生，另一小组则扮演匆忙的顾客。10分钟后交换角色。记录下扮演服务生和顾客时的不同感受与发现。

烹饪小科学

对蒸汽保温桌进行调研（包括了解其价格），回答以下问题：为什么蒸汽保温桌能均匀地加热？保温桌的温度怎样保持？桌内热水蒸发完后会发生什么？为避免热水蒸发，可以采取哪些预防措施？蒸汽保温桌有哪些尺寸？蒸汽保温桌什么时候发明的？所有的蒸汽保温桌都能适用标准尺寸的调理盘吗？

复习与测验

内容回顾（选择最佳答案或对其进行补充）

1. 根据用于完成特定的烹调任务来装置设备和工具的是（ ）。

A. 工作线　B. 工作岗　C. 作业流程　D. 作业部门

2. 主要用来烤制或解冻食物的小型烘烤器是（ ）。

A. 对流式烤箱　B. 煎板　C. 烤箱　D. 柜式烤炉

3. 下列哪种设备烹调食物的热源在其顶部？（ ）

A. 柜式烤炉　B. 烤箱　C. 上火烧烤器　D. 平顶灶

4. 保暖锅的用途是（ ）。

A. 烹调热食　B. 将食物从厨房运送至餐桌

C. 盛装一至两种热食　D. 盛放蒸汽保温桌里的食物

5. 在清洗食材制作电子设备时，以下哪个步骤应为第一个步骤？（ ）

A. 用热肥皂水浸湿机器　B. 按照生产商的说明，人工拆卸机器

C. 仔细清洗机器内部的叶片　D. 关闭机器，隔绝电源

6. 行星式搅拌器和涡旋式搅拌器最基本的差别是什么？（ ）

A. 行星式搅拌器更小，并且置于台面操作

B. 行星式搅拌器更大，并且置于地面操作

C. 行星式搅拌器的搅拌碗不可转动，只有搅拌器转动

D. 行星式搅拌器的搅拌碗可转动，但搅拌器不转动

概念理解

7. 食材准备包括哪些？为什么对提高作业流程的效率有重要意义？

8. 工作岗上的工作人员怎样利用冷藏橱柜和台下冷柜来提高工作效率？

9. 搅拌和混合的区别是什么？试给出例子。

发散思考

10. **概念运用**　复习你所学到的跟食物温度有关的安全指示，解释在使用手持设备时应怎样遵循这些安全指示。

11. **设计模型**　指出你家厨房（或者任何一个你熟悉的厨房）的工作线设置，试给出厨房贮藏设备、食材制作设备和烹调设备的大致描述。

烹饪数学

12. **解决问题**　饭店使用的碎肉机可在2分钟内切碎6磅肉，饭店上菜服务时的单次碎肉供应为6盎司。饭店如果要提供200次的碎肉供应需要多少时间？

工作进行时

13. **评估**　一名烧烤工作岗的厨师上班时经常迟到，以致没有充足的时间来做食材准备工作。请评估这名厨师的迟到分别会对顾客，对饭店，对他自己产生什么后果？

14. **概念运用**　你所在的饭店接收了大量用于当晚的晚宴需使用到的牛肉，经红外线测温仪测试显示，这批牛肉被接收时的温度为43℉。你会接收这批牛肉吗？试给出你的解释。

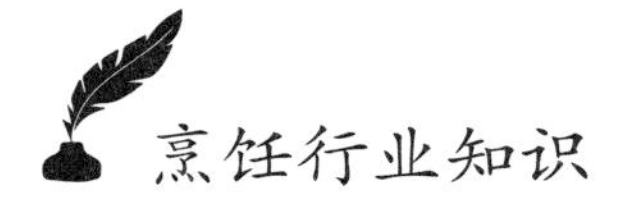

烹饪行业知识

餐饮设备制造商和开发商

每一间专业厨房都会对专业餐饮设备有很大的依赖性。

餐饮设备制造商所生产的厨房工具和厨房设备大小不一，功能不同，小到勺子，大到大型冷藏设备，无不齐备。生产这些用于烹调、储存、包装、制作、上菜服务设备的公司有小型公司，也有大型跨国公司。一些制造商沿用传统制造方法，另一些则借助前沿科技。但不管他们采用的是哪种制造方式，也不管所生产的产品是哪种材质，只要他们想在餐饮专业设备生产行业占有一席之地，都必须保证自己的产品能达到安全高效的标准。餐饮设备制造行业的从业人员专业背景和行业培训各不相同，他们可以金属专家、电子专家或电脑专家。

现在，当你认真观察某条烹饪工作线时，会经常听到热循环机、真空包装机、制冷机等设备的名字。而分子烹饪区的厨师则会使用沉淀枪来迅速制冷食物，以此来形成食物纹理，达到理想的烹饪效果。像煎板一类的传统工具，也会使用陶瓷等新材料来制作……探寻这些餐饮设备的烹调新功能是烹饪界的一大趣事。

随着新的、更加精妙的设备的出现，厨师们需要了解其基本操作方法，制造商则越来越期望厨师和烹调专家们帮助他们一起研发餐饮设备，或创制出更多菜谱。厨师们通过实践，可能会研究出一套适用于新式微波炉的菜谱，或开发出能制作出效果极佳的菜肴的原料和食材。比如发明一种能将橄榄油一类的高脂肪油类转换成粉末质地的物质，用大豆和土豆制作而成的可食性纸能与由水果和蔬菜制作而成的可食性染料一起使用，将液态氮用来迅速冷冻或打散食物，利用旋转蒸发仪来制作并蒸馏大量调料，等等，这在以前是不可能实现的。

入门要求

想要深入进行餐饮设备的实验和运用，每个人的方法都不尽相同。但其中有些个人品质是必备条件：对厨房科学有强烈的兴趣和好奇心，且勤于实践，敢于创新。

晋升小贴士

食品科学领域的学科（包括烹饪学）专门教授从业人员需积累的经验与业内工作者需精通的专业技能。要在餐饮设备生产和制造领域取得成功，企业管理、微生物学、工程学以及其他类别的科学技术会起到很大帮助作用。

附表

英美制到公制单位换算表（部分）

类别	英美制单位	英文名称 / 简写		公制单位	英文名称 / 简写
长度单位	1英寸	inch / in	=	25.4毫米	millimetres / mm
	1英尺	foot / ft	=	0.3048米	metre / m
	1码	yard / yd	=	0.9144米	metre / m
	1英里	(statute) mile / mi	=	1.609千米	kilometres / km
面积单位	1平方英寸	square inch / sq. in.	=	6.45平方厘米	sq.centimetres / sq.cm.
	1平方英尺	square foot / sq. ft.	=	9.29平方分米	sq.decimetres / sq.dm.
	1英亩	acre / ac	=	4046.8564平方米	square metre / sq.m.
体积单位	1立方英寸	cubic inch / cu.in.	=	16.4立方厘米	cu.centimetres / cu.cm.
	1立方英尺	cubic foot / cu.ft.	=	0.0283立方米	cu.metre / cu.m.
	1立方码	cubic yard / cu.yd.	=	0.765立方米	cu.metre / cu.m.
容积单位（美制干量）	1品脱	pint / pt	=	0.550升	litre / L
	1夸脱	quart / qt	=	1.101升	litres / L
	1蒲式耳	bushel / bu	=	35.3升	litres / L
容积单位（美制液量）	1品脱	pint / pt	=	0.473升	litre / L
	1夸脱	quart / qt	=	0.946升	litre / L
	1加仑	gallon / gal	=	3.785升	litres / L
温度单位	1华氏度	degrees fahrenheit / ℉	=	-17.222摄氏度	degrees centigrade / ℃
常衡单位	1盎司	ounce / oz	=	28.35克	grams / g
	1磅	pound / lb	=	0.4536千克	kilogram / kg

图书在版编目（CIP）数据

烹饪艺术 /（美）杰里·格里森（Jerry Gleason），美国烹饪学院著；袁新宇等译. —广州：广东旅游出版社，2020.10

ISBN 978-7-5570-2225-9

Ⅰ. ①烹… Ⅱ. ①杰… ②美… ③袁… Ⅲ. ①烹饪—方法—教材 Ⅳ. ①TS972.11

中国版本图书馆CIP数据核字（2020）第064652号

出 版 人：刘志松
策划编辑：官 顺
责任编辑：官 顺 俞 莹
装帧设计：谭敏仪
责任校对：李瑞苑
责任技编：冼志良

烹饪艺术
PENGREN YISHU

广东旅游出版社出版发行
（广东省广州市荔湾区沙面北街71号首、二层）
邮编：510130
电话：020-87348243
印刷：深圳市希望印务有限公司
（深圳市坂田吉华路505号大丹工业园二楼）
开本：787毫米×1092毫米 16开
印张：27印张
字数：600千字
版次：2020年10月第1版第1次印刷
定价：68.00元
